중등수학

개념으로 한번에
내신 대비까지!

일차함수

개념이 먼저다 1

안녕~ 만나서 반가워!
지금부터 함수 공부 시작!

책의 구성과 특징

책 소개를 해 줄게.
이렇게 활용해 봐~

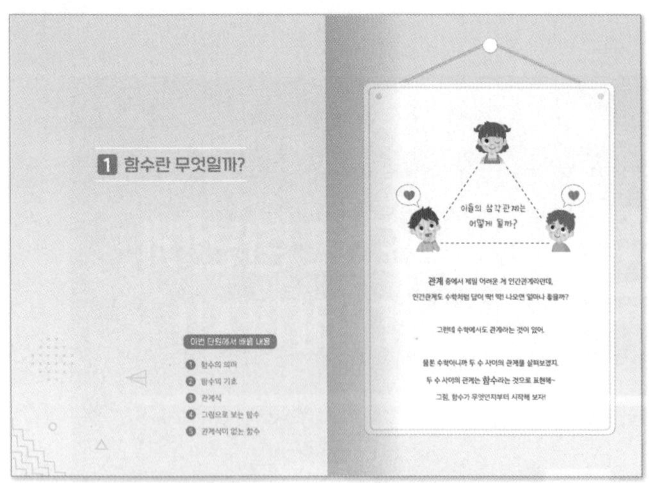

1 단원 소개

이 단원에서 배울 내용을
간단히 알 수 있어.
그냥 넘어가지 말고 꼭 읽어 봐!

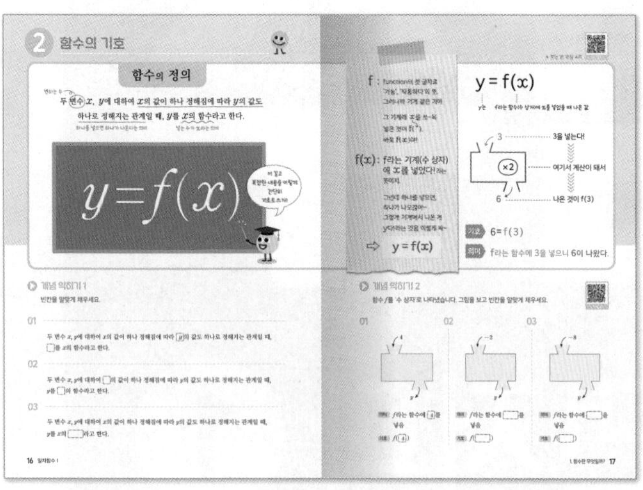

2 개념 설명, 개념 익히기

꼭 알아야 하는 중요한 개념이
여기에 들어있어.
꼼꼼히 읽어 보고, 개념을 익힐 수 있는
문제도 풀어 봐!

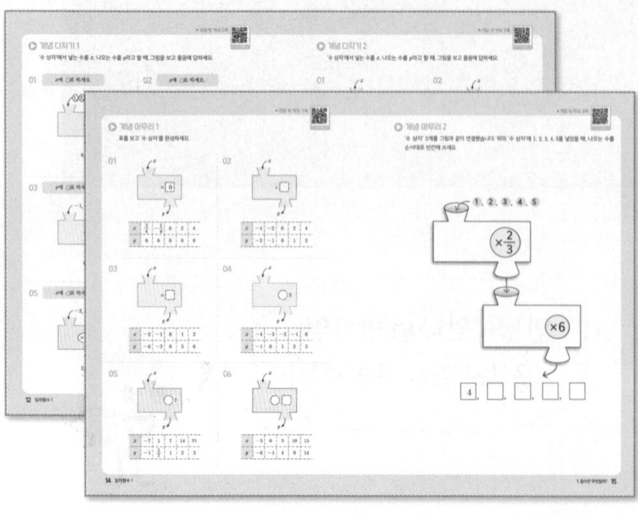

3 개념 다지기, 개념 마무리

배운 개념을 문제를 통하여 우리 친구의
것으로 완벽히 만들어주는 과정이야.
아주아주 좋은 문제들로만 엄선했으니까
건너뛰는 부분 없이 다 풀어봐야 해~

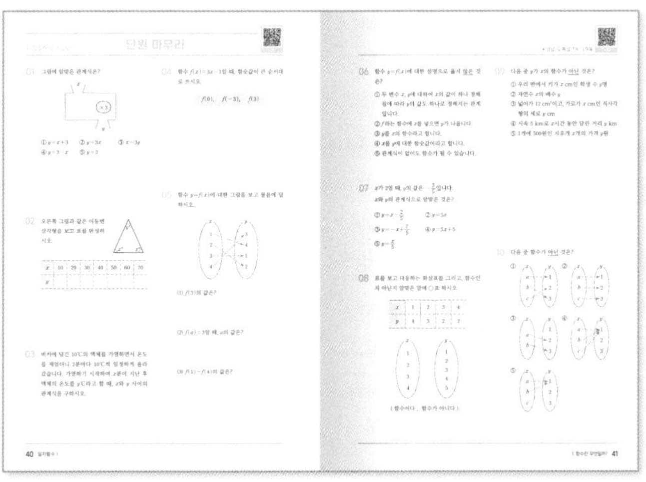

4 단원 마무리

한 단원이 끝날 때 얼마나

잘 이해했는지 스스로 확인해 봐~

서술형 문제도 있으니까

진짜 시험이다~ 생각하면서 풀면

학교 내신 대비도 할 수 있어!

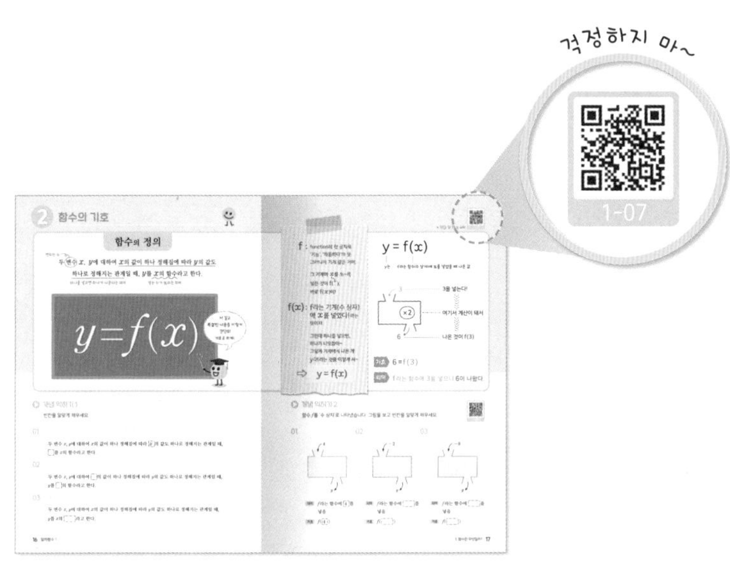

★ QR코드

매 페이지 구석구석에

개념 설명과 문제 풀이 강의가

QR코드로 들어있다구~

혼자 공부하기 어려운 친구들은

QR코드를 스캔해 봐!

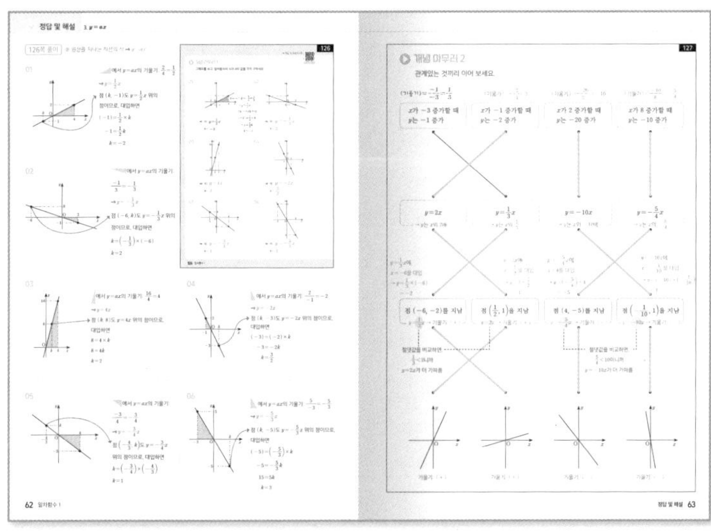

★ 친절한 해설

바로 옆에서 선생님이 설명해주는

것처럼 작은 과정 하나도 놓치지 않고

자세하게 풀이를 담았어.

틀린 문제의 풀이를 보면

정확히 어느 부분에서 틀렸는지

쉽게 알 수 있을 거야~

My study scheduler

학습 스케줄러

1. 함수란 무엇일까?			
1. 함수의 의미	2. 함수의 기호	3. 관계식	4. 그림으로 보는 함수
___월 ___일	___월 ___일	___월 ___일	___월 ___일
성취도 : ☺😐☹	성취도 : ☺😐☹	성취도 : ☺😐☹	성취도 : ☺😐☹

2. 좌표평면			3. $y=ax$
3. 사분면	4. 점의 대칭이동	▷ 단원 마무리	1. 일차함수
___월 ___일	___월 ___일	___월 ___일	___월 ___일
성취도 : ☺😐☹	성취도 : ☺😐☹	성취도 : ☺😐☹	성취도 : ☺😐☹

3. $y=ax$			
6. 기울기 (1)	7. 기울기 (2)	8. $y=ax$ 총정리	▷ 단원 마무리
___월 ___일	___월 ___일	___월 ___일	___월 ___일
성취도 : ☺😐☹	성취도 : ☺😐☹	성취도 : ☺😐☹	성취도 : ☺😐☹

학습한 날짜와 중요한 내용을 메모해 두고,
스스로 성취도를 표시해 봐!

1. 함수란 무엇일까?		2. 좌표평면	
5. 관계식이 없는 함수	▷ 단원 마무리	1. 순서쌍	2. 좌표평면
___월 ___일	___월 ___일	___월 ___일	___월 ___일
성취도 : ☺ 😐 ☹	성취도 : ☺ 😐 ☹	성취도 : ☺ 😐 ☹	성취도 : ☺ 😐 ☹

3. $y=ax$			
2. 정비례 관계	3. $y=ax$의 그래프 그리기	4. a의 부호	5. a의 절댓값
___월 ___일	___월 ___일	___월 ___일	___월 ___일
성취도 : ☺ 😐 ☹	성취도 : ☺ 😐 ☹	성취도 : ☺ 😐 ☹	성취도 : ☺ 😐 ☹

4. 일차함수의 활용				
1. 좌표축과 평행한 그래프	2. 서로 만나는 그래프	3. x의 값이 범위일 때	4. 최댓값과 최솟값	▷ 단원 마무리
___월 ___일	___월 ___일	___월 ___일	___월 ___일	___월 ___일
성취도 : ☺ 😐 ☹	성취도 : ☺ 😐 ☹	성취도 : ☺ 😐 ☹	성취도 : ☺ 😐 ☹	성취도 : ☺ 😐 ☹

함수가 중요한 이유

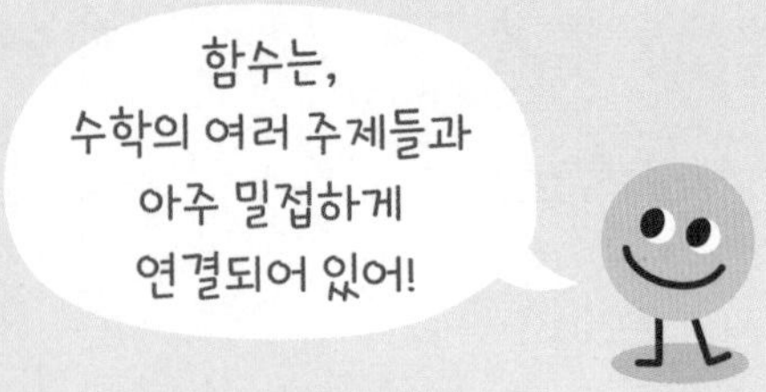
함수는,
수학의 여러 주제들과
아주 밀접하게
연결되어 있어!

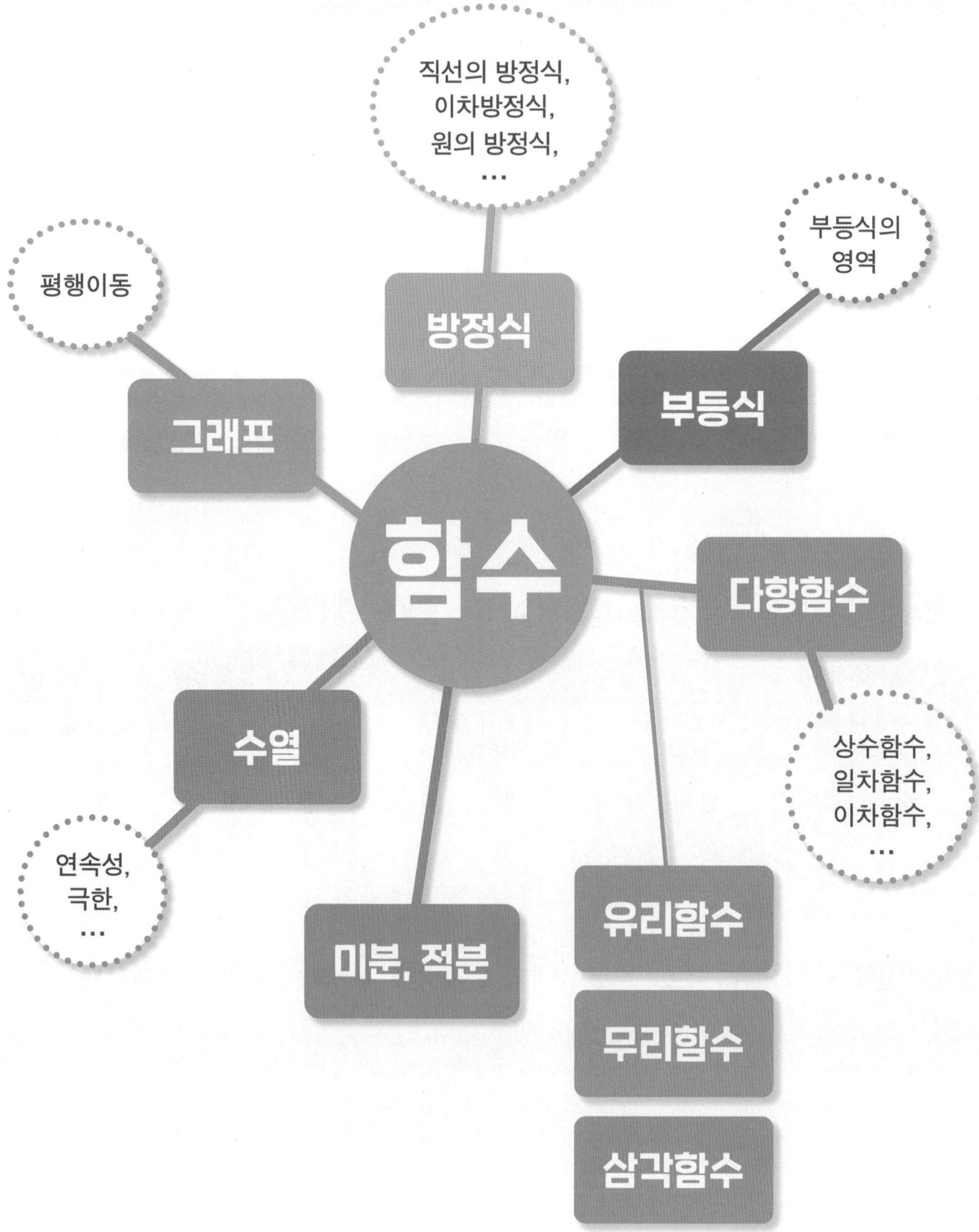
함수
방정식
직선의 방정식,
이차방정식,
원의 방정식,
…
부등식
부등식의
영역
그래프
평행이동
다항함수
상수함수,
일차함수,
이차함수,
…
수열
연속성,
극한,
…
미분, 적분
유리함수
무리함수
삼각함수

차 례

1 함수란 무엇일까?

2 좌표평면

3 $y=ax$

4 일차함수의 활용

1 함수란 무엇일까?

이번 단원에서 배울 내용

1. 함수의 의미
2. 함수의 기호
3. 관계식
4. 그림으로 보는 함수
5. 관계식이 없는 함수

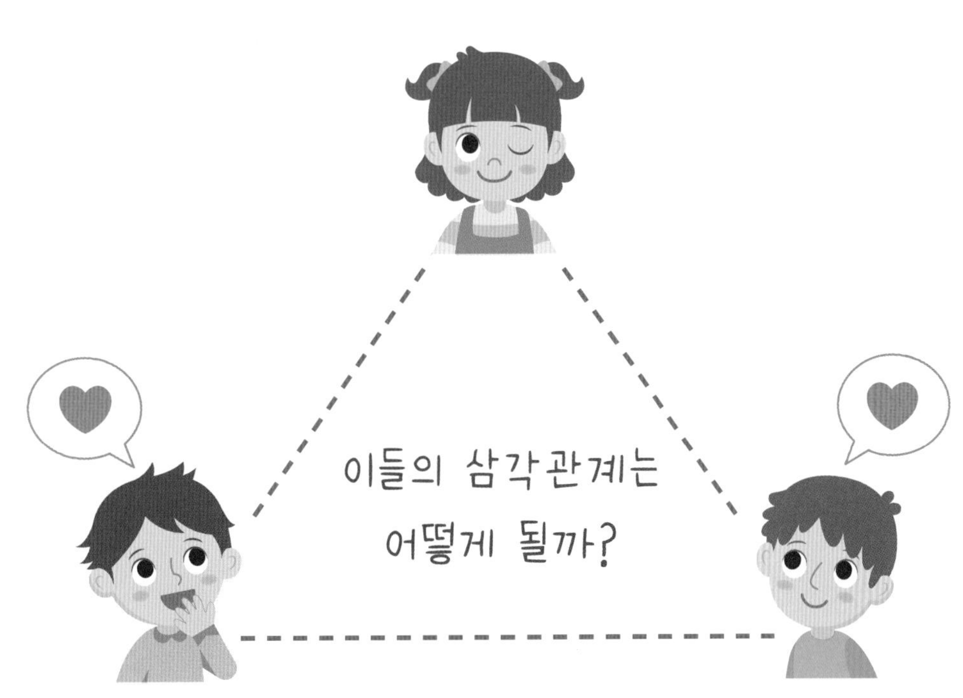

관계 중에서 제일 어려운 게 인간관계라던데,

인간관계도 수학처럼 답이 딱! 딱! 나오면 얼마나 좋을까?

그런데 수학에서도 관계라는 것이 있어.

물론 수학이니까 두 수 사이의 관계를 살펴보겠지.

두 수 사이의 관계는 **함수**라는 것으로 표현해~

그럼, 함수가 무엇인지부터 시작해 보자!

1 함수의 의미

보석함!
이때도 상자라는
뜻의 함!

함 수 : '수 상자' 라는 뜻

함: 〈상자〉라는 뜻의 '함'

수: $-1, \frac{1}{2}, 3.6, 10, \cdots$ 이런 '수'

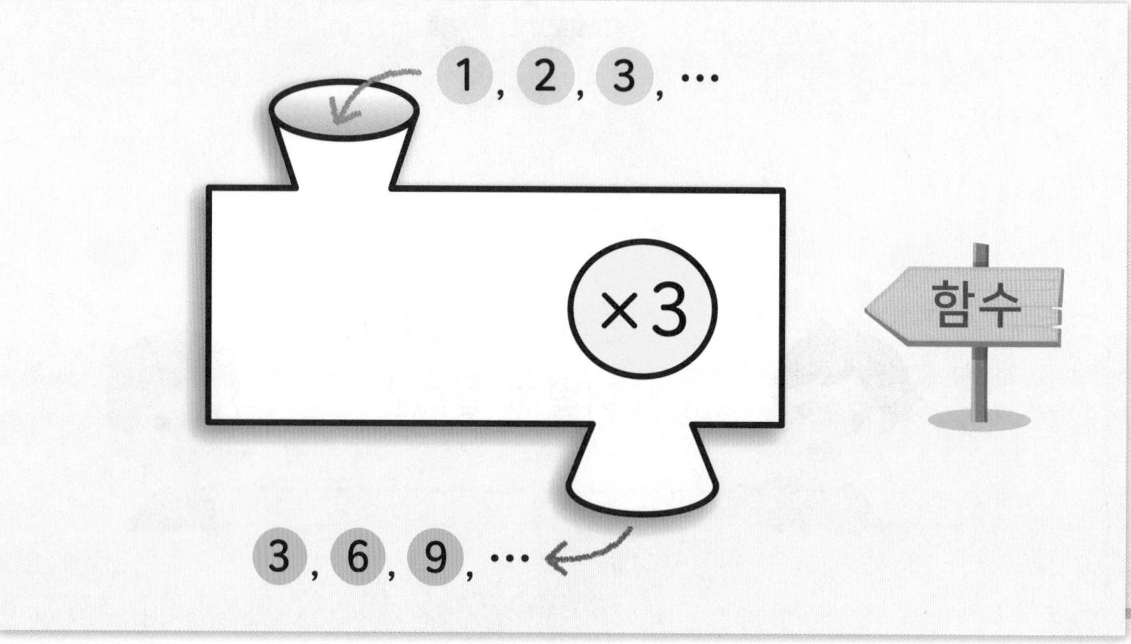

1, 2, 3, ⋯

×3

함수

3, 6, 9, ⋯

개념 익히기 1

'수 상자'에서 어떤 수가 나올지 빈칸을 알맞게 채우세요.

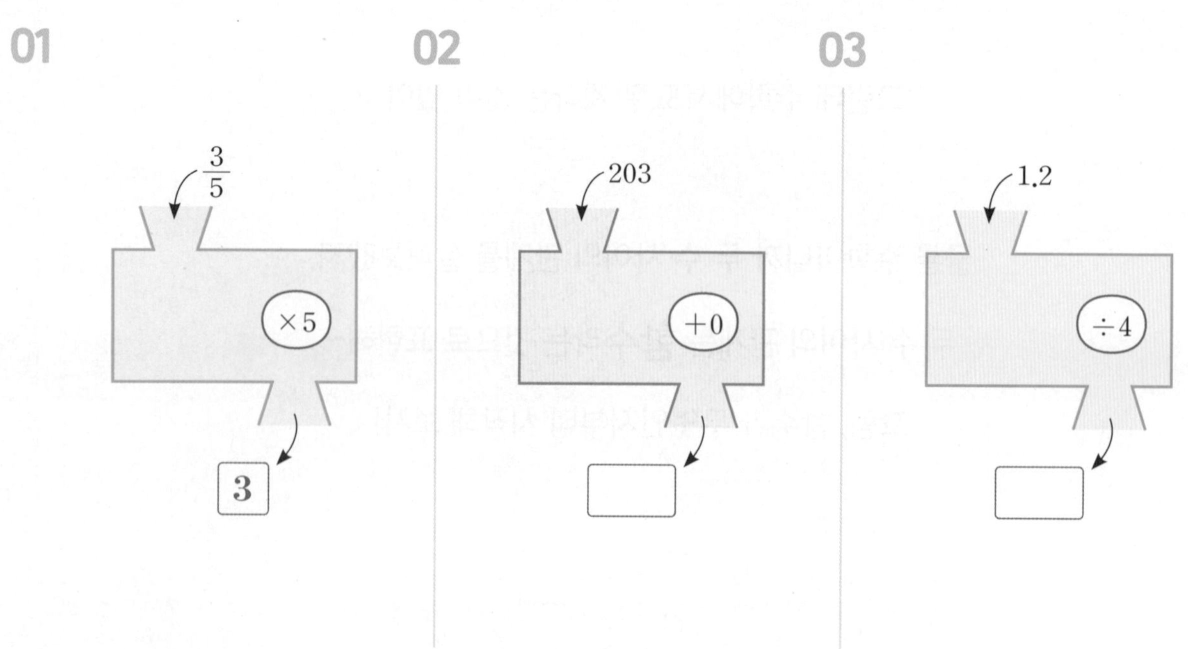

▶ 정답 및 해설 2쪽

★ 함수에는 입구와 출구가 있는데
어떤 수를 넣느냐에 따라 나오는 수가 달라지지!

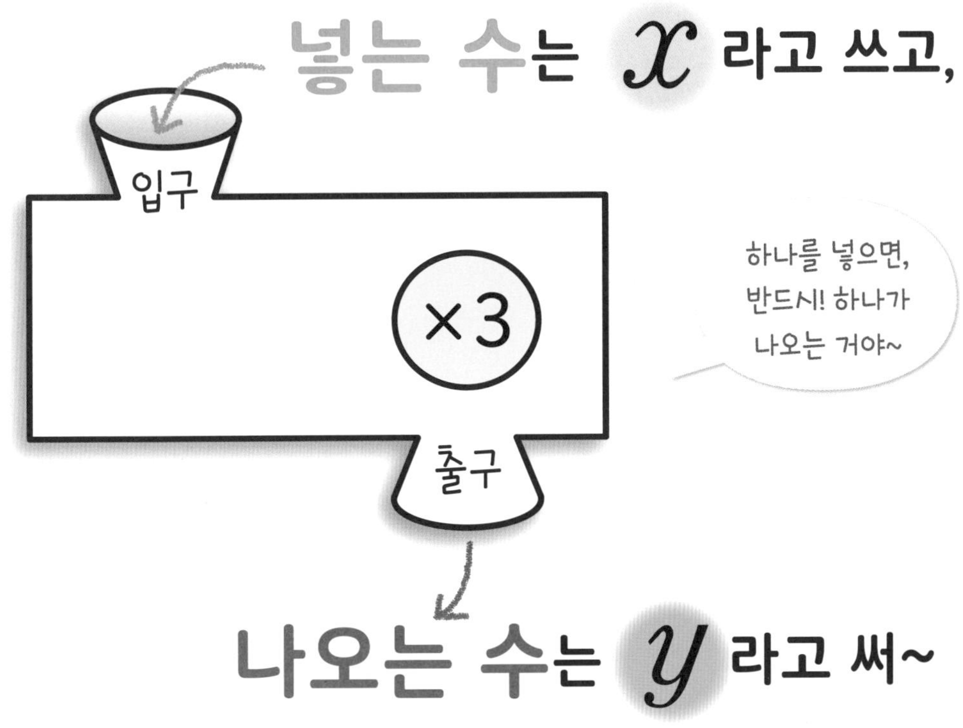

넣는 수는 x 라고 쓰고,
입구
×3
출구
하나를 넣으면, 반드시! 하나가 나오는 거야~
나오는 수는 y 라고 써~

개념 익히기 2

함수의 그림으로 알맞은 것에 ○표, 그렇지 않은 것에 ×표 하세요.

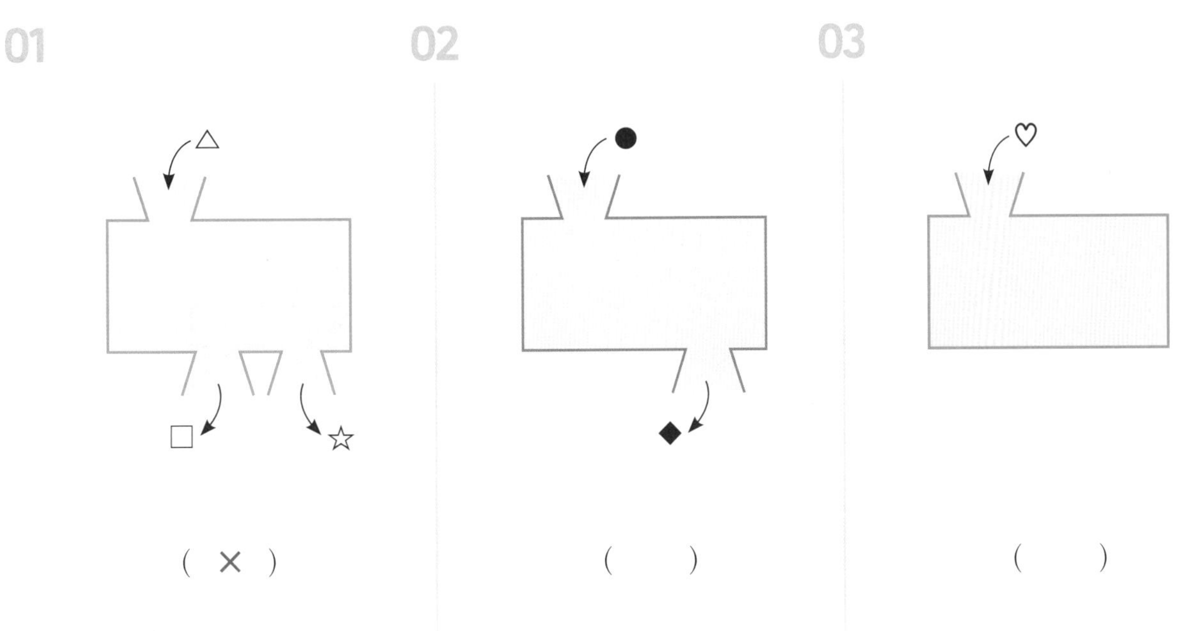

▶ 정답 및 해설 2쪽

1-03

개념 다지기 1

'수 상자'에서 넣는 수를 x, 나오는 수를 y라고 할 때, 그림을 보고 물음에 답하세요.

01 x에 ○표 하세요.

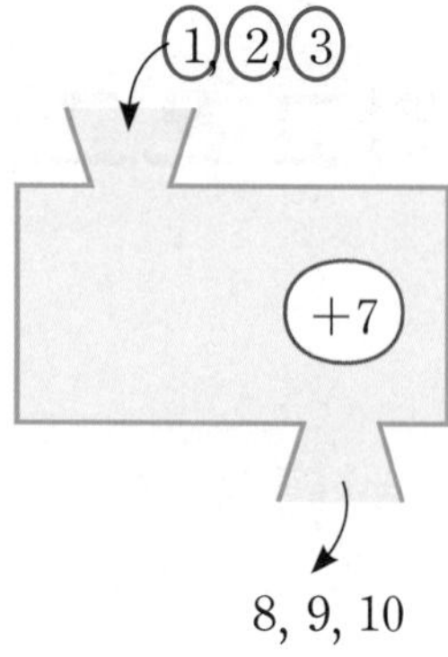

02 y에 ○표 하세요.

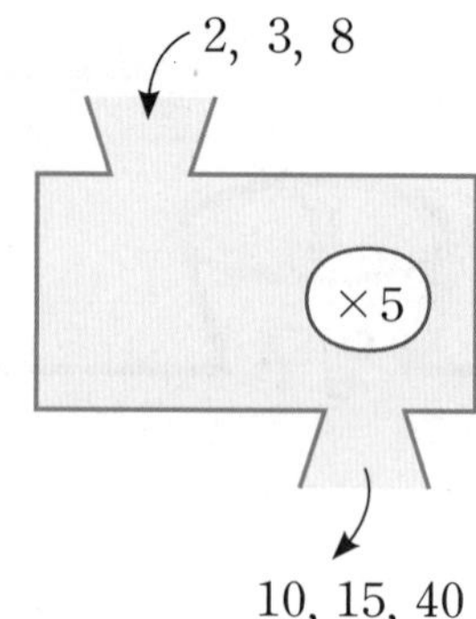

03 y에 ○표 하세요.

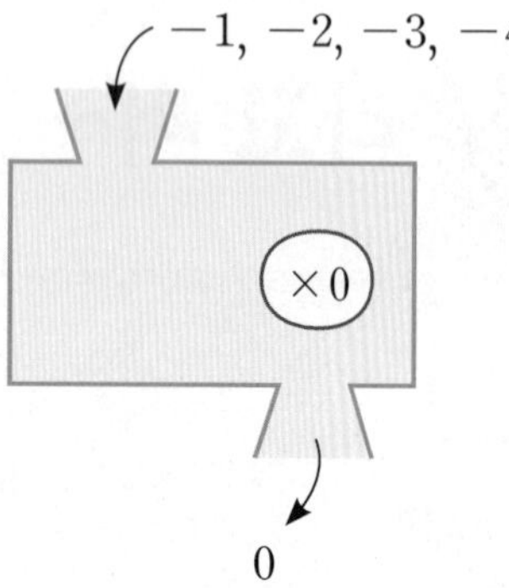

04 x에 ○표 하세요.

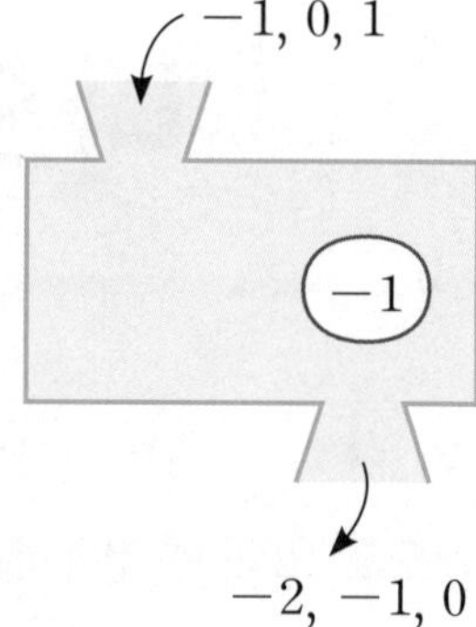

05 x에 ○표 하세요.

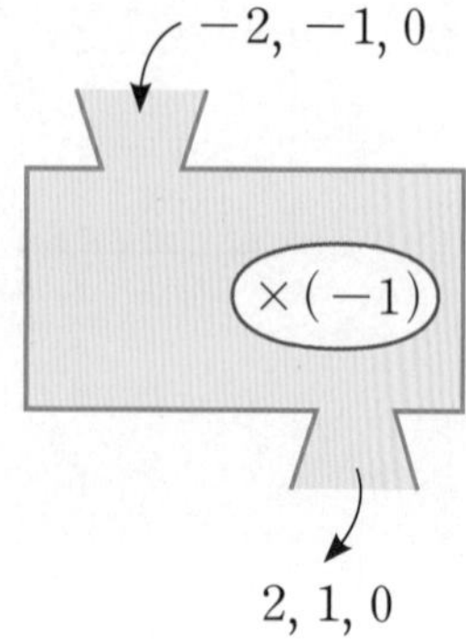

06 y에 ○표 하세요.

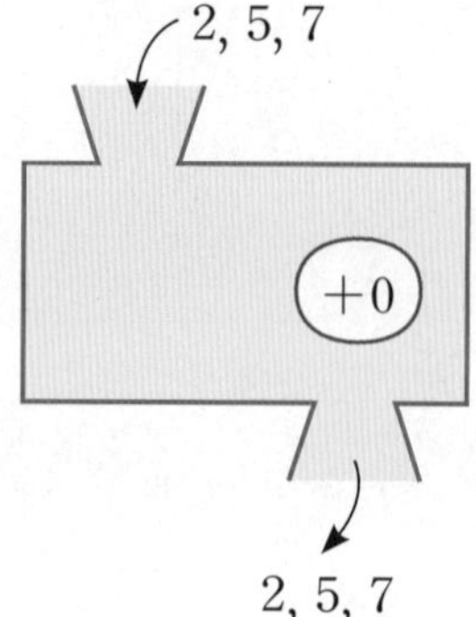

▶ 정답 및 해설 2쪽

개념 다지기 2

'수 상자'에서 넣는 수를 x, 나오는 수를 y라고 할 때, 그림을 보고 물음에 답하세요.

01

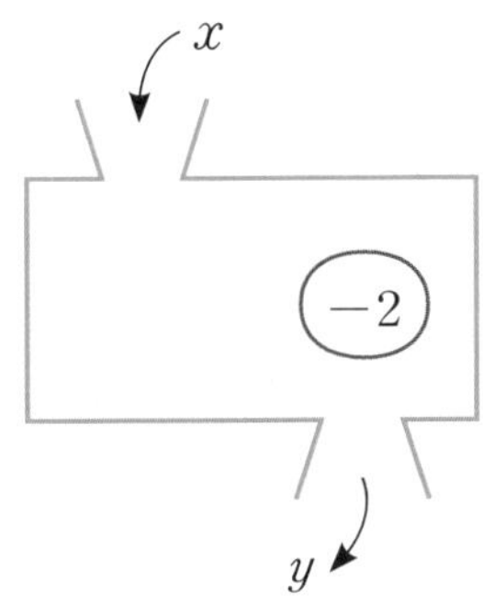

$x=9$일 때, y의 값은? **7**

02

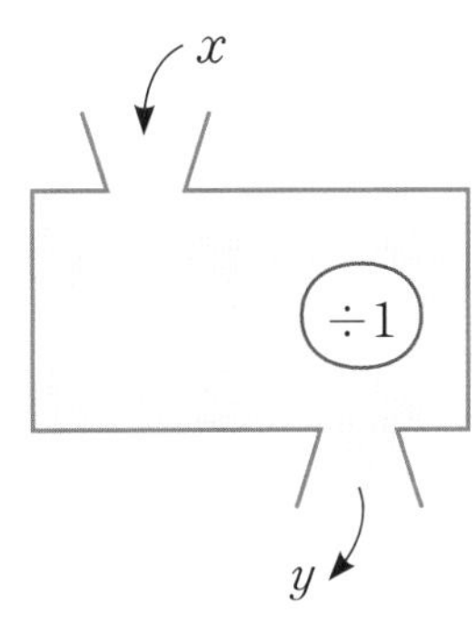

$x=10$일 때, y의 값은?

03

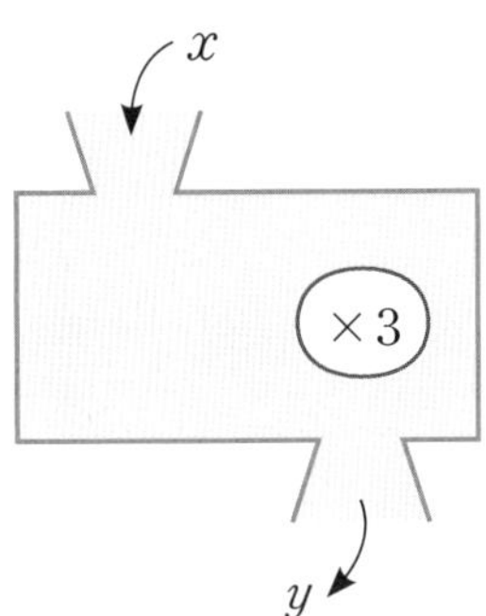

$y=15$일 때, x의 값은?

04

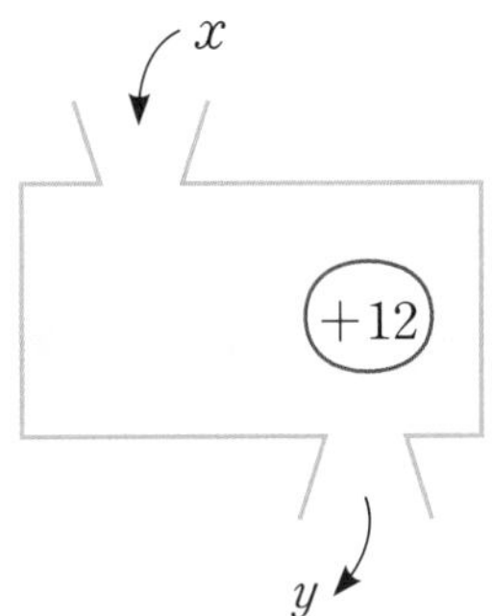

$y=8$일 때, x의 값은?

05

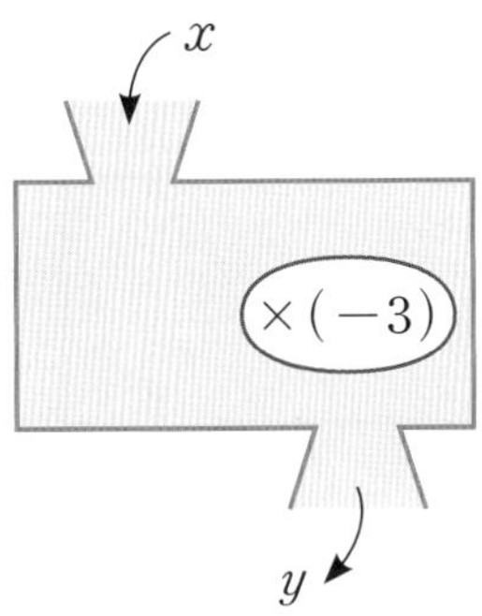

$x=4$일 때, y의 값은?

06

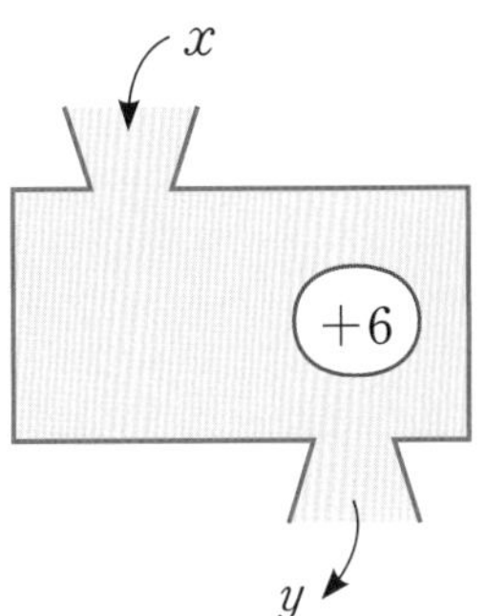

$y=-7$일 때, x의 값은?

▶정답 및 해설 3쪽

개념 마무리 1

표를 보고 '수 상자'를 완성하세요.

01

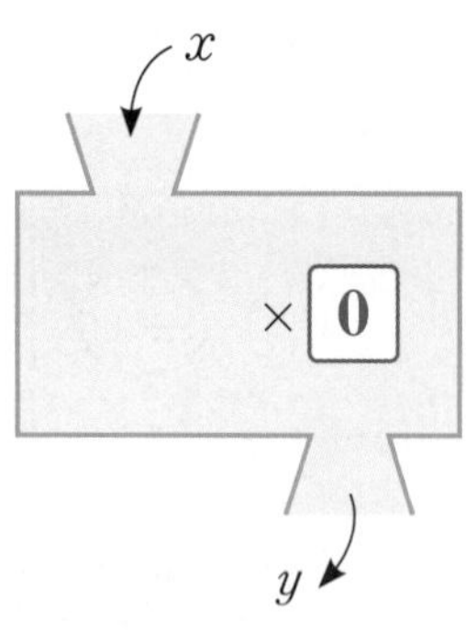

x	$\frac{3}{4}$	$-\frac{1}{4}$	0	2	4
y	0	0	0	0	0

02

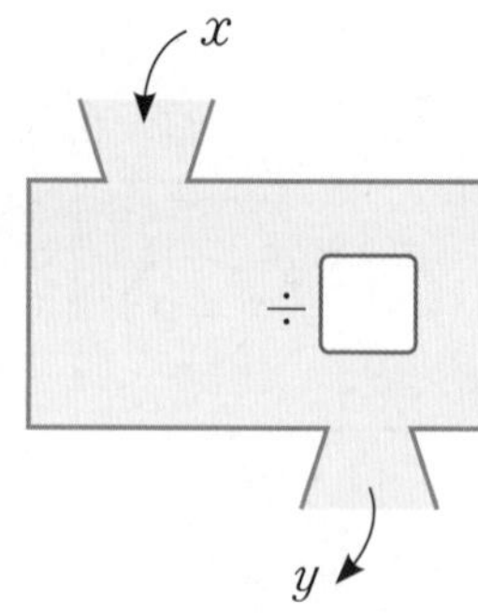

x	-4	-2	0	2	4
y	-2	-1	0	1	2

03

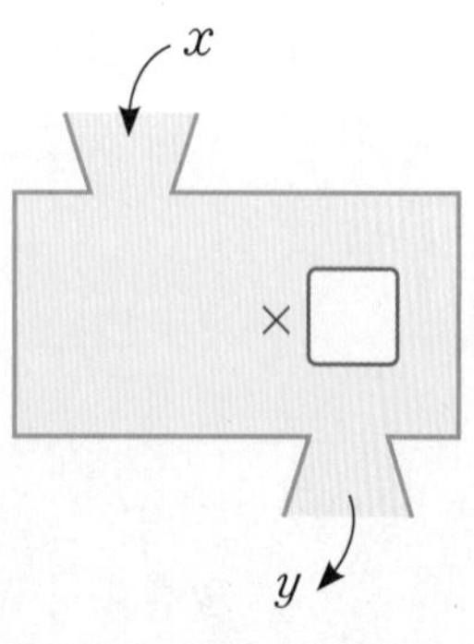

x	-2	-1	0	1	2
y	-6	-3	0	3	6

04

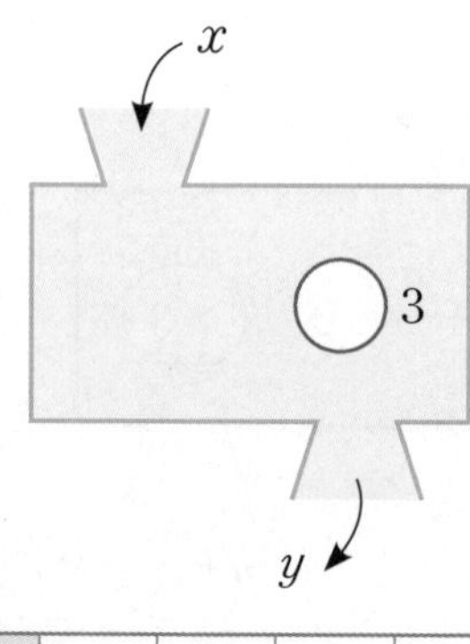

x	-4	-3	-2	-1	0
y	-1	0	1	2	3

05

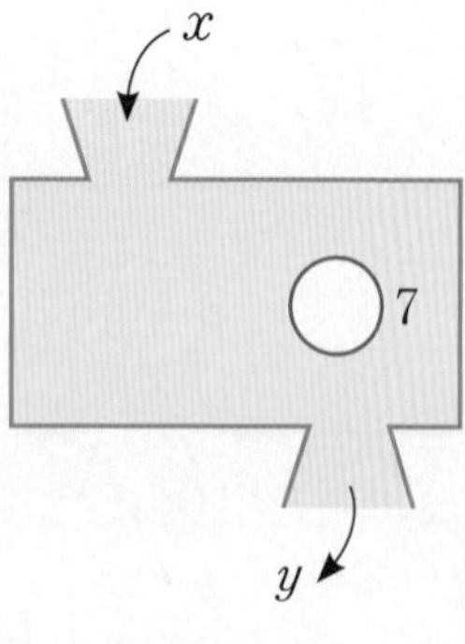

x	-7	1	7	14	21
y	-1	$\frac{1}{7}$	1	2	3

06

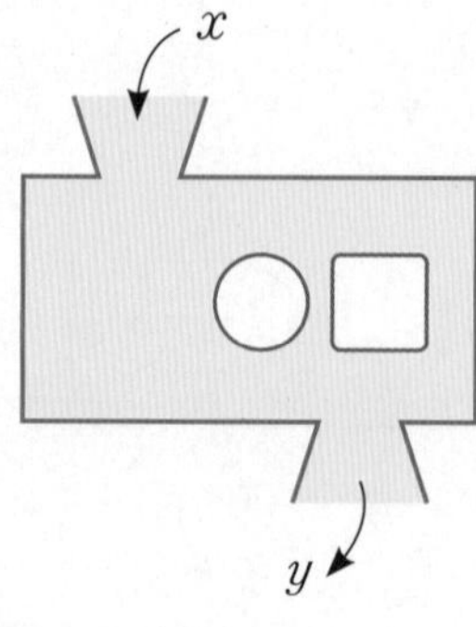

x	-5	0	5	10	15
y	-6	-1	4	9	14

▶ 정답 및 해설 3쪽

개념 마무리 2

'수 상자' 2개를 그림과 같이 연결했습니다. 위의 '수 상자'에 1, 2, 3, 4, 5를 넣었을 때, 나오는 수를 순서대로 빈칸에 쓰세요.

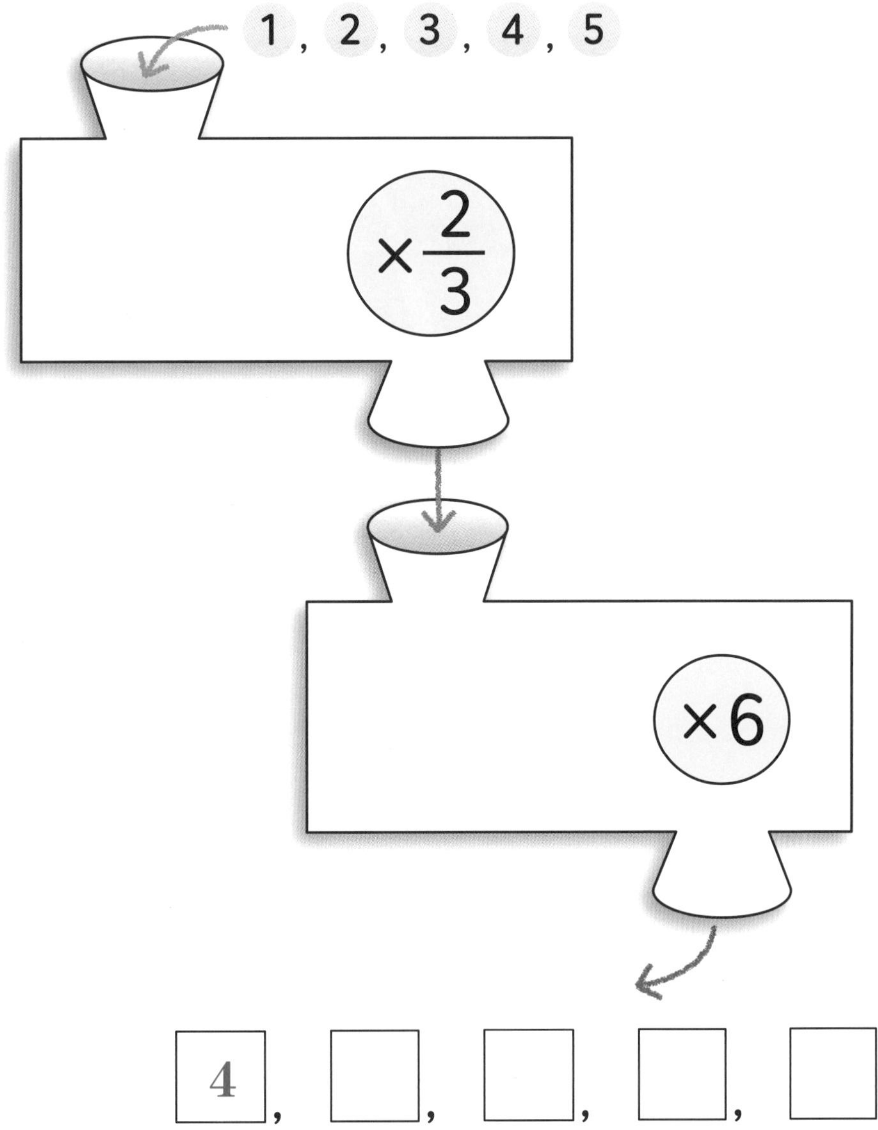

4, ☐, ☐, ☐, ☐

2 함수의 기호

함수의 정의

변하는 수

두 변수 x, y에 대하여 x의 값이 하나 정해짐에 따라 y의 값도 하나로 정해지는 관계일 때, y를 x의 함수라고 한다.

하나를 넣으면 하나가 나온다는 의미　　넣는 수가 x라는 의미

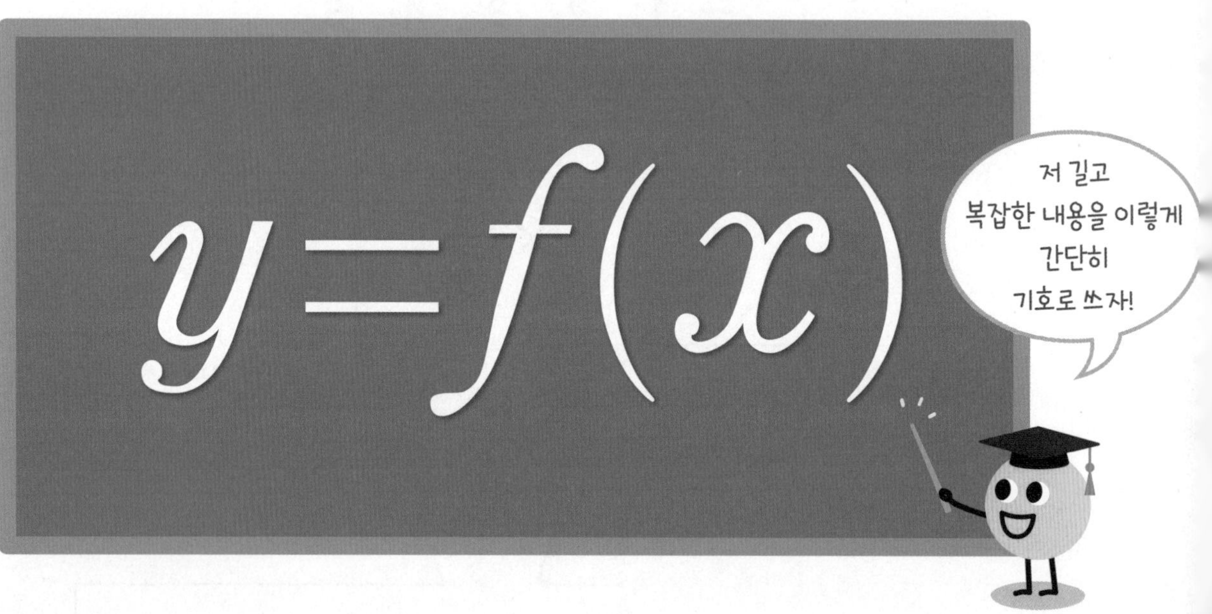

$y=f(x)$
저 길고
복잡한 내용을 이렇게
간단히
기호로 쓰자!

개념 익히기 1

빈칸을 알맞게 채우세요.

01

두 변수 x, y에 대하여 x의 값이 하나 정해짐에 따라 [y]의 값도 하나로 정해지는 관계일 때, [　]를 x의 함수라고 한다.

02

두 변수 x, y에 대하여 [　]의 값이 하나 정해짐에 따라 y의 값도 하나로 정해지는 관계일 때, y를 [　]의 함수라고 한다.

03

두 변수 x, y에 대하여 x의 값이 하나 정해짐에 따라 y의 값도 하나로 정해지는 관계일 때, y를 x의 [　　]라고 한다.

▶ 정답 및 해설 4쪽

f : function의 첫 글자로 '기능', '작동하다'의 뜻. 그러니까 기계 같은 거야.

그 기계에 x를 쏘~옥 넣은 것이 f( ), 바로 f(x)야!

f(x) : f라는 기계(수 상자)에 x를 넣었다!라는 뜻이지.

그런데 하나를 넣으면, 하나가 나오잖아~ 그렇게 기계에서 나온 게 y다!라는 것을 이렇게 써~

⇨ $y = f(x)$

$y = f(x)$

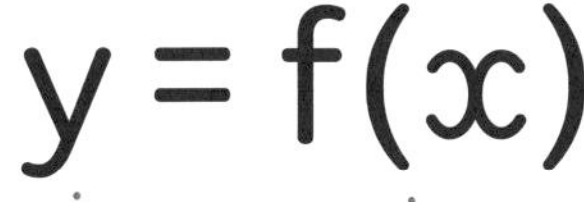

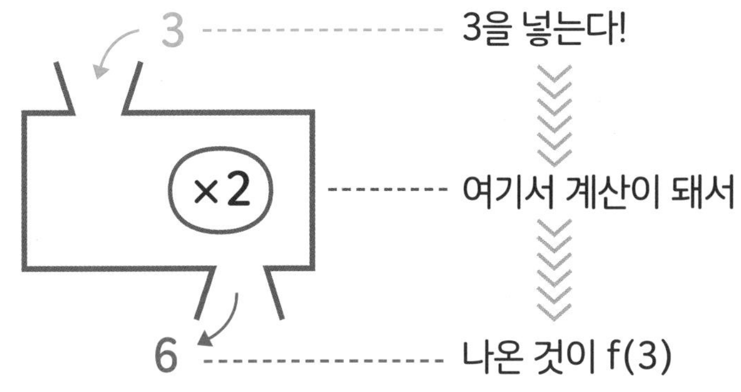

기호 6 = f(3)

의미 f라는 함수에 3을 넣으니 6이 나왔다.

개념 익히기 2

함수 f를 '수 상자'로 나타냈습니다. 그림을 보고 빈칸을 알맞게 채우세요.

01

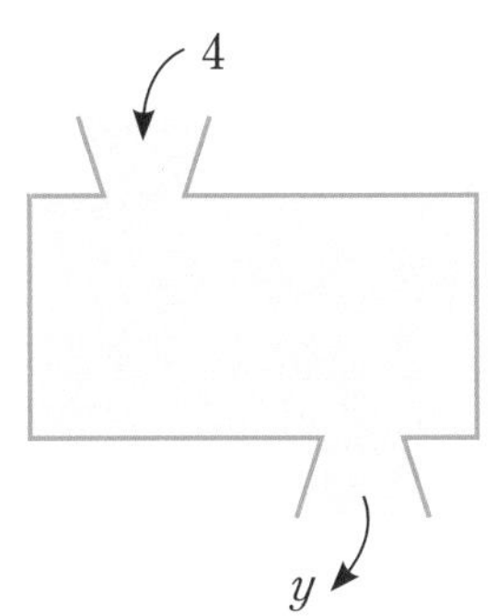

의미 f라는 함수에 [4]를 넣음

기호 f([4])

02

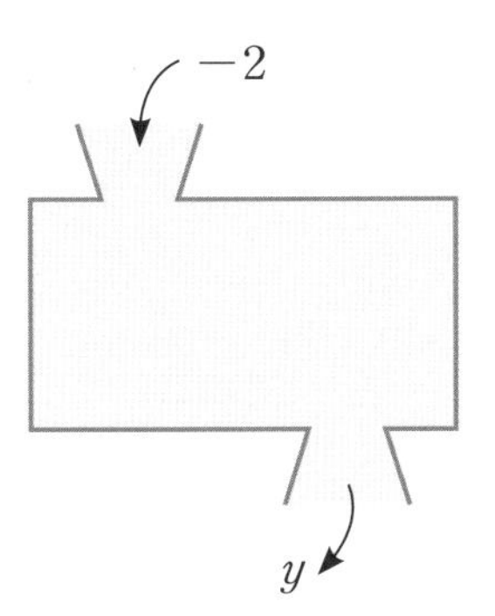

의미 f라는 함수에 [ ]를 넣음

기호 f([ ])

03

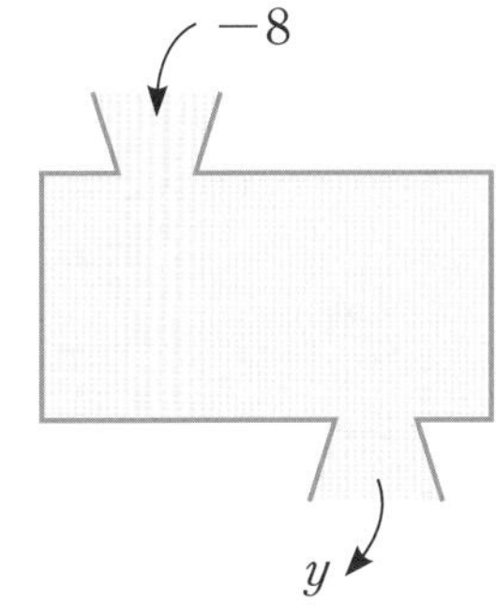

의미 f라는 함수에 [ ]을 넣음

기호 f([ ])

▶ 정답 및 해설 4쪽

1-09

개념 다지기 1

의미가 같도록 빈칸을 알맞게 채우세요.

01

$b=f(a)$

➡ f라는 함수에 $\boxed{a}$를 넣으니 $\boxed{b}$가 나왔다.

02

★ $=f($♡$)$

➡ f라는 함수에 □를 넣으니 □이 나왔다.

03

f라는 함수에 ㉠을 넣으니 ㉡이 나왔다.

➡ □ $=f($□$)$

04

함수 f에 ㉮를 넣으니 ㉯가 나왔다.

➡ □(□) $=$ □

05

$f($☾$)=$ ☀

➡ f라는 □에 □을 넣으니 □가 나왔다.

06

함수 f에 ㉻을 넣으니 ㉾가 나왔다.

➡ ____________________

▶ 정답 및 해설 4쪽

1-10

개념 다지기 2

함수 $y=f(x)$를 '수 상자'로 나타냈습니다. 빈칸을 알맞게 채우세요.

01

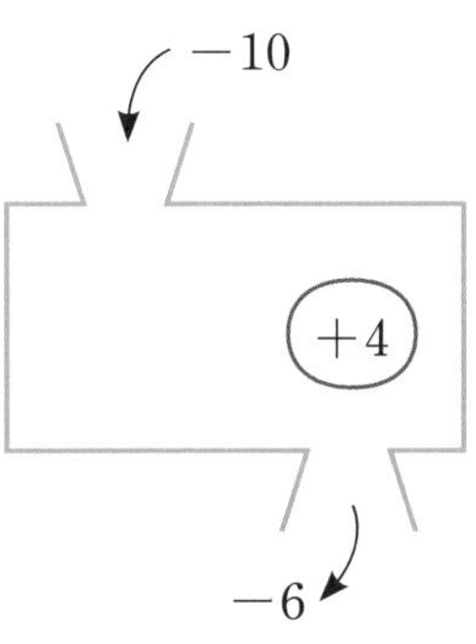

$f(-10)=$ [−6]

02

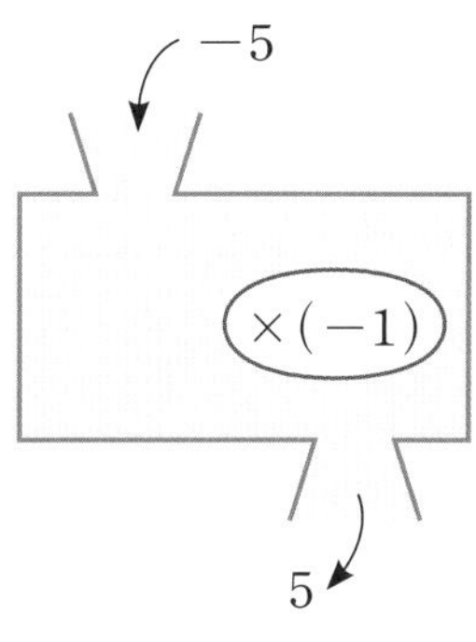

$f($ ☐ $)=5$

03

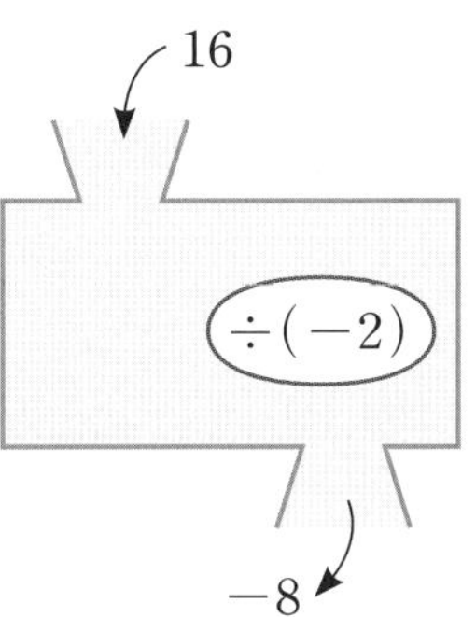

$f(16)=$ ☐

04

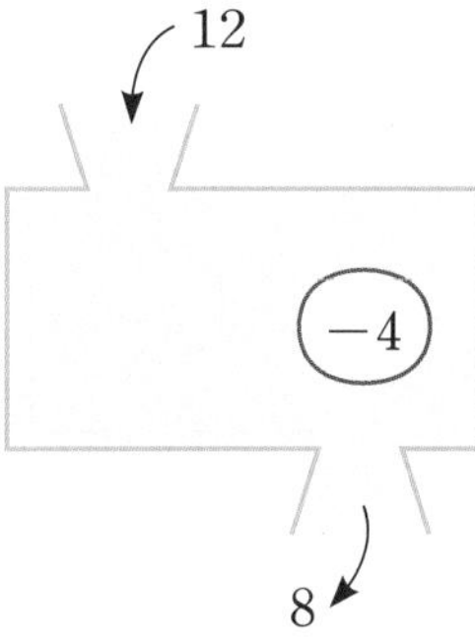

$8=$ ☐ (12)

05

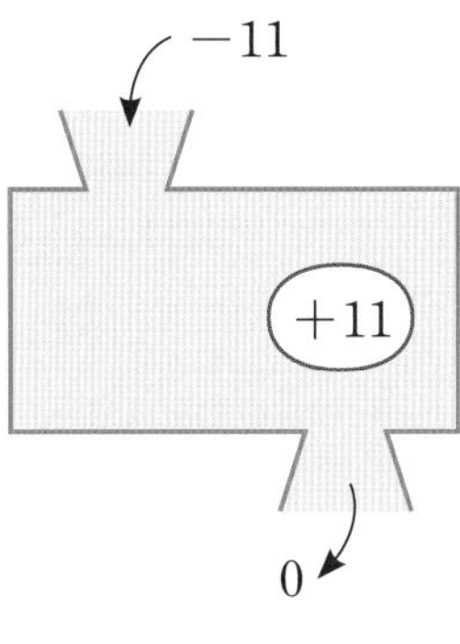

$f($ ☐ $)=0$

06

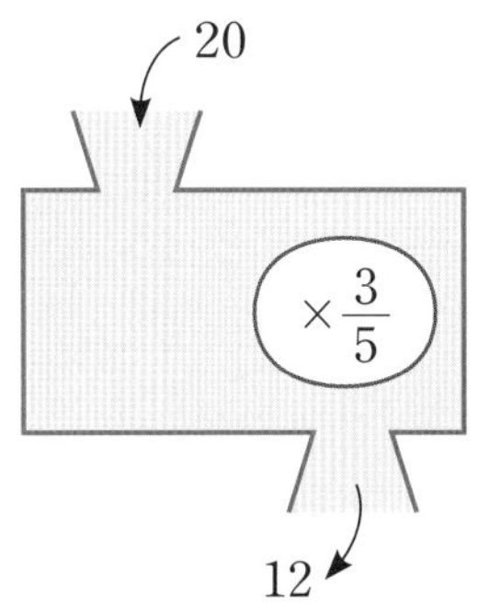

☐ $=f(20)$

개념 마무리 1

함수 $y=f(x)$를 '수 상자'로 나타냈습니다. 물음에 답하세요.

01

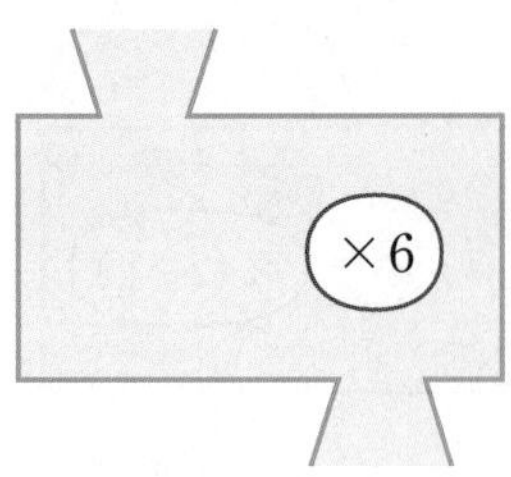

$y=4$일 때, x의 값은? $\frac{2}{3}$

02

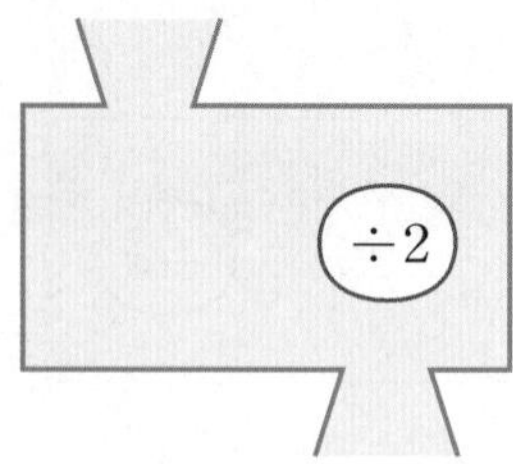

$y=\frac{1}{2}$일 때, x의 값은?

03

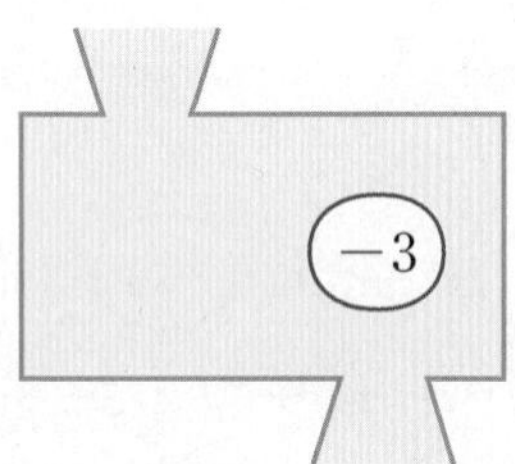

$f(-1)$의 값은?

04

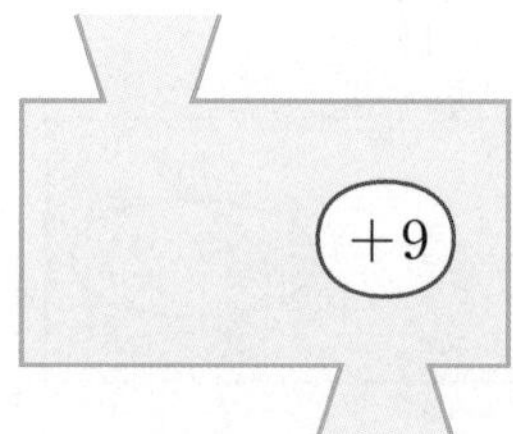

$y=0$을 만족하는 x의 값은?

05

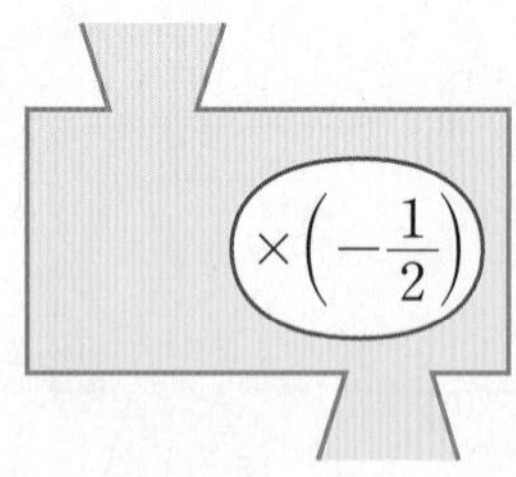

$y=-5$를 만족하는 x의 값은?

06

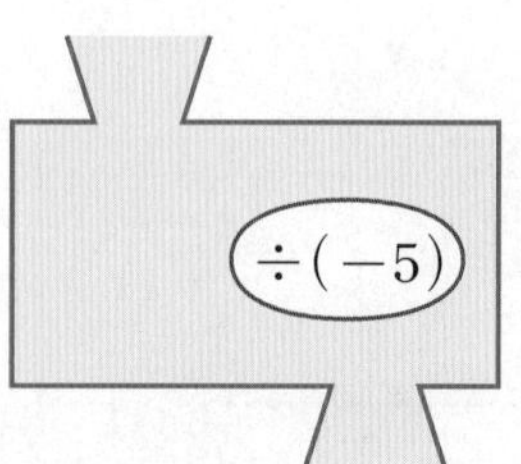

$f(-5)$의 값은?

▶ 정답 및 해설 5쪽

개념 마무리 2

아래 '수 상자'를 f라 할 때, 관계있는 것끼리 선으로 이으세요.

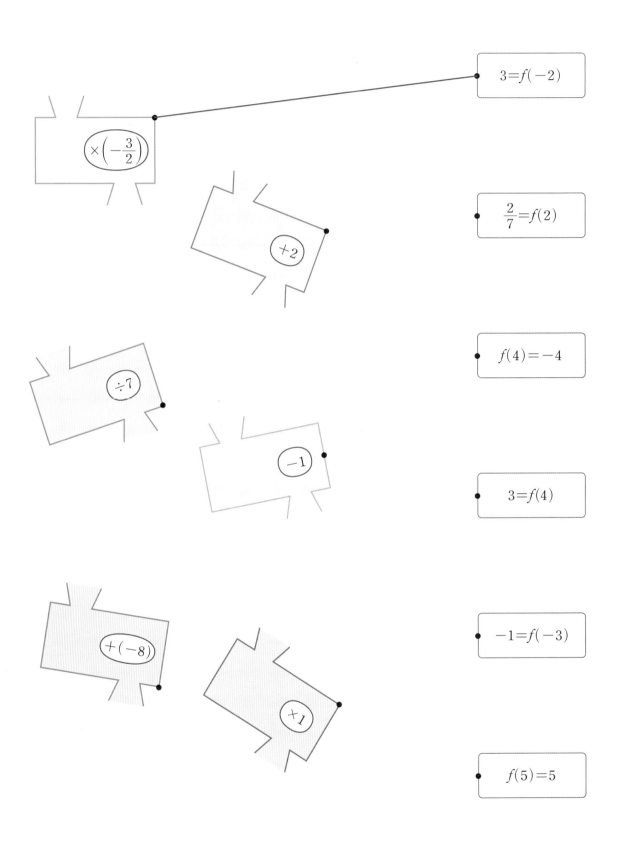

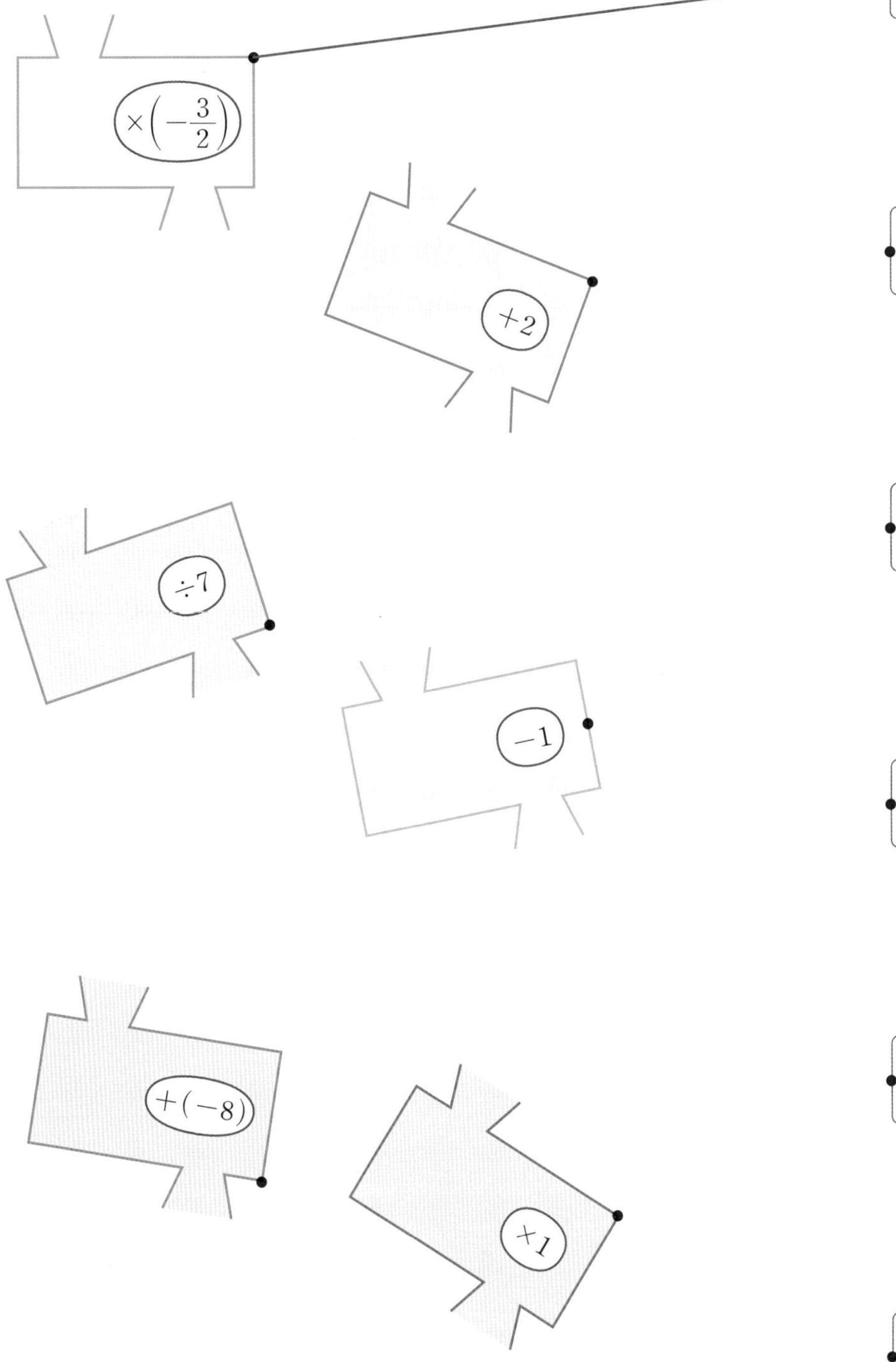

$\times\left(-\frac{3}{2}\right)$

$+2$

$\div 7$

-1

$+(-8)$

$\times 1$

$3=f(-2)$

$\frac{2}{7}=f(2)$

$f(4)=-4$

$3=f(4)$

$-1=f(-3)$

$f(5)=5$

3 관계식

★ 함수란? 하나의 값에 따라, 하나의 값이 나오는 것

x	1	2	3	4	5
y	2	4	6	8	10

x	1	2	3	4	5
y	0	0	0	0	0

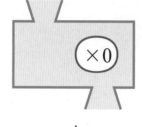

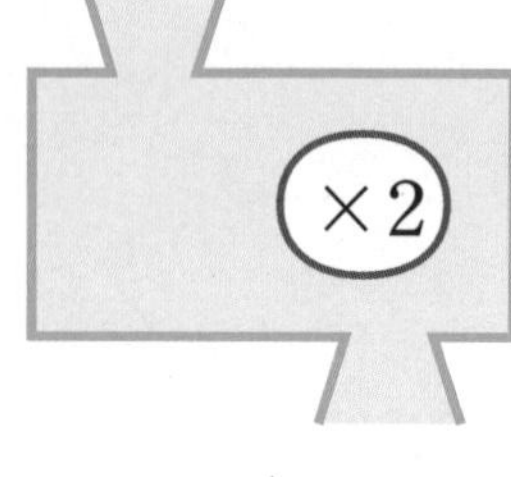

×0

'수 상자'를 **식으로** 나타낸 것을 ★**관계식** 이라고 해~

식으로

$y=2x$

식으로

$y=0$

나오는 수가 다 똑같아도 하나 넣었을 때 하나가 나오면 함수!

▶ 개념 익히기 1

함수 $y=f(x)$를 '수 상자'로 나타냈습니다. 알맞은 관계식에 ○표 하세요.

01

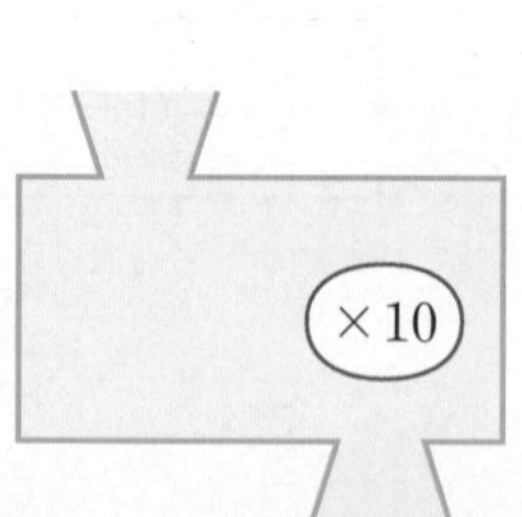

$y=10x$ (○)

$x=10y$ ( )

02

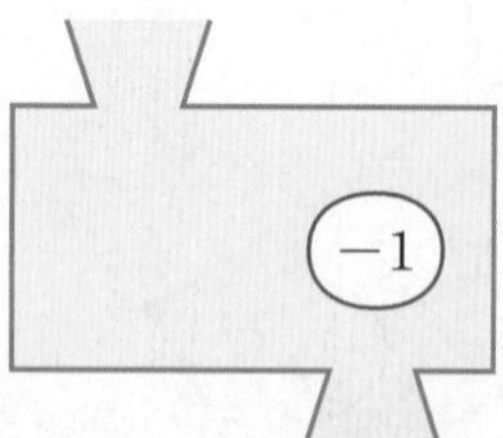

$y=x-1$ ( )

$y=1-x$ ( )

03

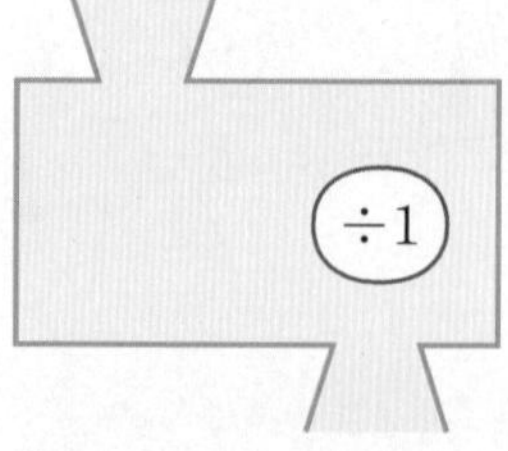

$y=\frac{1}{x}$ ( )

$y=x$ ( )

▶ 정답 및 해설 7쪽

둘 다 y네~

관계식

$y = $ ~~~~

함수 기호

$y = f(x)$

$$y = \text{~~~~} = f(x)$$

관계식을 쓸 때 주의점

$y = -2y + 6x$ ← 이렇게는 쓰지 않아요!

↓

y는 좌변으로 모으기 → $3y = 6x$

↓

$y = 2x$ 관계식은 이런 모양으로 씁니다!

또는 $f(x) = 2x$

✓ 관계식은 주로

$y = $ ~~~~

또는

$f(x) = $ ~~~~

모양이에요.

개념 익히기 2

관계식의 모양을 알맞게 정리하세요.

01

$9x+y=0$

➡ $y=-9x$

또는

$f(x)=-9x$

02

$y-x=2$

➡

03

$7-y=4x$

➡

▶정답 및 해설 8쪽

1-15

개념 다지기 1

함수 $y=f(x)$에 대하여 물음에 답하세요.

01 $f(x)=-4x,\ f(2)=?$

$f(2)$의 뜻: $f(x)$에서 x 대신에 2를 넣어서 나온 값

$f(2)=(-4)\times(2)$
$=-8$

답: -8

02 $f(x)=\dfrac{6}{x},\ f(-1)=?$

03 $f(x)=x-1,\ f(0)=?$

04 $y=2x-3,\ f(-5)=?$

05 $y=x^2,\ f(10)=?$

06 $f(x)=\dfrac{3}{x}+1,\ f(-6)=?$

▶ 정답 및 해설 9쪽

개념 다지기 2

함수 $y=f(x)$에 대하여 다음을 만족시키는 a의 값을 구하세요.

01 $f(x)=4x+1$, $f(a)=9$

$f(a)=9$의 뜻: $f(x)$에서 x 대신에 a를 넣었더니 9가 나옴

$\rightarrow f(x)=4x+1$

$f(a)=4\times(a)+1=9$

$4a=8$

$a=2$

답: 2

02 $y=x-10$, $f(a)=5$

03 $f(x)=-9x$, $f(a)=3$

04 $2x+y=11$, $f(a)=0$

05 $4y=x$, $f(a)=-1$

06 $f(x)=-6x+5$, $f(a)=41$

▶ 정답 및 해설 10쪽

개념 마무리 1

함수 $y=f(x)$에 대하여 물음에 답하세요.

01 함수 $f(x)=ax+3$에 대해 $f(-1)=1$일 때, 상수 a의 값은?

$f(-1)=1$의 뜻: $f(x)$에서 x 대신에 -1을 넣었더니 1이 나옴

$f(x)=ax+3$, $f(-1)=1$이니까

$$f(-1)=a\times(-1)+3=1$$
$$-a+3=1$$
$$-a=-2$$
$$a=2$$

답: 2

02 함수 $y=x+a$일 때, $f(1)=0$이면 상수 a의 값은?

03 함수 $y=ax-1$에 대해 $f(2)=-9$일 때, 상수 a의 값은?

04 함수 $f(x)=-\frac{4}{3}x+a$일 때, $f(0)=8$이면 상수 a의 값은?

05 함수 $f(x)=ax+4$일 때, $f(-1)=5$이면 상수 a의 값은?

06 함수 $y=ax+8$에 대하여 $f(4)=10$일 때, 상수 a의 값은?

▶ 정답 및 해설 11쪽

개념 마무리 2

함수 $y=f(x)$에 대하여 물음에 답하세요.

01 함수 $f(x)=2x-3$에 대하여 $-3f\left(\frac{1}{2}\right)$의 값은?

$f\left(\frac{1}{2}\right)=2\times\left(\frac{1}{2}\right)-3$
$=1-3$
$=-2$

$f(x)$에서 x 대신 $\frac{1}{2}$을 넣은 것

$\rightarrow -3f\left(\frac{1}{2}\right)=(-3)\times(-2)$
$=6$

답: 6

02 함수 $f(x)=-3x+5$에 대해 $f(3)+2f(-2)$의 값은?

03 함수 $f(x)=-\frac{4}{3}x-1$에 대해 $f(a)=-1$을 만족시키는 상수 a의 값은?

04 함수 $y=ax+1$에서 $f\left(\frac{1}{3}\right)=2$일 때, 상수 a의 값은?

05 함수 $y=-x+b$일 때, $f(3)=3$이면 $f(-1)$의 값은? (단, b는 상수)

06 함수 $f(x)=ax-2$이고 $f(1)=5$, $f(b)=12$일 때, 상수 a, b에 대하여 $a+b$의 값은?

4 그림으로 보는 함수

이런 함수에서 $x = 1, 2, 3, 4$라면?

★ $f(x) = 3x$

표로

x	1	2	3	4
y	3	6	9	12

그림으로

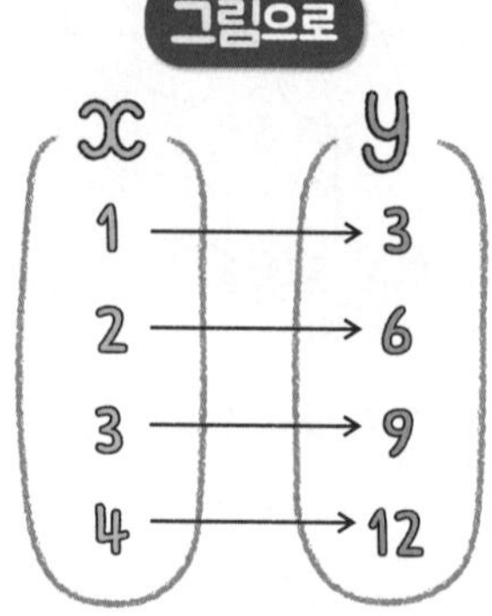

식으로

$f(1) = 3$

$f(2) = 6$

$f(3) = 9$

$f(4) = 12$

어때~? x 하나에, y가 하나 나오니까 함수 맞지!

이렇게, 하나와 하나가 짝꿍을 이루는 것을 대응이라고 해.

그러니까 1과 3이 대응, 2와 6이 대응!

대응이 아니에요.

대응이에요.

'**대응**'이라는 말이 나오면 무엇과 무엇이 **짝꿍**이 되는지 잘 봐야해~

개념 익히기 1

그림을 보고 물음에 답하세요.

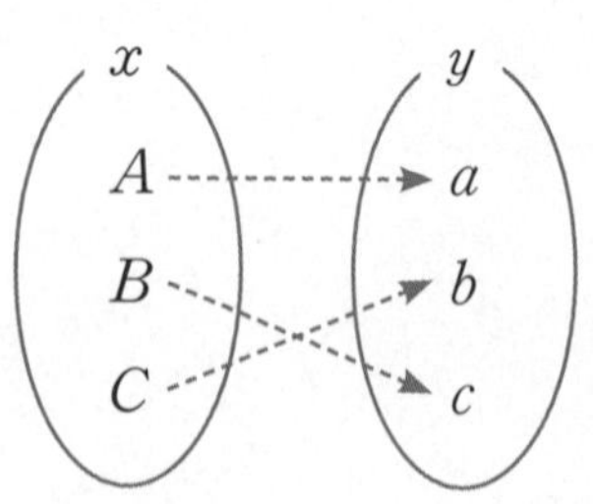

01 A에 대응하는 것은? a

02 B에 대응하는 것은?

03 C에 대응하는 것은?

▶ 정답 및 해설 12쪽

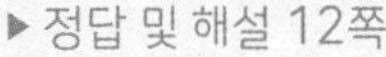

그림으로 함수인지 아닌지를 살펴보자!

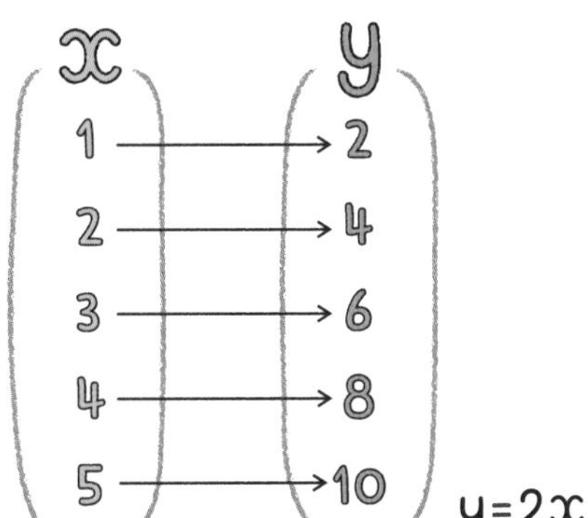

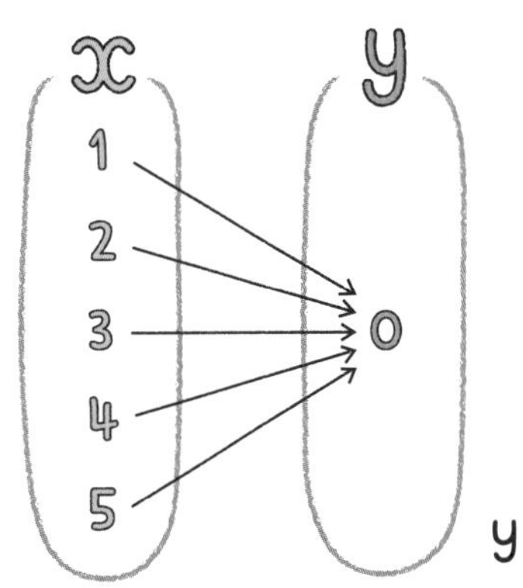

x에 y가
대응하니까
함수 맞지!

⊗ 함수가 아닌 예

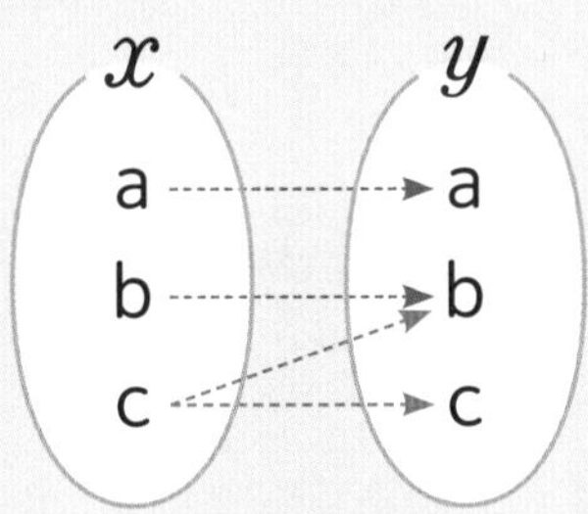

하나를 넣었을 때
둘이 나오면
함수가 아니야~

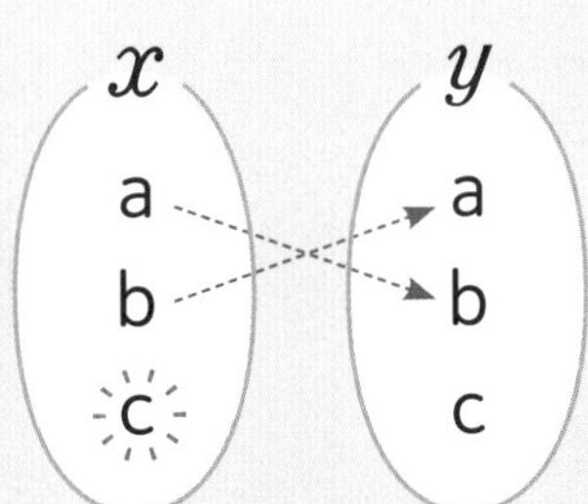

C를 넣었을 때
나오는 게 없으니까
함수가 아니야~

함수는,
하나 누르면 하나가 나오는
자판기를 생각해~

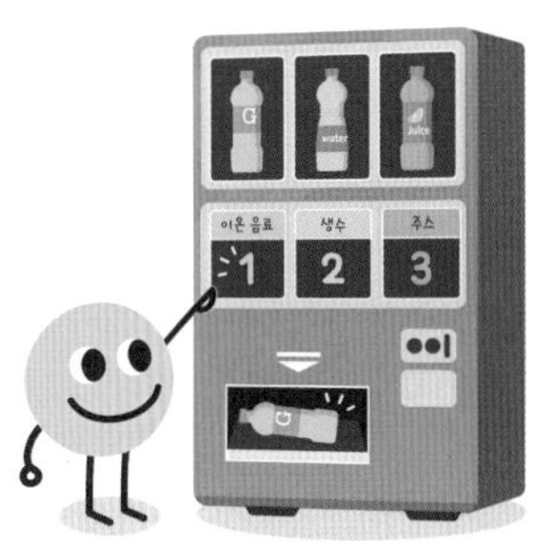

▶ 개념 익히기 2

함수의 그림으로 알맞은 것에 ○표, 그렇지 않은 것에 ×표 하세요.

01

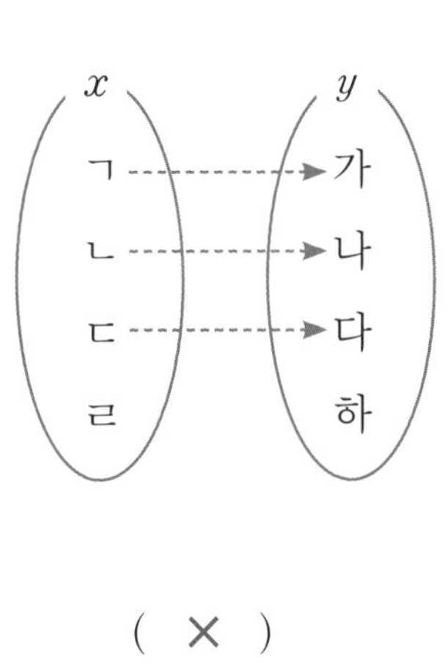

(×)

02

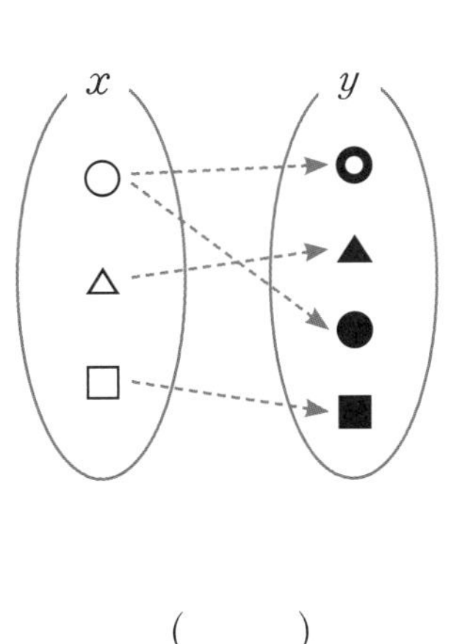

(　　)

03

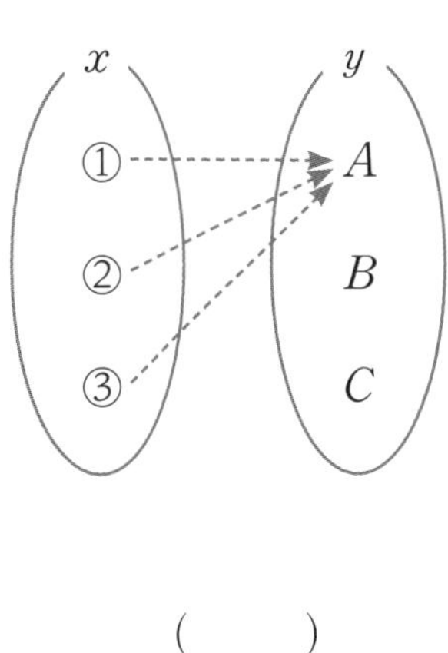

(　　)

▶정답 및 해설 12쪽

1-21

개념 다지기 1

표를 보고 대응하는 화살표를 그리고, 함수인지 아닌지 알맞은 말에 ○표 하세요.

01

x	a	b	c	d
y	1, 3	2	4	5

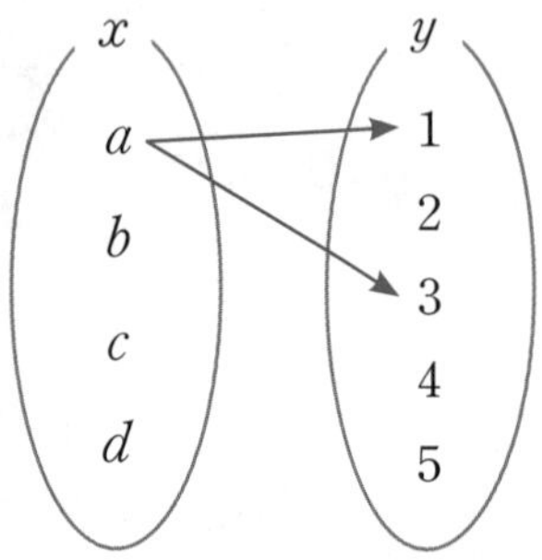

x: a, b, c, d / y: 1, 2, 3, 4, 5

함수가 (맞습니다 , 아닙니다).

02

x	a	b	c	d
y	갑	을	병	정

x: a, b, c, d / y: 갑, 을, 병, 정

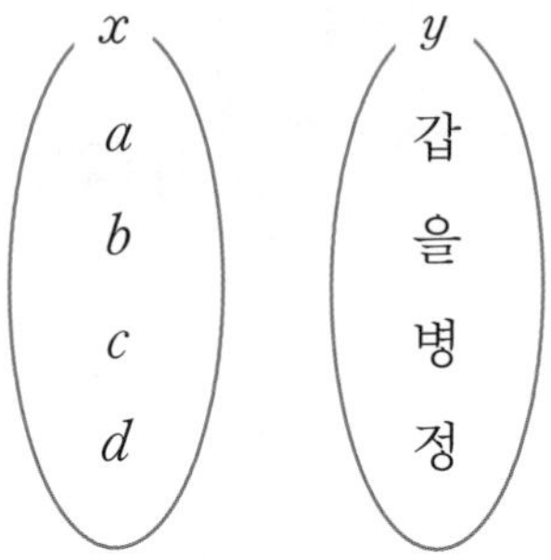

함수가 (맞습니다 , 아닙니다).

03

x	1	2	3	4
y	1		0	2

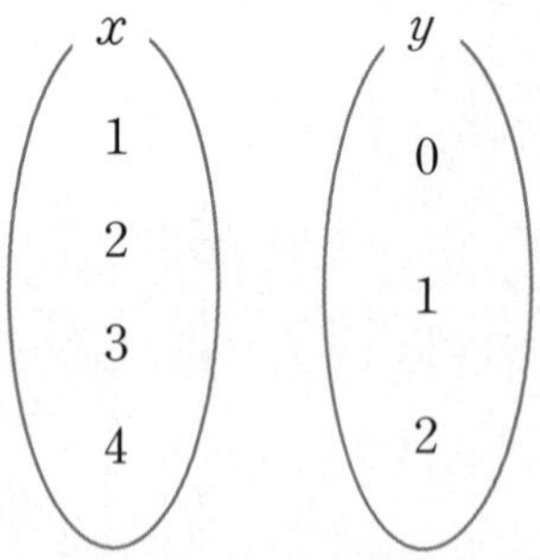

x: 1, 2, 3, 4 / y: 0, 1, 2

함수가 (맞습니다 , 아닙니다).

04

x	㉠	㉡	㉢	㉣
y	0	0	0	0

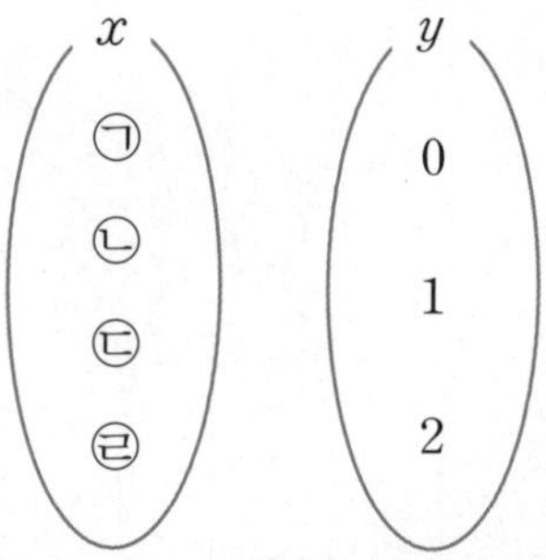

x: ㉠, ㉡, ㉢, ㉣ / y: 0, 1, 2

함수가 (맞습니다 , 아닙니다).

▶ 정답 및 해설 12쪽

1-22

개념 다지기 2

함수 $y=f(x)$를 나타낸 그림을 보고 물음에 답하세요.

01

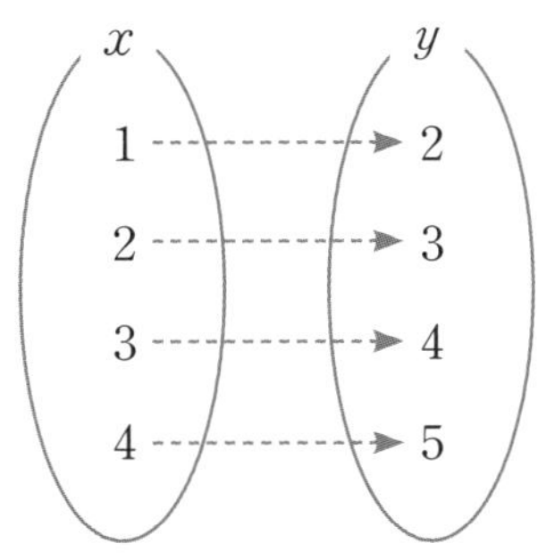

(1) $f(1)$의 값은? **2**

(2) $f(4)$의 값은?

(3) $f(4)-f(1)$을 구하세요.

02

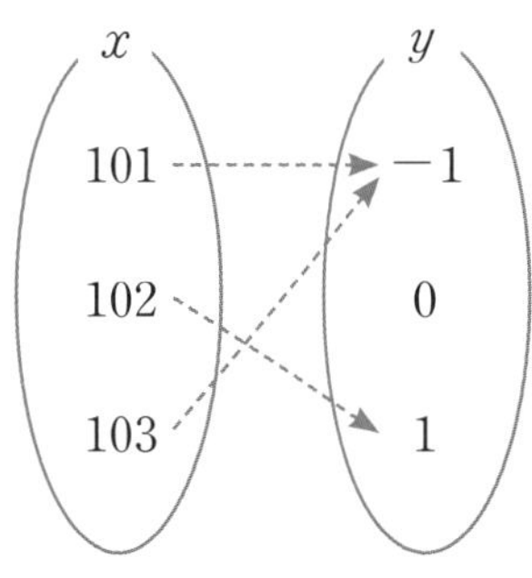

(1) $f(101)$의 값은?

(2) $f(102)$의 값은?

(3) $f(101)+f(102)+f(103)$을 구하세요.

03

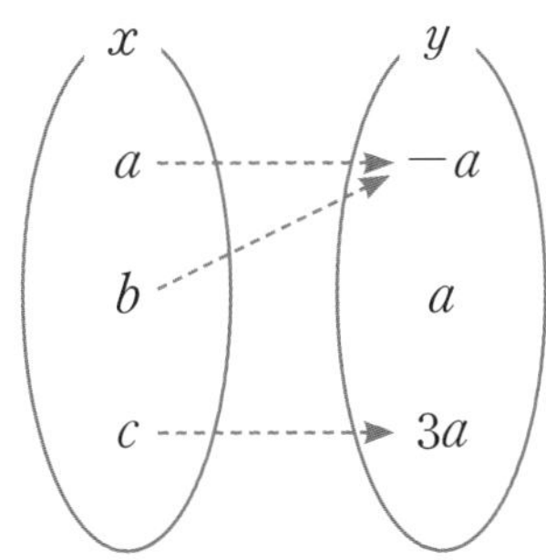

(1) $f(b)$의 값은?

(2) $f(c)$의 값은?

(3) $f(a)\times f(b)\times f(c)$를 구하세요.

04

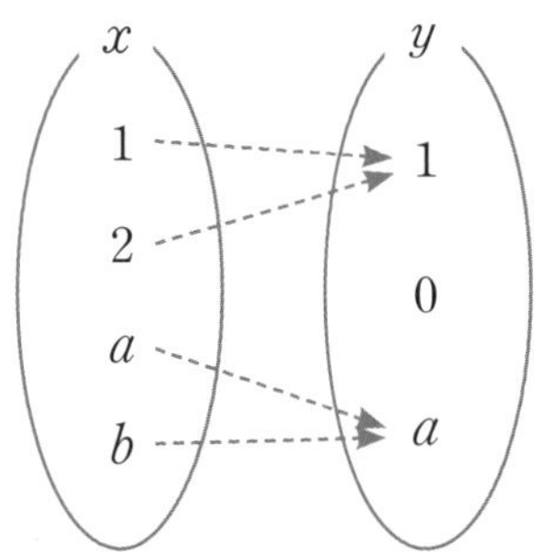

(1) $y=1$일 때 x의 값은?

(2) $y=a$일 때 x의 값은?

(3) $f(a)\times f(b)$를 구하세요.

▶ 정답 및 해설 13쪽

개념 마무리 1

관계식을 보고 표를 완성하거나, 표를 보고 알맞은 관계식을 쓰세요.

01 $y=7-x$

x	-2	-1	0	1	2
y	**9**				

02 $y=-7$

x	-2	-1	0	1	2
y					

03 $y=$ ______________

x	-2	-1	0	1	2
y	-2	-1	0	1	2

04 $y=$ ______________

x	-2	-1	0	1	2
y	6	3	0	-3	-6

05 $y=1$

x	-2	-1	0	1	2
y					

06 $y=$ ______________

x	-2	-1	0	1	2
y	-5	-4	-3	-2	-1

▶ 정답 및 해설 13쪽

개념 마무리 2

물음에 답하세요.

01 함수이면 ○표, 아니면 ×표 하세요.

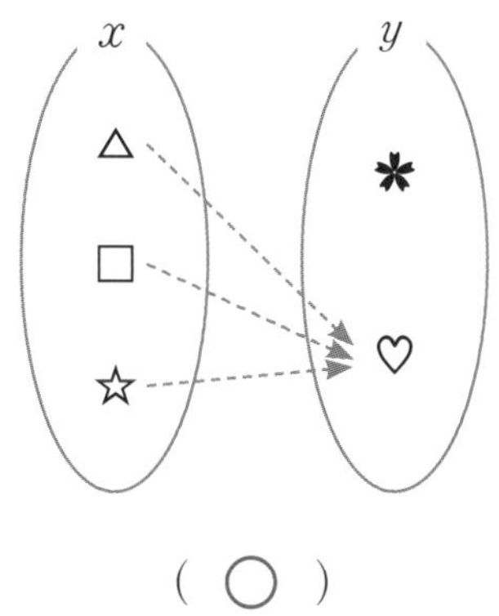

(○)

02 두 변수 x, y 사이의 관계를 나타낸 식의 이름에 ○표 하세요.

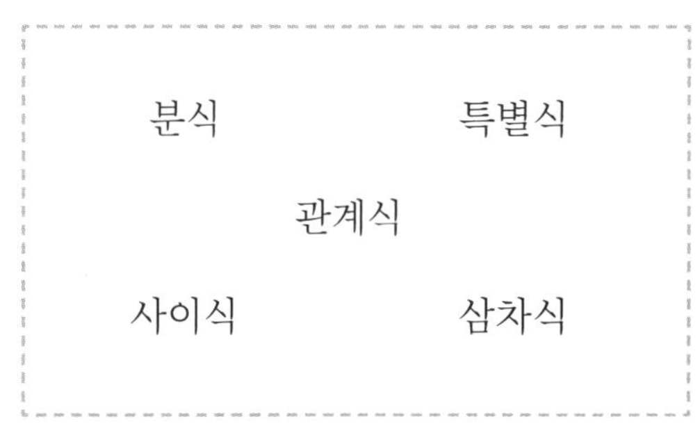

03 함수 $y=f(x)$에 대한 표를 보고, $f(1)\times f(2)-f(5)$를 구하세요.

x	1	2	3	4	5
y	0	1	-1	0	1

04 $y=-x+5$일 때, 표를 완성하세요.

x	-2	-1	0	1	2
y					

05 표를 보고 x와 y 사이의 관계식을 쓰세요.

x	-2	-1	0	1	2
y	5	5	5	5	5

06 함수 $y=f(x)$에 대한 그림을 보고, $f(0)\times f(1)\times f(2)\times f(4)$를 구하세요.

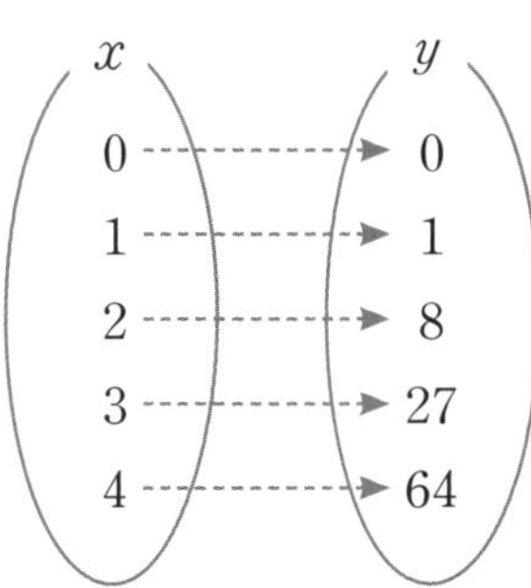

5 관계식이 없는 함수

★ 모든 **함수**에는 **관계식**이 있을까?

➡ 관계식이 있어야만 함수인 건 아니야~

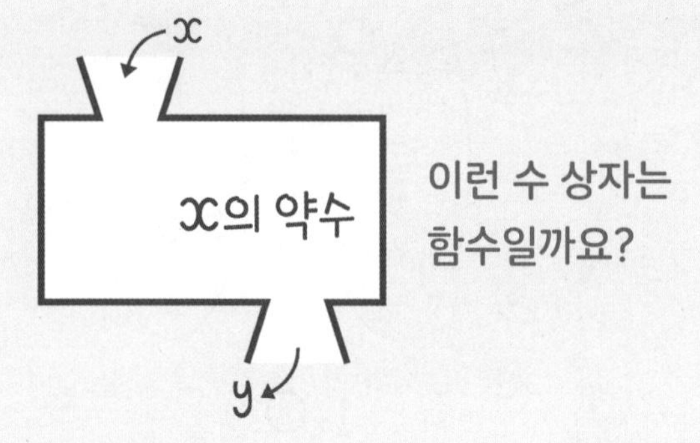

오후 1시에 운동장의 기온을 측정했습니다.
측정한 요일을 x, 측정된 온도를 y라고 할 때,
y는 x의 함수일까요?

x	월	화	수	목	금
y	24 ℃	26 ℃	17 ℃	24 ℃	25 ℃

x와 y 사이의 관계식은 없어도
x 하나에 y가 하나!
그러니까 함수 맞지~

x

x의 약수

y

이런 수 상자는 함수일까요?

표로 그려보면...

x	1	2	3	4	5
y	1	1, 2	1, 3	1, 2, 4	1, 5

x 하나에 y가 여러 개~
그러니까 함수 아니야!

▶ 개념 익히기 1

표를 보고 괄호 안에서 알맞은 말을 골라 ○표 하세요.

01

x	1월	2월	3월
y	31일	28일	31일

x 하나에 y가 (하나, 여러 개)
➡ 함수가 (맞습니다, 아닙니다).

02

x	1	2	3
y	1, 2	2, 3, 4	3, 4

x 하나에 y가 (하나 , 여러 개)
➡ 함수가 (맞습니다 , 아닙니다).

03

x	A	B	C	D
y	1	2	0	1

x 하나에 y가 (하나 , 여러 개)
➡ 함수가 (맞습니다 , 아닙니다).

▶ 정답 및 해설 14쪽

1-25

이제 x와 y의 관계를 보고 함수인지 아닌지 구분할 수 있겠지?

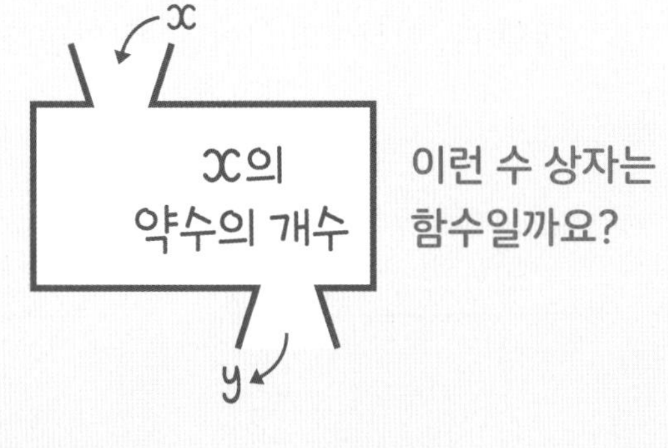

이런 수 상자는 함수일까요?

표로 그려보면...

x	1	2	3	4	5
y	1개	2개	2개	3개	2개

x 하나에 y가 하나!

그러니까 함수 맞아~

이때 y는 x에 따라 결정이 되니까

y를 x에 대한 함숫값

이라고 불러!

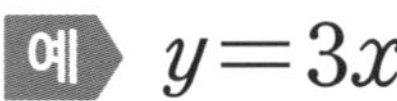

예 $y=3x$

x	0	1	2	3	4
y	0	3	6	9	12

$x=1$에 대한 함숫값은?

뜻: $x=1$일 때 y는 얼마냐?

답 3

개념 익히기 2

빈칸을 알맞게 채우세요.

1-26

01

$y=f(x)$일 때, y를 x에 대한 [함숫값]이라고 합니다.

02

$y=f(x)$일 때, [ ]를 x에 의한 함숫값이라고 합니다.

03

$y=f(x)$일 때, y를 [ ]의 함숫값이라고 합니다.

▶ 정답 및 해설 14쪽

1-27

개념 다지기 1

문장을 읽고 x와 y 사이의 관계식을 쓰세요.

01 학생 7명이 수학경시대회에 참가했습니다. 답안을 제출한 학생 수가 x명일 때, 아직 제출하지 못한 학생 수는 y명입니다.

➡ $y=7-x$

02 현성이는 동생보다 2살이 많습니다. 동생이 x살일 때, 현성이의 나이는 y살입니다.

➡

03 빈 병 1개를 가져오면 50원을 돌려줍니다. 가져온 빈 병의 수가 x개일 때, 돌려주는 돈은 y원입니다.

➡

04 하루는 24시간입니다. 하루 중 낮이 x시간일 때, 밤은 y시간입니다.

➡

05 둘레가 20 cm인 직사각형에서 가로의 길이가 x cm일 때, 세로의 길이는 y cm입니다.

➡

06 휘발유 한 통으로 9 km를 가는 자동차가 있습니다. 휘발유 x통으로 갈 수 있는 거리는 y km입니다.

➡

▶ 정답 및 해설 15쪽

개념 다지기 2

문장에 맞게 표를 완성하고, 함수인지 아닌지 알맞은 말에 ○표 하세요.

01 x는 자연수, y는 x 이상인 자연수입니다.

x	1	2	3	4	5	$\cdots$
y	1, 2, 3, $\vdots$	2, 3, 4, $\vdots$	3, 4, 5, $\vdots$	4, 5, 6, $\vdots$	5, 6, 7, $\vdots$	$\cdots$

➡ y는 x의 함수가 (맞습니다 , (아닙니다)).

02 자전거를 타고 시속 x km로 y시간 동안 달린 거리는 8 km입니다.

x	40	32	24	16	8
y					

➡ y는 x의 함수가 (맞습니다 , 아닙니다).

03 x는 정수, y는 x의 절댓값입니다.

x	$\cdots$	-2	-1	0	1	2	$\cdots$
y	$\cdots$						$\cdots$

➡ y는 x의 함수가 (맞습니다 , 아닙니다).

04 x는 자연수, y는 x를 3으로 나눈 나머지입니다.

x	1	2	3	4	5	$\cdots$
y						$\cdots$

➡ y는 x의 함수가 (맞습니다 , 아닙니다).

05 x는 자연수, y는 x와 서로소인 자연수입니다.

x	1	2	3	4	5	$\cdots$
y						$\cdots$

➡ y는 x의 함수가 (맞습니다 , 아닙니다).

06 x는 정수, y는 x보다 1 작은 수입니다.

x	$\cdots$	-2	-1	0	1	2	$\cdots$
y	$\cdots$						$\cdots$

➡ y는 x의 함수가 (맞습니다 , 아닙니다).

▶ 정답 및 해설 16쪽

개념 마무리 1

문장을 보고 y가 x의 함수이면 ○표, 아니면 ×표 하세요.

01

x와 y의 합은 7입니다. (○)

02

x분은 y초입니다. (　　)

03

우리 반 학생 중 x월에 태어난 학생 수 y명 (　　)

04

자연수 x보다 작은 홀수 y (　　)

05

한 변의 길이가 x cm인 정삼각형의 둘레 y cm (　　)

06

절댓값이 x인 수 y (　　)

▸정답 및 해설 17쪽

개념 마무리 2

y를 x의 함수라 할 때, 물음에 답하세요.

01 200원짜리 사탕 x개를 사고 5000원을 냈을 때의 거스름돈이 y원입니다. $x=3$에 대한 함숫값을 구하세요. **4400**

풀이 $y=5000-200x$

$x=3$에 대한 함숫값
→ x 대신 3을 넣었을 때 y의 값
$5000-200\times3=5000-600$
$=4400$

02 올해 수현이의 나이는 x살이고, 4년 후의 나이를 y살이라고 할 때, x와 y 사이의 관계식을 구하세요.

03 x는 자연수, y는 x 이하인 짝수의 개수일 때, $x=8$에 대한 함숫값을 구하세요.

04 1분에 15장씩 인쇄하는 프린터가 x분 동안 인쇄한 종이가 y장입니다. 함숫값이 120이 되는 x의 값을 구하세요.

05 밑변의 길이가 x cm, 높이가 4 cm인 삼각형의 넓이를 y cm^2라고 할 때, 함숫값이 10이 되는 x의 값을 구하세요.

06 어떤 수영장에 50 cm의 높이로 물이 채워져 있습니다. 이 수영장의 물의 높이가 매분 3 cm씩 증가하도록 물을 받으려고 합니다. 물을 받은 지 x분 후의 물의 높이를 y cm라고 할 때, $x=7$에 대한 함숫값을 구하세요.

단원 마무리

01 그림에 알맞은 관계식은?

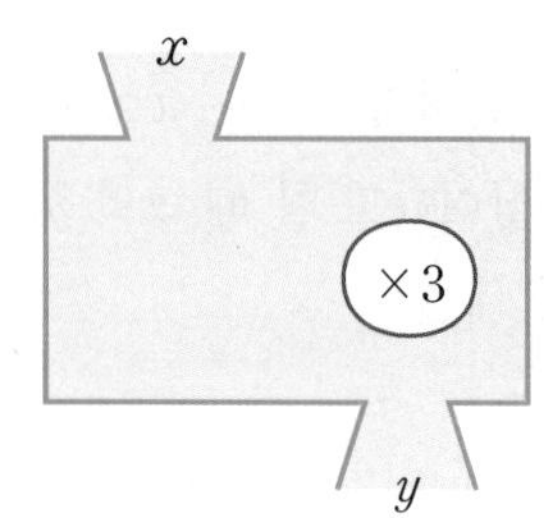

① $y=x+3$　② $y=3x$　③ $x=3y$
④ $y=3-x$　⑤ $y=3$

02 오른쪽 그림과 같은 이등변 삼각형을 보고 표를 완성하시오.

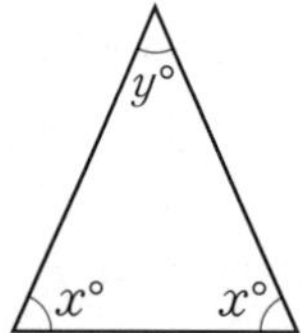

x	10	20	30	40	50	60	70
y							

03 비커에 담긴 10℃의 액체를 가열하면서 온도를 재었더니 2분마다 10℃씩 일정하게 올라갔습니다. 가열하기 시작하여 x분이 지난 후 액체의 온도를 y℃라고 할 때, x와 y 사이의 관계식을 구하시오.

04 함수 $f(x)=3x-1$일 때, 함숫값이 큰 순서대로 쓰시오.

$f(0)$,　$f(-3)$,　$f(3)$

05 함수 $y=f(x)$에 대한 그림을 보고 물음에 답하시오.

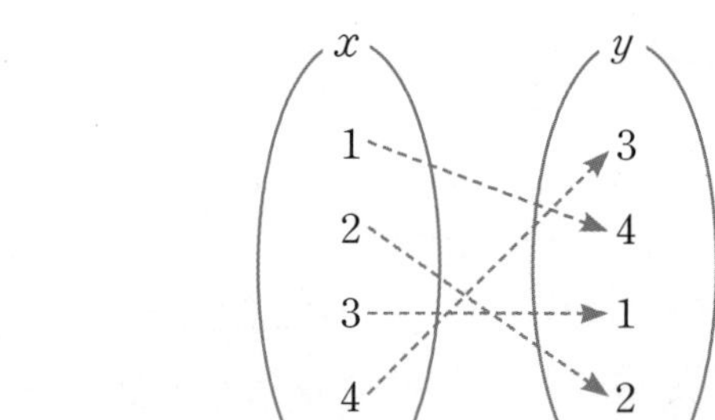

(1) $f(3)$의 값은?

(2) $f(a)=3$일 때, a의 값은?

(3) $f(1)-f(4)$의 값은?

06 함수 $y=f(x)$에 대한 설명으로 옳지 <u>않은</u> 것은?

① 두 변수 x, y에 대하여 x의 값이 하나 정해짐에 따라 y의 값도 하나로 정해지는 관계입니다.
② f라는 함수에 x를 넣으면 y가 나옵니다.
③ y를 x의 함수라고 합니다.
④ x를 y에 대한 함숫값이라고 합니다.
⑤ 관계식이 없어도 함수가 될 수 있습니다.

07 x가 2일 때, y의 값은 $-\frac{3}{5}$입니다.
x와 y의 관계식으로 알맞은 것은?

① $y=x-\frac{2}{5}$　　② $y=5x$
③ $y=-x+\frac{7}{5}$　　④ $y=5x+5$
⑤ $y=\frac{x}{5}$

08 표를 보고 대응하는 화살표를 그리고, 함수인지 아닌지 알맞은 말에 ○표 하시오.

x	1	2	3	4
y	4	3	2	2

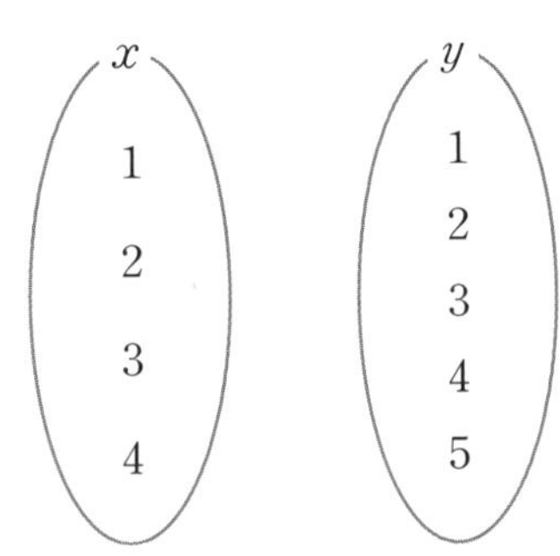

(함수이다 , 함수가 아니다).

09 다음 중 y가 x의 함수가 <u>아닌</u> 것은?

① 우리 반에서 키가 x cm인 학생 수 y명
② 자연수 x의 배수 y
③ 넓이가 12 cm^2이고, 가로가 x cm인 직사각형의 세로 y cm
④ 시속 5 km로 x시간 동안 달린 거리 y km
⑤ 1개에 500원인 지우개 x개의 가격 y원

10 다음 중 함수가 <u>아닌</u> 것은?

①
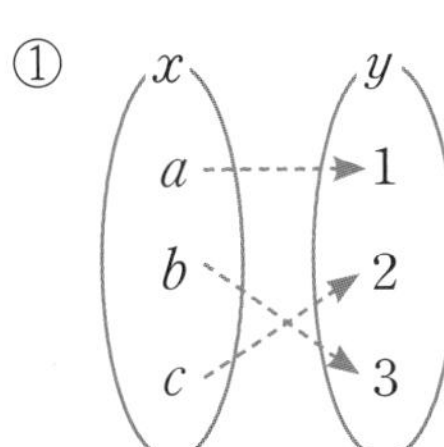

②
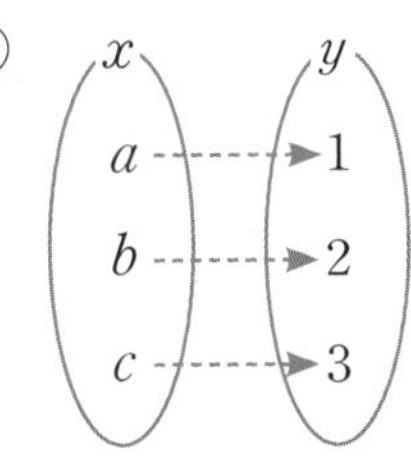

③
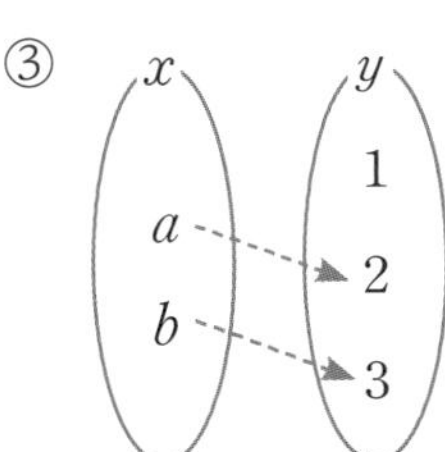

④
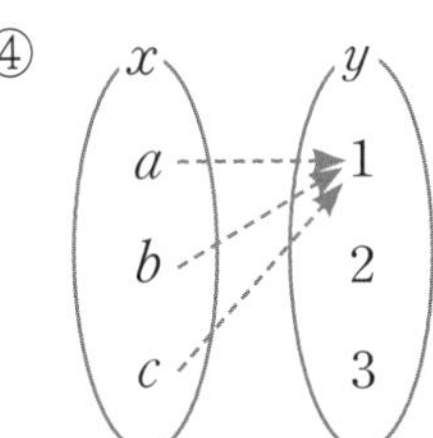

⑤
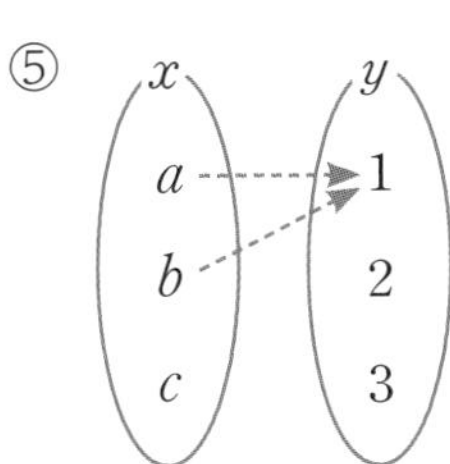

1-33

11 다음 관계식에 따라 아래 그림에 x와 y 사이의 대응을 각각 나타냈을 때, 함수가 아닌 것은?

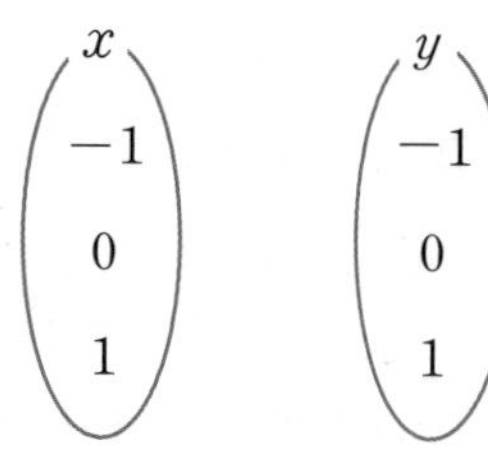

① $y=x$ ② $y=-x$
③ $y=x-1$ ④ $y=|x|$
⑤ $y=x^2$

12 함수 $y=f(x)$에 대하여 옳지 않은 것은?

① $y=ax+b$이면 $f(x)=ax+b$입니다.
② $f(2)=1$은 x 대신에 1을 넣어서 나온 값이 2라는 뜻입니다.
③ $y-1=x$이면 $f(x)=x+1$입니다.
④ $f(x)=-8$은 함수에 어떤 수를 넣어도 항상 -8이 나온다는 뜻입니다.
⑤ $f(-1)=5$이면, $2f(-1)=10$입니다.

13 표를 보고 x와 y 사이의 관계식을 쓰시오.

x	0	1	2	3	4
y	0	-2	-4	-6	-8

14 $y=\frac{3}{4}x+6$일 때, $2f(8)-f(0)$의 값을 구하시오.

15 민호는 매일 짜장면을 한 그릇씩 먹습니다. x일째 짜장면을 먹고, 먹은 직후에 측정한 체중을 y kg이라 할 때, y는 x의 함수인지 아닌지 쓰시오.

▸ 정답 및 해설 20~22쪽

16 함수 $f(x)=$(자연수 x보다 작은 소수의 개수)에 대하여 $f(10)\times f(20)$의 값을 구하시오.

17 함수 $f(x)=ax+5$에 대해 $f(1)=3$, $f(b)=10$일 때, ab의 값을 구하시오. (단, a는 상수)

18 x는 자연수이고, y는 x와 20의 최대공약수입니다. 함수 $y=f(x)$라고 할 때, 다음 중 옳지 않은 것은?

① $f(4)=4$
② $f(15)=5$
③ $f(3)+f(6)=3$
④ $f(7)\times f(11)=1$
⑤ $f(10)=f(5)$

19 함수 $f(x)=3x+10$에 대해 $f\left(\frac{a}{3}\right)=7-2a$일 때, a의 값을 구하시오.

20 다음 '수 상자'에 x를 넣으면 $y=2x-m$이 나옵니다. 이 '수 상자'에 6을 넣었더니 4가 나왔다면, 5를 넣었을 때 나오는 수를 구하시오.
(단, m은 상수)

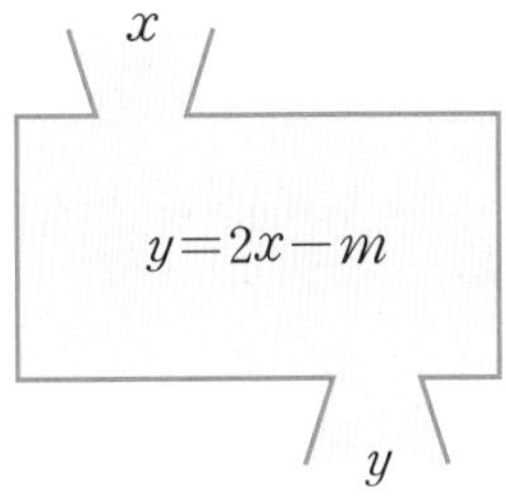

▶ 정답 및 해설 22~23쪽

서술형 문제

21 속력이 시속 50 km인 기차를 타고 200 km 떨어진 곳까지 가려고 합니다. 기차가 출발한 지 x시간 후에 도착지까지 남은 거리를 y km라고 할 때, 물음에 답하시오.

(1) x와 y 사이의 관계식을 쓰시오.

(2) 남은 거리가 125 km일 때, 이동한 시간은 몇 시간인지 구하시오.

서술형 문제

22 다음 그림이 함수가 되도록 x와 y를 대응시킬 때, 가능한 경우는 몇 가지인지 구하시오.

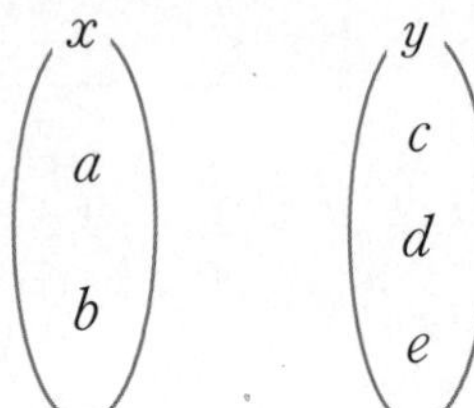

풀이

서술형 문제

23 함수 $f(x)=(x$를 2로 나눈 나머지$)$에 대하여 $f(1)+f(2)+\cdots+f(30)$의 값을 구하시오.

풀이

쉬어가기

사다리 타기

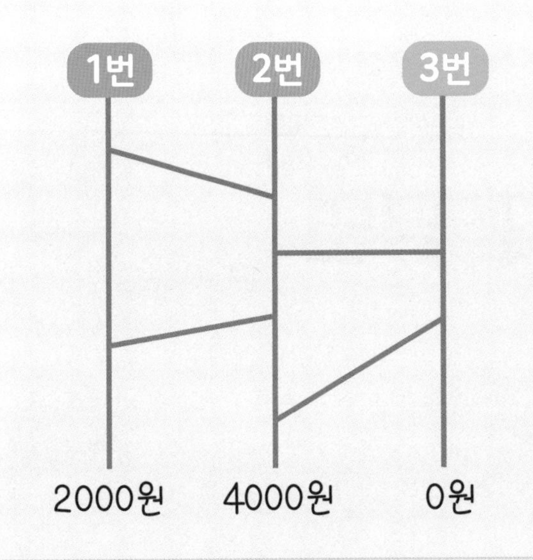

사다리 타기에서 출발점이 정해지면 그에 따라 도착점도 딱! 하나만 나오기 때문에 사다리 타기는 함수야.

함수 중에서도 이렇게 x의 개수와 y의 개수가 같고, 서로 다른 x에 서로 다른 y가 하나씩 나오는 함수를 일대일대응이라고 해.

사다리 타기는 왜 일대일대응일까?

우선 세로선 위쪽에서 출발해서 세로선 아래쪽으로 도착하니까 대응하는 개수가 같아. 만약, 가로선이 없다면 바로 아래로 도착하게 되니까 서로 다른 것에 대응을 하게 되지. 이때 가로선이 있다면, 연결된 두 개의 세로선을 맞바꾸는 역할을 하게 돼. 그렇기 때문에 가로선이 있어도 사라지거나 중복되는 것 없이 서로 다른 것에 대응하게 되는 거야.

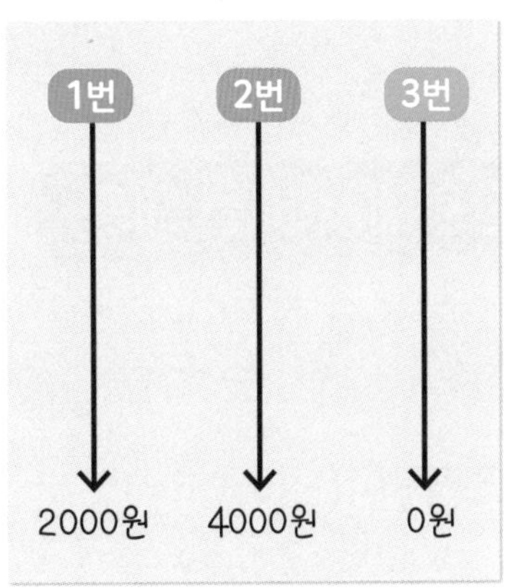

가로선이 없을 때
일대일대응

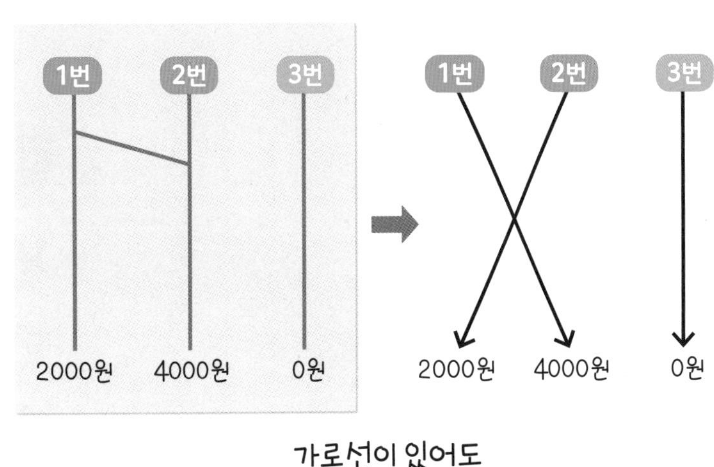

가로선이 있어도
일대일대응

2 좌표평면

이번 단원에서 배울 내용

1. 순서쌍
2. 좌표평면
3. 사분면
4. 점의 대칭이동

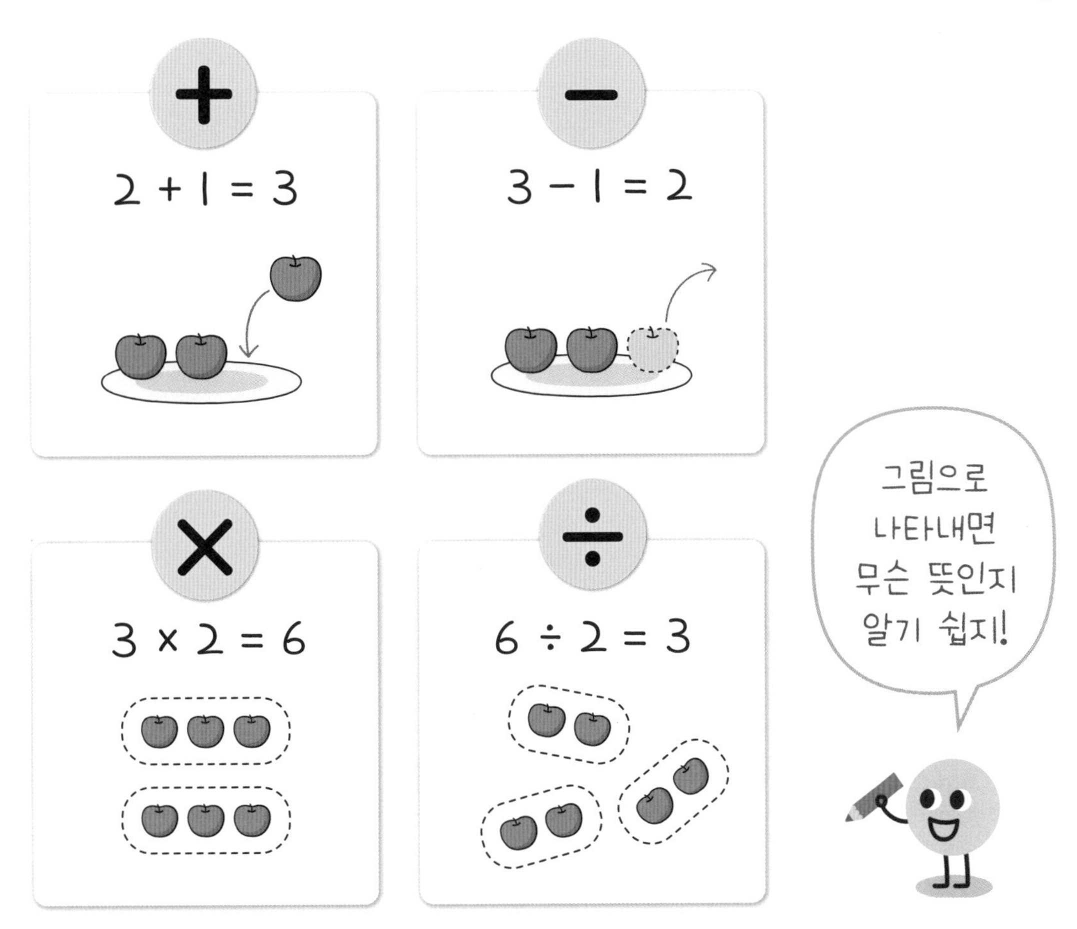

+, −, ×, ÷는 그림으로 나타낼 수 있었지.
그럼, 관계식도 그림으로 나타낼 수 있을까?

맞아! 관계식도 그림으로 나타낼 수 있어.
그렇지만 관계식을 그릴 수 있는 곳은 정해져 있는데,
그게 바로 **좌표평면**이야.

자, 그럼 좌표평면이 무엇인지, 지금부터 시작해 보자!

1 순서쌍

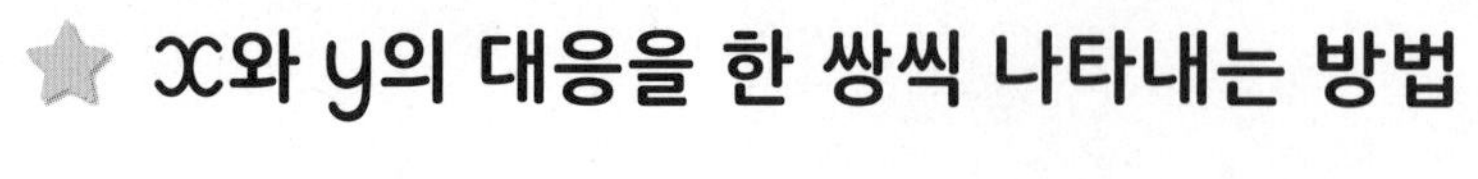

★ x와 y의 대응을 한 쌍씩 나타내는 방법

함수 $y=2x$에서

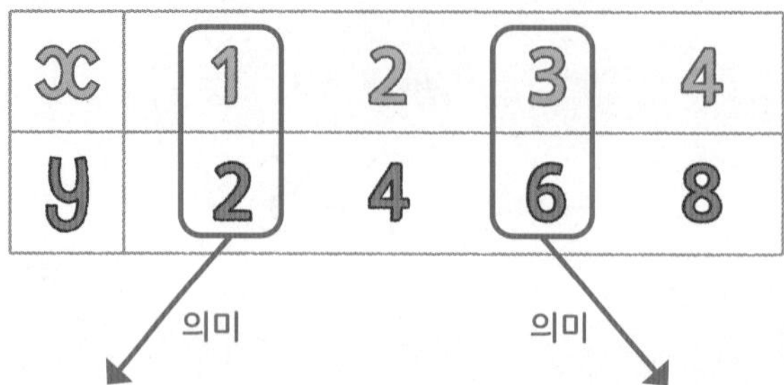

x	1	2	3	4
y	2	4	6	8

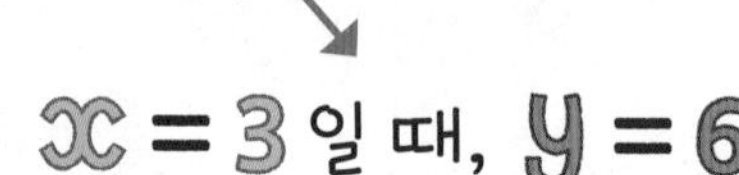

$x=1$ 일 때, $y=2$ $\quad$ $x=3$ 일 때, $y=6$

기호로 $\quad$ 기호로

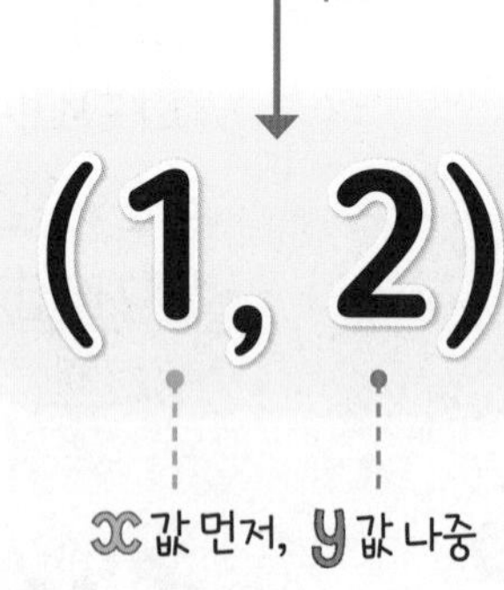

(3, 6)

x값 먼저, y값 나중 $\quad$ x값 먼저, y값 나중

이러한 기호를 **순서쌍**이라고 해!

순서가 중요한 쌍이라서
이름도 순서쌍이야~
그러니까 순서가 다르면
서로 다른 순서쌍!
$(1, 2) \neq (2, 1)$

▶ 개념 익히기 1

다음을 순서쌍으로 쓰세요.

01

$x=2$일 때, $y=5$

➡ $(2,\ 5)$

02

$x=-1$일 때, $y=-4$

➡

03

x의 값이 3일 때,
y의 값이 -8

➡

▶정답 및 해설 24쪽

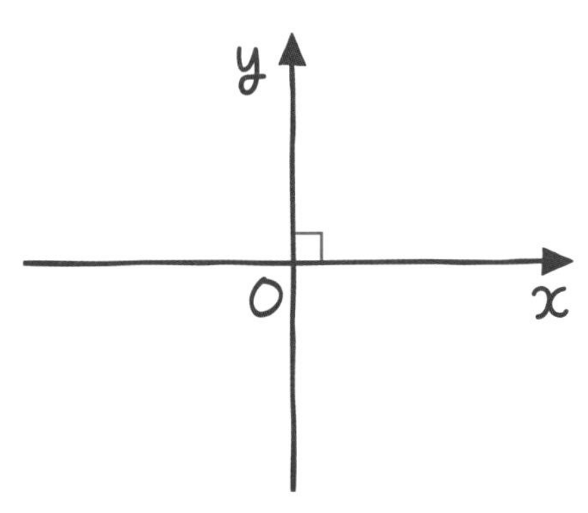

순서쌍을 그리면 점.

이렇게 생긴 게 **좌표평면**인데,
여기에 순서쌍을 표시할 수 있어~

(a, b)를 좌표평면에 나타내기

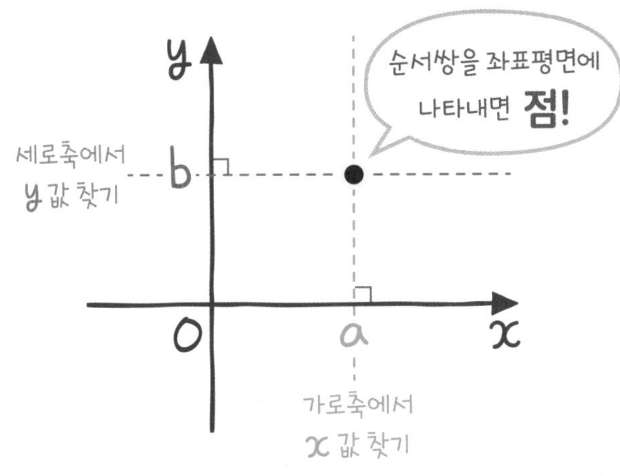

예 (1, -2)를 좌표평면에 나타내기

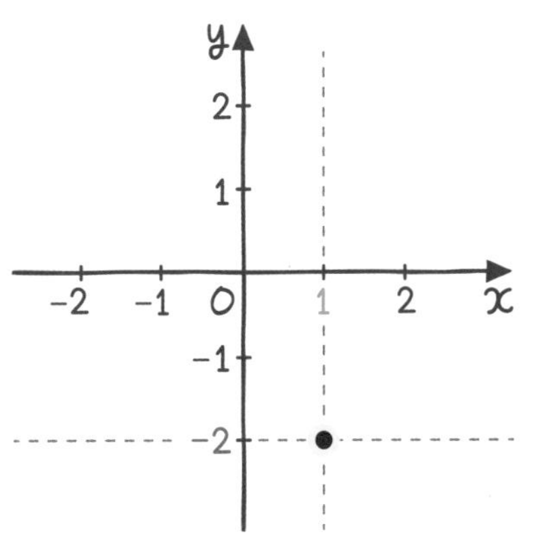

개념 익히기 2

주어진 순서쌍을 좌표평면에 바르게 나타낸 것에 ○표, 그렇지 않은 것에 ×표 하세요.

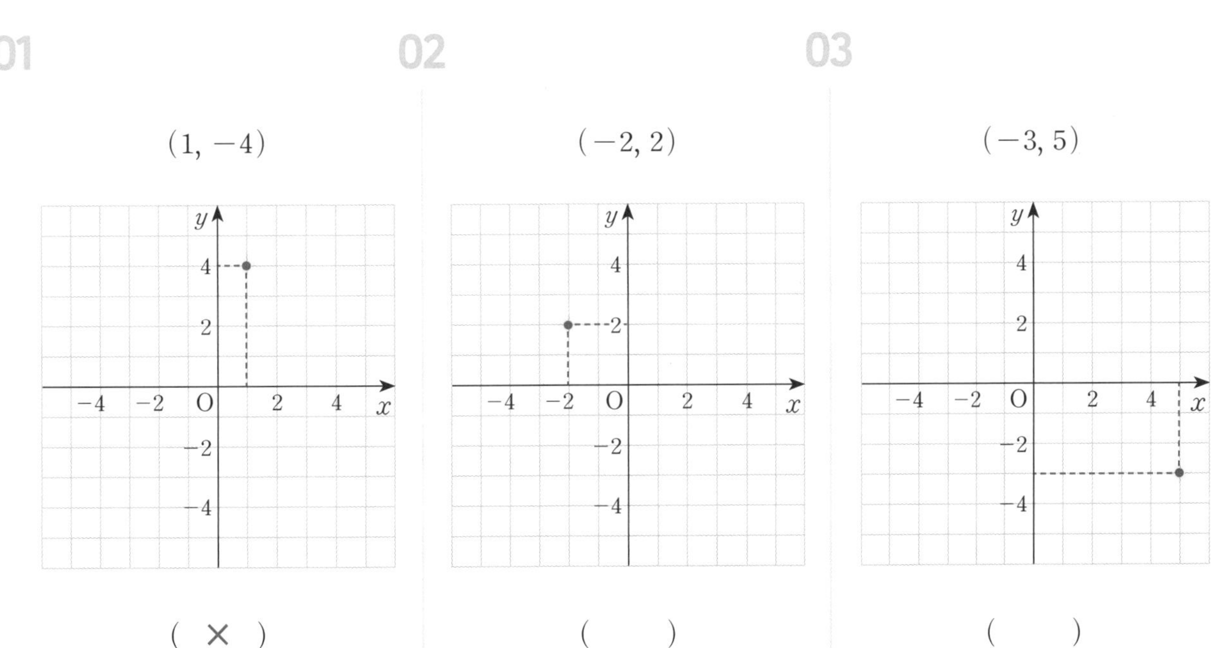

▶ 정답 및 해설 24쪽

2-03

개념 다지기 1

선 하나를 알맞게 그어, 주어진 순서쌍을 좌표평면 위에 나타내세요.

01 (3, 2)

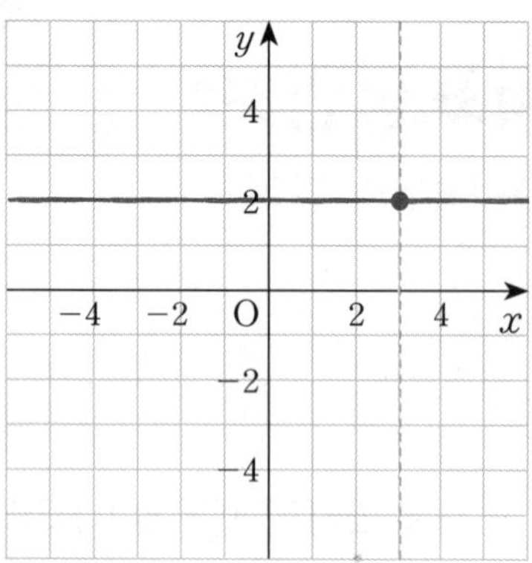

02 $(-4, -2)$

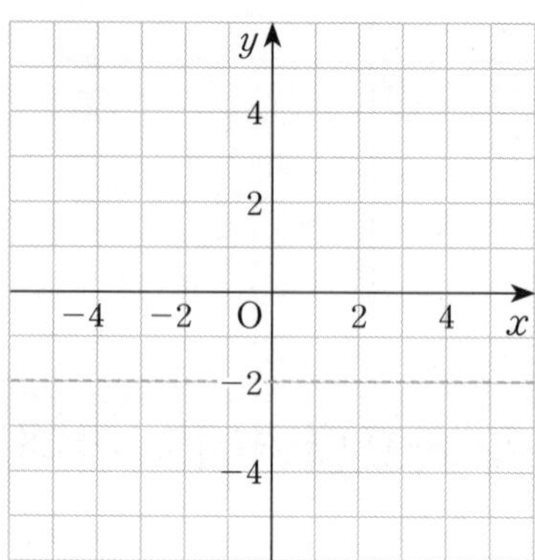

03 $(-1, 1)$

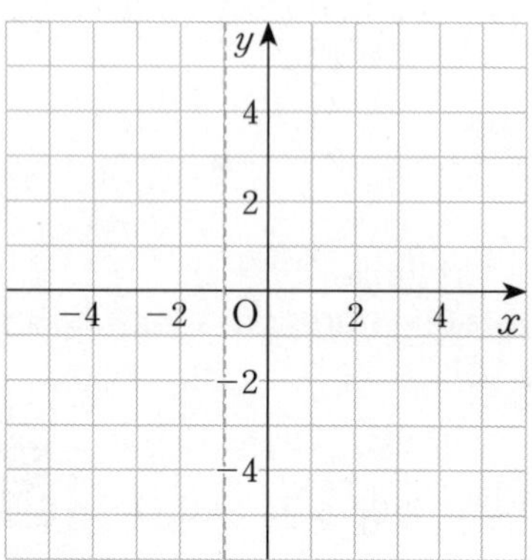

04 (5, 4)

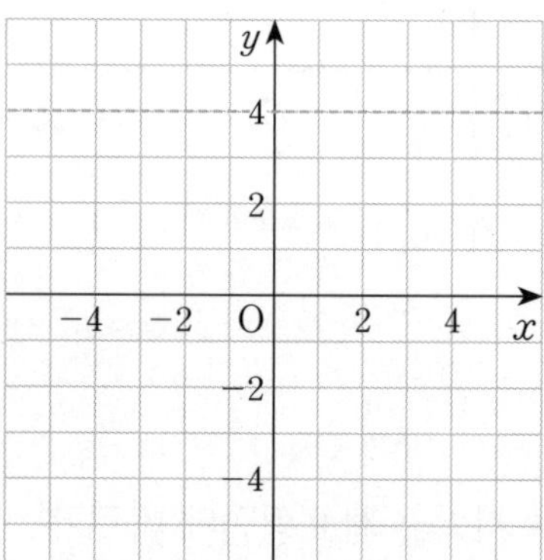

05 $(2, -3)$

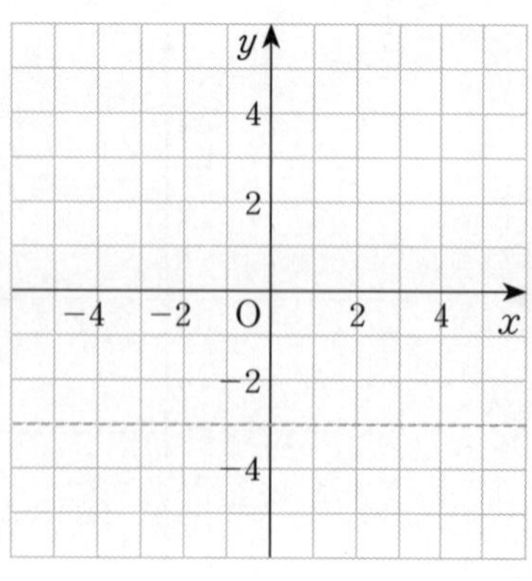

06 $(-4, -5)$

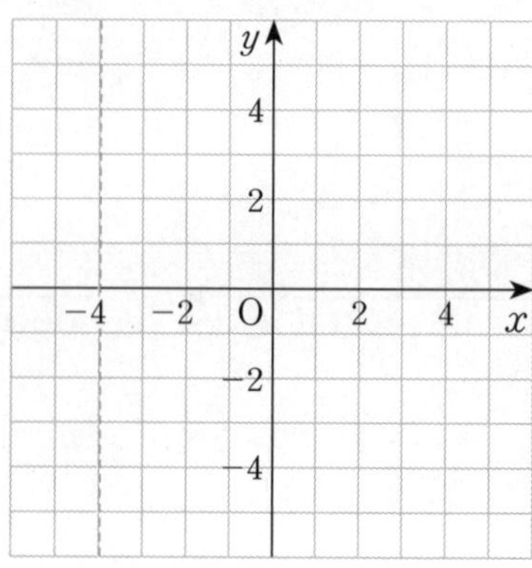

▶ 정답 및 해설 24쪽

개념 다지기 2

주어진 순서쌍을 좌표평면 위에 나타내세요.

01 $(-5, -2)$

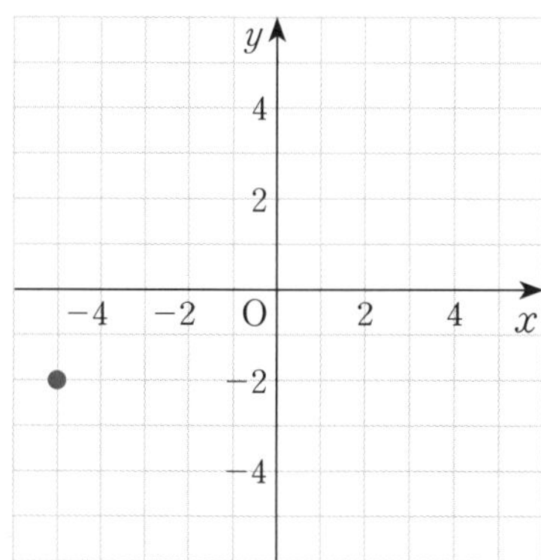

02 $(1, 4)$

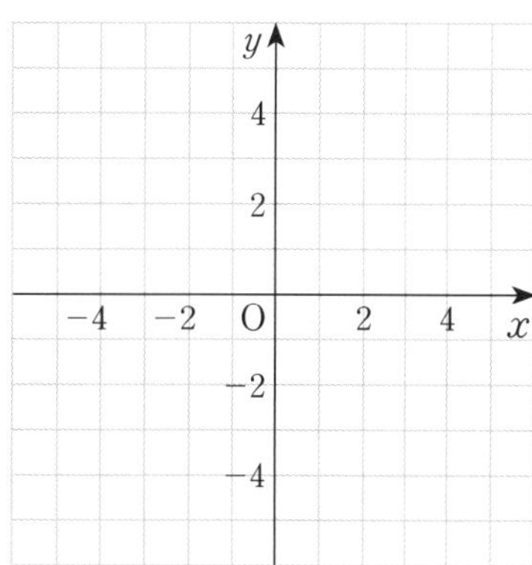

03 $(1, -1)$

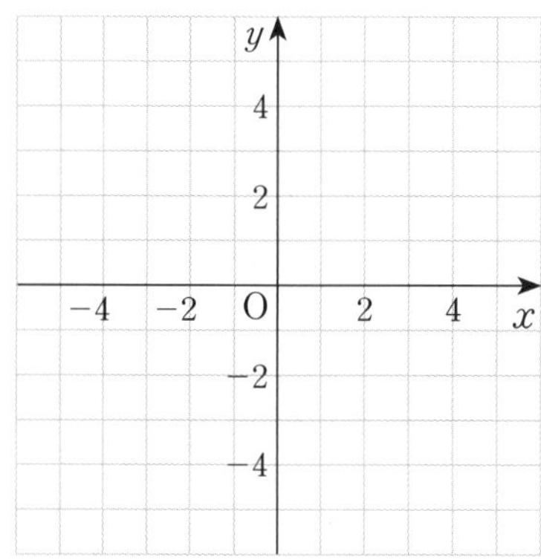

04 $(-3, -3)$

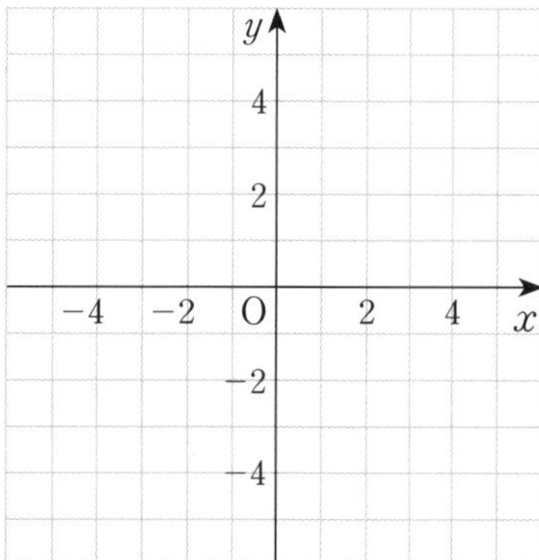

05 $(-4, 5)$

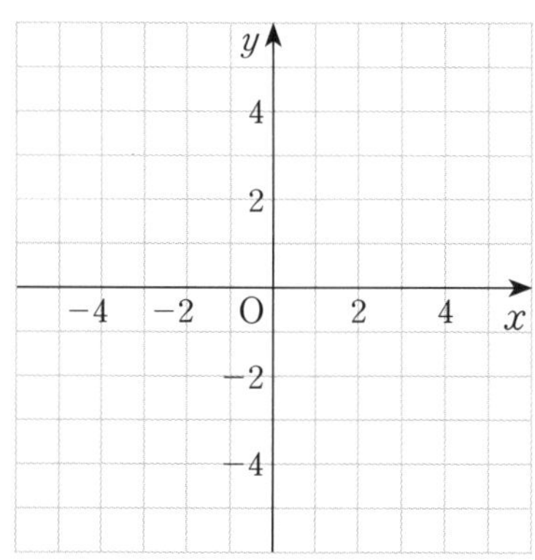

06 $(2, -4)$

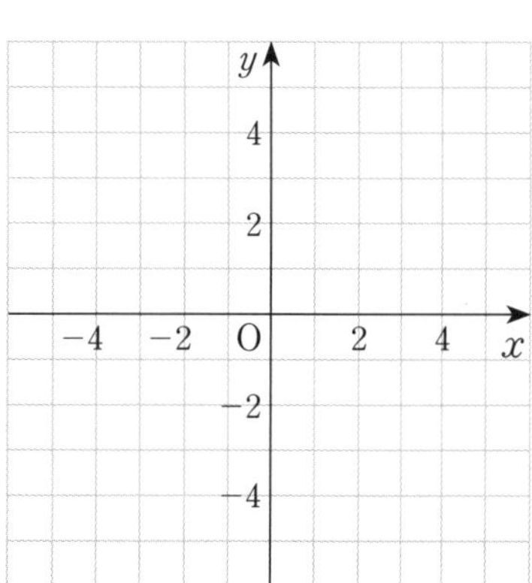

▶ 정답 및 해설 25쪽

2-05

개념 마무리 1

주어진 점의 위치를 순서쌍으로 나타내세요.

01

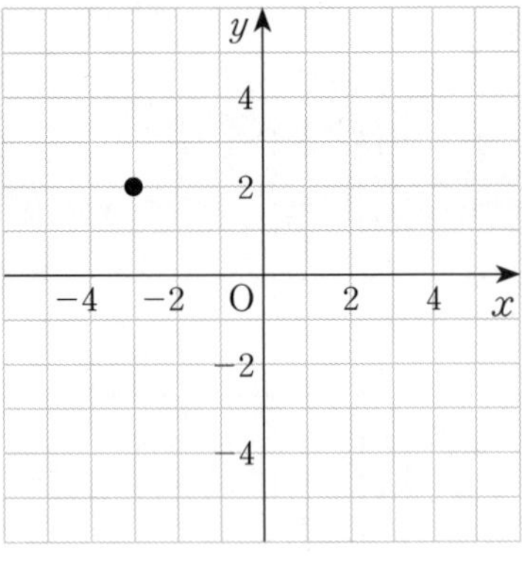

$(-3,\ 2)$

02

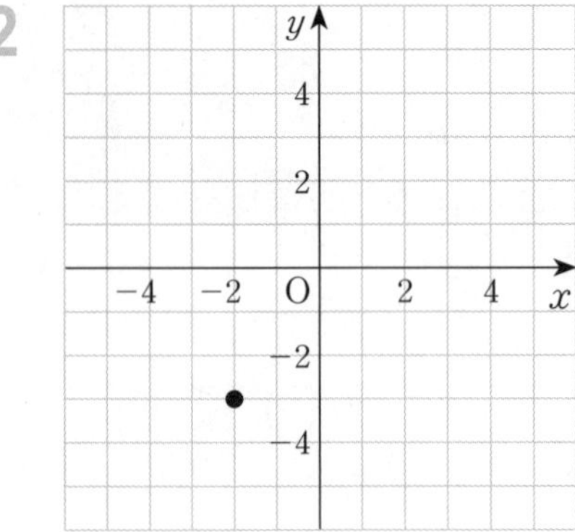

03

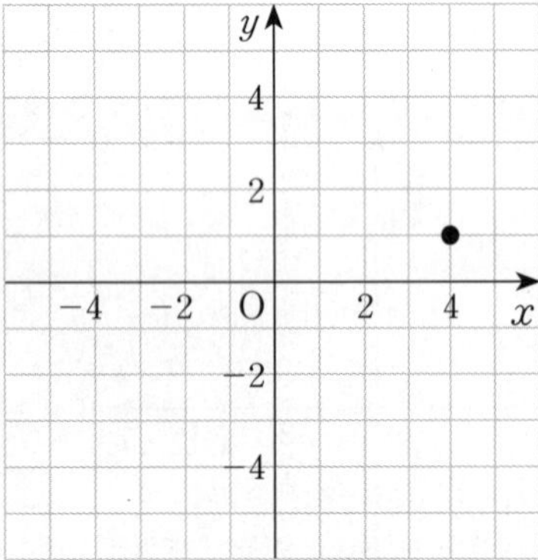

04

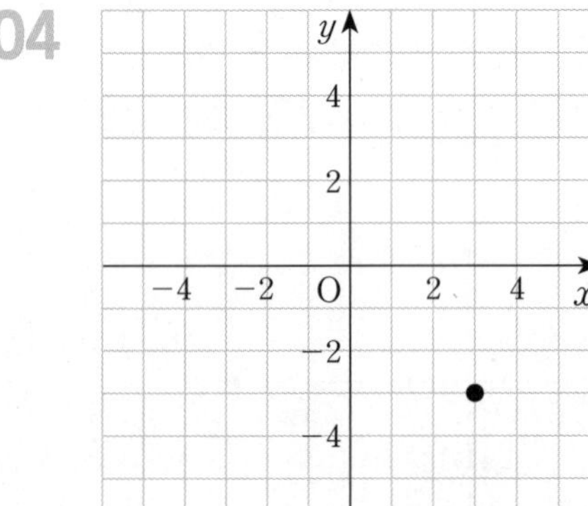

05

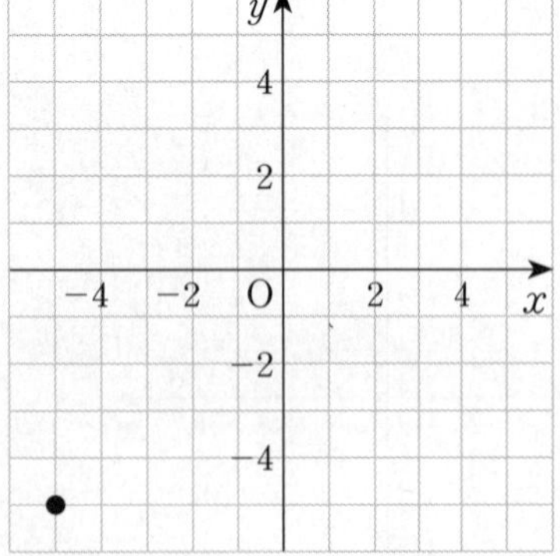

06

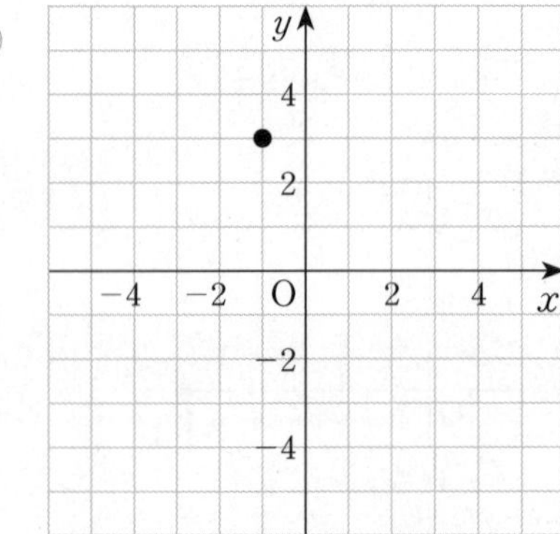

▶ 정답 및 해설 25쪽

2-06

개념 마무리 2

옳은 것에 ○표, 틀린 것에 ×표 하세요.

01

$x=4$일 때, $y=-8$인 것을 순서쌍으로 쓰면 $(-8, 4)$입니다. (×)

02

$(10, 1)$과 $(1, 10)$은 같은 순서쌍입니다. (　　)

03

$(4, -6)$은 $x=4$일 때, $y=-6$이라는 뜻입니다. (　　)

04

순서쌍을 쓸 때는 x의 값과 y의 값 중에서 큰 것을 먼저 씁니다. (　　)

05

순서쌍을 좌표평면에 나타내면 점입니다. (　　)

06

함수 $y=f(x)$에서 $f(a)=b$를 순서쌍으로 나타내면 (b, a)입니다. (　　)

2 좌표평면

좌표평면에 대해 자세히 알려줄게~

좌표 : 위치나 자리를 표시한 것

좌: '자리'라는 뜻
표: '표시하다'라는 뜻

수직선에 점의 위치를 표시할 수 있고,

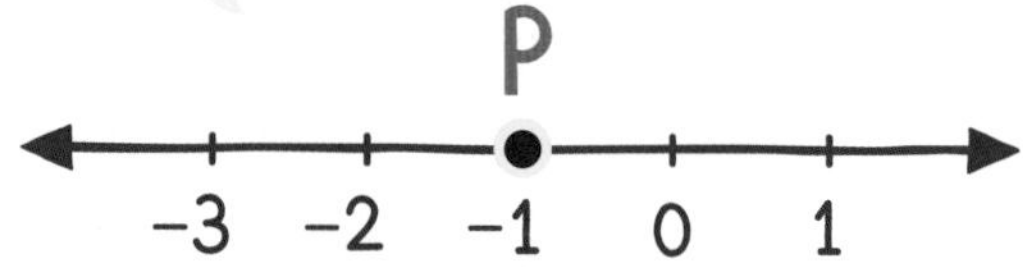

수직선에 위치를 표시할 때는 수가 하나만 있으면 돼!

점 P의 좌표: -1

➜ 기호로 쓰면, P(-1)

*점은 주로 알파벳 대문자로 나타내!

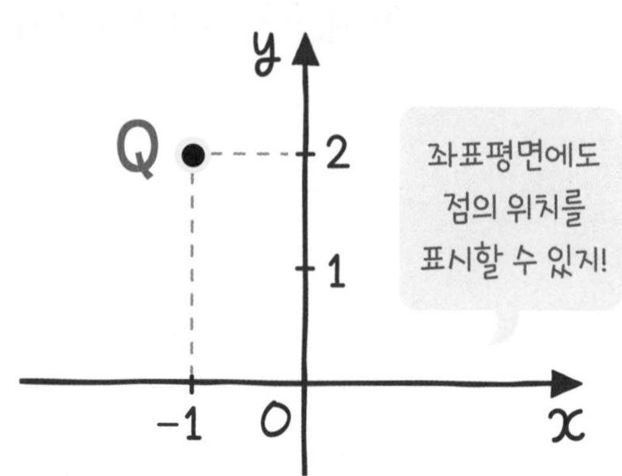

좌표평면에도 점의 위치를 표시할 수 있지!

좌표평면에 위치를 표시할 때는 수가 2개 필요해!

점 Q의 좌표: (-1, 2)

➜ 기호로 쓰면, Q(-1, 2)

*순서쌍에서 앞의 것은 x좌표, 뒤의 것은 y좌표 라고 해!

개념 익히기 1

주어진 점의 좌표를 기호로 나타내세요.

01

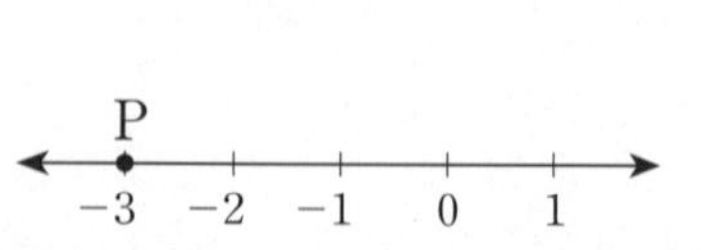

➡ P(−3)

02

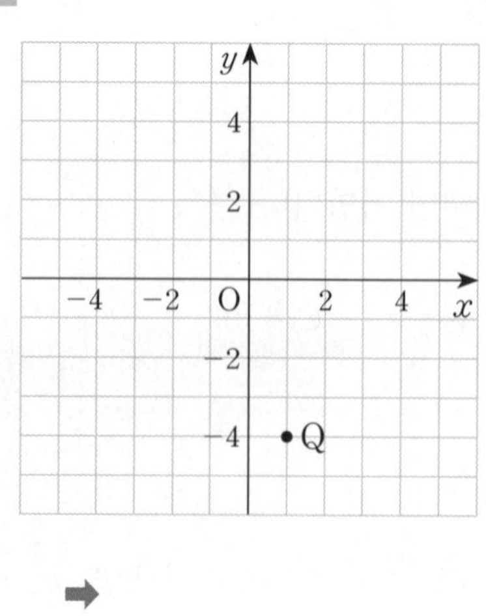

➡

03

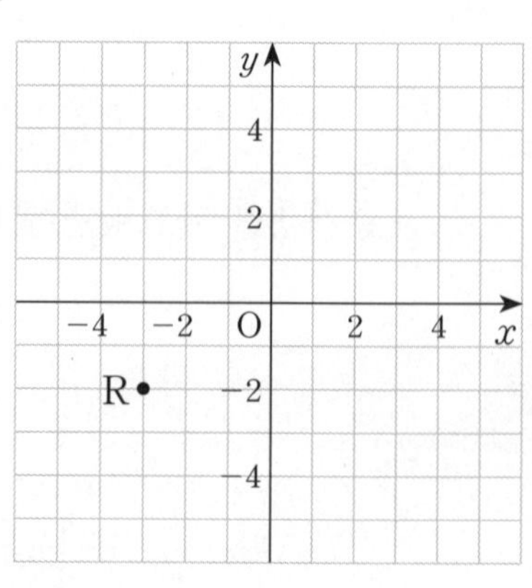

➡

▶ 정답 및 해설 25쪽

좌표평면 부분의 이름

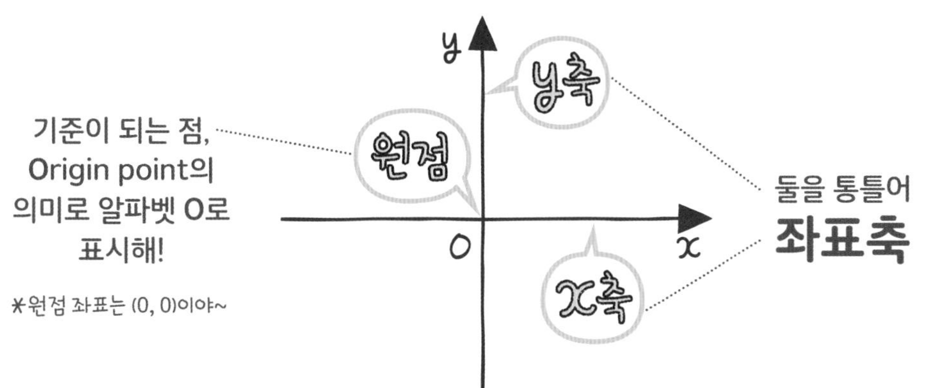

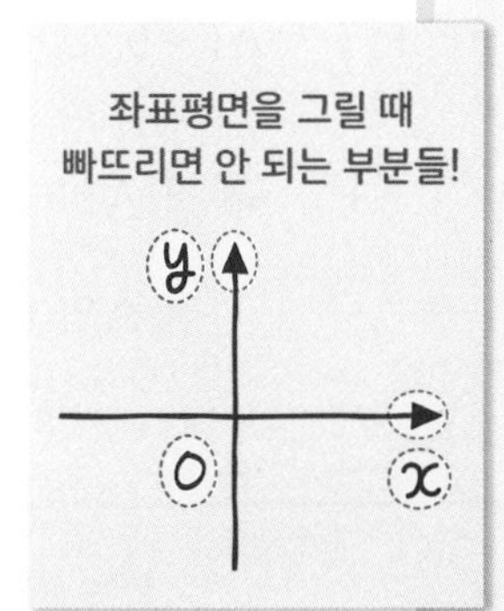

좌표평면을 그릴 때
빠뜨리면 안 되는 부분들!
y
O
x

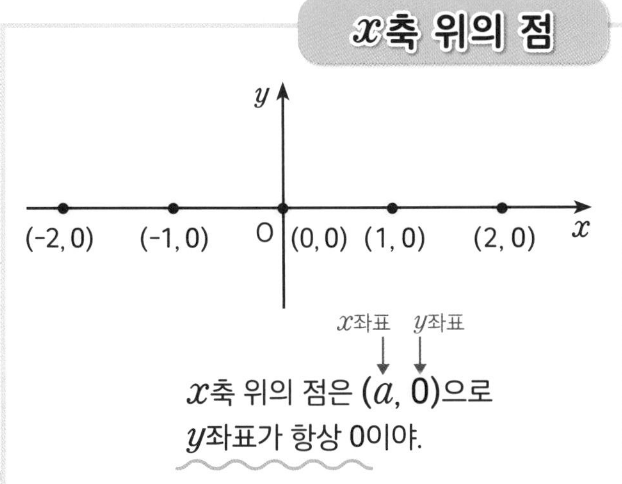

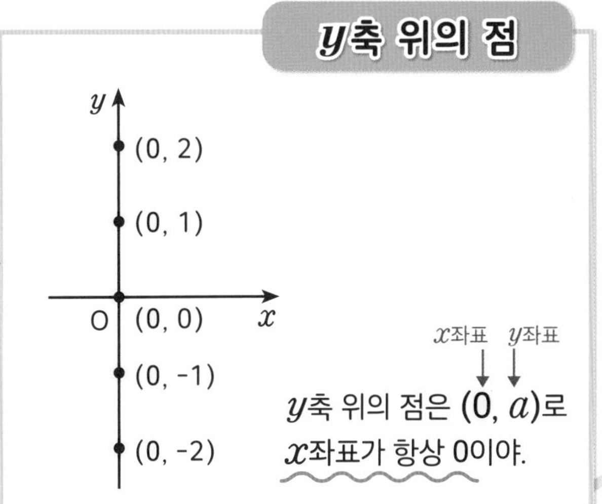

개념 익히기 2

좌표평면에서 빠진 부분을 완성하세요.

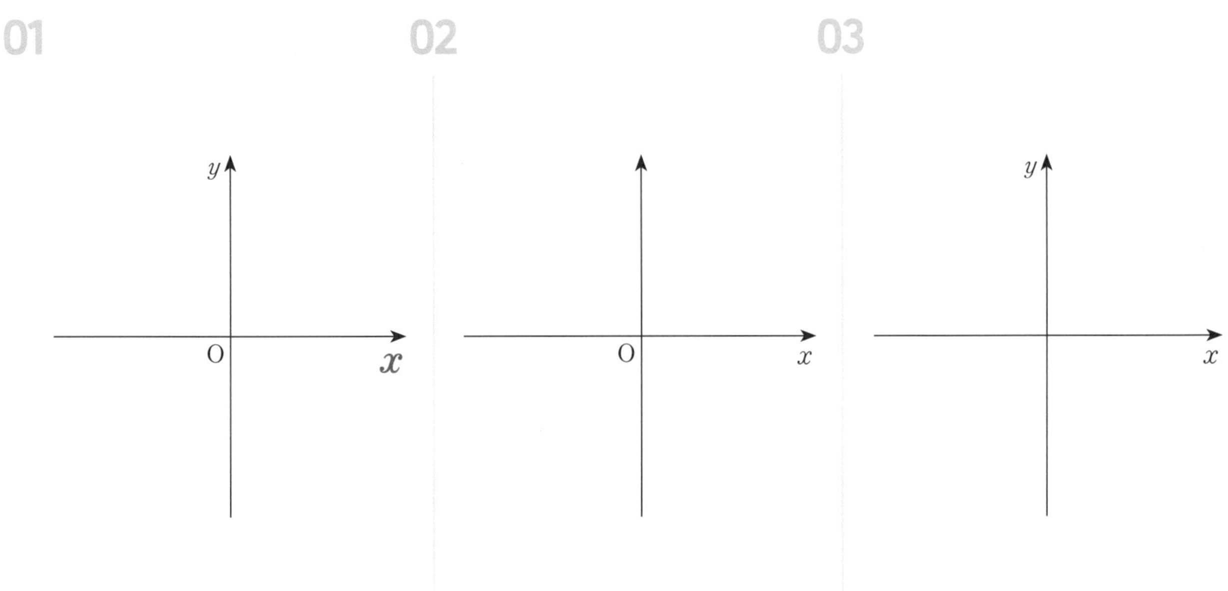

▶ 정답 및 해설 26쪽

개념 다지기 1

빈칸을 알맞게 채우세요.

01 A$(-9, 1)$

➡ 점 A의 x좌표 : [-9]

점 A의 y좌표 : [1]

02 B$(-2, -7)$

➡ 점 B의 x좌표 : [ ]

점 B의 y좌표 : [ ]

03 C$(0, -5)$

➡ 점 C의 [ ]좌표 : -5

점 C의 [ ]좌표 : 0

04 D([ ], 4)

➡ 점 D의 x좌표 : 8

점 D의 y좌표 : [ ]

05 E(3, [ ])

➡ 점 E의 [ ]좌표 : 3

점 E의 y좌표 : -6

06 F([ ], -7)

➡ 점 F의 x좌표 : 0

점 F의 y좌표 : [ ]

▶ 정답 및 해설 26쪽

2-10

개념 다지기 2

점의 좌표를 기호로 쓰고, 좌표평면 위에 나타내세요.

01 점 A는 y축 위에 있고, y좌표는 -4

➡ **A(0, −4)**

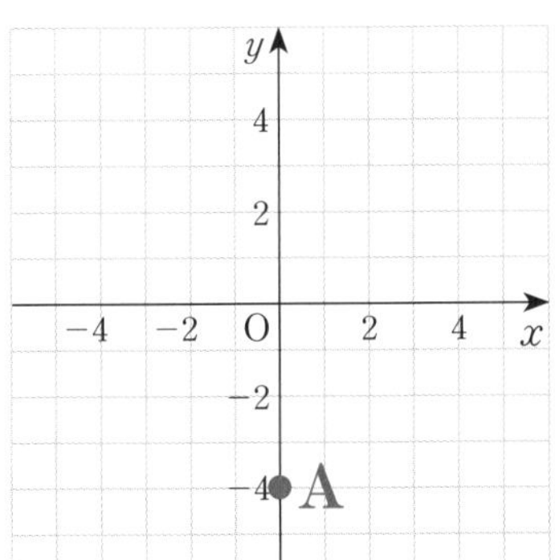

02 점 B의 x좌표는 -3, y좌표는 0

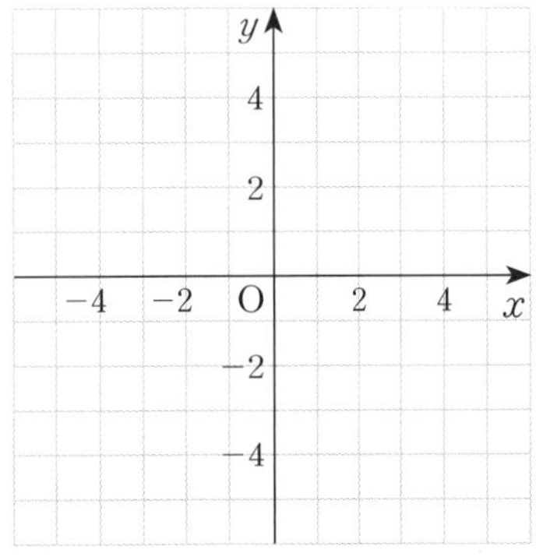

03 점 C의 x좌표는 0, y좌표는 4

➡

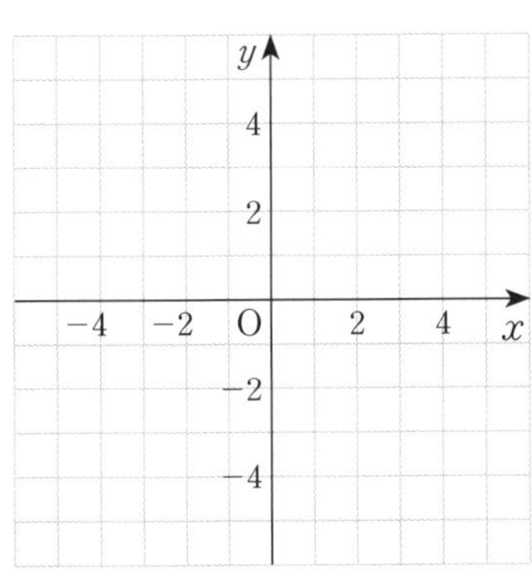

04 점 D는 x축 위에 있고, x좌표는 -1

➡

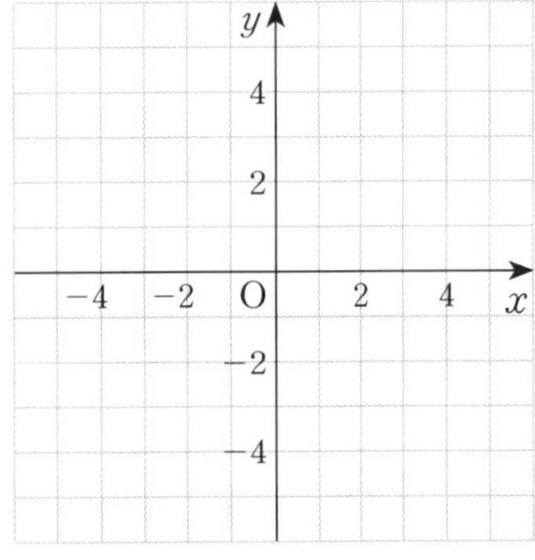

05 점 E는 y축 위에 있고, y좌표는 -3

➡

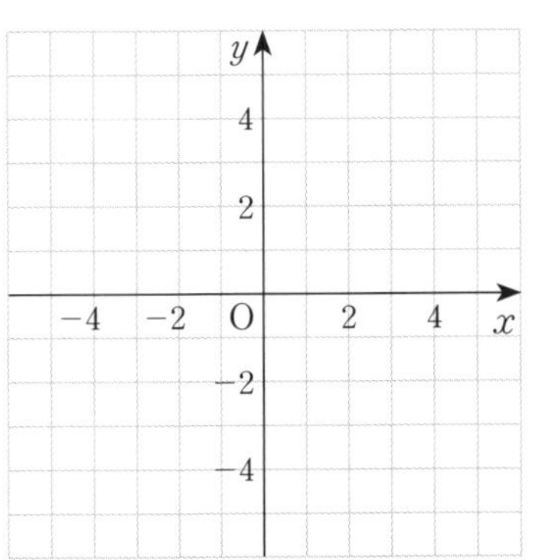

06 점 F는 x축 위에 있고, x좌표는 2

➡

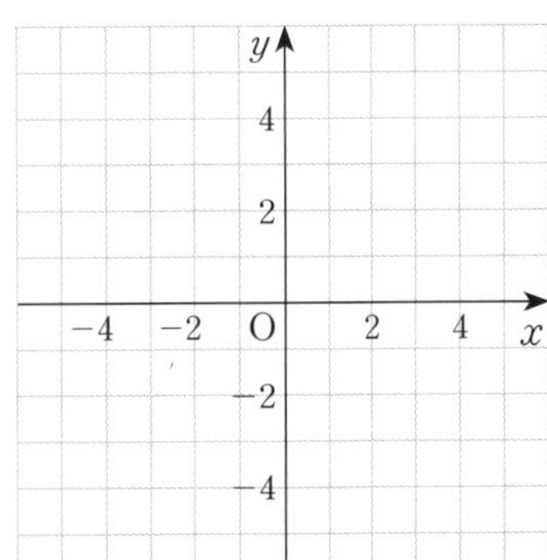

▶ 정답 및 해설 26쪽

2-11

개념 마무리 1

주어진 점을 좌표평면 위에 표시하고, 선분 AB의 길이를 구하세요.

01 A$(-2, -2)$, B$(3, -2)$

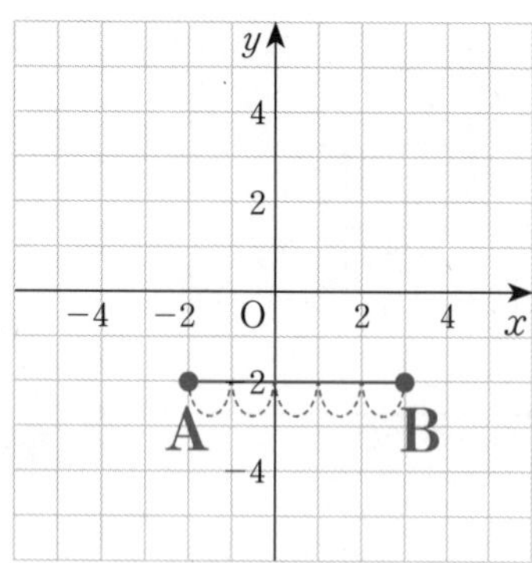

➡ 선분 AB의 길이 : **5**

02 A$(-2, 0)$, B$(3, 0)$

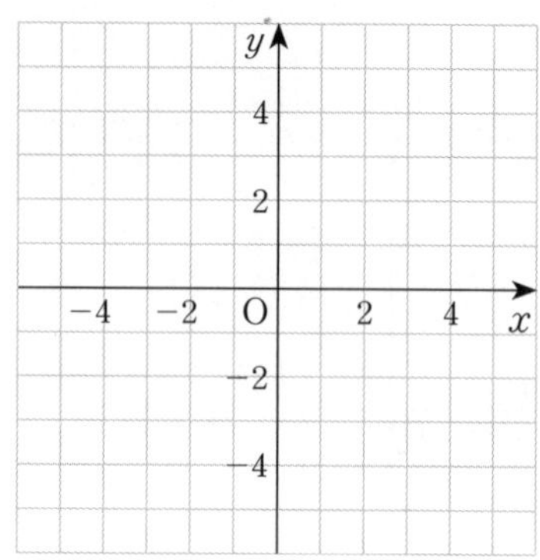

➡ 선분 AB의 길이 :

03 A$(-5, 5)$, B$(-1, 5)$

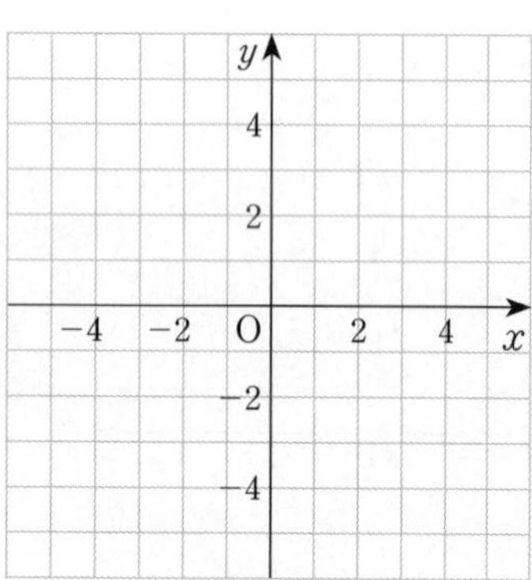

➡ 선분 AB의 길이 :

04 A$(1, 2)$, B$(1, -4)$

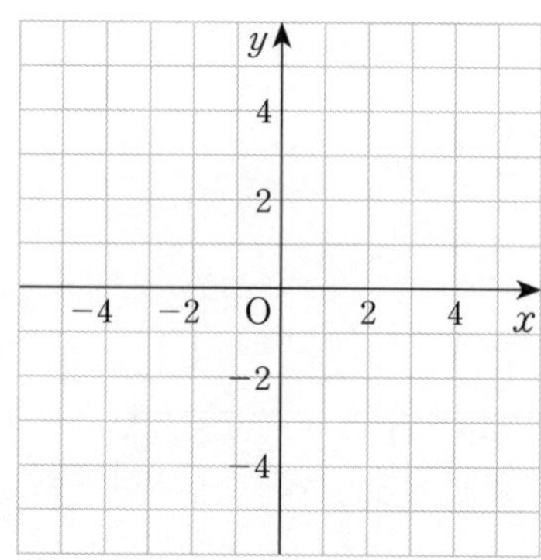

➡ 선분 AB의 길이 :

05 A$(0, 7)$, B$(0, -5)$

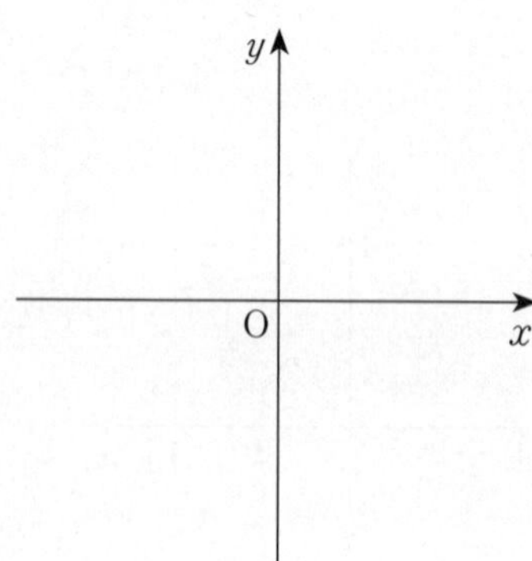

➡ 선분 AB의 길이 :

06 A$(-9, -6)$, B$(4, -6)$

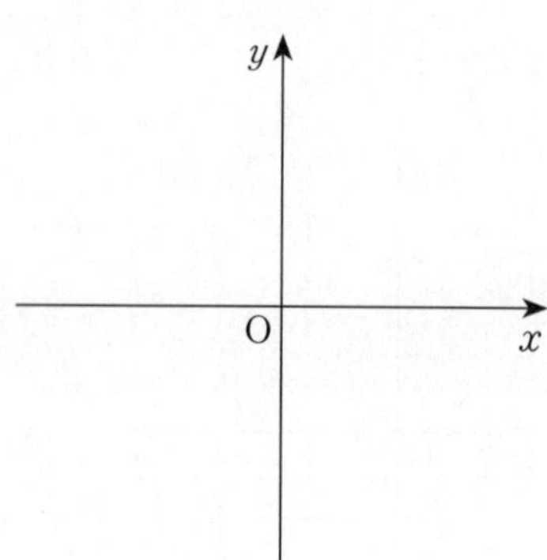

➡ 선분 AB의 길이 :

▶ 정답 및 해설 27쪽

2-12

개념 마무리 2

물음에 답하세요.

01 점 $(4, a+7)$이 x축 위의 점일 때, 상수 a의 값은?

y좌표가 0

점 $(4, a+7)$

y좌표$=0$

$\rightarrow a+7=0$

$a=-7$

답: $a=-7$

02 점 $(a-5, -6)$이 y축 위의 점일 때, 상수 a의 값은?

03 점 $(-10, 3a+6)$이 x축 위의 점일 때, 상수 a의 값은?

04 점 $(a+1, 2b-4)$가 원점일 때, 상수 a, b의 값은?

05 점 $\mathrm{A}(a+4, 5a-10)$이 x축 위의 점이고, 점 $\mathrm{B}(4b-12, 3b)$가 y축 위의 점일 때, 상수 a, b의 값은?

06 점 $(2a-8, b+7)$이 원점일 때, 점 $\mathrm{A}(b, 3a)$의 좌표는?

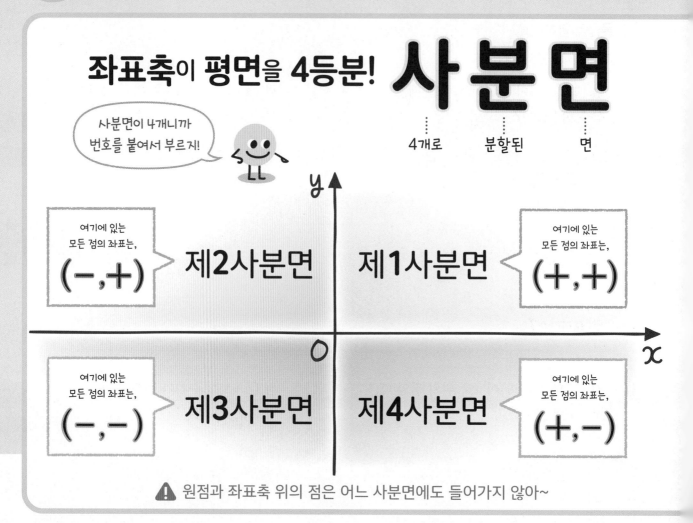

3 사분면

좌표축이 평면을 4등분! 사분면

사분면 = 4개로 / 분할된 / 면

사분면이 4개니까 번호를 붙여서 부르지!

제2사분면	제1사분면
여기에 있는 모든 점의 좌표는, (−,+)	여기에 있는 모든 점의 좌표는, (+,+)
제3사분면	**제4사분면**
여기에 있는 모든 점의 좌표는, (−,−)	여기에 있는 모든 점의 좌표는, (+,−)

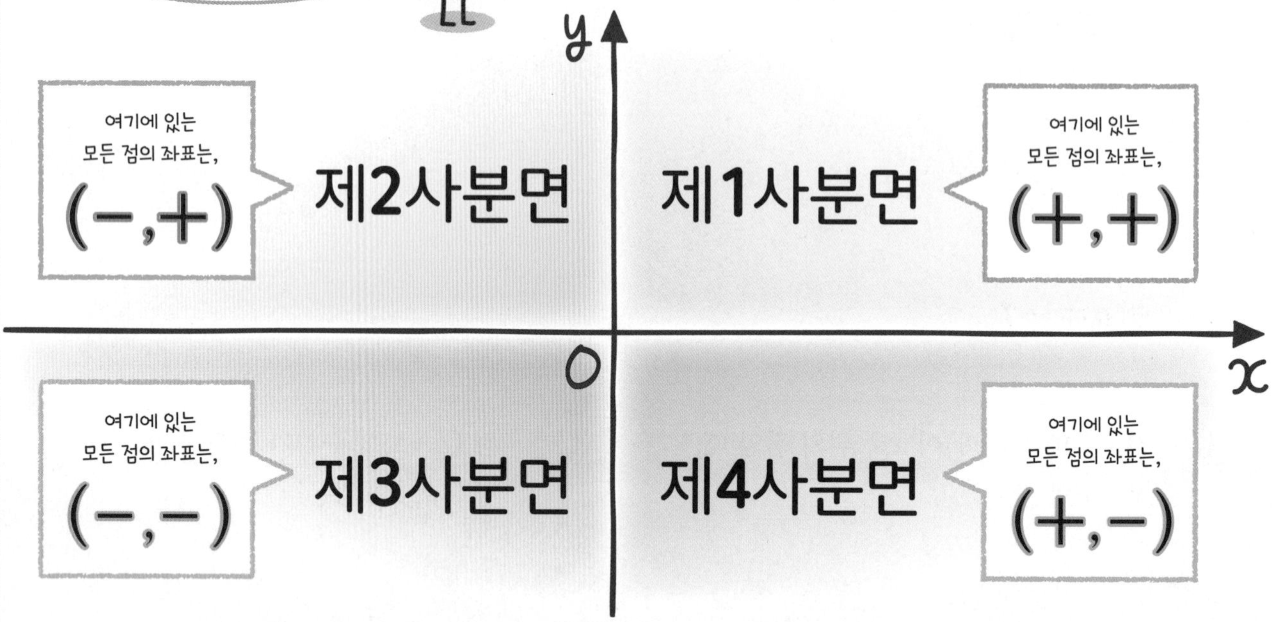

⚠ 원점과 좌표축 위의 점은 어느 사분면에도 들어가지 않아~

▶ 개념 익히기 1

좌표평면 위의 점을 보고, 설명에 알맞은 점을 모두 쓰세요.

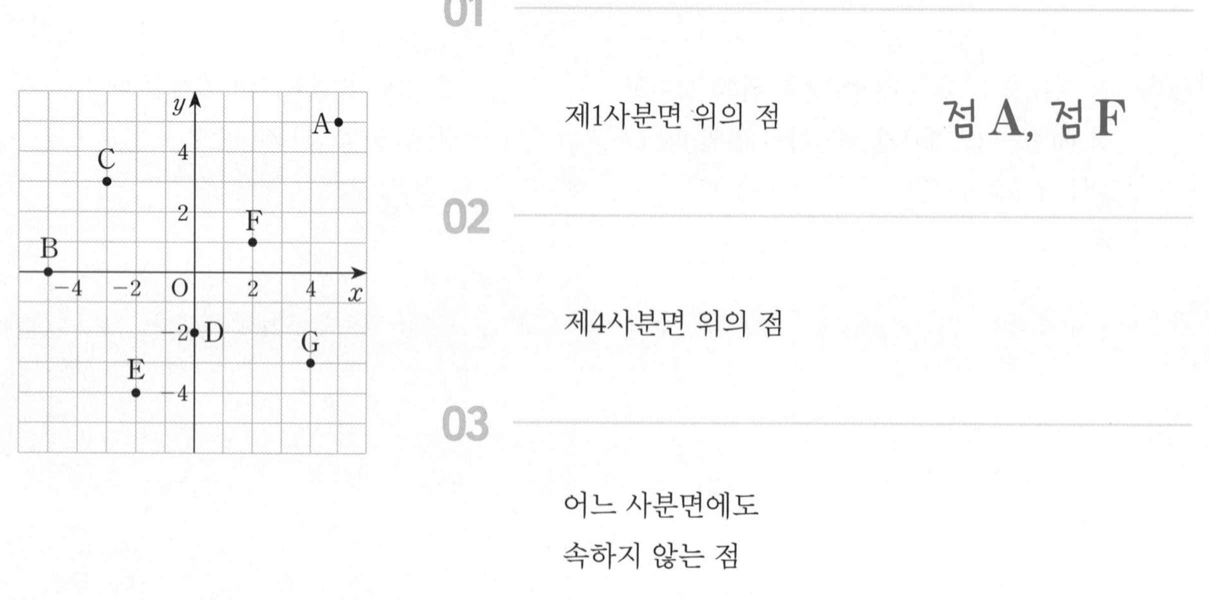

01 제1사분면 위의 점 점 A, 점 F

02 제4사분면 위의 점

03 어느 사분면에도 속하지 않는 점

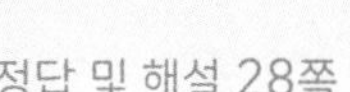
▸정답 및 해설 28쪽

문제 점 P(a, $-b$)가 제3사분면 위의 점일 때,
점 Q($a-b$, ab)는 어느 사분면 위의 점일까?

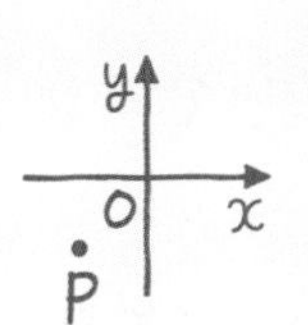

x좌표와 y좌표의 부호만 알면 되지!

풀이 P(a , $-b$)

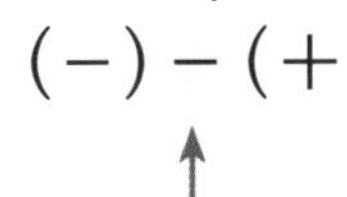
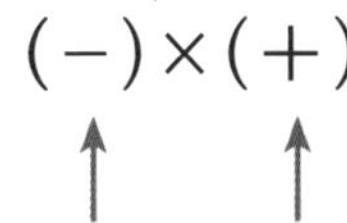

(−) (−)

➡ a는 (−) , $-b$는 (−)

$\|$
$(-1)\times b$

다른 부호끼리 곱해야 음수!
(같은 부호끼리 곱하면 양수!)

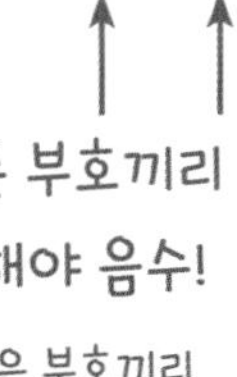

그러니까,
b는 (+)

Q($a-b$, ab)

(−) − (+)

여기가 − 이면 바로 뒤의 부호를 바꿔서 덧셈!

= (−) + (−)

(음수) + (음수)는 음수

0

$a-b$는 (−)

(−) × (+)

다른 부호끼리 곱하면 음수!

ab는 (−)

따라서 점 Q는
(−, −) 로
제3사분면 위의 점이야!

개념 익히기 2

$a>0$, $b<0$일 때, ○ 안에 >, <를 알맞게 쓰세요.

01

$\frac{a}{b}$ (<) 0

$\frac{a}{b} \dashrightarrow \frac{(+)}{(-)} < 0$

02

$-b$ ○ 0

03

ab ○ 0

▶ 정답 및 해설 28쪽

2-15

개념 다지기 1

주어진 점이 어느 사분면 위의 점인지 쓰세요. (단, 어느 사분면에도 속하지 않는 점은 ×표 하세요.)

01 A$(-8, 1)$ 제2사분면

02 B$(3, -2)$

03 C$(-5, -4)$

04 D$(0, 10)$

05 E$(1, 7)$

06 F$(-2, 0)$

▶ 정답 및 해설 28쪽

2-16

개념 다지기 2

$a<0$, $b>0$일 때, 주어진 점이 어느 사분면 위의 점인지 쓰세요.

01 (a, b) 제2사분면

$(-)$ $(+)$

02 $(a, -b)$

03 $(b, -a)$

04 $(-a, -b)$

05 (a, ab)

06 $(a-b, b)$

▶ 정답 및 해설 29쪽

개념 마무리 1

주어진 점이 어느 사분면 위의 점인지 보고, ◯ 안에 >, <를 알맞게 쓰세요.

01 $A(-a, b)$: 제1사분면 위의 점

➡ a (<) 0, b (>) 0

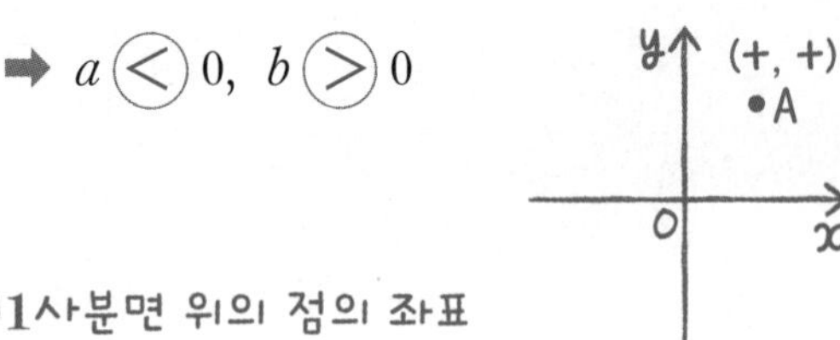

제1사분면 위의 점의 좌표
→(+, +)

$A(\underset{(+)}{-a}, \underset{(+)}{b})$

$-a=(+)$

$a=(-)$

02 $B(a, -b)$: 제4사분면 위의 점

➡ a ◯ 0, b ◯ 0

03 $C(-a, -b)$: 제3사분면 위의 점

➡ a ◯ 0, b ◯ 0

04 $D(ab, a)$: 제2사분면 위의 점

➡ a ◯ 0, b ◯ 0

05 $E\left(-a, \frac{a}{b}\right)$: 제1사분면 위의 점

➡ a ◯ 0, b ◯ 0

06 $F\left(\frac{b}{a}, b\right)$: 제4사분면 위의 점

➡ a ◯ 0, b ◯ 0

▶ 정답 및 해설 30쪽

개념 마무리 2

물음에 답하세요.

01 점 $\mathrm{P}(a, b)$가 제2사분면 위의 점일 때, 점 $\mathrm{Q}(ab, -b)$는 어느 사분면 위의 점일까요?

$\mathrm{P}(a, b)$가 제2사분면
$\rightarrow$ a는 $(-)$, b는 $(+)$

$\mathrm{Q}(ab, -b) \rightarrow \mathrm{Q}(-, -)$

$(-)\times(+)=(-)$ $-(+)=(-)$

답: 제3사분면

02 점 $\mathrm{P}(a, -b)$가 제1사분면 위의 점일 때, 점 $\mathrm{Q}(b, ab)$는 어느 사분면 위의 점일까요?

03 점 $\mathrm{P}(a, ab)$가 제4사분면 위의 점일 때, 점 $\mathrm{Q}\left(\frac{a}{b}, a\right)$는 어느 사분면 위의 점일까요?

04 점 $\mathrm{P}(ab, -b)$가 제3사분면 위의 점일 때, 점 $\mathrm{Q}\left(a-b, -\frac{b}{a}\right)$는 어느 사분면 위의 점일까요?

05 점 $\mathrm{P}\left(\frac{a}{b}, -b\right)$가 제3사분면 위의 점일 때, 점 $\mathrm{Q}(b-a, -ab)$는 어느 사분면 위의 점일까요?

06 점 $\mathrm{P}(-ab, a)$가 제2사분면 위의 점일 때, 점 $\mathrm{Q}\left(a+b, -\frac{b}{a}\right)$는 어느 사분면 위의 점일까요?

4 점의 대칭이동

좌표축으로 접으면 점이 이동해~

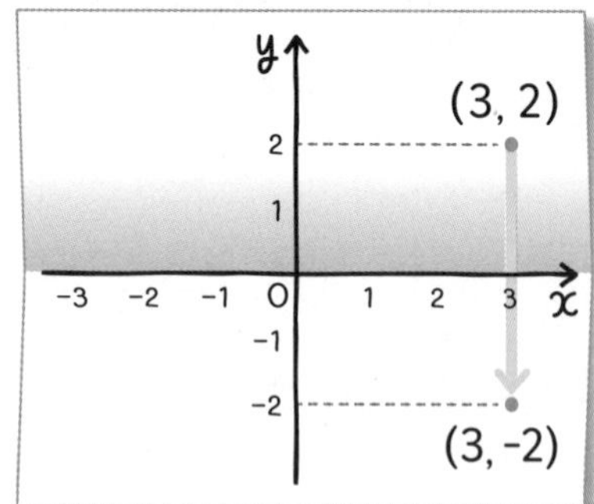

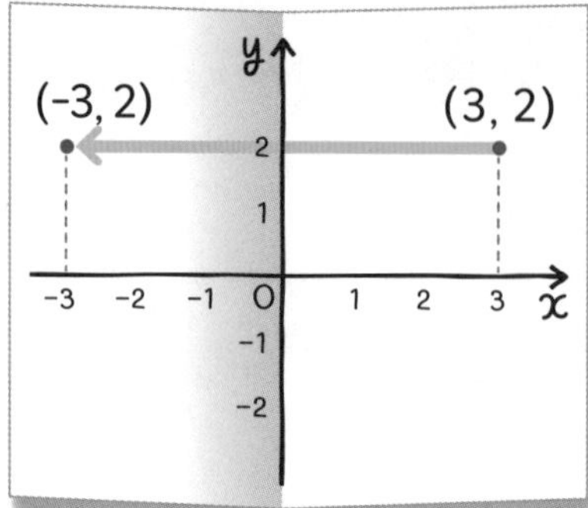

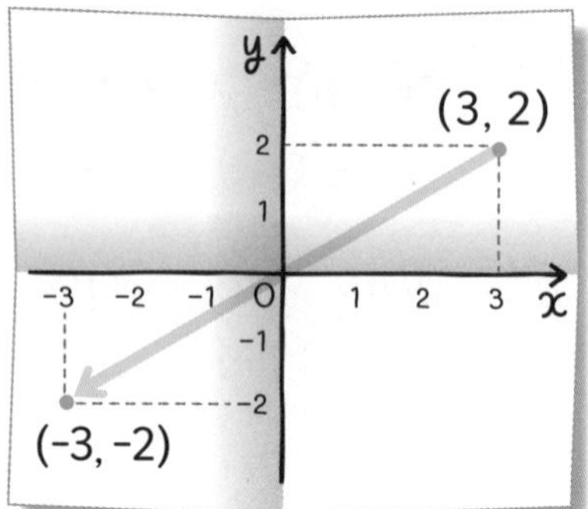

x축으로 접었다!	y축으로 접었다!	x축으로 접고, y축으로 또 접었다!
x축 대칭	**y축 대칭**	**원점 대칭**
(a, b)	(a, b)	(a, b)
↕ y좌표만 부호 반대	↕ x좌표만 부호 반대	↕ ↕ 두 좌표 모두 부호 반대
$(a, -b)$	$(-a, b)$	$(-a, -b)$

개념 익히기 1

좌표평면 위의 두 점 A, B를 보고, 어떻게 이동했는지 빈칸을 알맞게 채우세요.

01

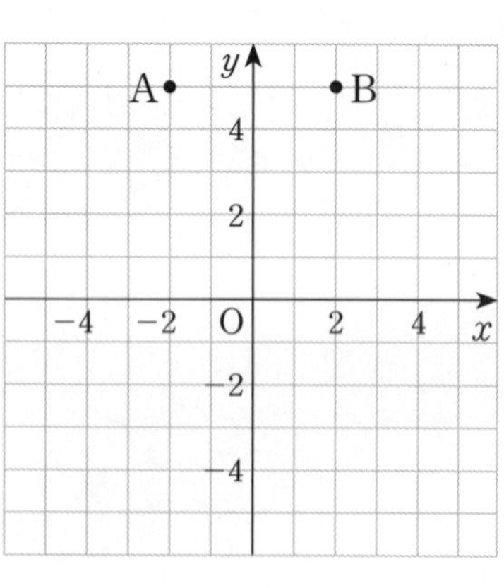

➡ y축 대칭

02

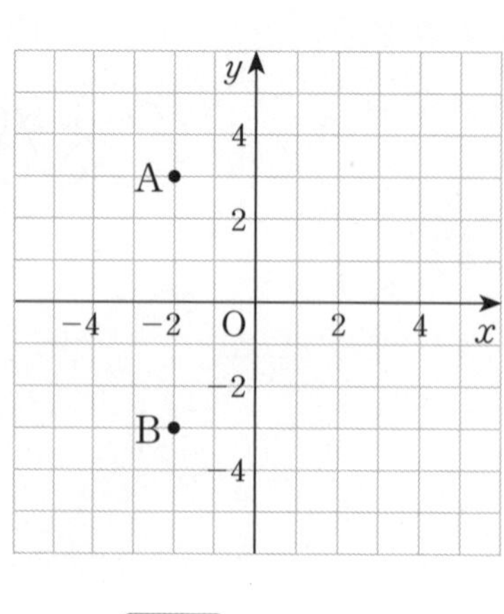

➡ [ ] 대칭

03

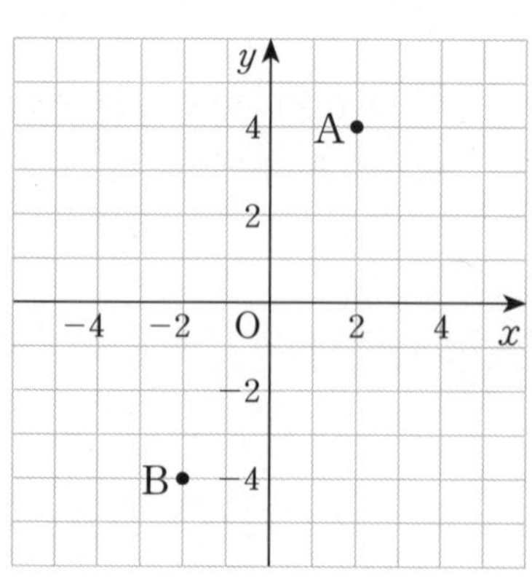

➡ [ ] 대칭

▶ 정답 및 해설 31쪽

2-19

문제

A(2, −9)

x축 대칭

B($2a$, $3b$)

a, b의 값은?

x축 대칭은
x좌표 그대로!
y좌표만 부호 반대!

풀이

(2 , −9)
|| 부호 반대
($2a$, $3b$)

$2=2a$ $a=1$

$-9=-3b$ $b=3$

문제

A($3a+2$, 5)

y축 대칭

B(a, $2b-1$)

a, b의 값은?

y축 대칭은
y좌표 그대로!
x좌표만 부호 반대!

풀이

($3a+2$, 5)
부호 반대 ||
(a , $2b-1$)

$3a+2=-a$ $a=-\frac{1}{2}$

$5=2b-1$ $b=3$

문제

A($2a-3$, 3)

원점 대칭

B(1, $2-5b$)

a, b의 값은?

원점 대칭은
x좌표, y좌표
둘 다 부호 반대!

풀이

($2a-3$, 3)
둘 다 부호 반대
(1 , $2-5b$)

식에 괄호하고 −붙이기

$2a-3=-1$ $a=1$

$3=-(2-5b)$ $b=1$

개념 익히기 2

빈칸에 알맞은 부호를 쓰세요.

01

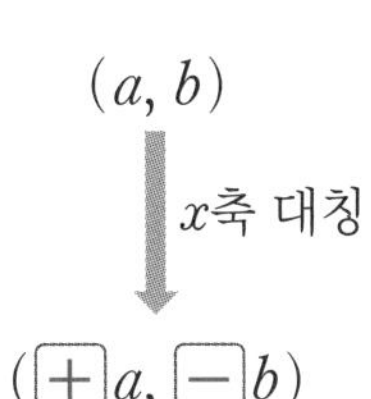

02

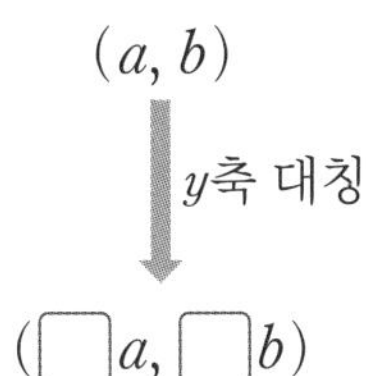

03

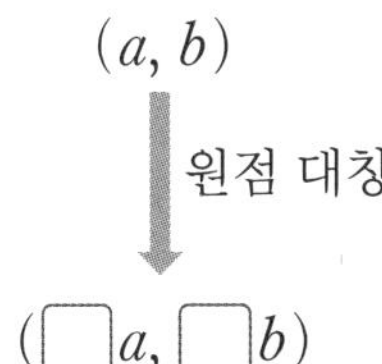

개념 다지기 1

빈칸을 알맞게 채우세요.

01 $(5, -1)$

↓ x축 대칭

$(\boxed{5}, \boxed{1})$

02

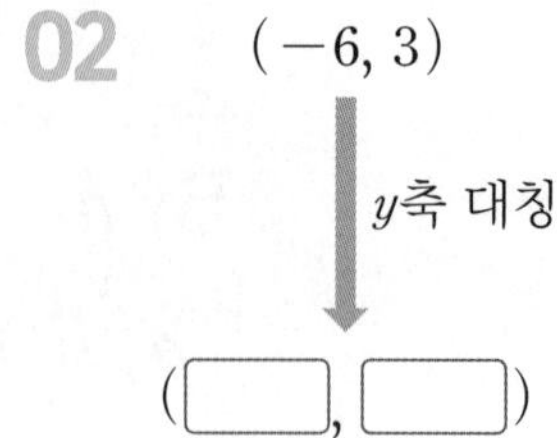

03 $(3, -4)$

↓ $\square$ 대칭

$(-3, -4)$

04

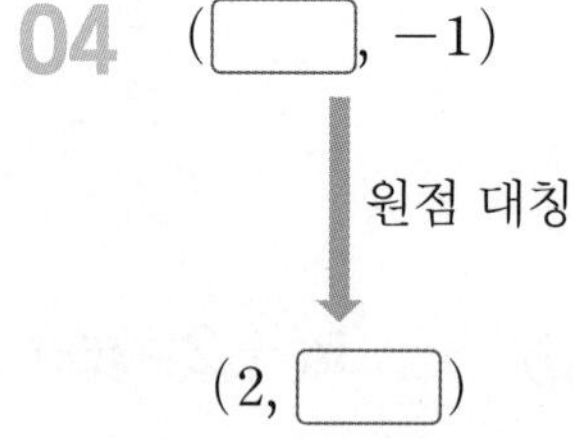

05 $(\square, \square)$

↓ x축 대칭

$(-7, 8)$

06

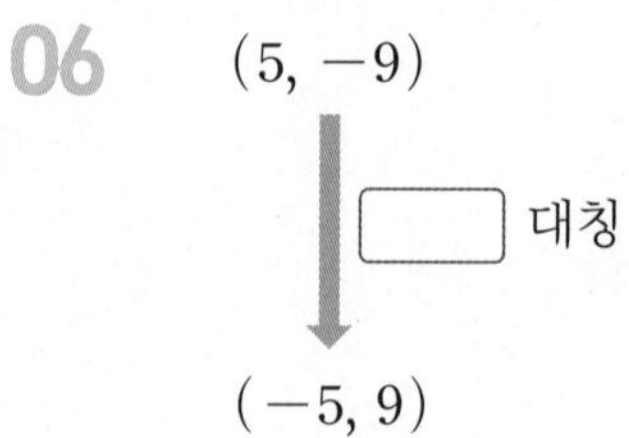

▶ 정답 및 해설 31쪽

2-22

개념 다지기 2

주어진 설명에 알맞은 점을 좌표평면 위에 나타내고, 점의 좌표를 쓰세요.

01 점 A와 원점 대칭인 점

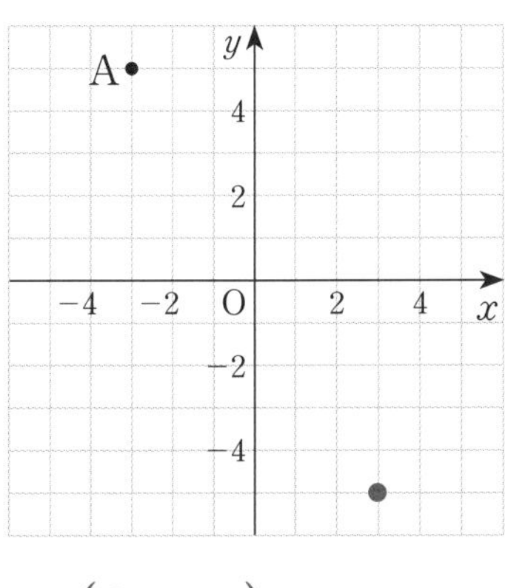

➡ $(3, -5)$

02 점 B와 x축 대칭인 점

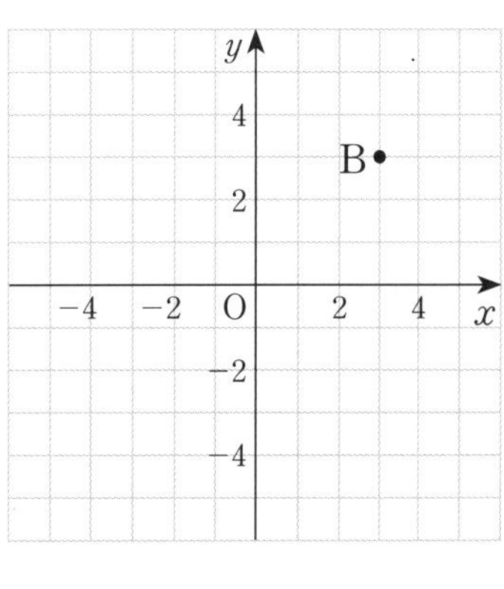

➡

03 점 C와 y축 대칭인 점

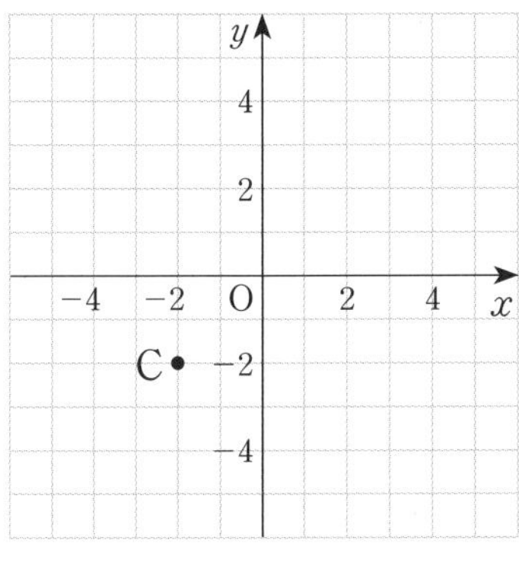

➡

04 점 D와 원점 대칭인 점

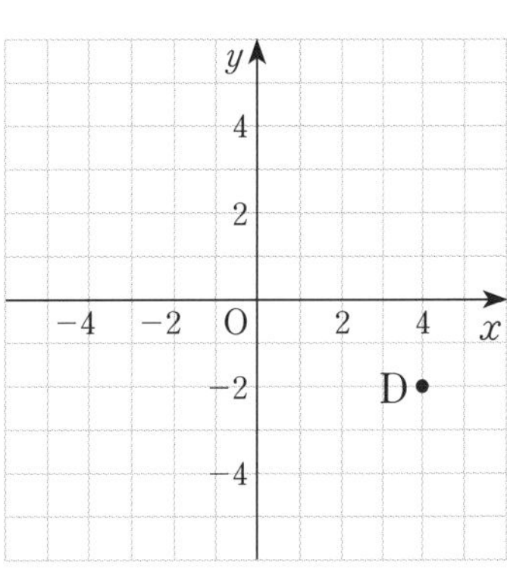

➡

05 점 E와 x축 대칭인 점

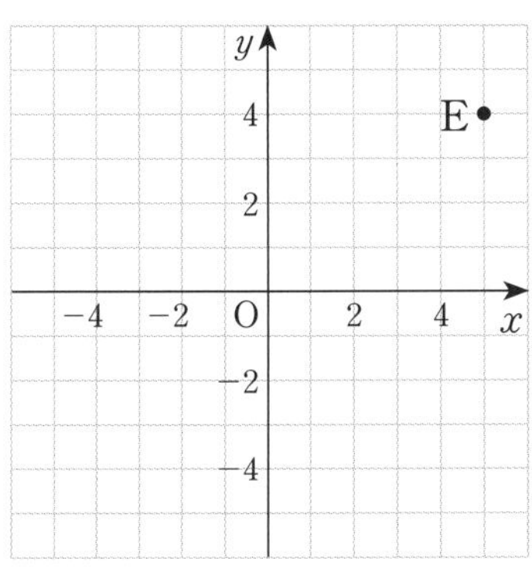

➡

06 점 F와 y축 대칭인 점

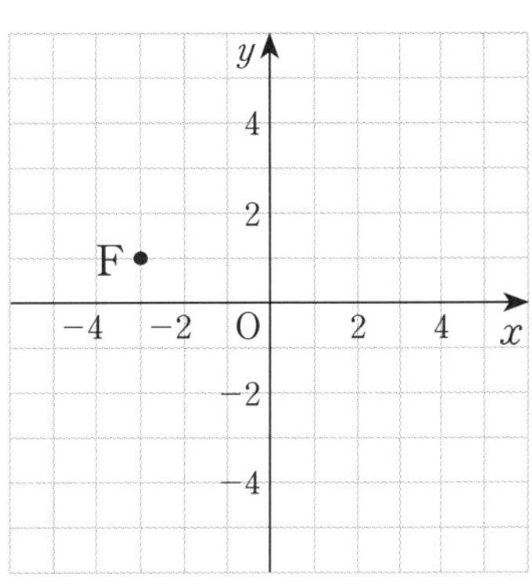

➡

▶ 정답 및 해설 32쪽

개념 마무리 1

a, b의 값을 각각 구하세요.

01 점 A$(a-7, 4b)$와 점 B$(2a-11, 6-b)$가

x축 대칭 → A$(a-7,\ 4b)$ ‖ 부호 반대 B$(2a-11, 6-b)$

$a-7=2a-11$
$-a=-4$
$a=4$

$4b=-(6-b)$
$4b=-6+b$
$3b=-6$
$b=-2$

답: $a=4, b=-2$

02 점 A$(-a, 2)$와 점 B$(2a+2, b-2)$가 y축 대칭

03 점 A$(4a+2, 5)$와 점 B$(2a, 3b+1)$이 원점 대칭

04 점 A$(a, 2b)$와 점 B$(-3a+4, -b+15)$가 y축 대칭

05 점 A$(-a+8, 2a)$와 점 B$(3a, b-3)$이 x축 대칭

06 점 A$(4b, 2a+6)$과 점 B$(3b+7, b+3a)$가 원점 대칭

▶ 정답 및 해설 33쪽

2-24

개념 마무리 2

도형을 좌표평면 위에 그리고, 넓이를 구하세요.

01 점 A(5, -2)와 x축 대칭인 점을 B, y축 대칭인 점을 C라 할 때, 삼각형 ABC의 넓이를 구하세요.

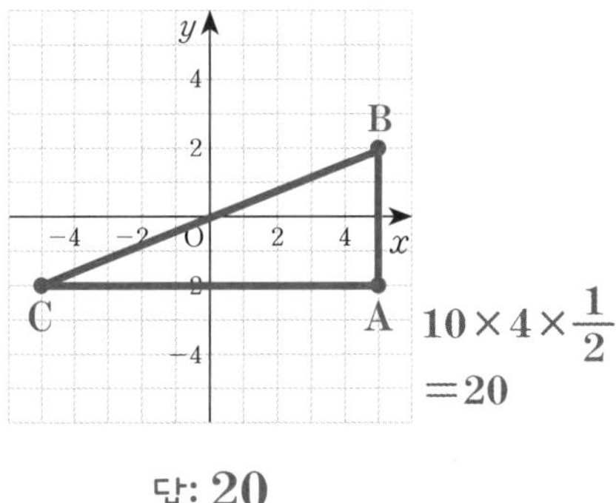

답: 20

02 점 A(4, 3)과 x축 대칭인 점을 B, y축 대칭인 점을 C라 할 때, 삼각형 ABC의 넓이를 구하세요.

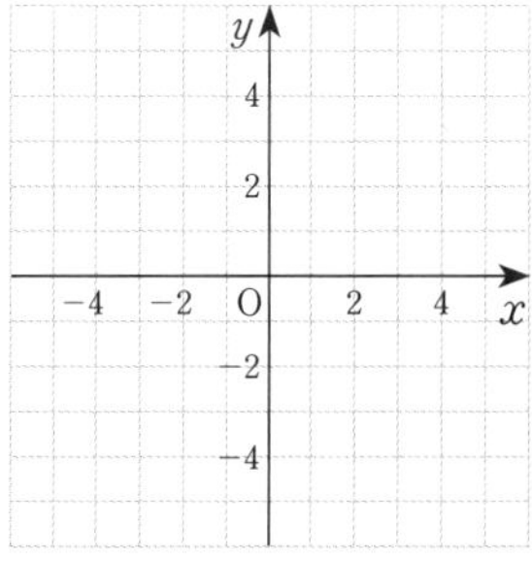

03 점 A(-6, 1)과 원점 대칭인 점을 B, x축 대칭인 점을 C라 할 때, 삼각형 ABC의 넓이를 구하세요.

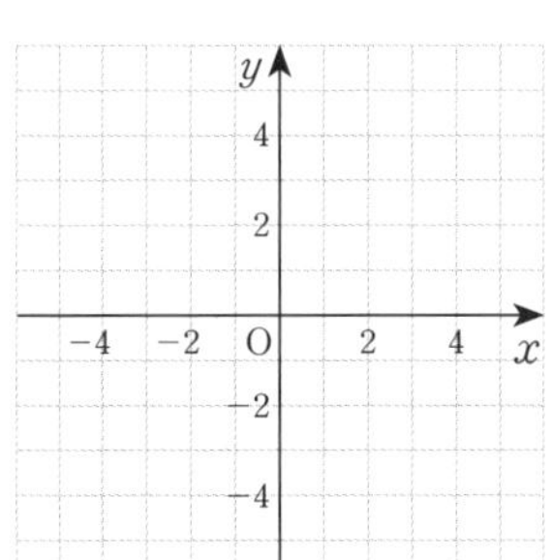

04 점 A(-4, -5)와 y축 대칭인 점을 B, 원점 대칭인 점을 C라 할 때, 삼각형 ABC의 넓이를 구하세요.

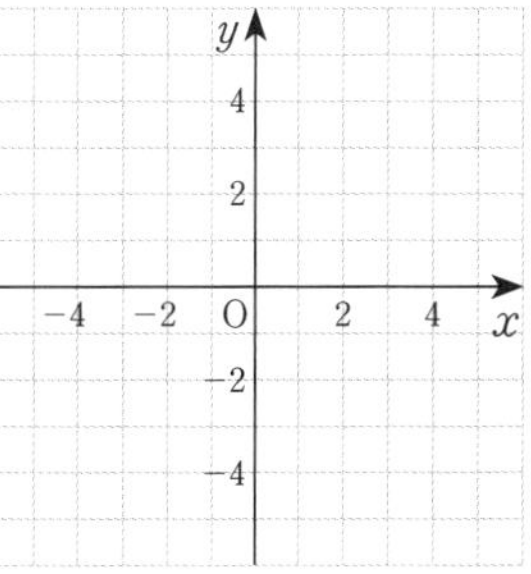

05 점 A(2, 4)와 x축 대칭인 점을 B, 원점 대칭인 점을 C, y축 대칭인 점을 D라 할 때, 사각형 ABCD의 넓이를 구하세요.

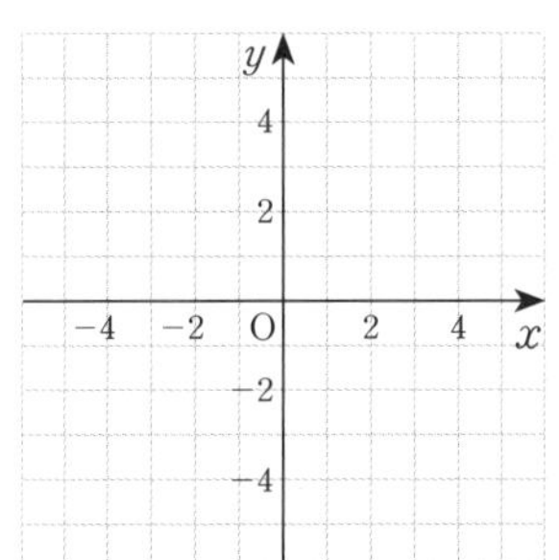

06 점 A(3, -1)과 y축 대칭인 점을 B, 원점 대칭인 점을 C, x축 대칭인 점을 D라 할 때, 사각형 ABCD의 넓이를 구하세요.

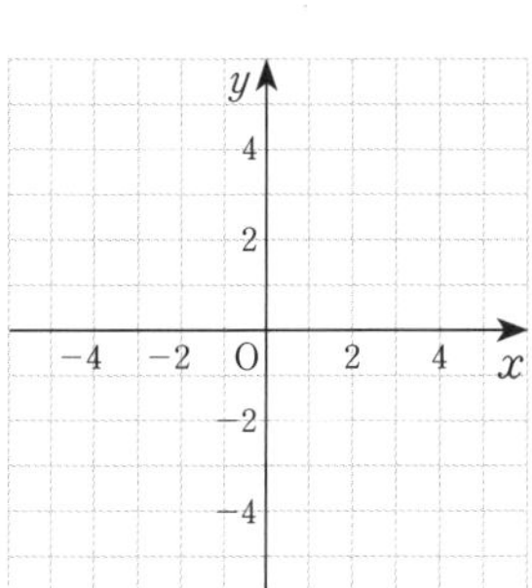

단원 마무리

01 점 A의 좌표를 기호로 나타내시오.

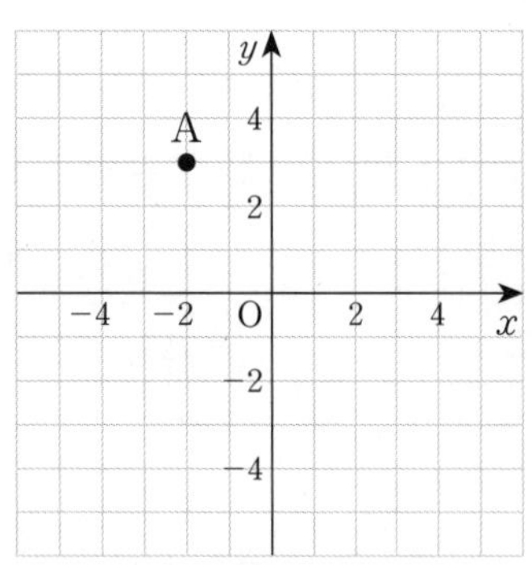

02 y축 위에 있고, y좌표가 5인 점의 좌표는?

① $(5, 0)$ ② $(0, 5)$
③ $(-5, 0)$ ④ $(0, -5)$
⑤ $(0, 0)$

03 다음 중 제2사분면 위에 있는 점의 좌표를 기호로 나타내시오.

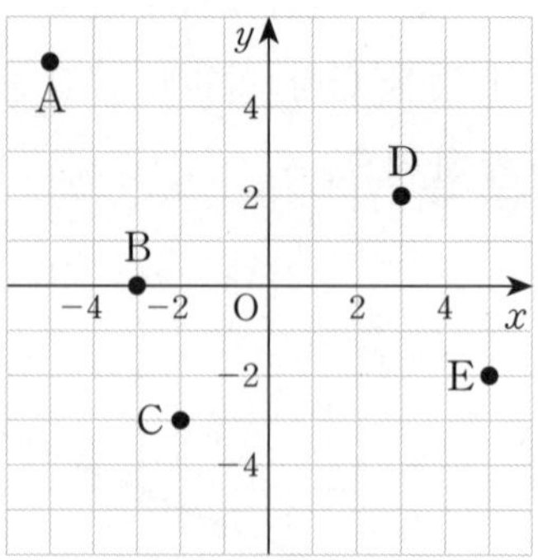

04 점 $(4, 5)$와 원점 대칭인 점의 좌표를 쓰시오.

05 다음 중 제3사분면 위의 점은?

① $(4, 1)$ ② $(10, -2)$
③ $(-7, 2)$ ④ $(0, -3)$
⑤ $(-6, -3)$

06 다음 중 x축에 대하여 대칭이동한 것은?

① $(2, -3) \rightarrow (2, 3)$
② $(5, 4) \rightarrow (4, 5)$
③ $(0, 1) \rightarrow (0, 1)$
④ $(6, -6) \rightarrow (-6, -6)$
⑤ $(1, -1) \rightarrow (-1, 1)$

07 다음 좌표평면 위의 점의 좌표를 기호로 바르게 나타낸 것은?

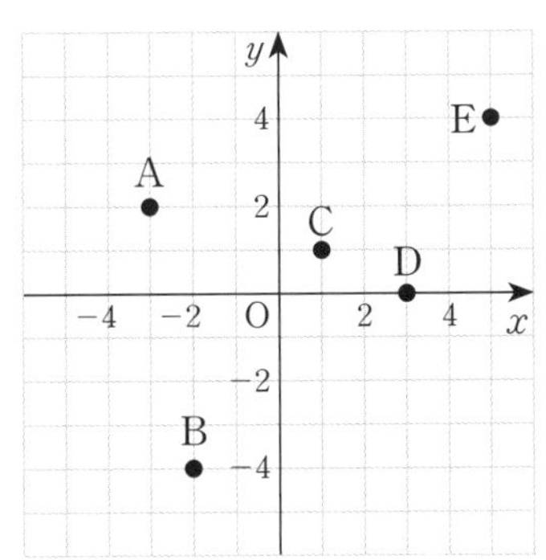

① A$(-2, 2)$　② B$(-4, -2)$
③ C$(1, 1)$　④ D$(3, 3)$
⑤ E$(4, 5)$

08 두 순서쌍 $(a+1, 8)$, $(4, -b)$가 서로 같을 때, $a+b$의 값을 구하시오.

09 다음 중 점 $(5, -1)$과 같은 사분면 위에 있는 점은?

① $(2, 4)$　② $(0, -4)$
③ $(-2, 0)$　④ $(-2, -4)$
⑤ $(4, -2)$

10 다음 보기 중 옳지 않은 것을 모두 찾아 기호를 쓰시오.

보기
㉠ 점 $(2, 0)$은 x축 위의 점입니다.
㉡ y축 위의 점은 y좌표가 0입니다.
㉢ 점 $(-4, 3)$은 제2사분면 위의 점입니다.
㉣ 점 $(0, -5)$는 제1사분면 위의 점입니다.

2-27

11 5개의 점 $A(0, 5)$, $B(-4, 2)$, $C(-2, -3)$, $D(3, -2)$, $E(4, 3)$을 꼭짓점으로 하는 오각형을 좌표평면에 나타냈습니다. 잘못 나타낸 점을 찾아 좌표평면에 바르게 나타내시오.

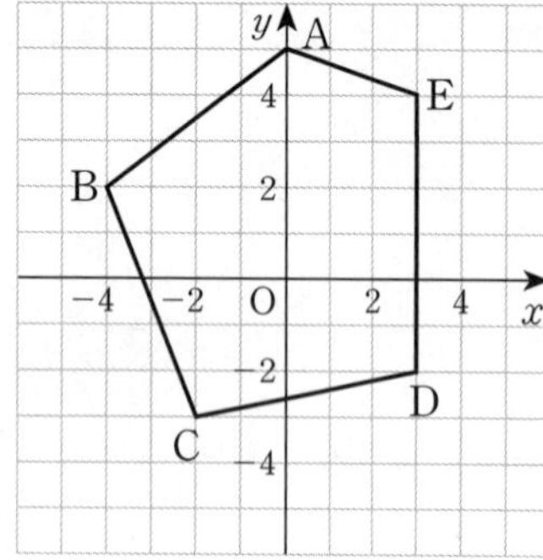

12 $a>0$, $b>0$일 때, 점 $(a+b, ab)$는 어느 사분면 위의 점인지 쓰시오.

13 점 $(2a, -10)$과 점 $(4, 3b+4)$가 x축에 대하여 대칭일 때, ab의 값을 구하시오.

14 점 $(-a, b)$가 제3사분면 위의 점일 때, 다음 중 제2사분면 위의 점은?

① (a, b) ② $(b, -a)$
③ (ab, a) ④ $(b-a, b)$
⑤ $\left(\frac{b}{a}, ab\right)$

15 다음 중 대칭이동한 방법이 다른 하나는?

① $(-1, 2) \rightarrow (-1, -2)$
② $(6, -4) \rightarrow (-6, 4)$
③ $(-9, -3) \rightarrow (9, 3)$
④ $(10, -50) \rightarrow (-10, 50)$
⑤ $(7, 8) \rightarrow (-7, -8)$

16 점 A와 y축 대칭인 점이 $(-2,\ -3)$일 때, 점 A와 원점 대칭인 점의 좌표를 쓰시오.

17 점 $\mathrm{P}(ab,\ -b)$가 제2사분면 위의 점일 때, 점 $\mathrm{Q}\left(a-b,\ \dfrac{b}{a}\right)$는 어느 사분면 위의 점인지 쓰시오.

18 점 $\mathrm{A}(3,\ -6)$과 원점 대칭인 점을 B, x축 대칭인 점을 C라 할 때, 선분 BC의 길이를 구하시오.

19 점 $\mathrm{A}(a-5,\ a+1)$이 제3사분면 위의 점일 때, 다음 중 a의 값이 될 수 있는 것은?

① 6　② -2　③ -1　④ 3　⑤ 4

20 점 $\mathrm{A}\left(2a+5,\ \dfrac{b-4}{3}\right)$를 원점에 대하여 대칭이동한 점이 $\left(\dfrac{b-4}{3},\ -b\right)$일 때, $a-b$의 값을 구하시오.

▶ 정답 및 해설 37쪽

서술형 문제

21 네 점 A$(-1,\ -3)$, B$(2,\ -3)$, C$(3,\ 3)$, D$(0,\ 3)$을 꼭짓점으로 하는 사각형 ABCD를 좌표평면에 그리고, 그 사각형의 넓이를 구하시오.

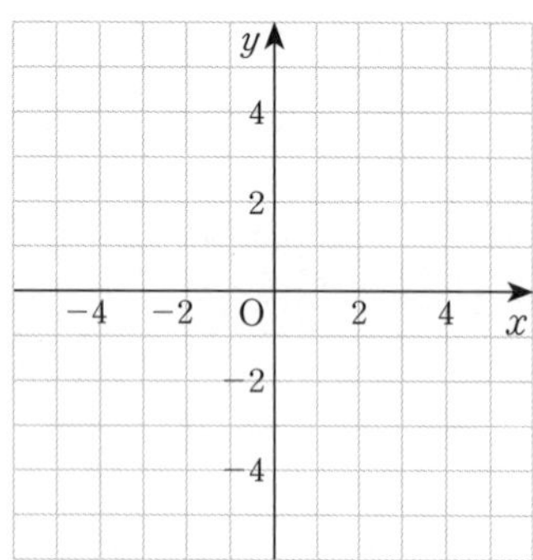

풀이

서술형 문제

22 점 P$(3a+6,\ -4a)$는 x축 위의 점이고, 점 Q$(b-5,\ 4-2b)$는 y축 위의 점입니다. 두 점 P, Q의 좌표를 각각 기호로 나타내시오.

풀이

서술형 문제

23 $a-b>0$, $ab<0$일 때, 점 $(a,\ -b)$는 어느 사분면 위의 점인지 구하시오.

풀이

쉬어가기

3차원의 공간

우리가 사는 세상은 납작한 평면이 아닌 입체적인 공간이야. 그래서 이 세상에서 우리의 위치를 나타내기 위해서는 좌표평면이 아니라 좌표공간이 필요해!

수직선

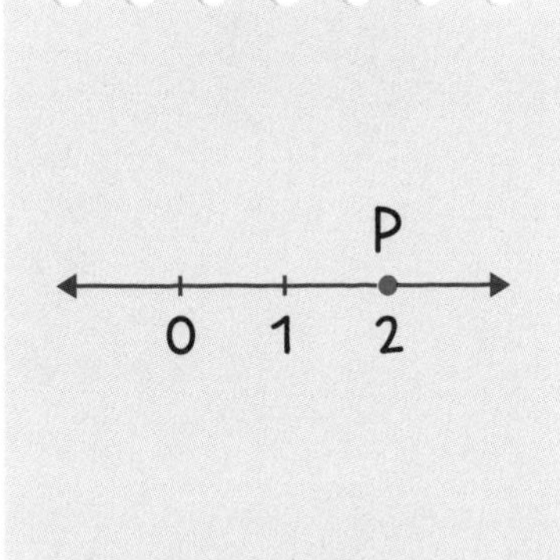

축이 하나!

→ 좌표를 나타내는 수도 1개 필요!

P(2)

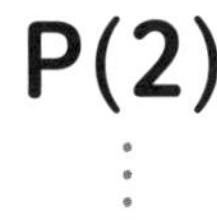

1차원

좌표평면

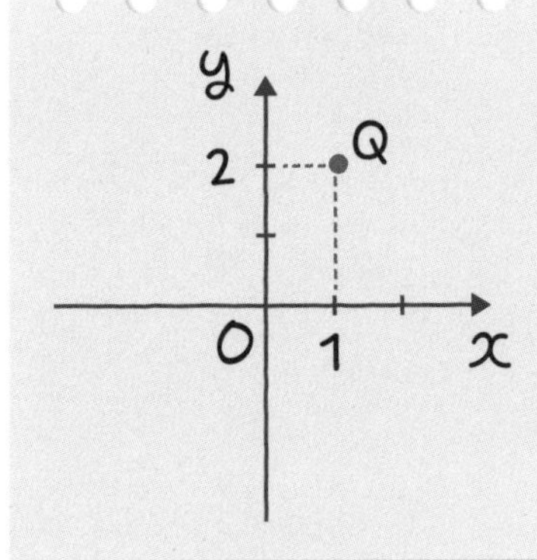

축이 둘!

→ 좌표를 나타내는 수도 2개 필요!

Q(1, 2)

2차원

좌표공간

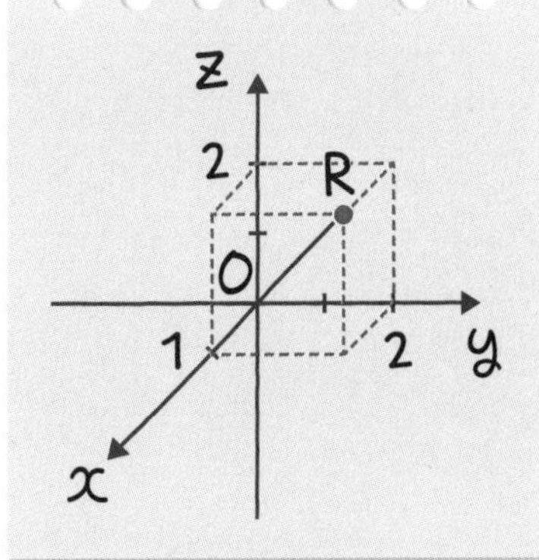

축이 셋!

→ 좌표를 나타내는 수도 3개 필요!

R(1, 2, 2)

3차원

좌표공간은 3차원의 공간이라서, 좌표를 나타내는 데 3개의 수가 필요해.
그렇다면 4차원에서의 좌표는 4개의 수가 필요하고,
5차원에서의 좌표는 5개의 수가 필요하겠지?
하지만 우리는 3차원 공간에 살고 있기 때문에,
4차원이나 5차원을 이해하기는 쉽지 않을 거야.

3 $y=ax$

이번 단원에서 배울 내용

1. 일차함수
2. 정비례 관계
3. $y=ax$의 그래프 그리기
4. a의 부호
5. a의 절댓값
6. 기울기 (1)
7. 기울기 (2)
8. $y=ax$ 총정리

함수도 종류가 많이 있어.

상수함수, 일차함수, 일대일함수, 지수함수 등등...

아주 많은 함수가 있지.

그중에서 우리는 일차함수부터 공부를 시작해 볼 거야.

그럼 가장 간단한 **일차함수**부터 시작~!

1 일차함수

차수가 1차인 함수가 일차함수!

차수? 문자가 곱해진 횟수

- $4x^3 = 4 \times x \times x \times x$ (3번)

  $4x^3$의 차수 → **3**

- $2x^2 = 2 \times x \times x$ (2번)

  $2x^2$의 차수 → **2**

- $5x = 5 \times x$ (1번)

  $5x$의 차수 → **1**

다항식의 차수란 가장 높은 항의 차수!

$2x^3 - 5x + 4$의 차수 : 3

(3차, 1차, 0차)

- **3차식 : 대빵이 3차**
  (0차, 1차, 2차, 3차항까지만 있음)
- **2차식 : 대빵이 2차**
  (0차, 1차, 2차항까지만 있음)
- **1차식 : 대빵이 1차**
  (0차, 1차항까지만 있음)

개념 익히기 1

차수를 쓰세요.

01

$5x^7$의 차수: **7**

02

$4x^2$의 차수:

03

$-\frac{1}{3}x$의 차수:

▶ 정답 및 해설 38쪽

x만 문자로 보기

x에 대하여
1차인 함수는?
일차함수

$$y = ax + b$$

1차 0차

★ 일차함수 $y=ax+b$에서 상수 a, b의 값 찾기

- $y = -5x - 2$ ⟶ $a=-5,\ b=-2$
- $y = \frac{4}{3}x + 1$ ⟶ $a=\frac{4}{3},\ b=1$
- $y = 2x$ ⟶ $a=2,\ b=0$

  뒤에 0이 더해졌다고 생각!
- $y = \frac{1}{x}$

  ⚠ x가 곱해진 것이 아니고 x로 나눈 것 $\left(\frac{1}{x}=1\div x\right)$

  즉, 차수가 1이 아니므로 일차함수 아님!

▶ 개념 익히기 2

일차함수에 ○표, 아닌 것에 ×표 하세요.

01

$y=3x^2$

(×)

02

$y=\frac{3}{5x}$

(　　)

03

$y=2x-1$

(　　)

▶ 정답 및 해설 38쪽

3-03

개념 다지기 1

차수가 가장 높은 항에 ○표 하고, 다항식의 차수를 쓰세요.

01

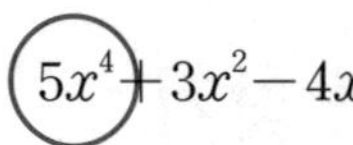

4

02

$-2x^2-x^5$ ____________

03

$6a^2-11a-10$ ____________

04

$9b^2+20b^5+3b^4$ ____________

05

$\frac{3}{4}c^5+4c^4-\frac{2}{11}c^6$ ____________

06

$-y^3+11y-50y^4-y^2$ ____________

▶ 정답 및 해설 38쪽

3-04

개념 다지기 2

일차함수가 되기 위해서 없어져야 할 항에는 ×표, 반드시 있어야 하는 항에는 ○표, 없어도 되고 있어도 되는 항에는 △표 하세요.

01

$y = 2x^2 - \frac{1}{3}x + 7$

(×) (○) (△)

02

$y = -x^2 + 4x + 15$

( ) ( ) ( )

03

$y = -8x - \frac{5}{6}x^3 - 1$

( ) ( ) ( )

04

$y = -10x^2 + 9 + 3x^3 - \frac{1}{4}x$

( ) ( ) ( ) ( )

05

$y = -\frac{3}{8}x^4 - 2x + 6x^3 + \frac{x^2}{10}$

( ) ( ) ( ) ( )

06

$y = \frac{1}{2} + x^3 + 7x - 11x^2 - 5x^4$

( ) ( ) ( ) ( ) ( )

▶ 정답 및 해설 39쪽

3-05

개념 마무리 1

일차함수의 식의 모양은 $y=ax+b$입니다. 일차함수의 식을 보고 상수 a와 b의 값을 각각 쓰거나, a, b의 값을 보고 일차함수의 식을 쓰세요.

01

$y=\frac{x}{4}$

$a=\mathbf{\frac{1}{4}}$

$b=$ **0**

02

$y=\frac{2}{3}x+5$

$a=$

$b=$

03

$a=-4$

$b=\frac{1}{4}$

$y=$

04

$y=-\frac{1}{2}-8x$

$a=$

$b=$

05

$a=\frac{1}{6}$

$b=-5$

$y=$

06

$y=1-\frac{2x}{7}$

$a=$

$b=$

▶ 정답 및 해설 39쪽

3-06

개념 마무리 2

일차함수에 ○표, 아닌 것에 ×표 하세요.

01

$y=7x-1$ (○)

$y=\frac{x}{7}-1$ (　　)

$y=\frac{7}{x}-1$ (　　)

02

$y=3x+5$ (　　)

$y=\frac{5}{3}+x$ (　　)

$y=\frac{5}{x}+3$ (　　)

03

$y=-\frac{1}{2}+4x$ (　　)

$y=\frac{3}{4x}-2$ (　　)

$y=\frac{1}{4}+2x$ (　　)

04

$y=\frac{4}{9}$ (　　)

$y=\frac{9}{4}x+1$ (　　)

$y=\frac{1}{9}-\frac{1}{4}x$ (　　)

05

$y=5-2x$ (　　)

$y=10-\frac{5}{x}$ (　　)

$y=\frac{5x}{13}$ (　　)

06

$y=\frac{6x}{7}$ (　　)

$y=\frac{7}{6x}$ (　　)

$y=\frac{7}{6}x-\frac{6}{7}$ (　　)

2 정비례 관계

$y=ax$

일차함수 $y=ax+b$에서 $b=0$인 함수!

예 한 시간에 4 km를 가는 미니카가 x시간 동안 움직인 거리 y km

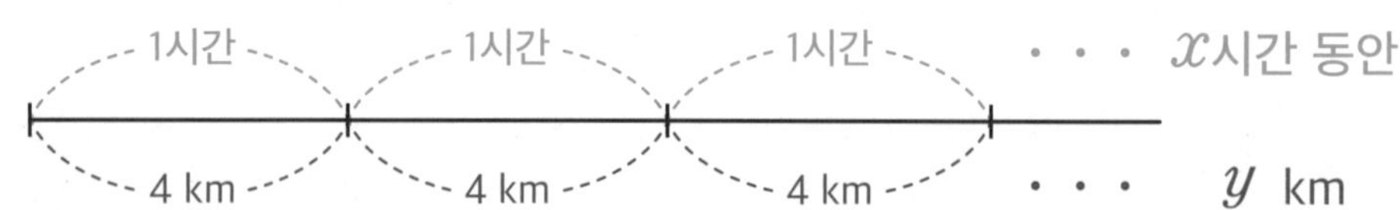

➡ $y=4x$

x	1	2	3	…
y	4	8	12	

이러한 x와 y 사이의 관계를 **정비례**라고 해!

개념 익히기 1

x와 y 사이의 관계가 정비례가 되도록 표를 완성하세요.

01

x	1	2	3	4
y	2	4	6	8

02

x	1	2	3	4
y	6			

03

x	4	6	8	10
y	2			

▶ 정답 및 해설 39쪽

정비례에서 꼭! 기억할 것 두 가지

정비례의 정의

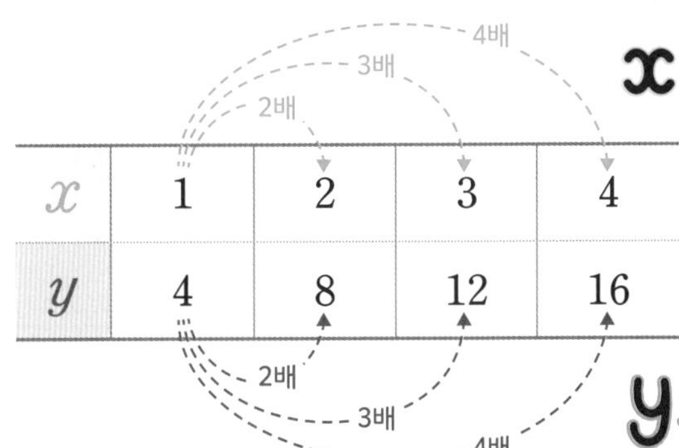

x가 2배, 3배, 4배, ⋯ 로 변함에 따라

y도 2배, 3배, 4배, ⋯ 로 변한다!

정비례 관계식

$$y = ax$$

0이 아닌 상수로 "비례상수"라고 불러~

$y=x$ ← $a=1$

$y=-2x$ ← $a=-2$

$y=\frac{1}{2}x$ ← $a=\frac{1}{2}$

⚠ 주의

$y=ax+b$

이렇게 혹이 달리면 정비례 아님!!

개념 익히기 2

정비례 관계식을 보고 비례상수를 쓰세요.

01

$y=\frac{1}{10}x$

($\frac{1}{10}$)

02

$y=-x$

( )

03

$y=\frac{x}{3}$

( )

▶ 정답 및 해설 40쪽

3-09

개념 다지기 1

표의 빈칸을 알맞게 채우고, x와 y 사이의 관계식을 쓰세요.

01 어느 약수터에서 1분 동안 3 L의 물이 흘러나올 때, x분 동안 흘러나온 물의 양 y L

x	1	2	3	4	…
y	**3**	**6**	**9**	**12**	…

답: $y=3x$

02 공책 1권의 가격이 1500원일 때, 공책 x권의 가격이 y원

x	1	2	3	4	…
y					…

03 가로의 길이가 x cm이고 세로의 길이가 20 cm인 직사각형의 넓이가 y cm^2

x	1	2	3	4	…
y					…

04 시속 95 km로 x시간 동안 달린 거리 y km

x	1	2	3	4	…
y					…

05 1분의 통화 요금이 80원일 때, x분의 통화 요금이 y원

x	1	2	3	4	…
y					…

06 1개의 무게가 7 kg인 볼링공 x개의 무게 y kg

x	1	2	3	4	…
y					…

▶ 정답 및 해설 40쪽

3-10

개념 다지기 2

정비례 관계식에 ○표 하고, 비례상수를 구하세요.

$y=x+\frac{1}{2}$

$y=\frac{3}{x}$

$y=\frac{x}{4}$

$y=-4x$

비례상수: -4

$y=\frac{5}{6}-\frac{5}{6}x$

$y=-\frac{2}{5}x$

$y=100x$

$y=\frac{3x}{4}$

$y=x^2$

$y=5$

▶정답 및 해설 41쪽

개념 마무리 1

알맞은 정비례 관계식을 쓰세요.

01 y가 x에 정비례하고, $x=2$일 때 $y=-4$

↓

$y=ax$에 $x=2, y=-4$ 대입

$\rightarrow (-4)=a\times 2$

$-4=2a$

$a=-2$

답: $y=-2x$

02 y가 x에 정비례하고, $x=5$일 때 $y=15$

03 x와 y는 정비례 관계이고, $x=2$일 때 $y=-3$

04 x, y에 대하여 y가 x에 정비례하고, $x=4$일 때 $y=-20$

05 x가 2배, 3배, 4배, …로 변할 때 y도 2배, 3배, 4배, …로 변하고, $x=-\frac{1}{3}$일 때 $y=-\frac{5}{3}$

06 $x : y=1 : 4$

▶ 정답 및 해설 42쪽

개념 마무리 2

물음에 답하세요.

01 y가 x에 정비례하고, $x=3$일 때 $y=-1$입니다. $x=-15$일 때, y의 값은?

$y=ax$에 $x=3,\ y=-1$ 대입

→ $(-1)=a\times3$

$-1=3a$

$a=-\frac{1}{3}$

따라서 관계식은 $y=-\frac{1}{3}x$

• 문제: $x=-15$일 때, y의 값?

$y=\left(-\frac{1}{3}\right)\times(-15)$

$=5$

답: 5

02 y가 x에 정비례하고, $x=-2$일 때 $y=10$입니다. $x=4$일 때, y의 값은?

03 y가 x의 a배이고, $x=\frac{1}{4}$일 때 $y=3$입니다. a의 값은?

04 $x:y=1:a$이고, $x=\frac{4}{5}$일 때 $y=12$입니다. a의 값은?

05 y가 x에 정비례하고, $x=5$일 때 $y=-\frac{5}{7}$입니다. $y=-1$일 때, x의 값은?

06 $x:y=1:a$이고, $x=12$일 때 $y=24$입니다. $x=\frac{1}{2}$일 때, y의 값은?

3 $y=ax$의 그래프 그리기

★ $y=2x$의 그래프를 그려 보자!

▶ 그래프: x와 y의 대응을 좌표평면 위에 그림으로 나타낸 것

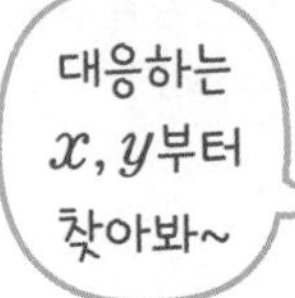

대응하는 x, y부터 찾아봐~

x	-2	-1	0	1	2
y	-4	-2	0	2	4

x의 값이 딱! 몇 개일 때

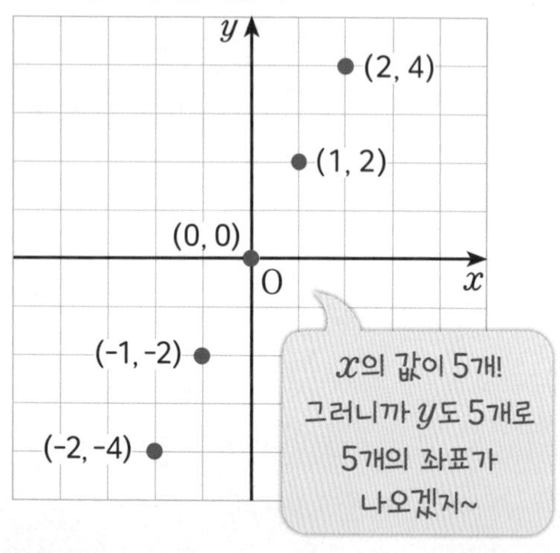

(2, 4)
(1, 2)
(0, 0)
(-1, -2)
(-2, -4)
x의 값이 5개! 그러니까 y도 5개로 5개의 좌표가 나오겠지~

x의 값이 수 전체일 때

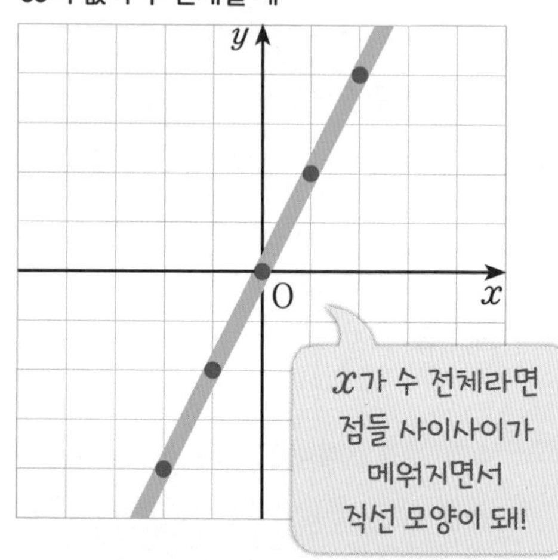

x가 수 전체라면 점들 사이사이가 메워지면서 직선 모양이 돼!

x의 값이 몇 개 → 그래프 모양은 몇 개의 **점**

x의 값이 수 전체 → 그래프 모양은 **직선** 모양

개념 익히기 1

그래프를 보고, x의 값으로 알맞은 것에 ○표 하세요.

01

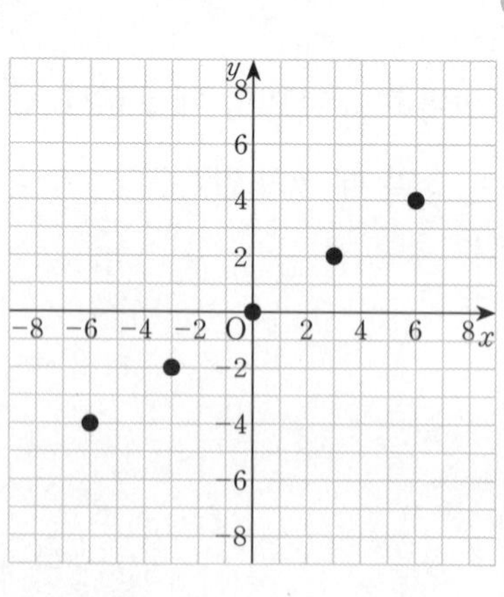

$-6, -3, 0, 3, 6$ (○)

수 전체 ( )

02

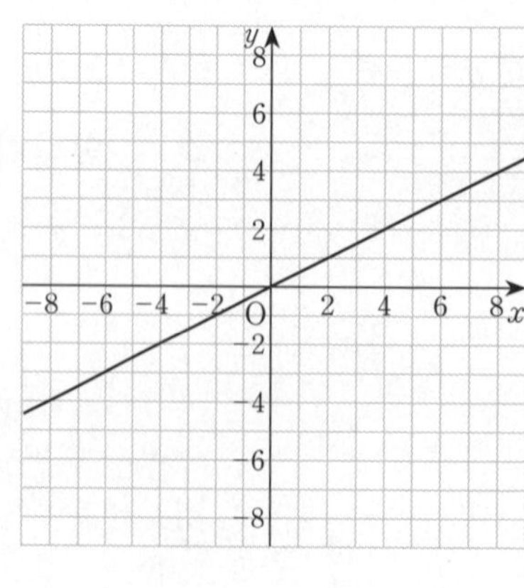

$-6, -4, 0, 4, 6$ ( )

수 전체 ( )

03

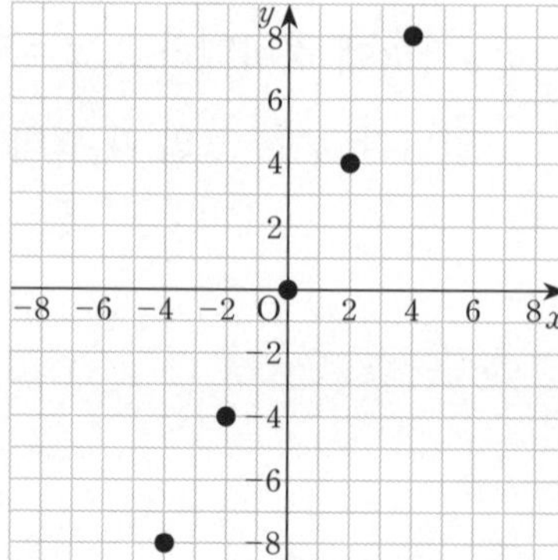

$-8, -4, 0, 4, 8$ ( )

$-4, -2, 0, 2, 4$ ( )

▶정답 및 해설 43쪽

$y=ax$ 그래프를 그리는 방법

원점을 반드시 지나!

★ $y=-\frac{1}{3}x$ 의 그래프를 그려 보자~ (x의 값이 수 전체일 때)

①단계 대응하는 x, y 찾기

x	…	-6	-3	0	3	6	…
y	…	2	1	0	-1	-2	…

그래프를 그릴 때
x값에 대한 언급이 없으면
x값을 수 전체로 생각하고
그리면 돼!

②단계 좌표평면에 점 찍기

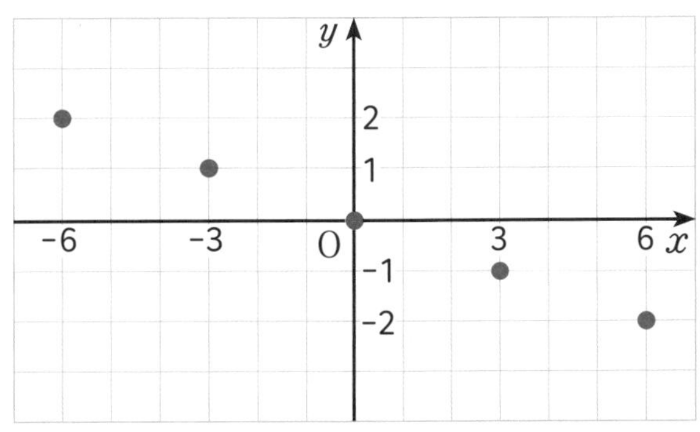

③단계 점을 연결해서 직선 그리기

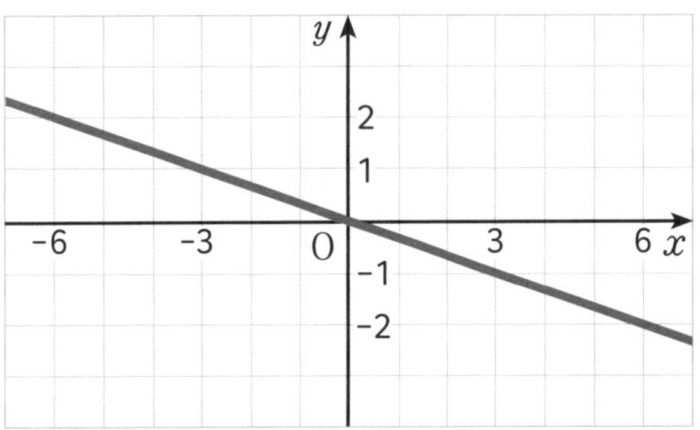

▶ 개념 익히기 2

주어진 표와 같이 x의 값이 4개일 때의 그래프를 그리세요.

01

x	-4	-2	0	2
y	-4	-2	0	2

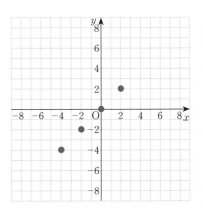

02

x	-8	-4	0	4
y	4	2	0	-2

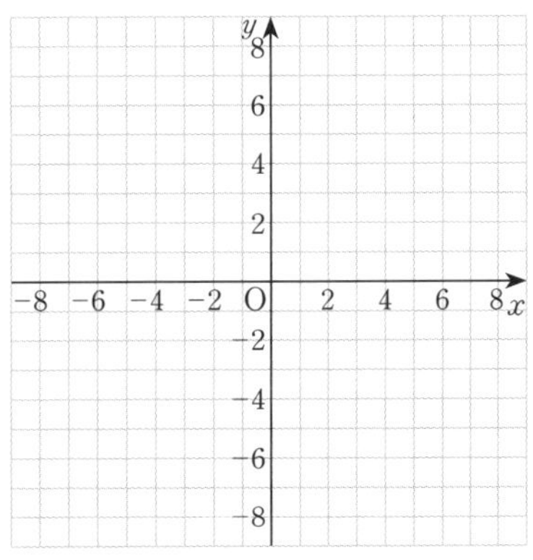

03

x	-1	0	1	2
y	-3	0	3	6

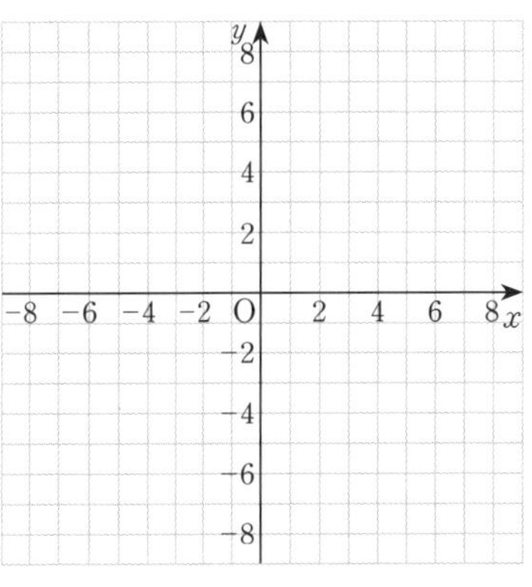

▶ 정답 및 해설 43쪽

3-15

개념 다지기 1

주어진 x의 값을 보고 물음에 답하세요.

01 $y=2x$ (x는 -2, -1, 0, 1, 2)

(1) 표를 완성하세요.

x	-2	-1	0	1	2
y	-4	-2	**0**	**2**	**4**

(2) 그래프를 그리세요.

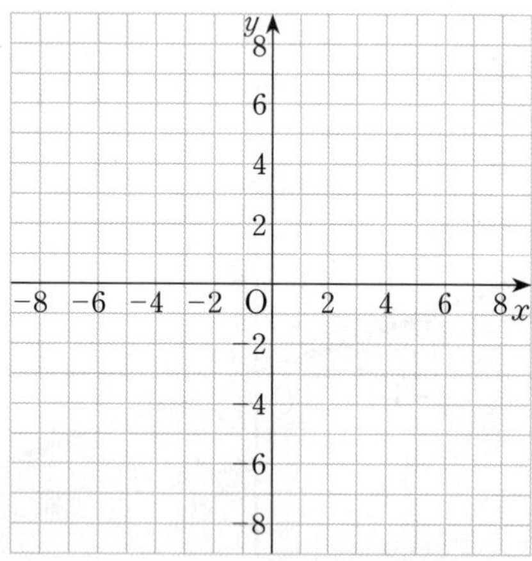

02 $y=-x$ (x는 -8, -4, 0, 2, 4)

(1) 표를 완성하세요.

x	-8	-4	0	2	4
y					

(2) 그래프를 그리세요.

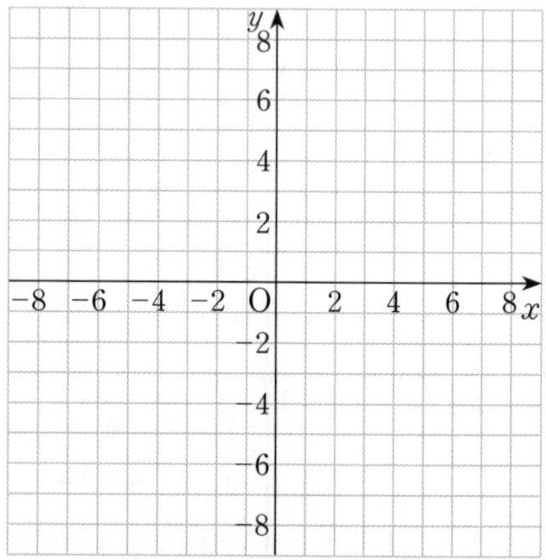

03 $y=-\frac{1}{3}x$ (x는 -6, -3, 0, 3, 6)

(1) 표를 완성하세요.

x	-6	-3	0	3	6
y					

(2) 그래프를 그리세요.

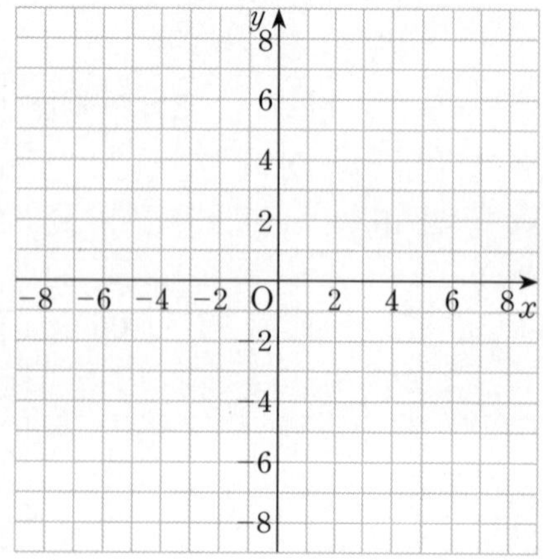

04 $y=-\frac{3}{2}x$ (x는 -4, 0, 2, 4, 6)

(1) 표를 완성하세요.

x	-4	0	2	4	6
y					

(2) 그래프를 그리세요.

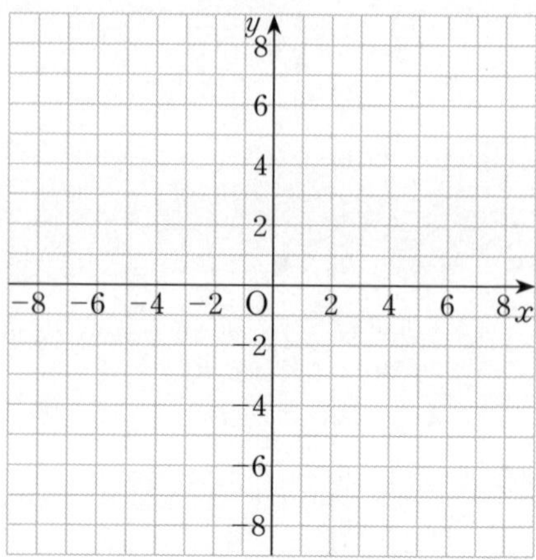

▶ 정답 및 해설 43쪽

개념 다지기 2

표의 빈칸을 채우고, x의 값이 수 전체일 때 함수의 그래프를 그리세요.

01 $y=\frac{1}{2}x$

예

x	-4	-2	0	2	4
y	-2	-1	0	1	2

02 $y=-3x$

x					
y					

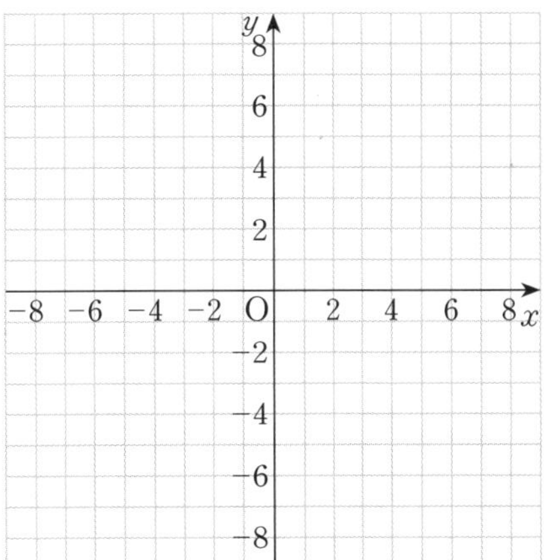

03 $y=\frac{1}{4}x$

x				
y				

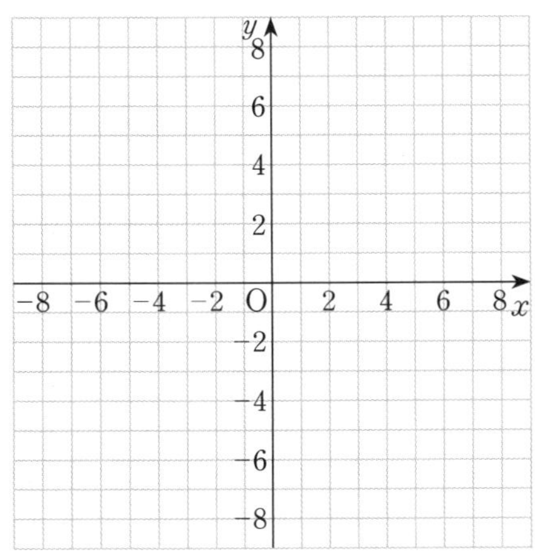

04 $y=4x$

x			
y			

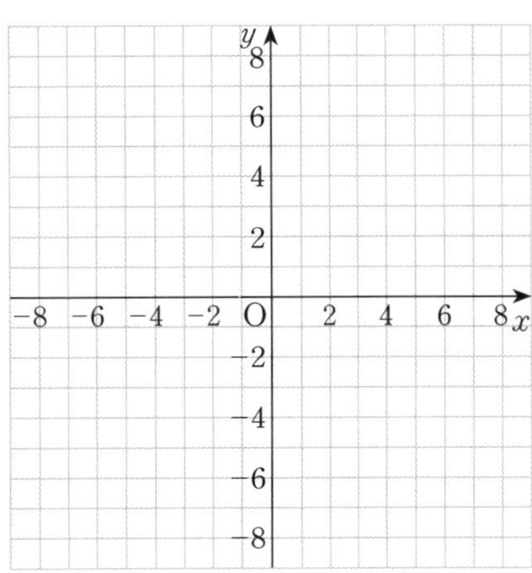

▶정답 및 해설 44쪽

3-17

개념 마무리 1

x의 값이 수 전체일 때, 함수의 그래프를 그리세요.

01 $y=-\frac{5}{2}x$

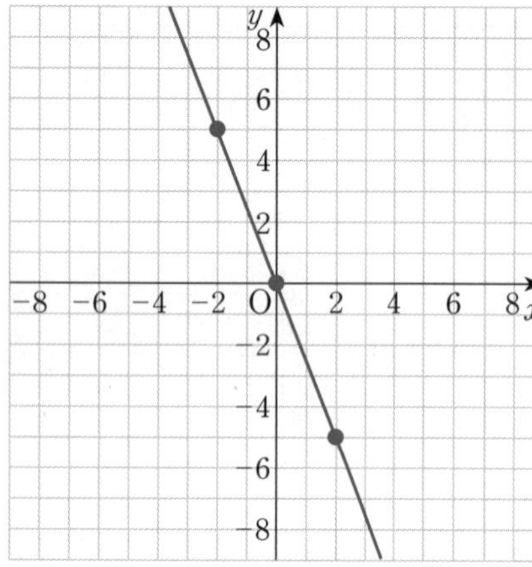

02 $y=3x$

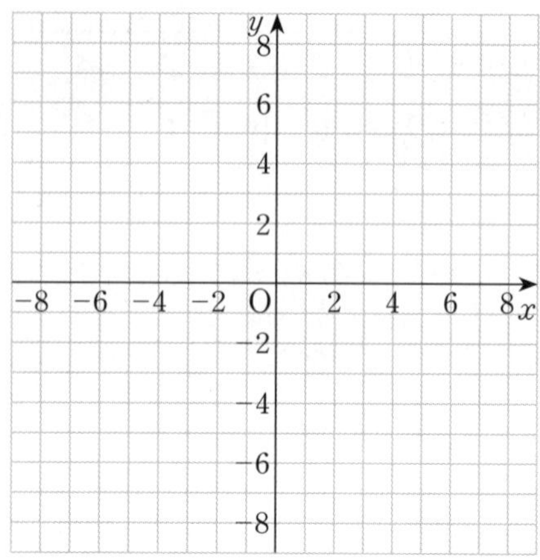

03 $y=-2x$

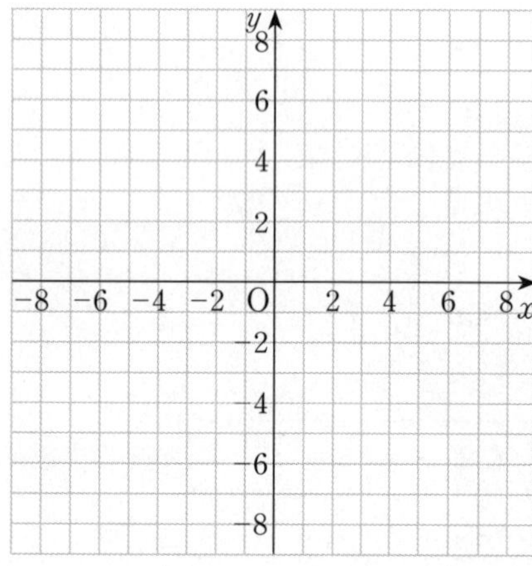

04 $y=\frac{1}{4}x$

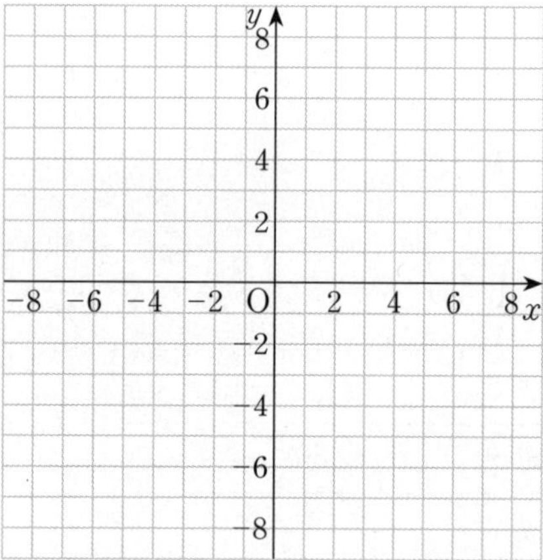

05 $y=5x$

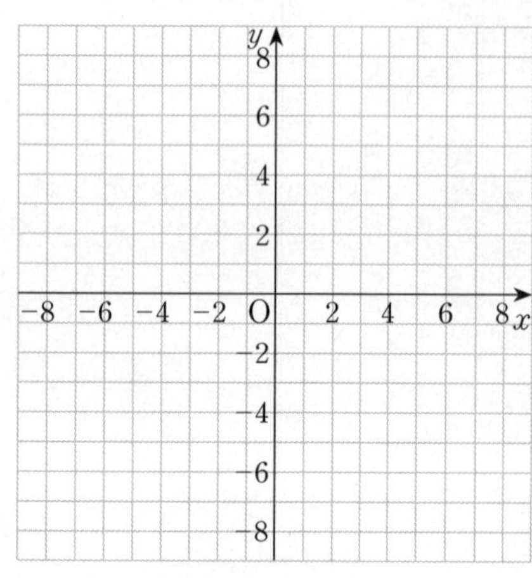

06 $y=-\frac{4}{3}x$

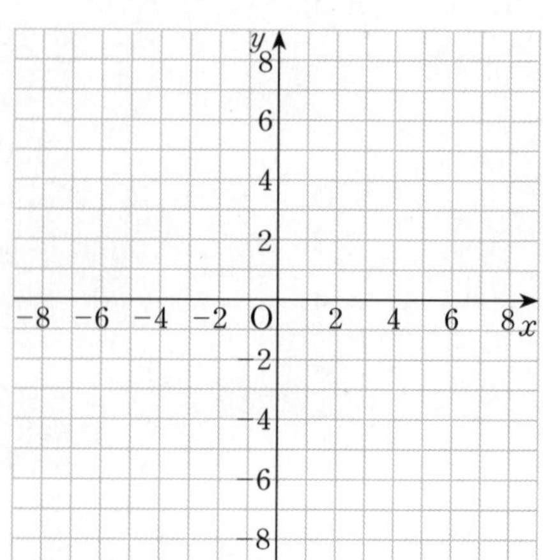

▶ 정답 및 해설 45쪽

개념 마무리 2

함수의 그래프를 보고 관계식을 쓰세요.

01

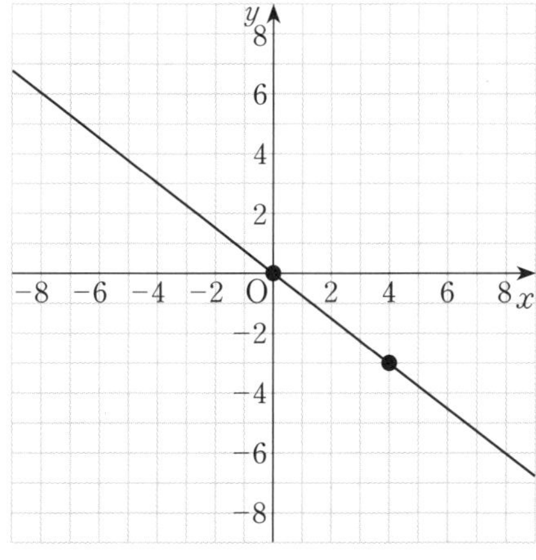

답: $y=-\frac{3}{4}x$

02

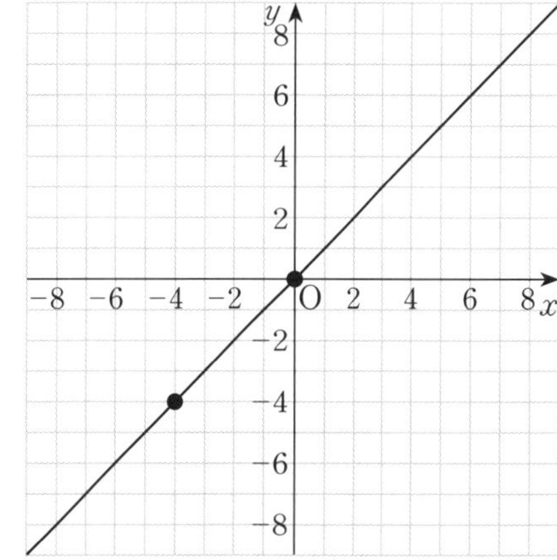

03

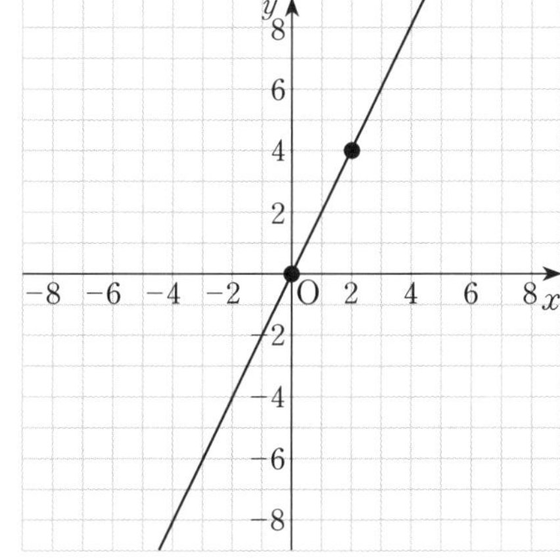

04

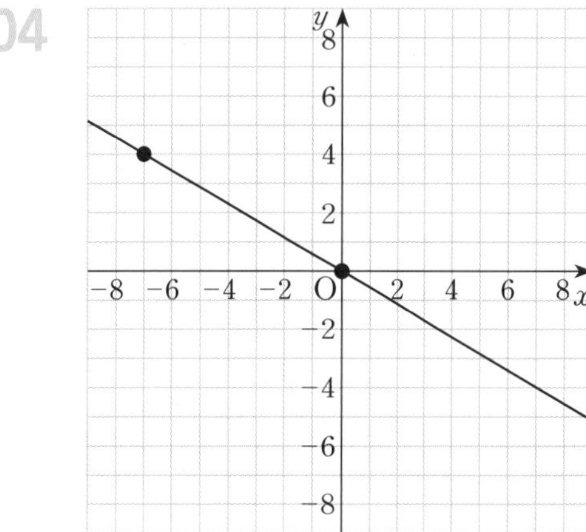

05

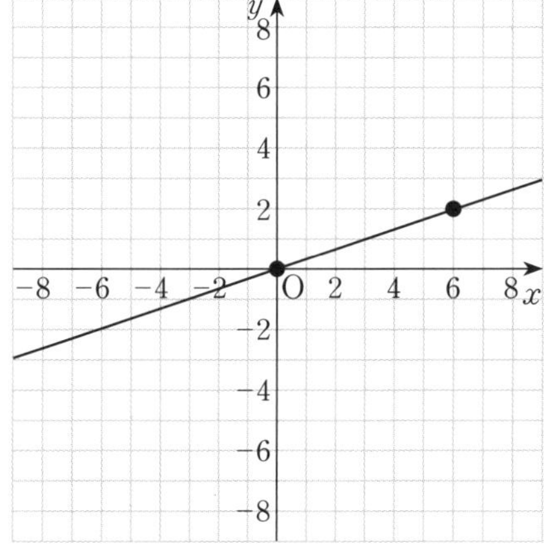

06

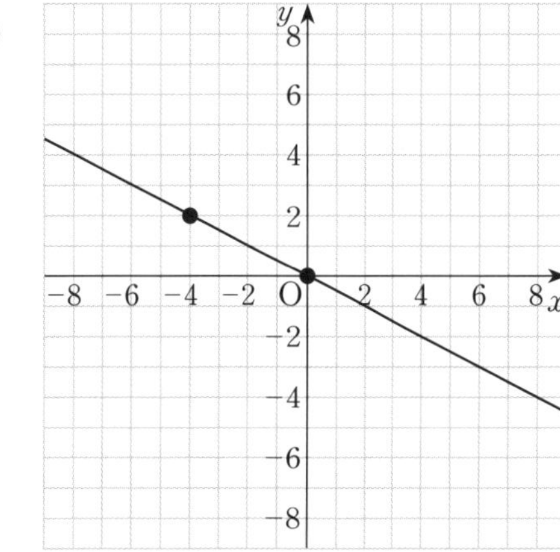

4 a의 부호

y=ax 그래프의 모양

a > 0 일 때 - - - - - - - - → 그래프의 특징

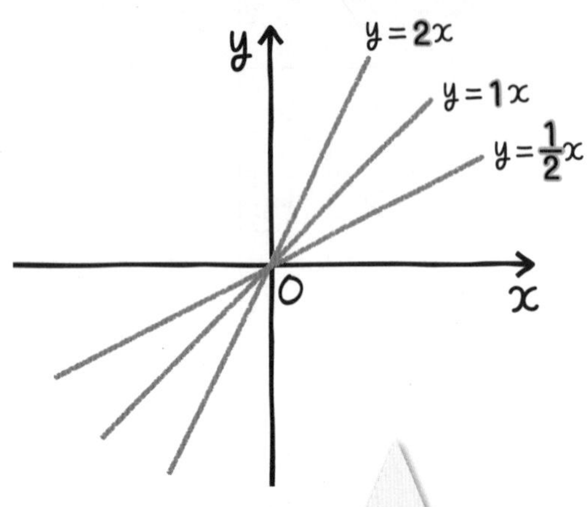

$y=ax$에서 $a>0$ 일 때,
x에 양수를 넣으면 y도 양수
x에 음수를 넣으면 y도 음수
➡ x와 y는 같은 부호!
(+, +), (−, −)

1 제1사분면, 제3사분면을 지난다!

2 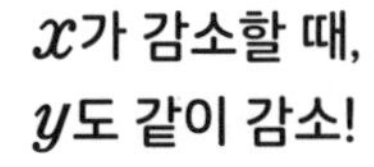 오른쪽 위로 향한다!

3 x가 증가할 때, y도 같이 증가!

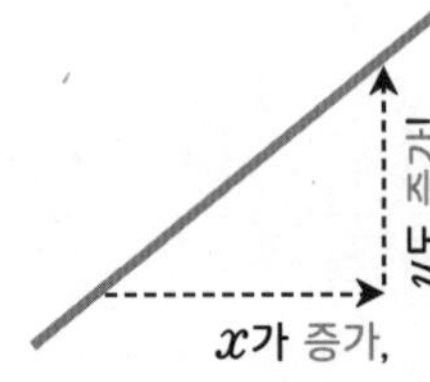

x가 감소할 때, y도 같이 감소!

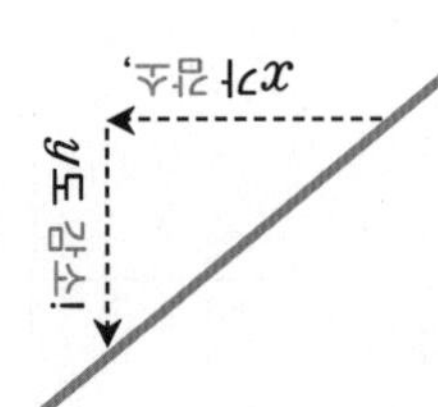

▶ 개념 익히기 1

$y=ax$에서 a를 찾아 쓰고, ○ 안에 >, <를 알맞게 쓰세요.

01

$y=\frac{x}{2}$ ➡ $a=$ $\boxed{\frac{1}{2}}$ (>) 0

02

$y=-\frac{1}{3}x$ ➡ $a=$ ☐ ○ 0

03

$y=-x$ ➡ $a=$ ☐ ○ 0

▶정답 및 해설 46쪽

3-19

$a<0$일 때 ---------→ 그래프의 특징

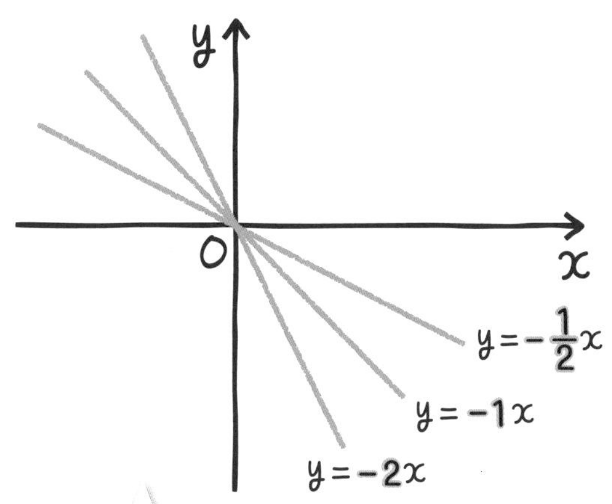

$y=ax$에서 $a<0$일 때,
x에 양수를 넣으면 y는 음수
x에 음수를 넣으면 y는 양수
➡ x와 y는 반대 부호!
(+,−), (−,+)

1 제2사분면, 제4사분면을 지난다!

2 ↘ 오른쪽 아래로 향한다!

3 x가 증가할 때, y는 반대로 감소!

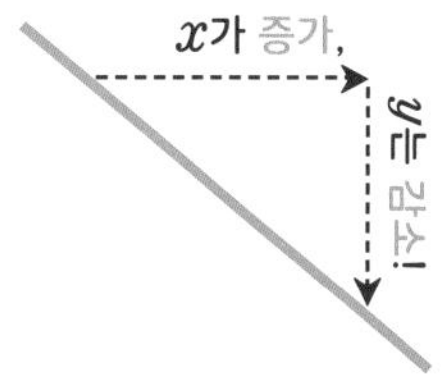

x가 감소할 때, y는 반대로 증가!

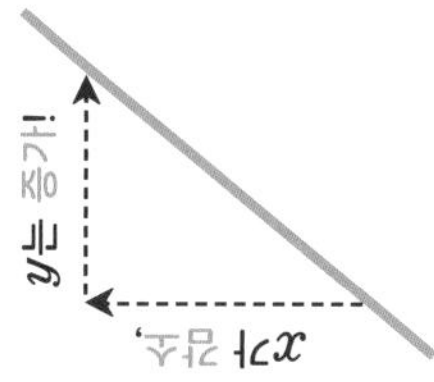

▶ 개념 익히기 2

3-20

그래프를 보고 옳은 설명에 ○표 하세요.

01

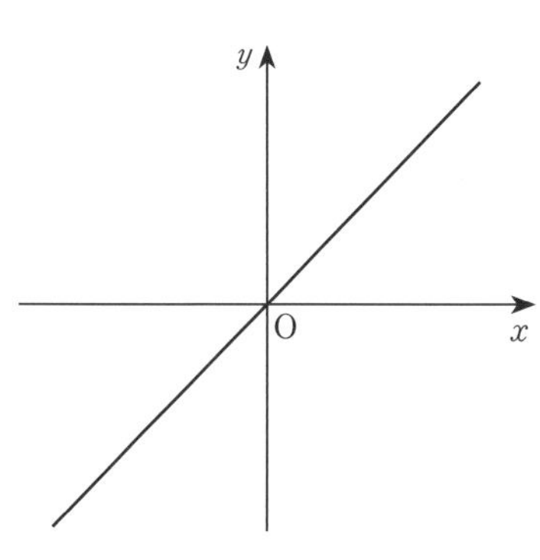

오른쪽 위로 향한다. (○)
오른쪽 아래로 향한다. (   )

02

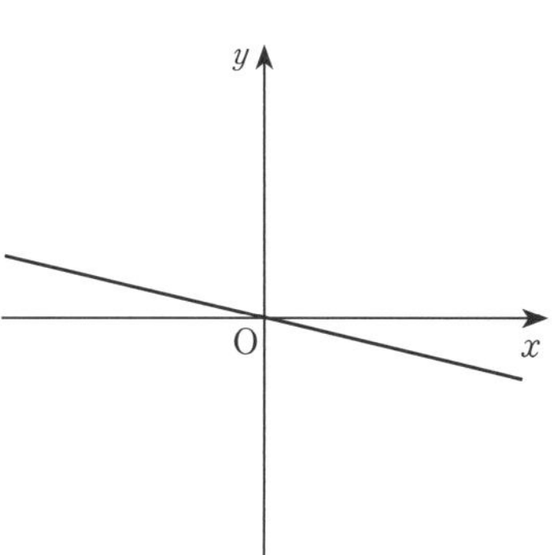

오른쪽 위로 향한다. (   )
오른쪽 아래로 향한다. (   )

03

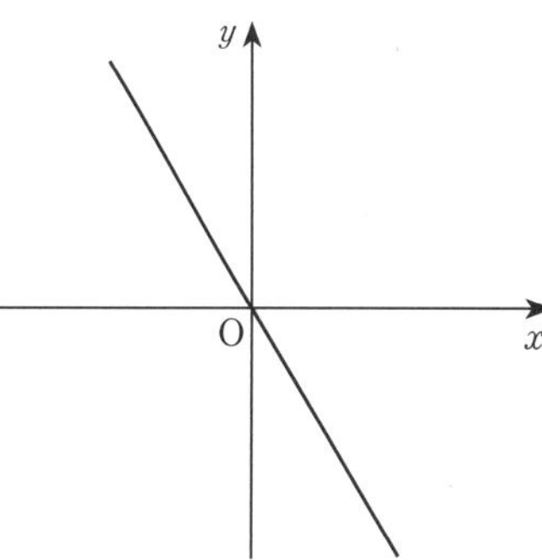

오른쪽 위로 향한다. (   )
오른쪽 아래로 향한다. (   )

▶ 정답 및 해설 46쪽

개념 다지기 1

$y=ax$의 그래프를 보고 a의 부호를 쓰거나, a의 부호를 보고 그래프의 모양을 그리세요.

01 a의 부호: $\boxed{+}$

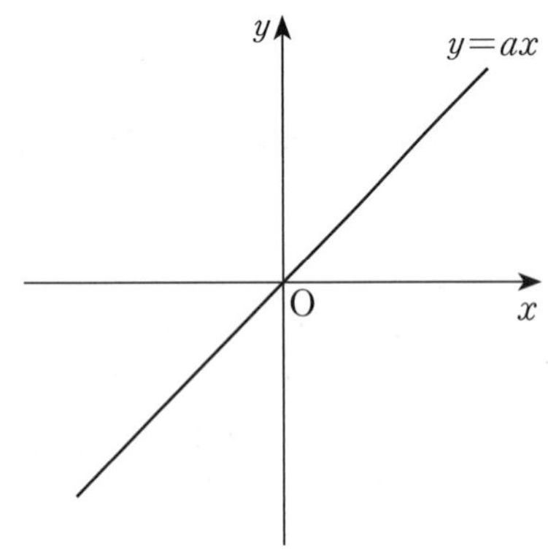

02 a의 부호: $\boxed{}$

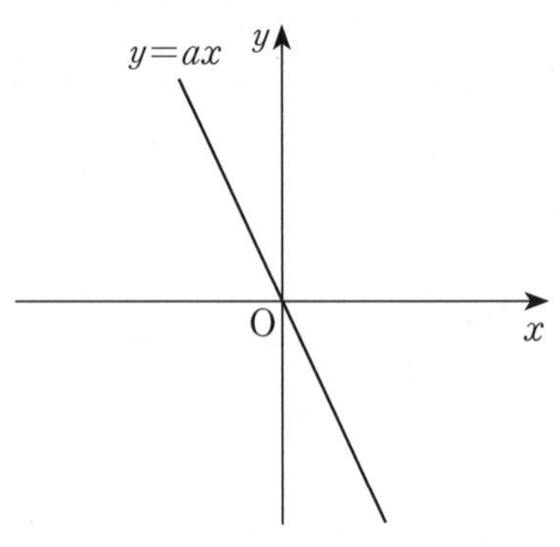

03 a의 부호: $\boxed{}$

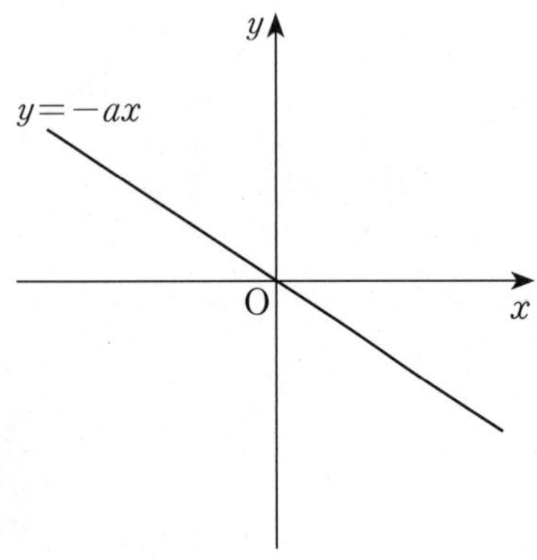

04 $y=ax$

a의 부호: $+$

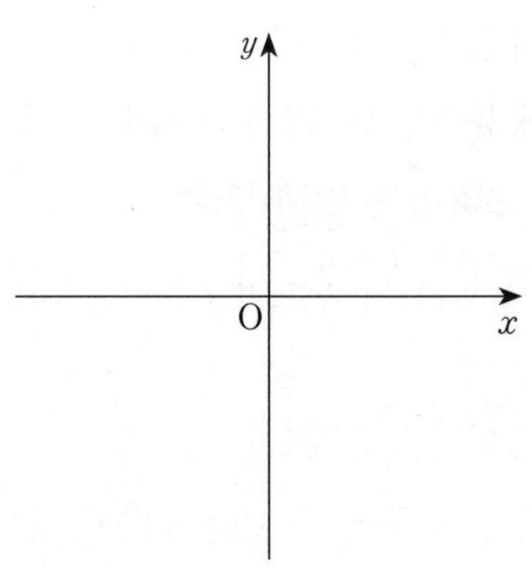

05 $y=-ax$

a의 부호: $+$

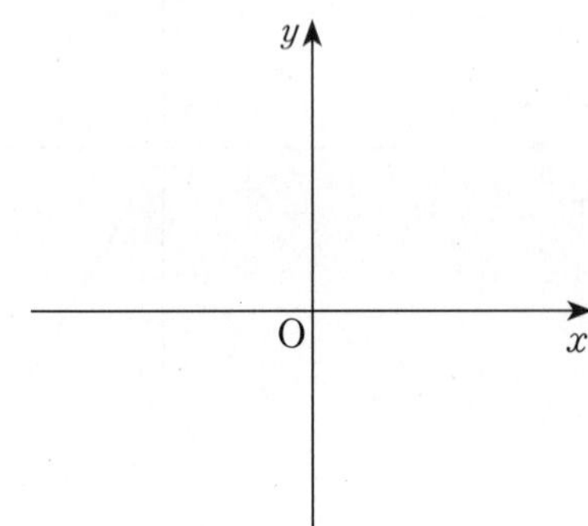

06 $y=-ax$

a의 부호: $-$

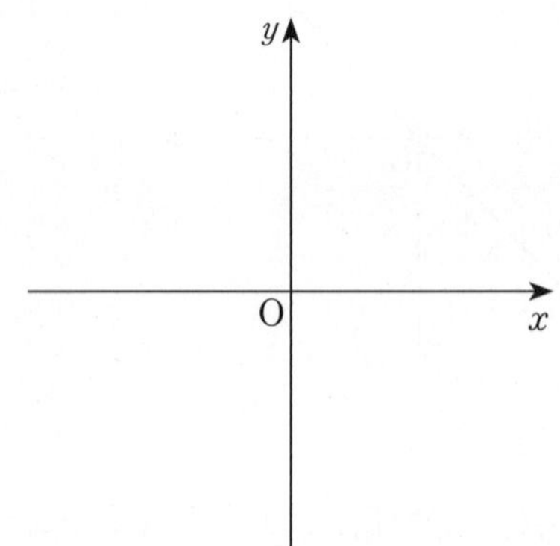

▶ 정답 및 해설 47쪽

3-22

개념 다지기 2

함수의 식에 알맞은 그래프의 모양과 올바른 설명에 각각 ○표 하세요.

01 $y=-\frac{2}{3}x$

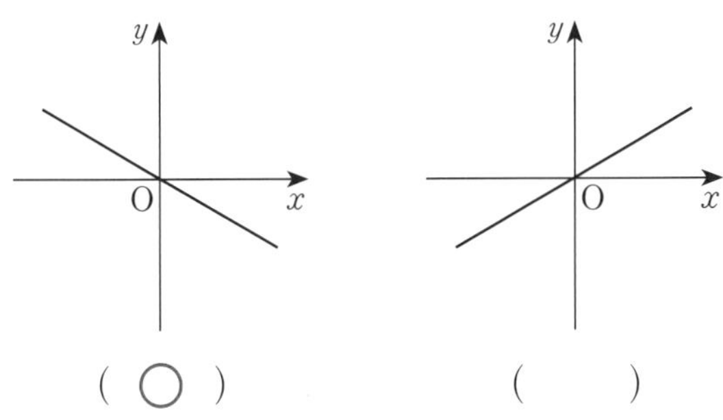

(○) ( )

➡ x가 증가할 때 y는 (증가 , 감소)

02 $y=\frac{5}{2}x$

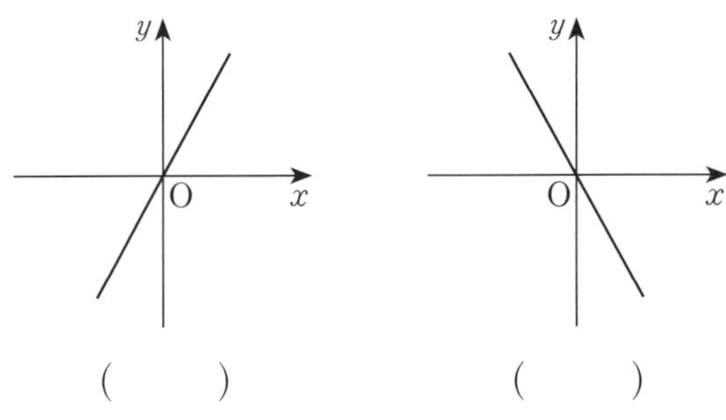

( ) ( )

➡ x가 증가할 때 y는 (증가 , 감소)

03 $y=-6x$

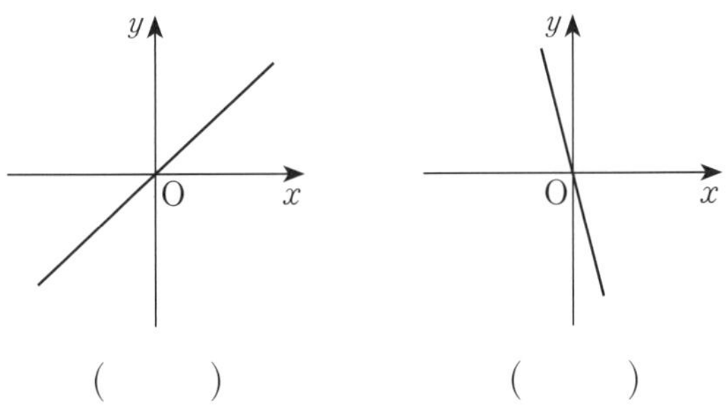

( ) ( )

➡ x가 감소할 때 y는 (증가 , 감소)

04 $y=4x$

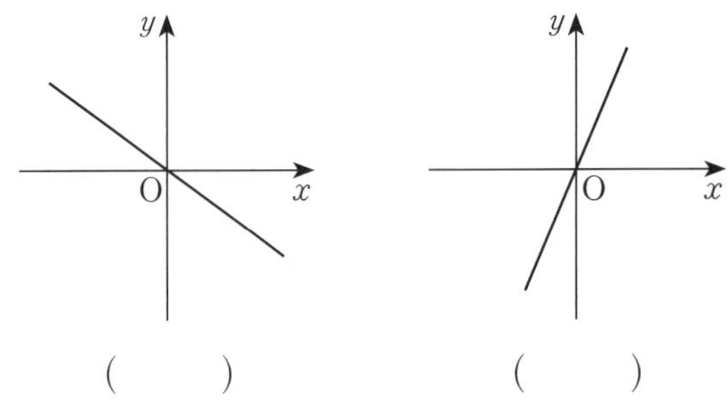

( ) ( )

➡ x가 감소할 때 y는 (증가 , 감소)

05 $y=\frac{2x}{3}$

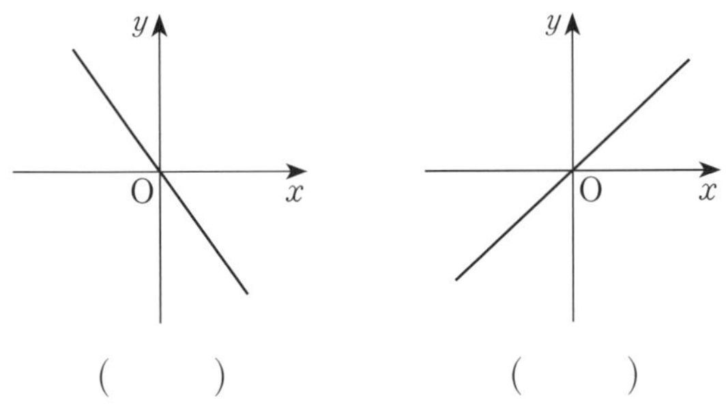

( ) ( )

➡ x가 감소할 때 y는 (증가 , 감소)

06 $y=-\frac{4x}{5}$

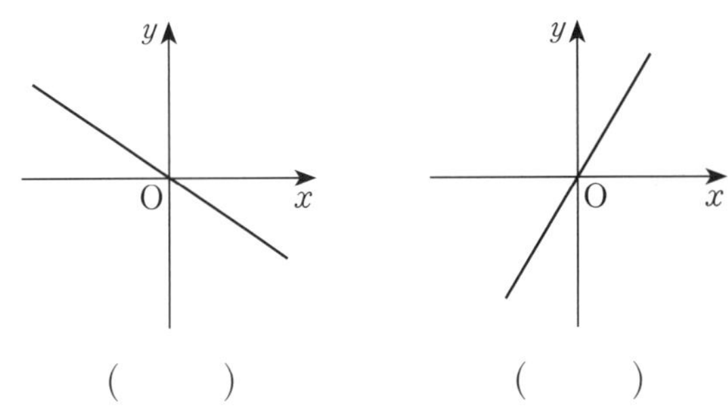

( ) ( )

➡ x가 증가할 때 y는 (증가 , 감소)

▶ 정답 및 해설 47쪽

3-23

개념 마무리 1

주어진 함수의 그래프에 대한 설명으로 옳은 것에 ○표, 틀린 것에 ×표 하세요.

01 $y=-4x$

- 그래프는 오른쪽 아래로 향한다. (○)
- 그래프는 제1, 3사분면을 지난다. (×)
- x가 증가할 때, y는 감소한다. (   )
- x가 음수일 때, y도 음수이다. (   )

02 $y=3x$

- 그래프는 오른쪽 위로 향한다. (   )
- 그래프는 제2, 4사분면을 지난다. (   )
- x가 증가할 때, y도 증가한다. (   )
- y는 x에 정비례한다. (   )

03 $y=\frac{2}{9}x$

- 그래프는 제2, 4사분면을 지난다. (   )
- x가 감소할 때, y는 증가한다. (   )
- y는 x에 대한 일차함수이다. (   )
- x와 y의 부호가 반대이다. (   )

04 $y=-\frac{x}{5}$

- 그래프는 오른쪽 아래로 향한다. (   )
- 그래프는 제2, 4사분면을 지난다. (   )
- 비례상수는 -1이다. (   )
- x가 감소할 때, y도 감소한다. (   )

05 $y=-\frac{3}{10}x$

- 그래프는 오른쪽 아래로 향한다. (   )
- x가 2배, 3배, 4배, … 가 될 때, y도 2배, 3배, 4배, … 가 된다. (   )
- 비례상수는 $\frac{3}{10}$이다. (   )
- x가 감소할 때, y는 증가한다. (   )

06 $y=8x$

- 그래프는 원점을 지난다. (   )
- y는 x에 대한 팔차함수이다. (   )
- x가 감소할 때, y도 감소한다. (   )
- $x=4$일 때, $y=\frac{1}{2}$이다. (   )

▶ 정답 및 해설 48쪽

개념 마무리 2

설명에 알맞은 그래프는 ㉠과 ㉡ 중 어떤 그래프인지 기호를 쓰세요.

$y=-\frac{2}{3}x$의 그래프

㉡

비례상수가 0보다 큰 그래프

< 그래프 ㉠ >

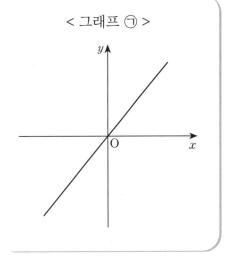

제2사분면과 제4사분면을 지나는 그래프

x가 감소할 때, y도 감소한다.

x가 증가할 때, y는 감소한다.

< 그래프 ㉡ >

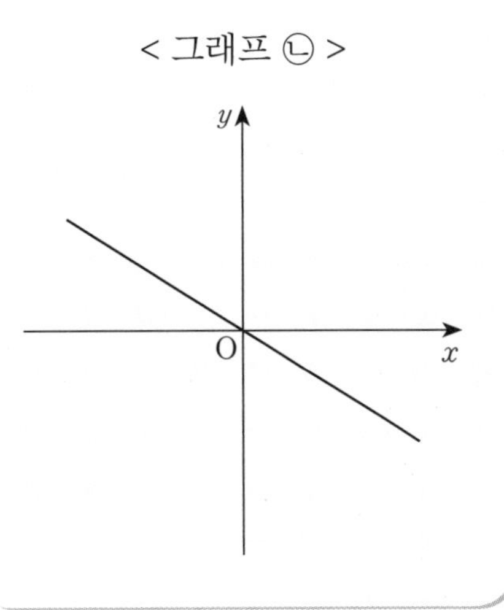

$y=ax$에서 $a<0$일 때의 그래프

$y=\frac{5}{4}x$의 그래프

x가 양수이면, y도 양수이다.

5 a의 절댓값

★ $y=ax$에서 $|a|$가 클수록 가파른 그래프!
(= y축에 가깝게 그려짐)

그 이유는, $a>0$인 그래프를 살펴보면
a가 클수록 가파른 그래프니까!

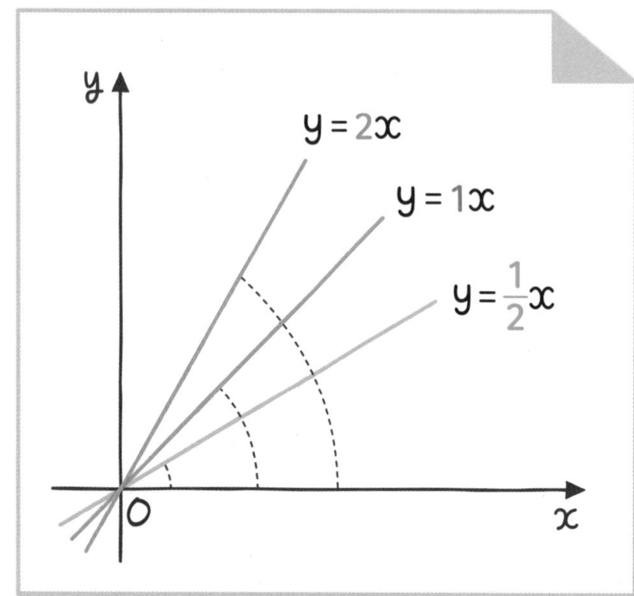

$y=2x$

x	1	2	3
y	2	4	6

1씩 증가할 때 **2씩 증가!**

$y=1x$

x	1	2	3
y	1	2	3

1씩 증가할 때 **1씩 증가!**

$y=\frac{1}{2}x$

x	1	2	3
y	$\frac{1}{2}$	$\frac{2}{2}$	$\frac{3}{2}$

1씩 증가할 때 **$\frac{1}{2}$씩 증가!**

➡ 따라서, 이 중에서는 $y=2x$가 가장 가파른 그래프!

▶ 개념 익히기 1

두 함수의 그래프 중, 더 가파른 직선이 되는 것에 ○표 하세요.

01

$y=\frac{1}{4}x$ (　　)

$y=4x$ (○)

02

$y=x$ (　　)

$y=\frac{2}{3}x$ (　　)

03

$y=\frac{5}{6}x$ (　　)

$y=\frac{6}{5}x$ (　　)

▶정답 및 해설 49쪽

그런데,
$y=ax$와 $y=-ax$는
방향만 반대이고
똑같은 정도로 **기울어진 것!**

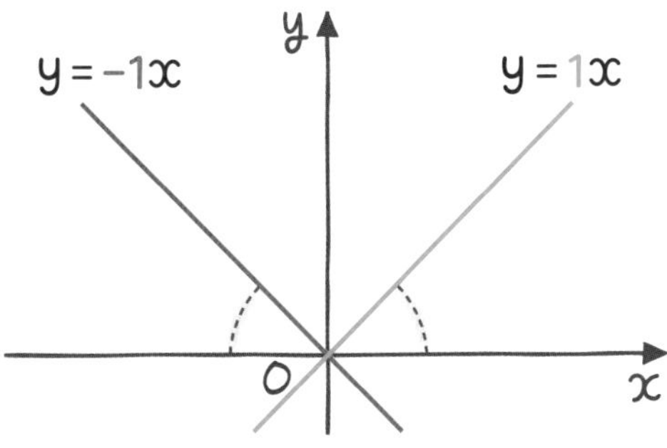

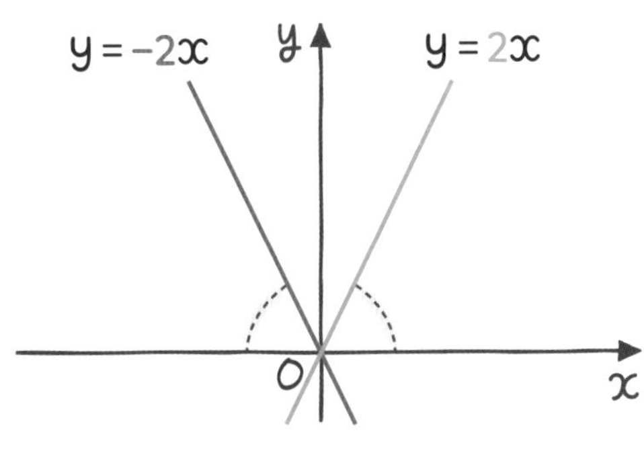

그래서, $y=ax$에서
$|a|$가 **클수록**
y**축에 가깝게** 그려져!

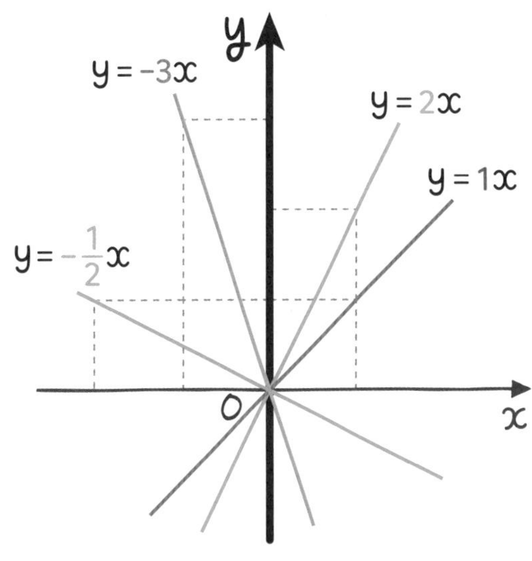

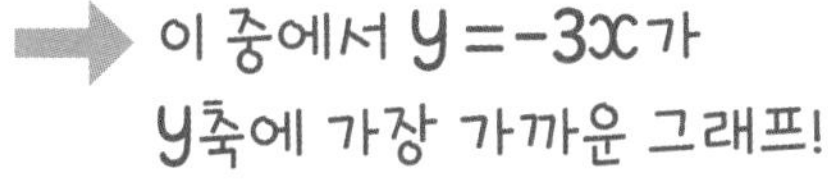

이 중에서 $y=-3x$가
y축에 가장 가까운 그래프!

개념 익히기 2

그래프를 보고 빈칸에 알맞은 함수의 식을 쓰세요.

01

$y=\frac{3}{2}x$

$y=-\frac{3}{2}x$

02

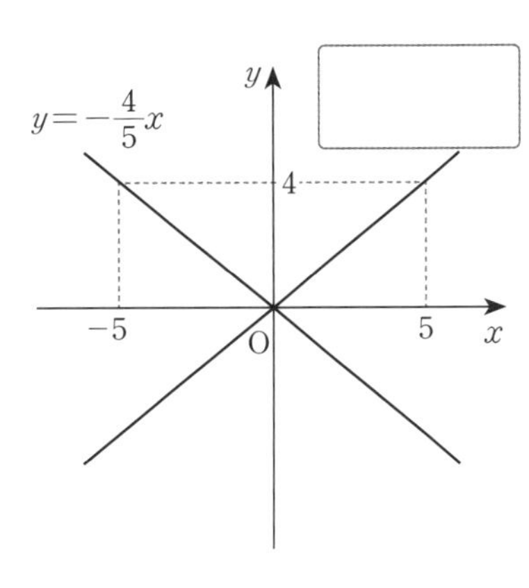

03

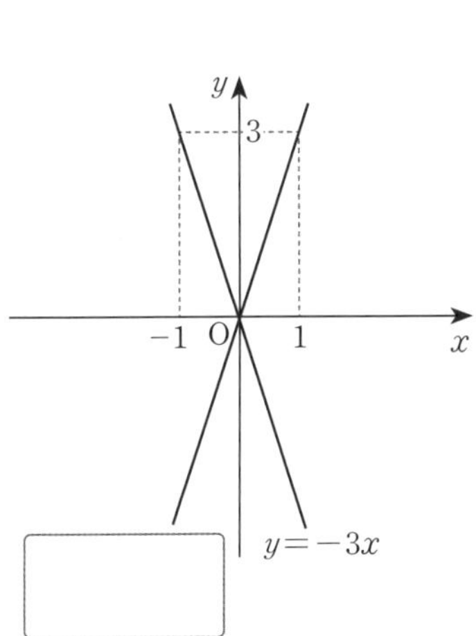

▶정답 및 해설 49쪽

3-27

개념 다지기 1

함수의 식에 알맞은 그래프의 기호를 쓰세요.

01

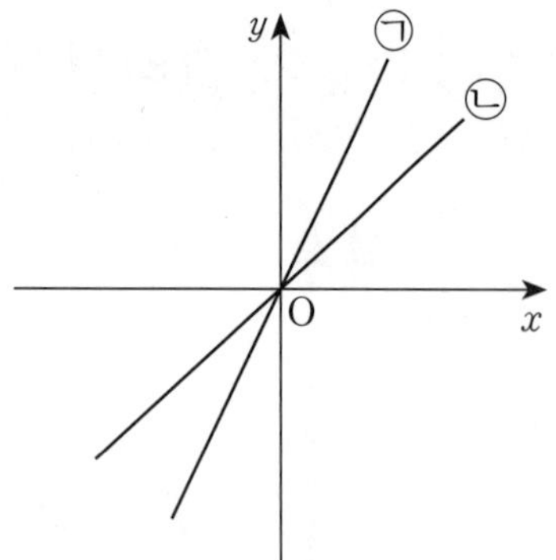

$y=x$ ㉡

$y=2x$ ㉠

02

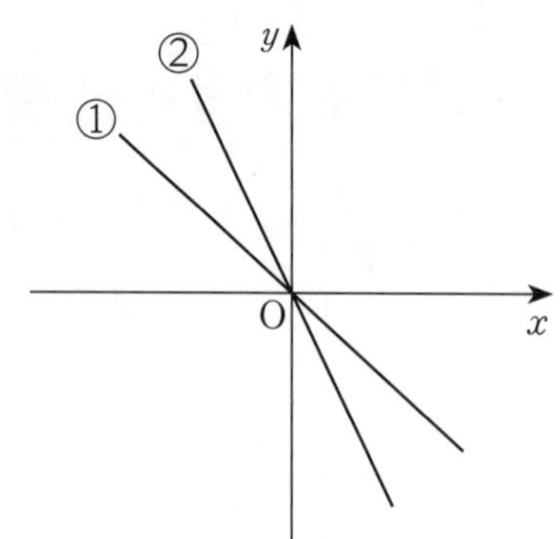

$y=-2x$ ☐

$y=-\frac{2}{3}x$ ☐

03

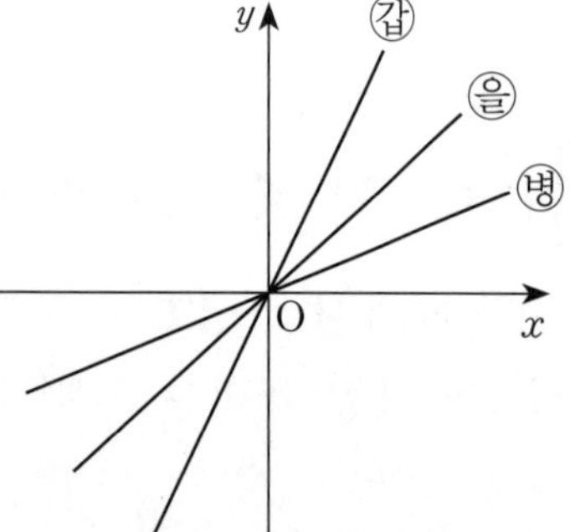

$y=\frac{1}{2}x$ ☐

$y=\frac{5}{4}x$ ☐

$y=3x$ ☐

04

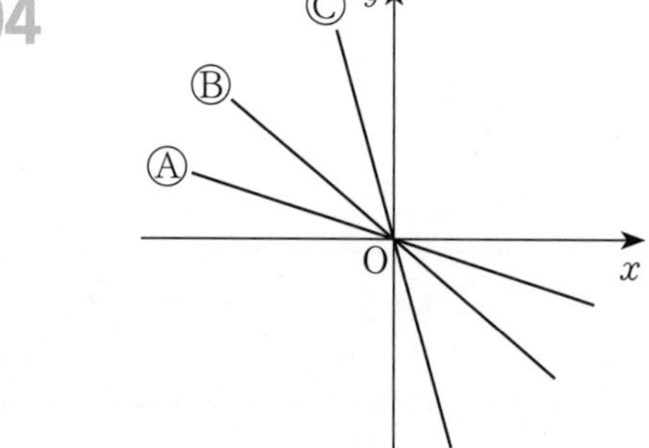

$y=-\frac{1}{3}x$ ☐

$y=-\frac{5}{6}x$ ☐

$y=-\frac{7}{2}x$ ☐

05

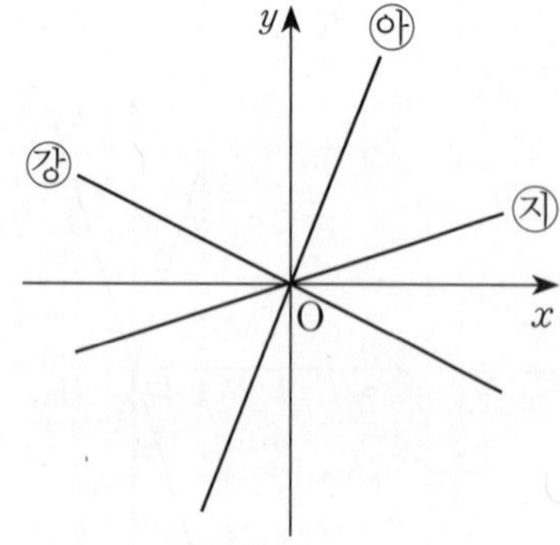

$y=\frac{1}{3}x$ ☐

$y=2.5x$ ☐

$y=-0.5x$ ☐

06

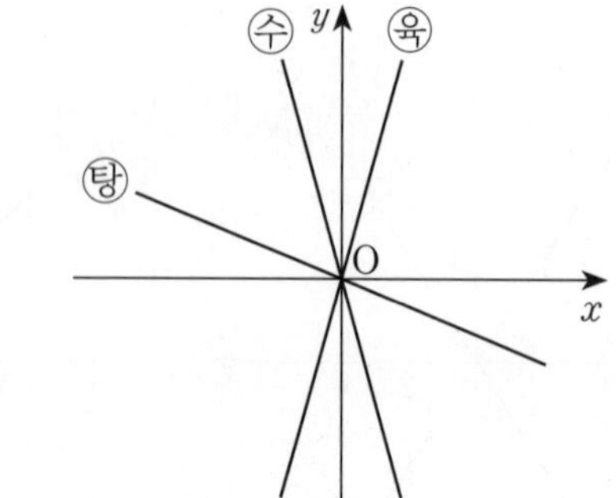

$y=-\frac{1}{2}x$ ☐

$y=4x$ ☐

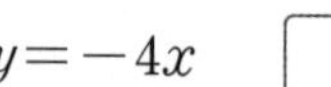

$y=-4x$ ☐

▶정답 및 해설 50쪽

3-28

개념 다지기 2

함수의 식을 그래프로 나타냈을 때, y축에 가장 가까운 것에 ○표 하세요.

01

$y=3x$ $y=\frac{2}{3}x$ $y=-4x$

02

$y=x$ $y=7x$ $y=-2x$

03

$y=-5x$ $y=-\frac{3}{2}x$ $y=\frac{1}{4}x$ $y=\frac{1}{5}x$

04

$y=\frac{3}{4}x$ $y=-x$ $y=-\frac{5}{6}x$ $y=-\frac{1}{10}x$

05

$y=10x$ $y=-11x$ $y=12x$ $y=-9x$ $y=-10x$

06

$y=2.1x$ $y=-3x$ $y=\frac{10}{3}x$ $y=4x$ $y=-1.5x$

▶ 정답 및 해설 51쪽

3-29

개념 마무리 1

그래프를 보고 비례상수의 크기를 비교하세요.

01

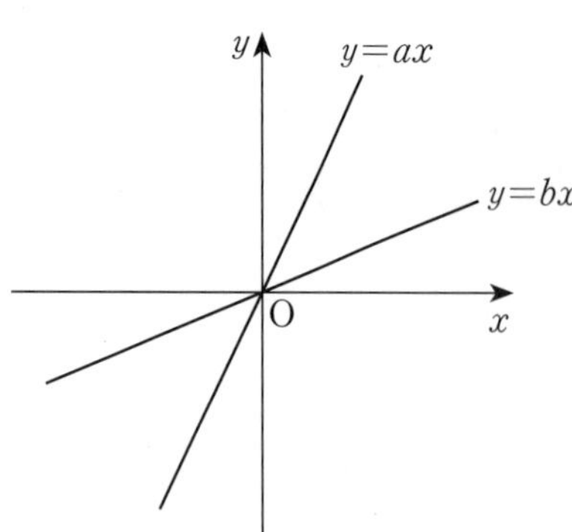

b < a

02

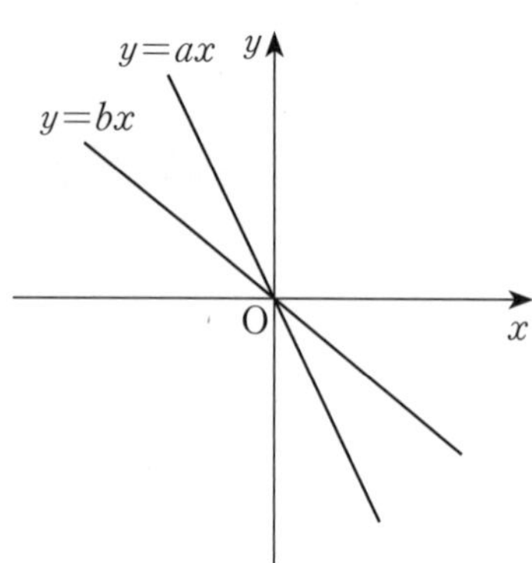

☐ < ☐

03

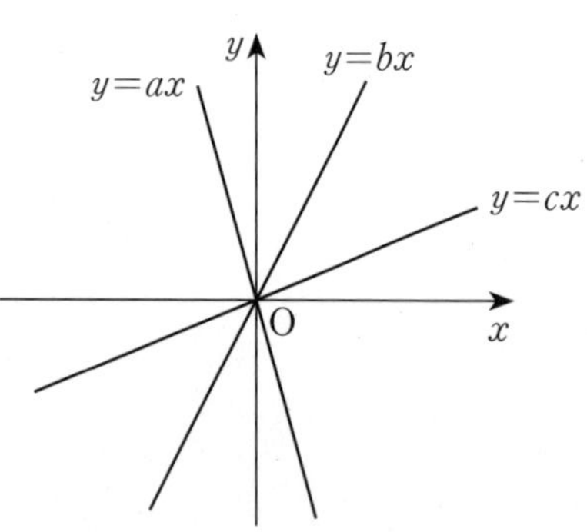

☐ < ☐ < ☐

04

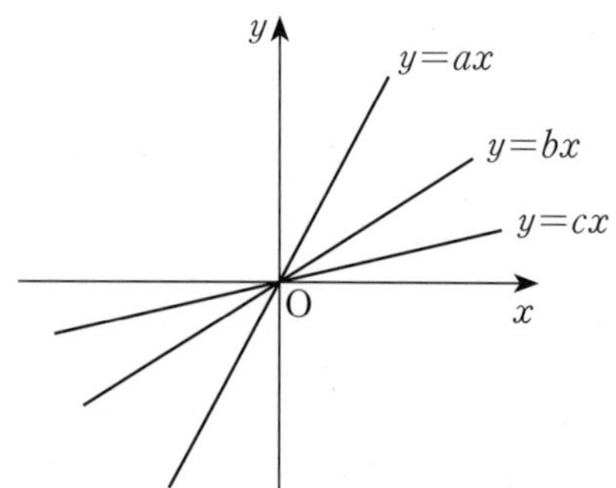

☐ < ☐ < ☐

05

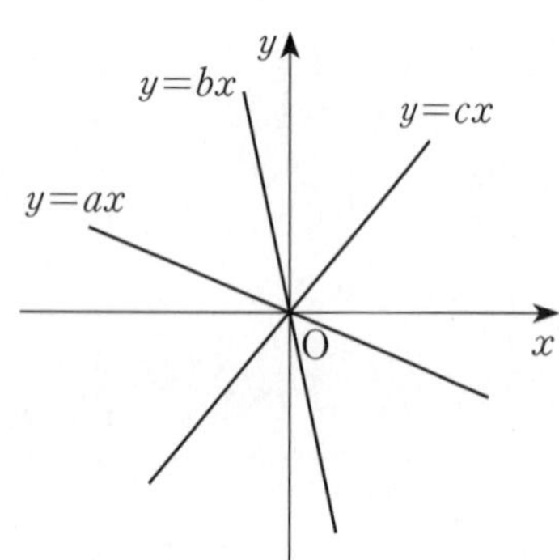

☐ < ☐ < ☐

06

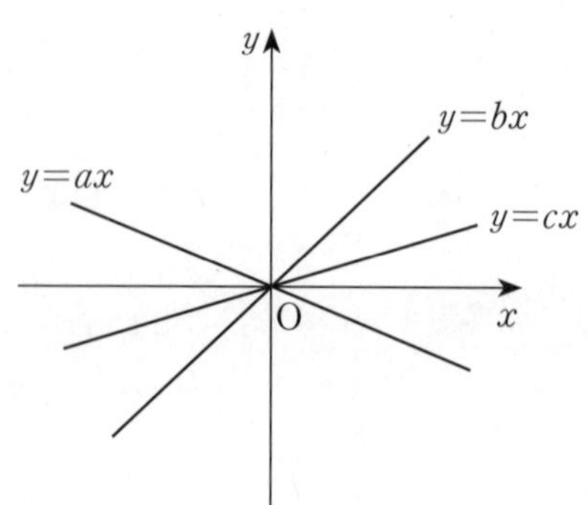

☐ < ☐ < ☐

▶ 정답 및 해설 52쪽

3-30

개념 마무리 2

일차함수 $y=ax$의 그래프가 색칠한 부분에 있도록 하는 a의 값의 범위를 구하세요.

01

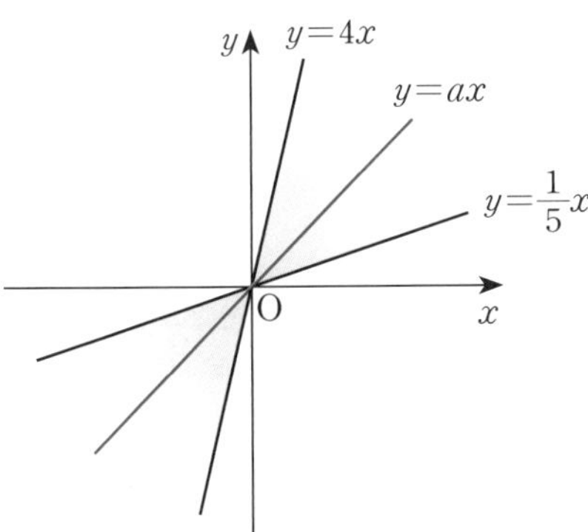

➡ $\boxed{\frac{1}{5}} < a < \boxed{4}$

02

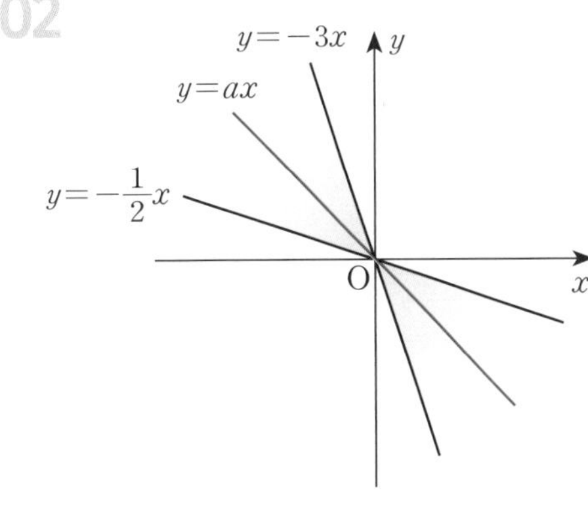

➡ $\square < a < \square$

03

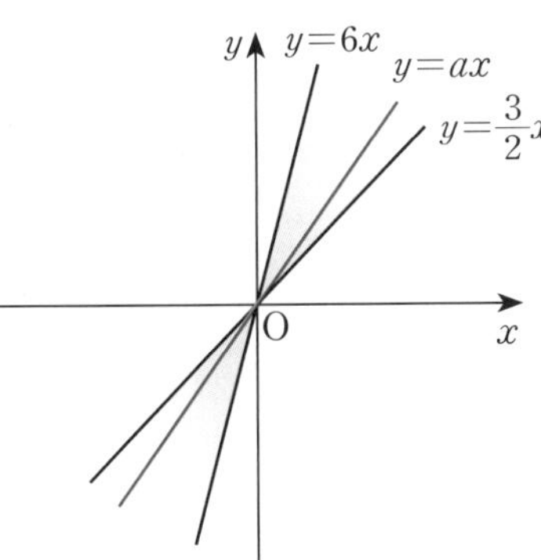

➡ $\square < a < \square$

04

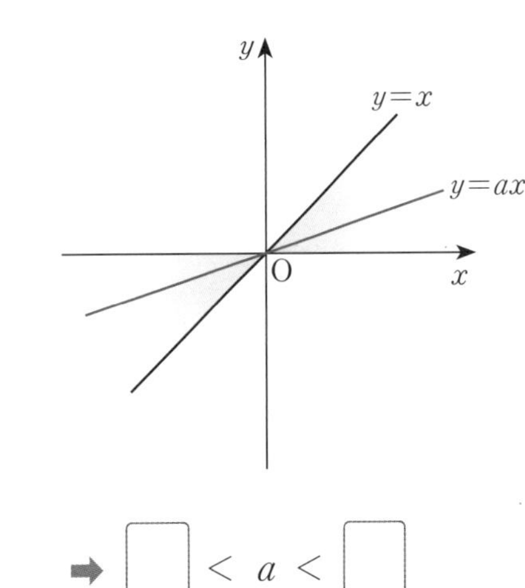

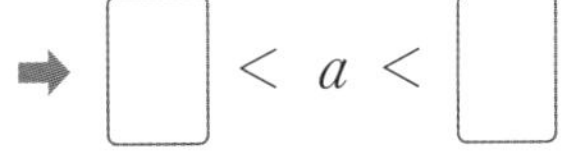

➡ $\square < a < \square$

05

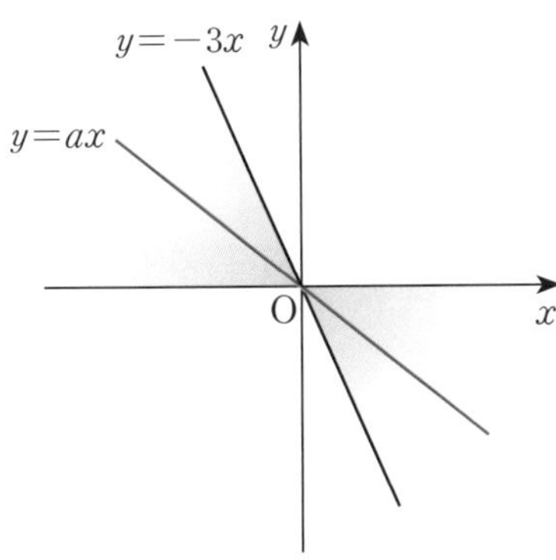

➡ $\square < a < \square$

06

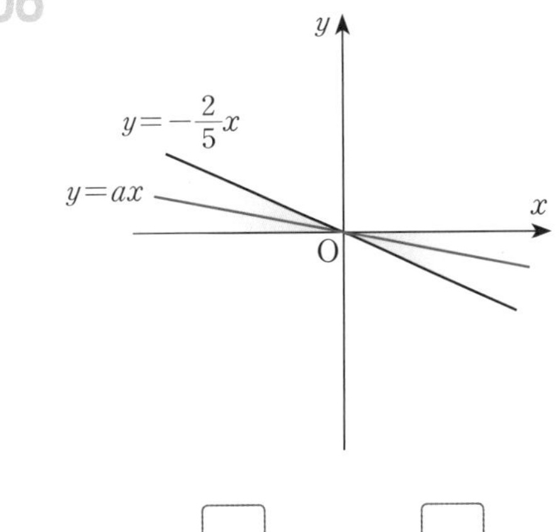

➡ $\square < a < \square$

6 기울기 (1)

★ 기울어진 정도가 기울기!

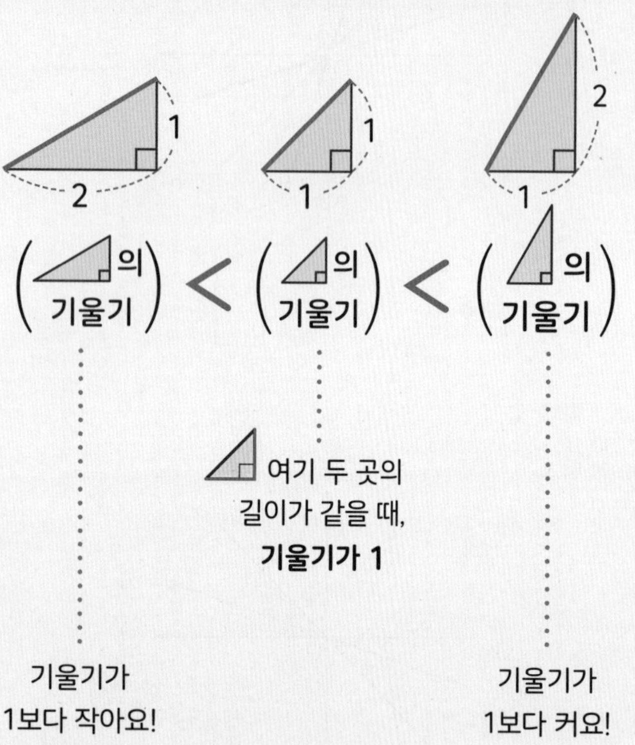

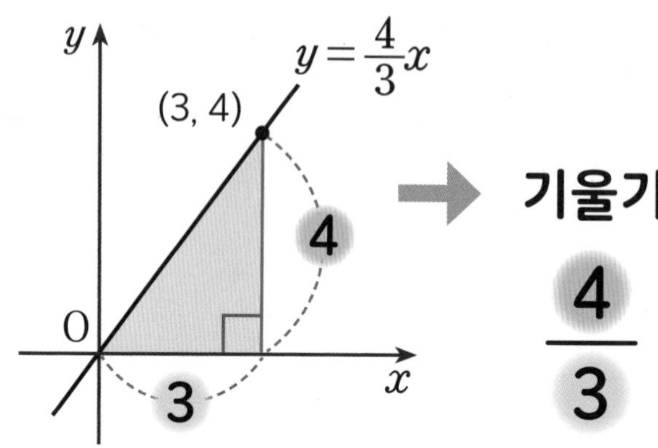

$$(\text{기울기}) = \frac{(y\text{의 증가량})}{(x\text{의 증가량})}$$

▶ 개념 익히기 1

x와 y의 증가량이 다음과 같은 직선의 기울기를 구하세요.

01

x의 증가량: 3
y의 증가량: 2

➡ 기울기: $\frac{2}{3}$

02

x의 증가량: -4
y의 증가량: 1

➡ 기울기:

03

x의 증가량: 5
y의 증가량: 10

➡ 기울기:

▶정답 및 해설 53쪽

기울기에서 알 수 있는 것

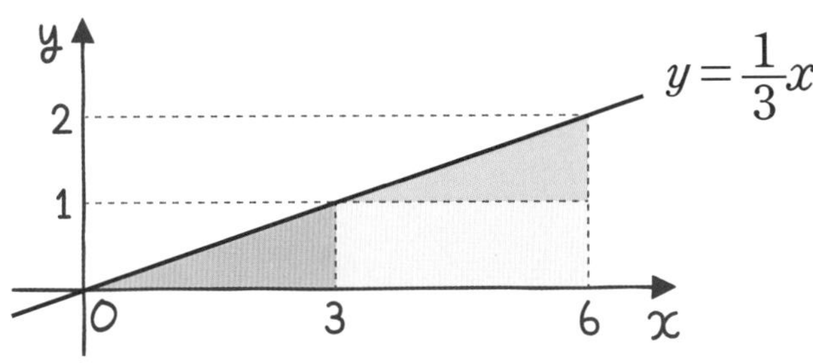

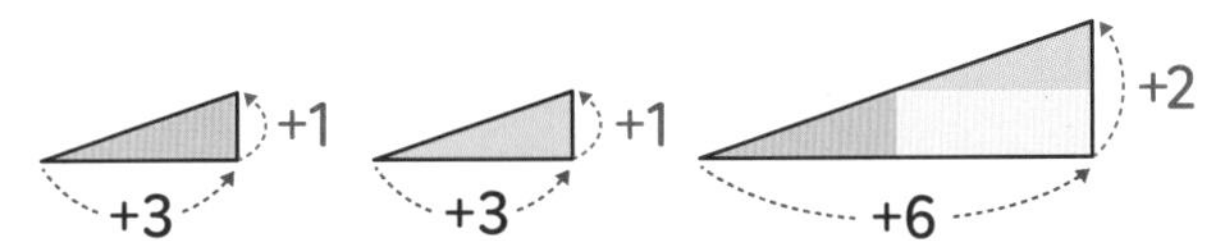

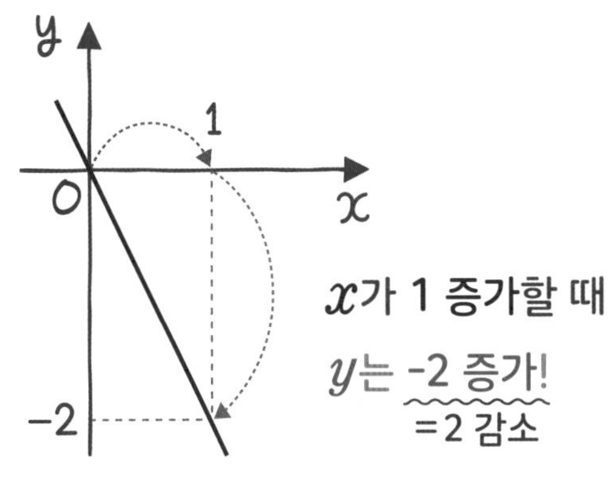

기울기: $\frac{1}{3}$ = $\frac{1}{3}$ = $\frac{2}{6}$

➡ 기울기: $\frac{-2}{1}$ = -2 기울기가 음수!

한 직선에 있는 직각삼각형은 기울기가 모두 같아!

: 기울기는 **양수**

: 기울기는 **음수**

개념 익히기 2

직선의 기울기가 양수인지 음수인지 판단하여 빈칸에 + 또는 −를 쓰세요.

01

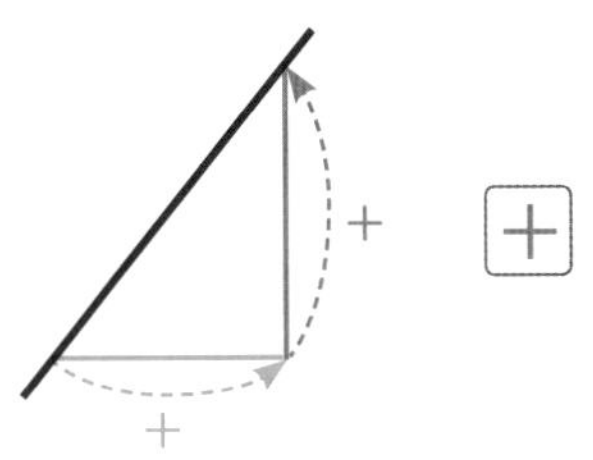

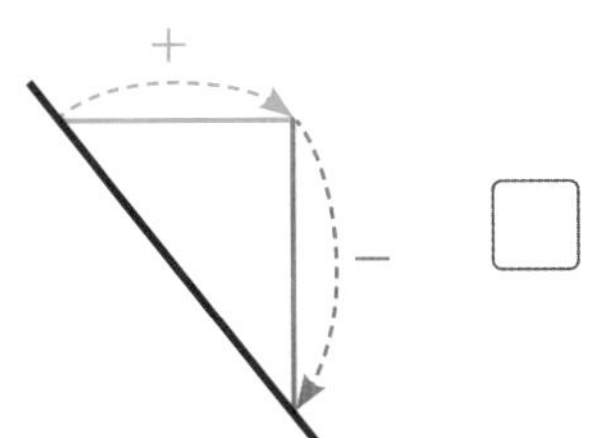

02

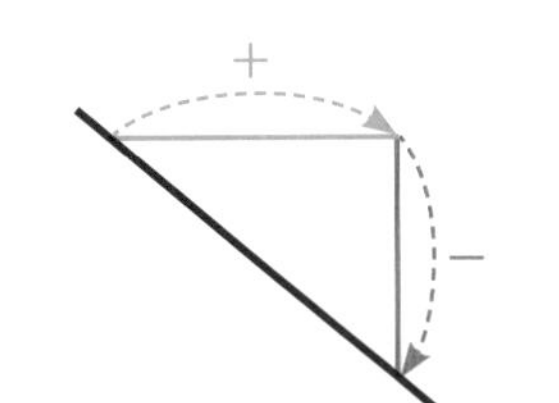

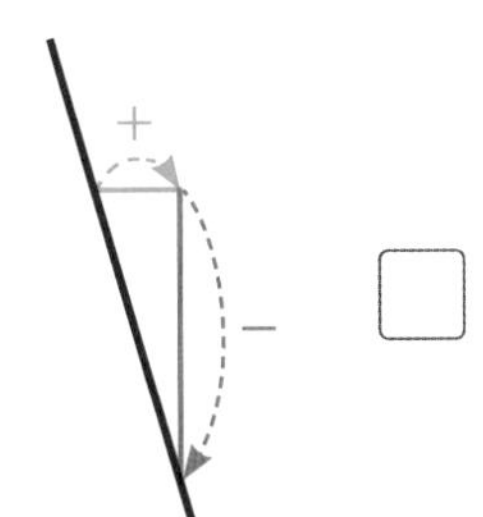

03

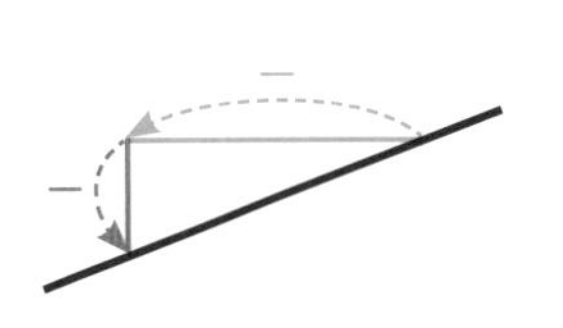

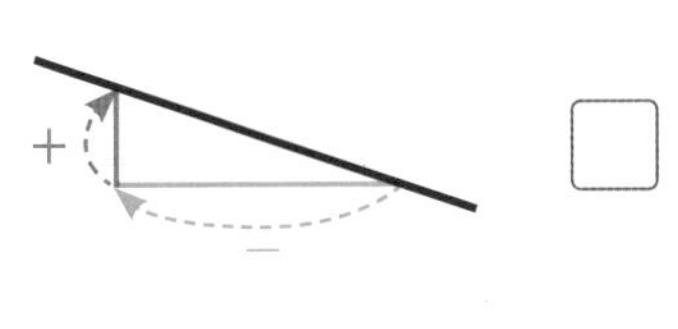

▶ 정답 및 해설 53쪽

3-33

개념 다지기 1

그래프를 보고 빈칸에 알맞은 수를 쓰세요.

01

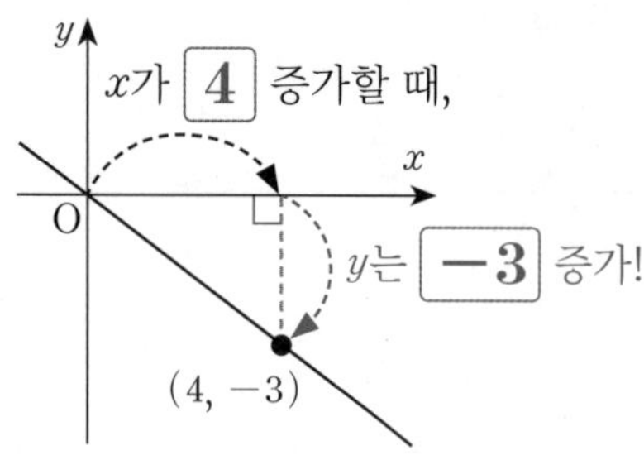

➡ 기울기: $-\frac{3}{4}$

02

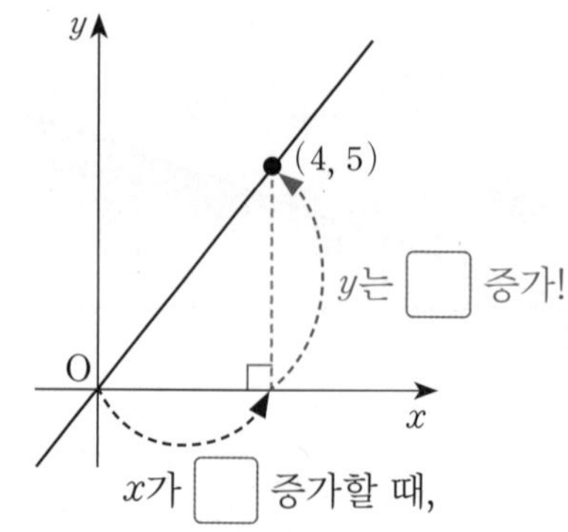

➡ 기울기: $\frac{5}{4}$

03

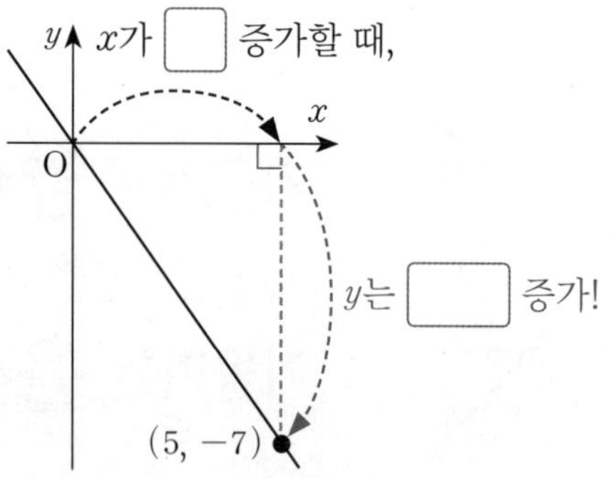

➡ 기울기: $-\frac{7}{5}$

04

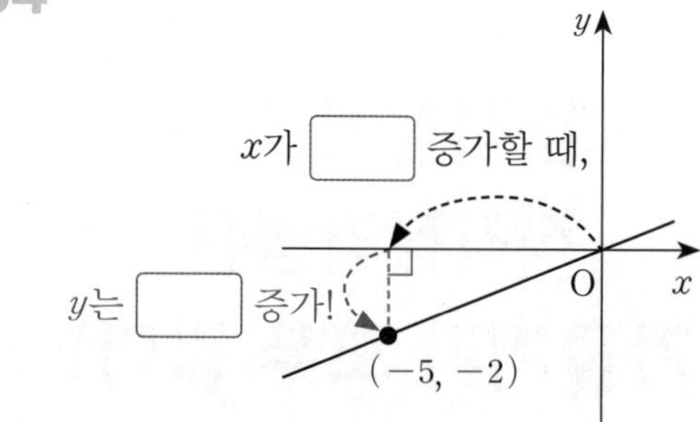

➡ 기울기: ☐

05

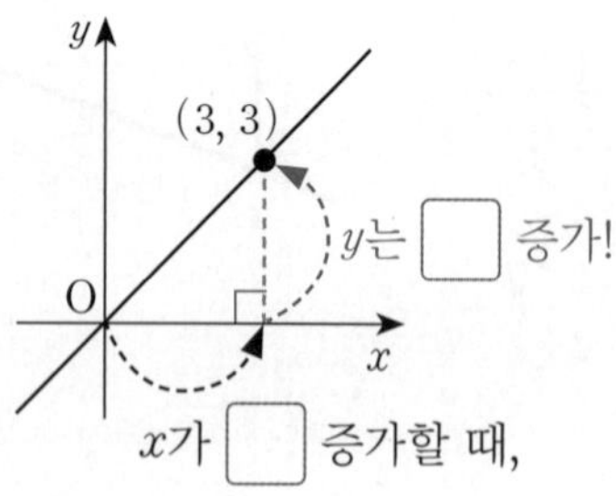

➡ 기울기: ☐

06

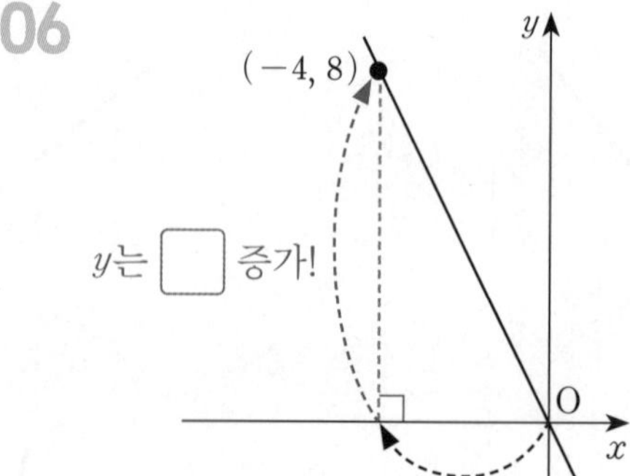

➡ 기울기: ☐

▶정답 및 해설 53쪽

개념 다지기 2

주어진 점을 이용하여 그래프에 직각삼각형을 그려서 기울기를 구하세요.

01

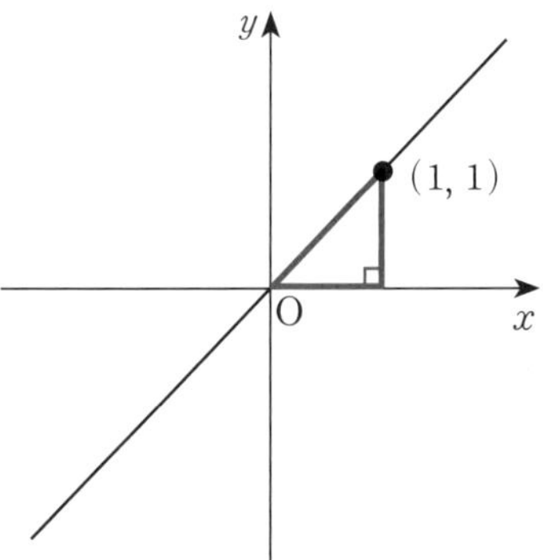

➡ 기울기: **1**

02

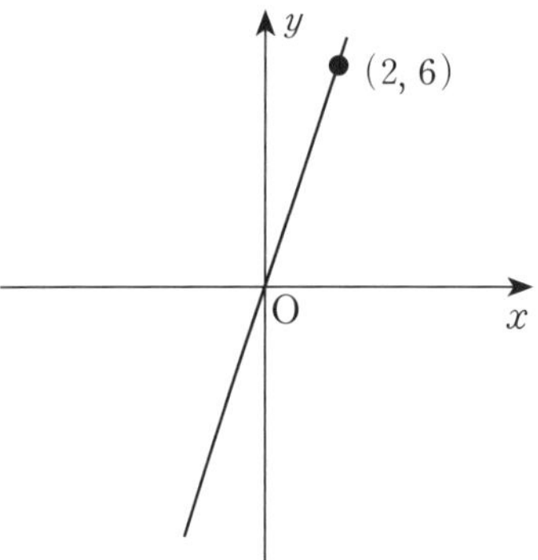

➡ 기울기:

03

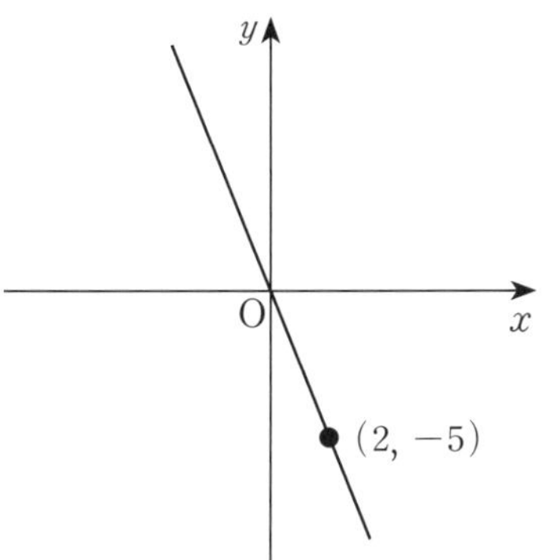

➡ 기울기:

04

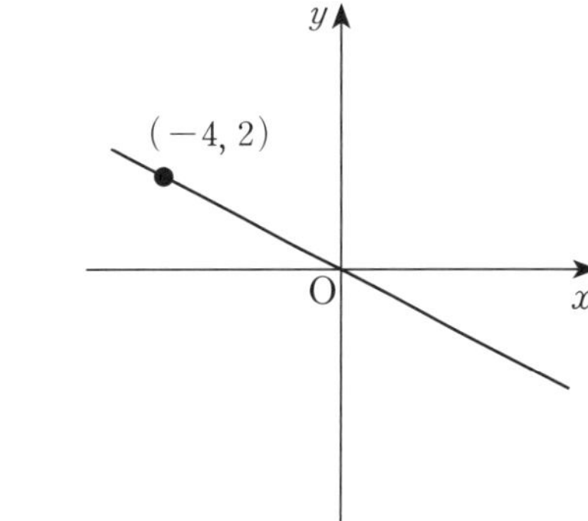

➡ 기울기:

05

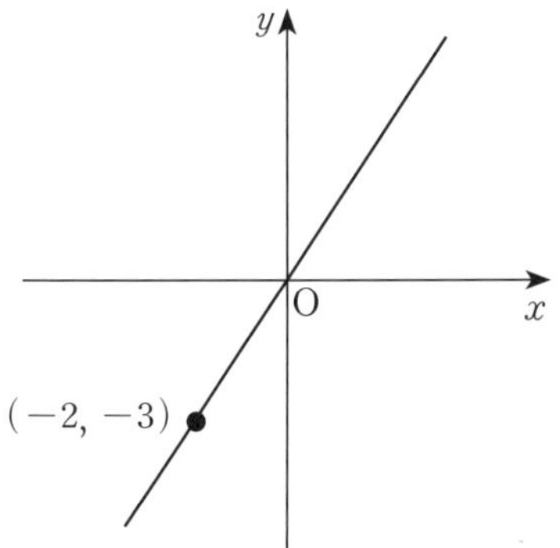

➡ 기울기:

06

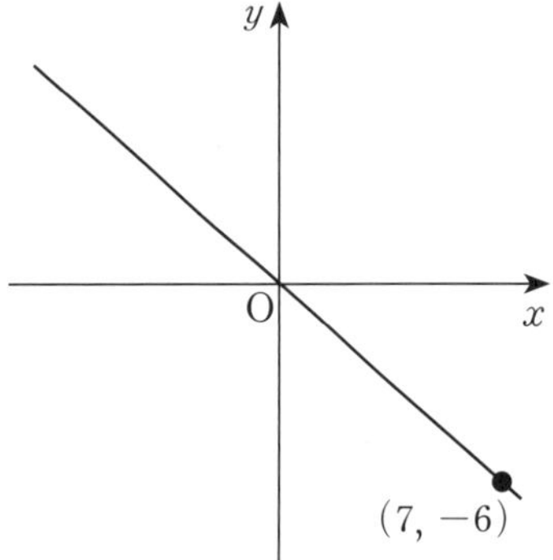

➡ 기울기:

▶ 정답 및 해설 54쪽

3-35

개념 마무리 1

주어진 기울기를 이용하여 함수 $y=ax$의 그래프를 그리세요.

01 기울기: $\frac{3}{4}$

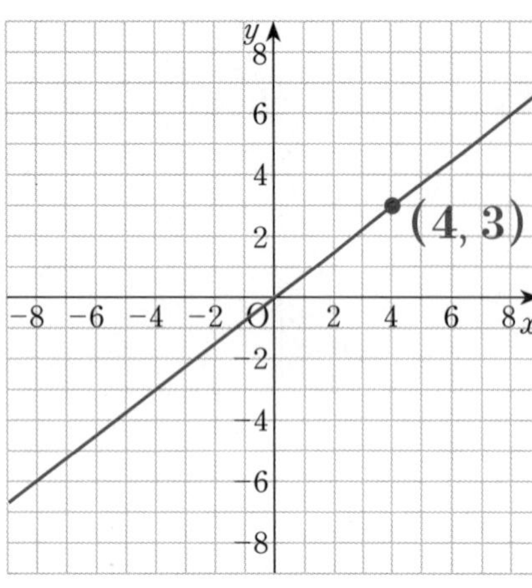

02 기울기: 1

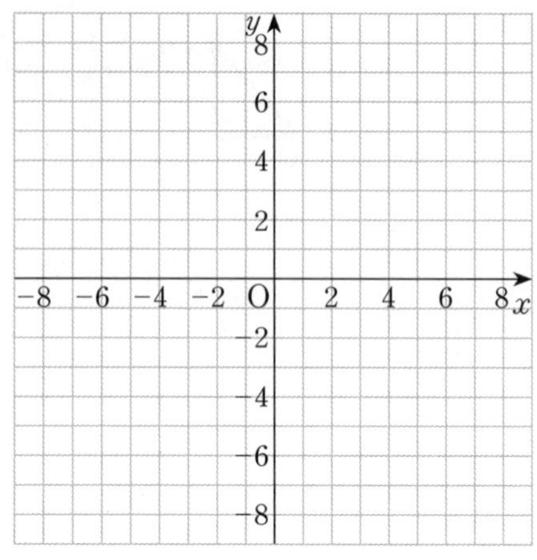

03 기울기: $-\frac{1}{2}$

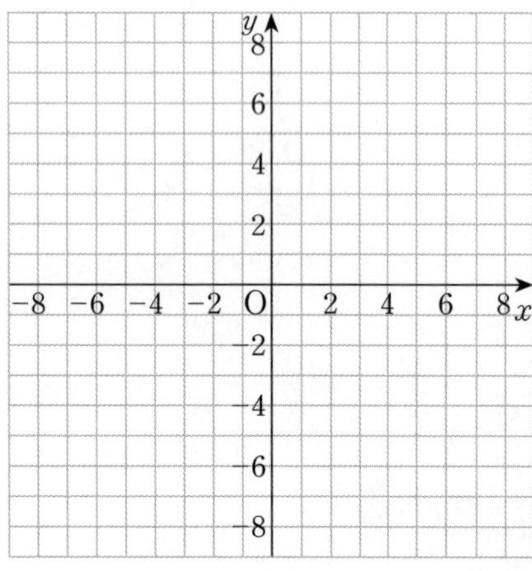

04 기울기: 2

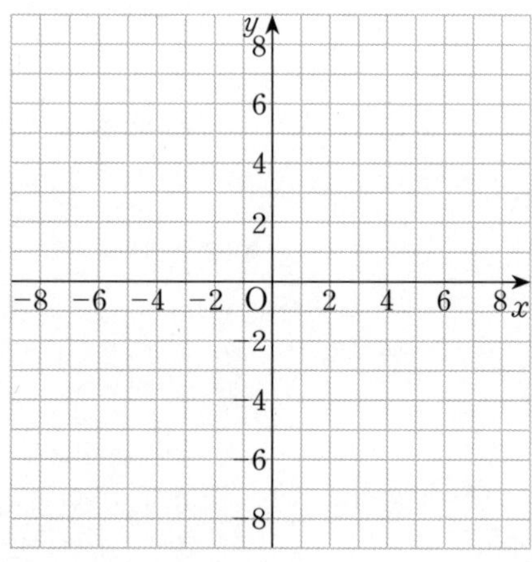

05 기울기: $\frac{2}{5}$

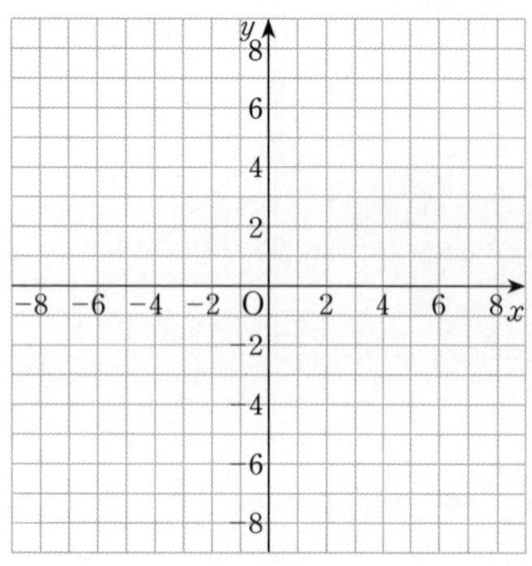

06 기울기: -3

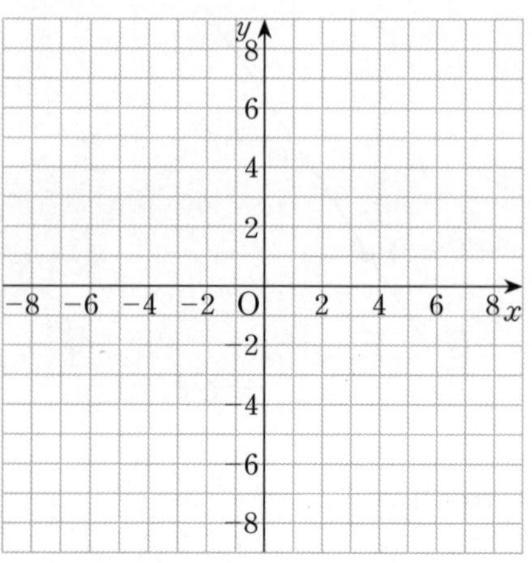

▸정답 및 해설 54쪽

개념 마무리 2

함수 $y=ax$의 그래프에서 기울기를 보고, 빈칸을 알맞게 채우세요.

01 기울기: 8

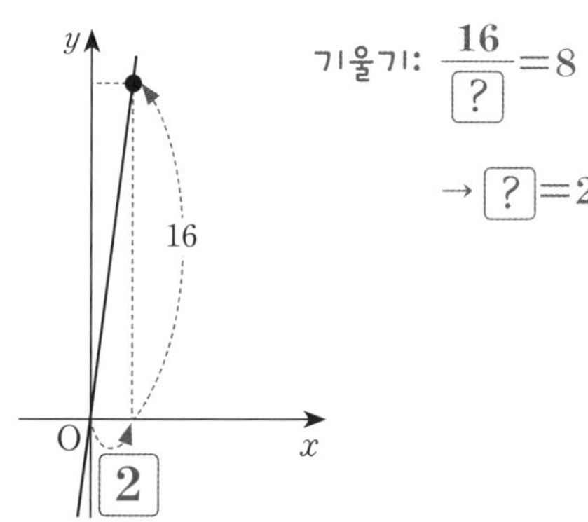

02 기울기: 3

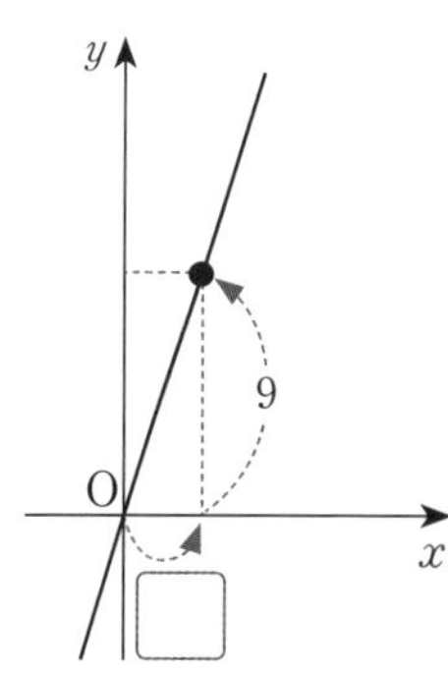

03 기울기: -2

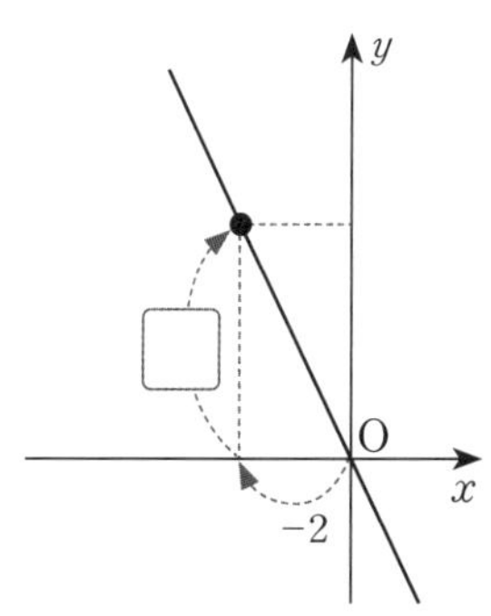

04 기울기: $\frac{3}{10}$

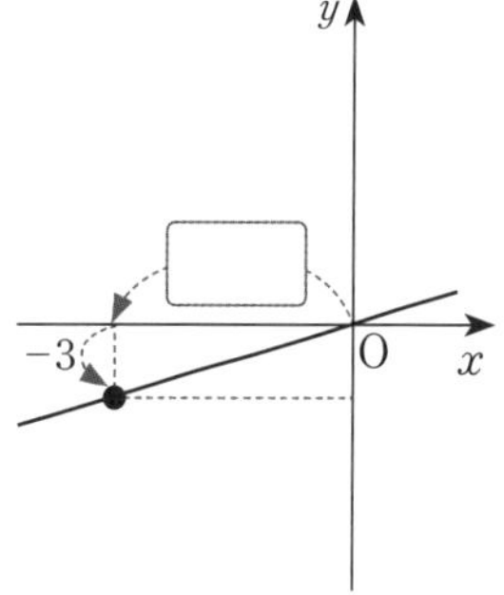

05 기울기: $-\frac{5}{4}$

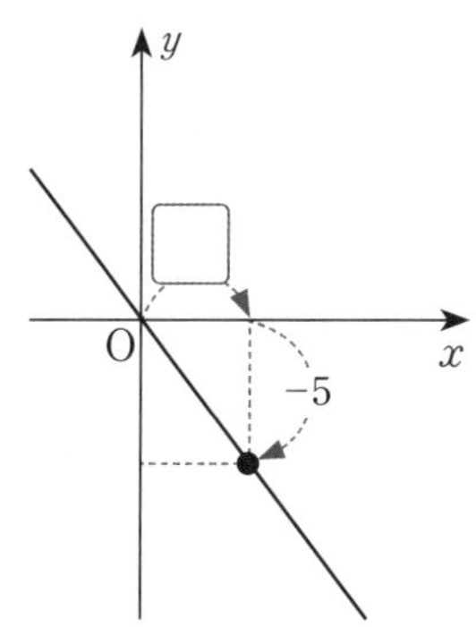

06 기울기: $\frac{3}{2}$

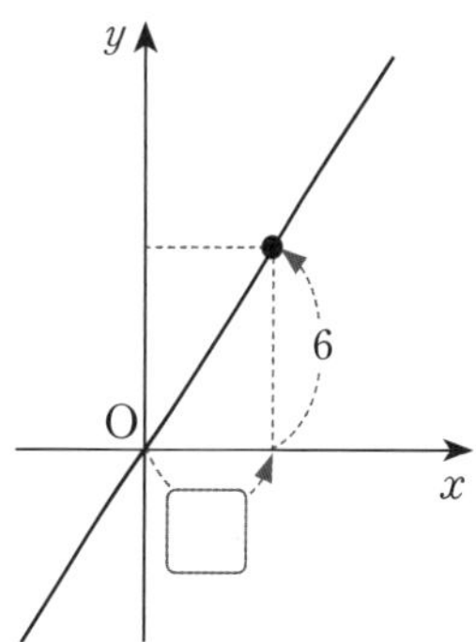

7 기울기 (2)

두 점을 알면 기울기 해결!

문제 두 점 (1, 2), (2, 4)를 지나는 직선의 기울기는?

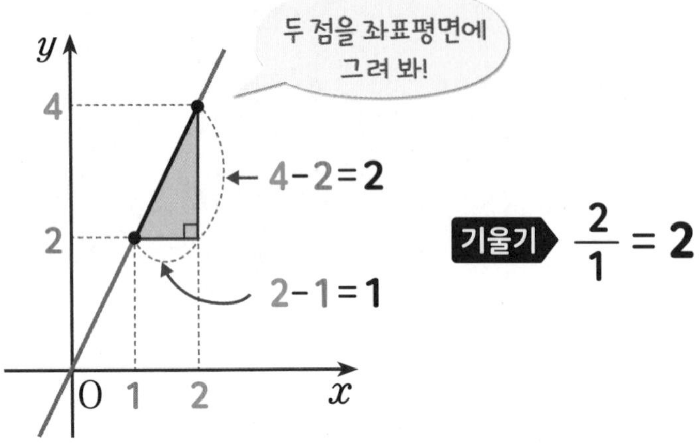

기울기 $\frac{2}{1}=2$

두 점 (x_1, y_1), (x_2, y_2)를 지나는

$$\left(\begin{matrix}\text{직선의}\\\text{기울기}\end{matrix}\right)=\frac{y_2-y_1}{x_2-x_1}=\frac{y_1-y_2}{x_1-x_2}$$

두 점 중 어느 점에서 시작해도, 기울기는 같아!

(1, 2) → (2, 4): +1, +2 기울기 : $\frac{2}{1}$

‖

(2, 4) → (1, 2): −1, −2 기울기 : $\frac{-2}{-1}$

‖

2

⚠ 그러나, 방향이 일정하지 않으면 올바른 기울기를 구할 수 없어.

(1, 2), (2, 4): +1 ↓, −2 ↑ (×)

(1, 2), (2, 4): −1 ↑, +2 ↓ (×)

개념 익히기 1

주어진 두 점을 지나는 직선의 기울기를 구하세요.

01

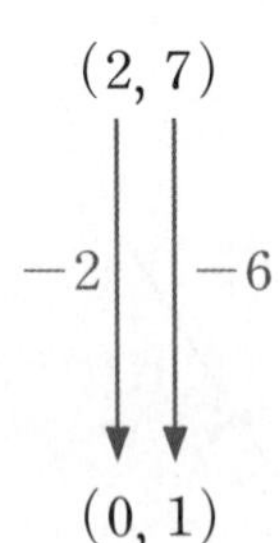

➡ 기울기: 3

$\frac{-6}{-2}=3$

02

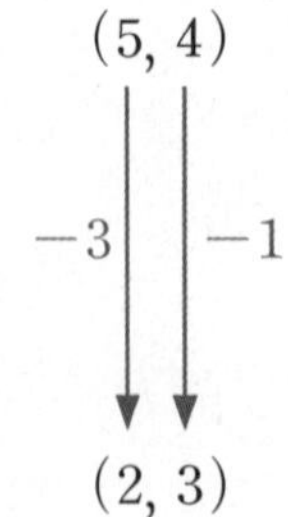

➡ 기울기:

03

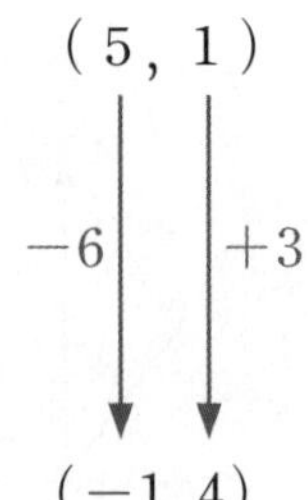

➡ 기울기:

▶정답 및 해설 55쪽

$y=ax$는 점 $(0, 0)$과 점 $(1, a)$를 지나는 직선이야~

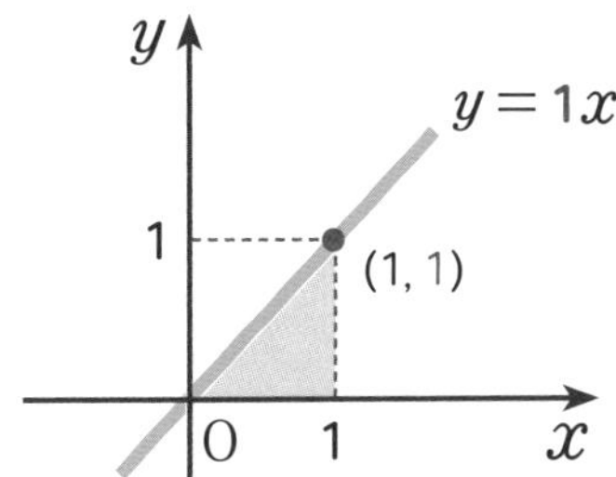

기울기 : $\frac{1}{1}=1$

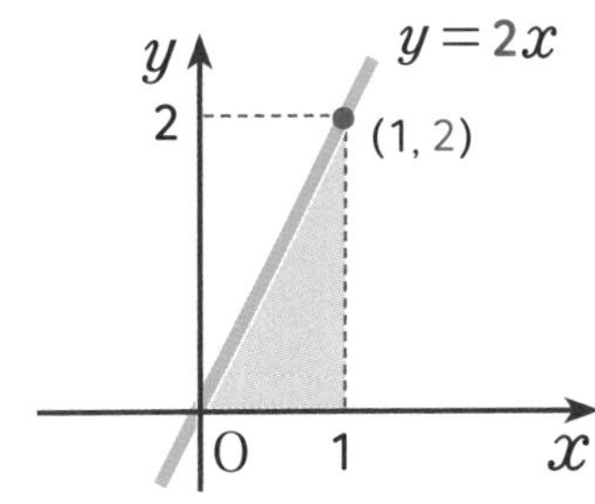

기울기 : $\frac{2}{1}=2$

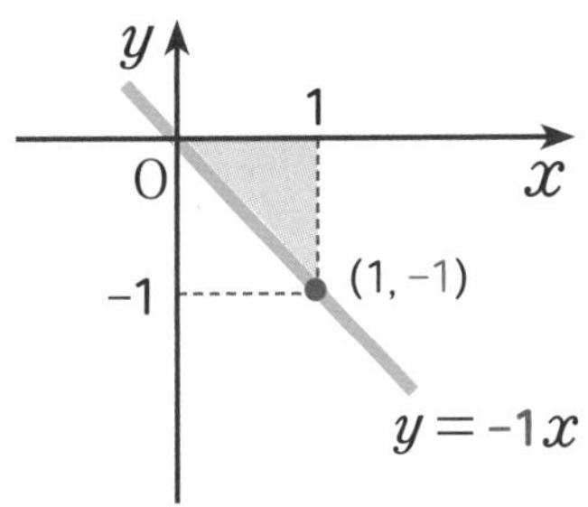

기울기 : $\frac{-1}{1}=-1$

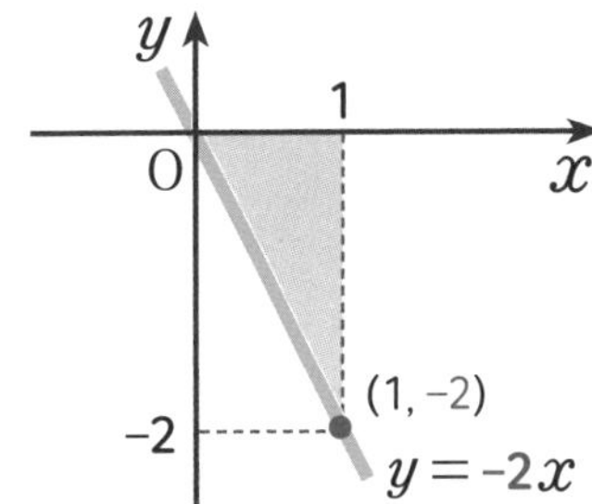

기울기 : $\frac{-2}{1}=-2$

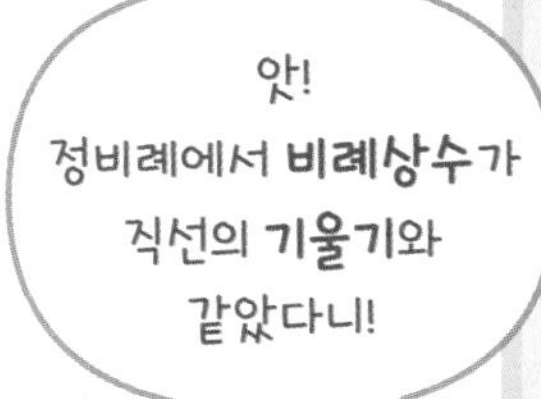

$(0, 0) \xrightarrow{+1,\ +a} (1, a)$ 기울기 : $\frac{a}{1}=a$

$y=ax$에서 a는 기울기!

개념 익히기 2

함수의 식에서 기울기에 ○표 하세요.

01

$y=2x$ (2에 ○표)

02

$y=-5x$

03

$y=\frac{1}{2}x$

▶ 정답 및 해설 55쪽

3-39

개념 다지기 1

두 점을 지나는 직선을 좌표평면에 그리고, 그 직선의 기울기를 구하세요.

01 $(0, 0), (2, 5)$

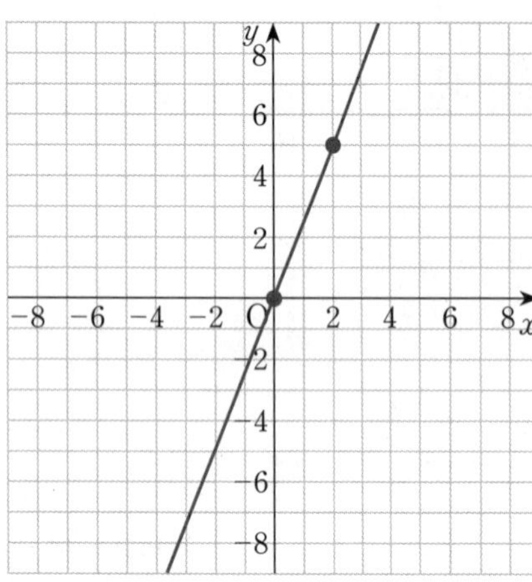

기울기: $\frac{5}{2}$

02 $(0, 0), (3, -6)$

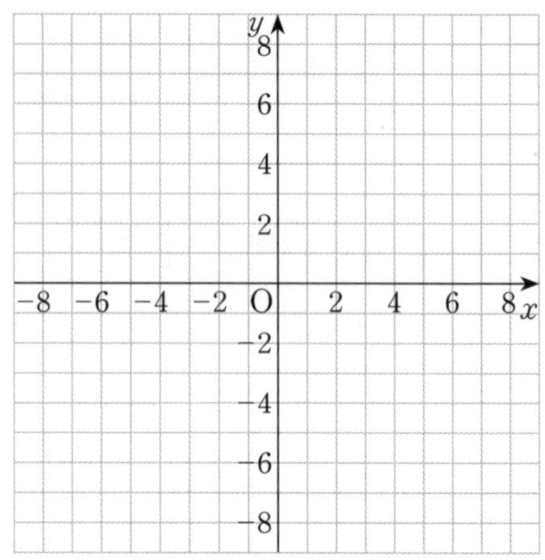

기울기:

03 $(-6, 2), (6, -2)$

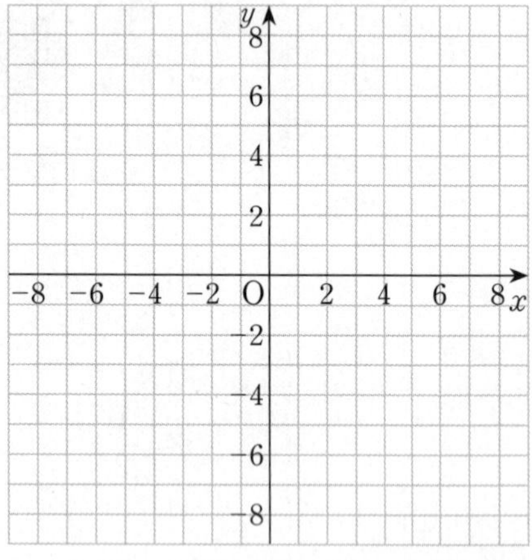

기울기:

04 $(2, 3), (4, 6)$

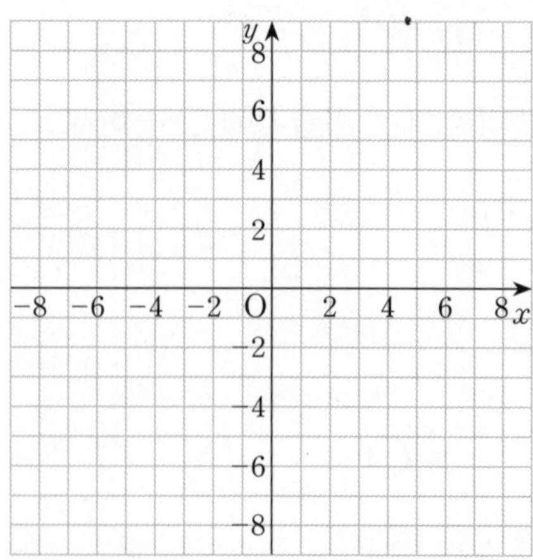

기울기:

▶ 정답 및 해설 56쪽

3-40

개념 다지기 2

주어진 두 점을 지나는 직선의 기울기를 구하세요.

01 $(2, 5), (-1, 3)$ ➡ 기울기: $\frac{2}{3}$

$$\begin{matrix}(\ 2\ ,5) \\ \downarrow\ \downarrow \\ (-1, 3)\end{matrix}$$

$$(\text{기울기})=\frac{5-3}{2-(-1)}=\frac{2}{2+1}=\frac{2}{3}$$

02 $(0, 0), (-4, 2)$ ➡ 기울기:

03 $(-5, 6), (5, -6)$ ➡ 기울기:

04 $(8, 4), (-3, -2)$ ➡ 기울기:

05 $(7, -3), (5, -9)$ ➡ 기울기:

06 $(1, 2), (2, 3)$ ➡ 기울기:

▶정답 및 해설 57쪽

3-41

개념 마무리 1

주어진 함수의 그래프를 그리세요.

01 $y=2x$

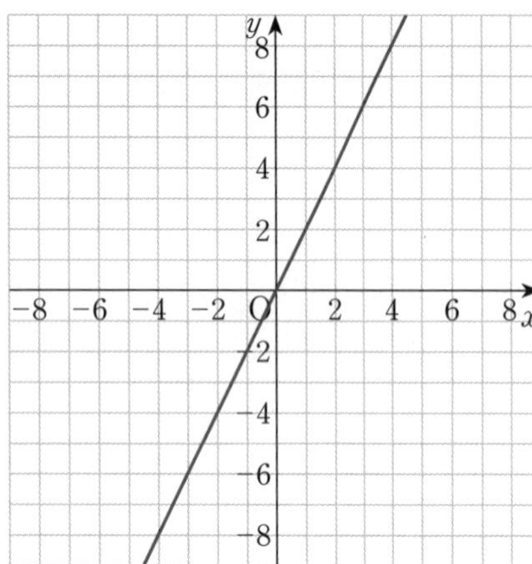

02 $y=4x$

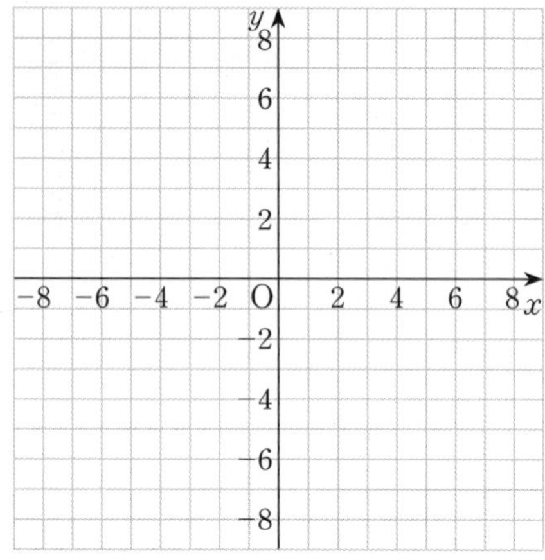

03 $y=-5x$

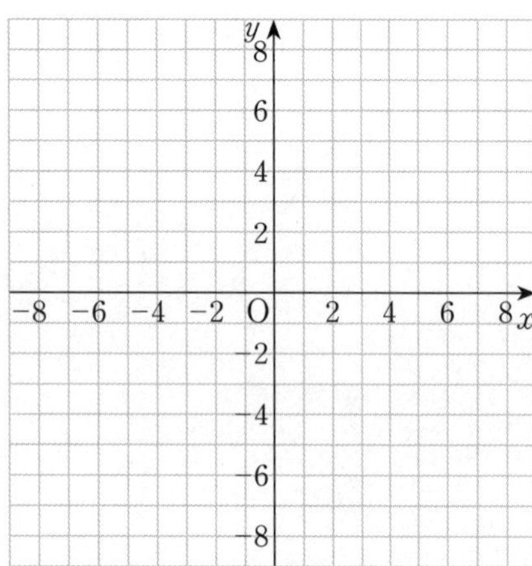

04 $y=-3x$

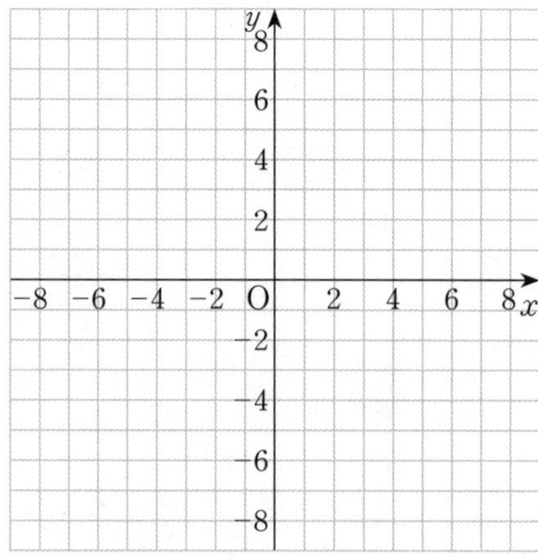

05 $y=\frac{7}{6}x$

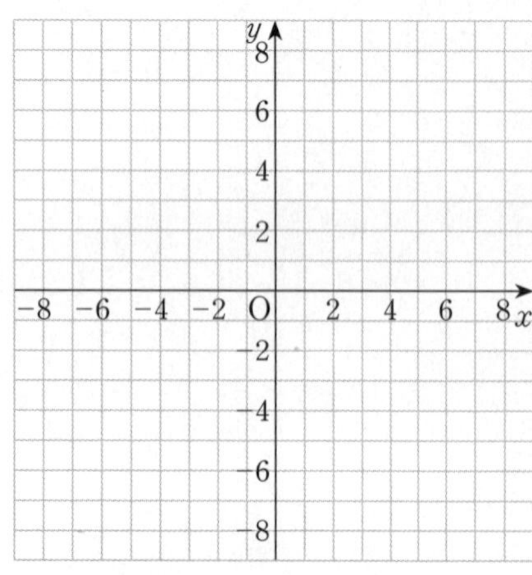

06 $y=-\frac{5}{8}x$

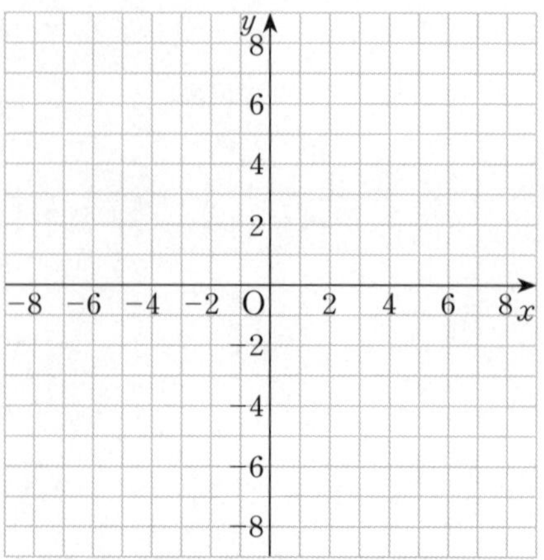

▶ 정답 및 해설 58쪽

3-42

개념 마무리 2

물음에 답하세요.

01 두 점 $(10, k)$, $(5, 1)$을 지나는 직선의 기울기가 1일 때, k의 값은?

$(10, k)$
$\downarrow \downarrow$
$(5, 1)$

$$(\text{기울기})=\frac{k-1}{10-5}=1$$
$$\frac{k-1}{5}=1$$
$$k-1=5$$
$$k=6$$

답: 6

02 두 점 $(4, -9)$, $(6, -k)$를 지나는 직선의 기울기가 4일 때, k의 값은?

03 두 점 $(3, 2k)$, $(-3, 5)$를 지나는 직선의 기울기가 $\frac{1}{2}$일 때, k의 값은?

04 두 점 $(-12, 4)$, $(-5, -k)$를 지나는 직선의 기울기가 2일 때, k의 값은?

05 두 점 $(5, -k-1)$, $(-7, -2k)$를 지나는 직선의 기울기가 $\frac{1}{6}$일 때, k의 값은?

06 두 점 $(1, k)$, $(7, 3k-3)$을 지나는 직선의 기울기가 -1일 때, k의 값은?

8 $y=ax$ 총정리

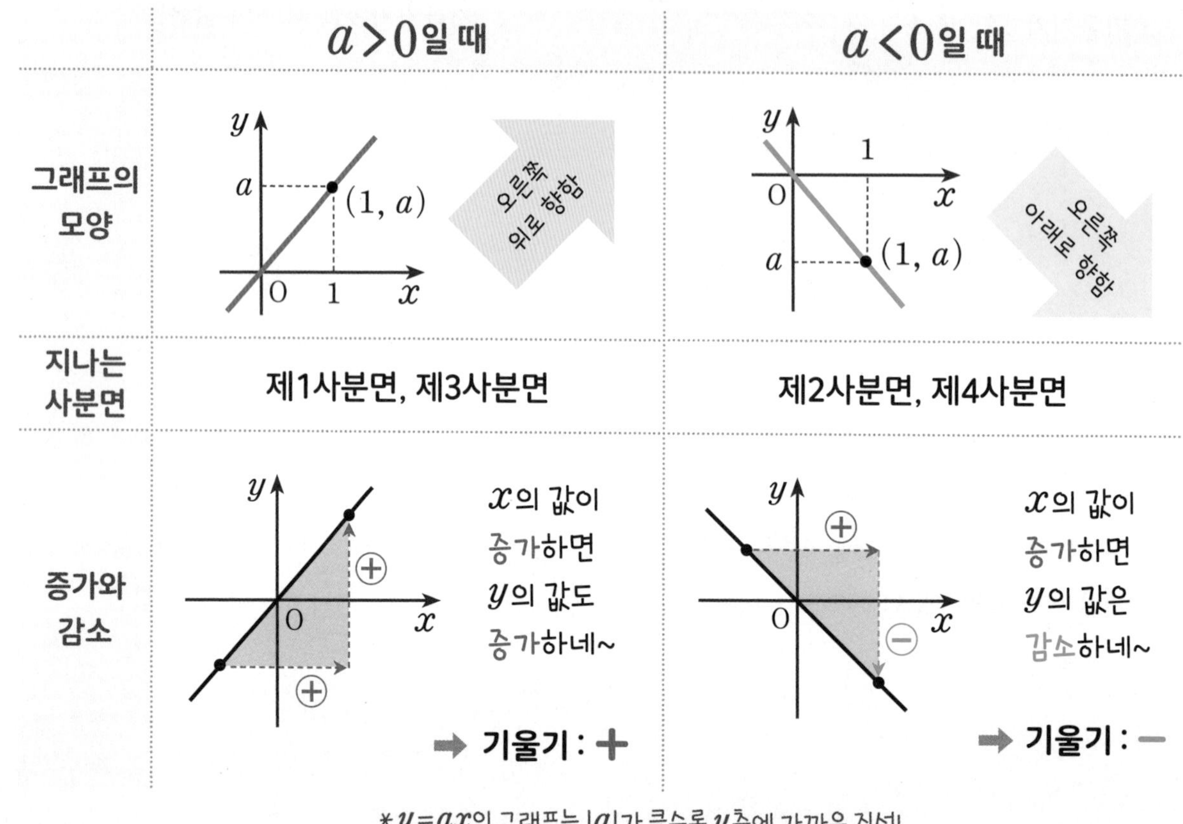

y=ax의 그래프
원점과 점 (1, a)를 지나는 직선 모양의 그래프
a>0일 때
a<0일 때
그래프의 모양
오른쪽 위로 향함
오른쪽 아래로 향함
지나는 사분면
제1사분면, 제3사분면
제2사분면, 제4사분면
증가와 감소
x의 값이 증가하면 y의 값도 증가하네~
x의 값이 증가하면 y의 값은 감소하네~
➡ 기울기 : +
➡ 기울기 : −

*$y=ax$의 그래프는 $|a|$가 클수록 y축에 가까운 직선!

개념 익히기 1

$y=ax$의 그래프에 대한 설명으로 옳은 것에 ○표, 옳지 않은 것에 ×표 하세요.

01 $y=-3x$

- 원점을 지나는 직선이다. (○)
- 제1사분면과 제3사분면을 지난다. (　　)
- $y=-4x$보다 y축에 가깝다. (　　)

02 $y=3x$

- 오른쪽 위로 향하는 직선이다. (　　)
- 점 $(0, 0)$을 지난다. (　　)
- 제4사분면을 지난다. (　　)

03 $y=-\frac{5}{4}x$

- 점 $\left(1, \frac{5}{4}\right)$를 지나는 직선이다. (　　)
- 오른쪽 아래로 향하는 직선이다. (　　)
- $y=2x$보다 y축에 가깝다. (　　)

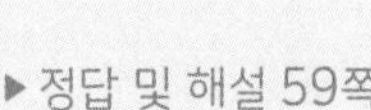

▶정답 및 해설 59쪽

$y=ax$를 찾는 방법? → 지나는 한 점만 알면 돼!

$y=ax$를 표현하는 여러 가지 방법

- y는 x에 정비례
- 원점을 지나는 직선

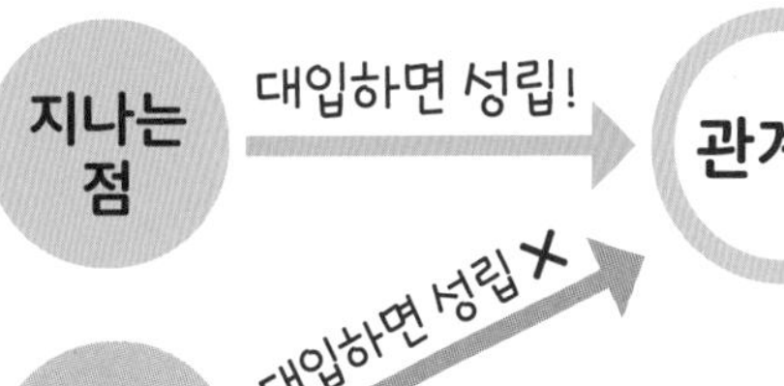

를 표현하는 방법

- 점 P가 $y=ax$ 위에 있다.
- 직선 $y=ax$가 점 P를 지난다.

문제 그래프로 나타냈을 때, 점 $(2, -6)$을 지나는 정비례 관계식은?

풀이 점 $(2, -6)$을 $y=ax$에 대입

$-6=2a$

$-3=a$ ➡ $y=-3x$

지나는 점 —대입하면 성립!→ 관계식

지나지 않는 점 —대입하면 성립 ×→ 관계식

개념 익히기 2

$y=2x$의 그래프 위의 점에 ○표, 아닌 것에 ×표 하세요.

3-44

01

$(1, 2)$

$(2, 5)$

02

$(2, 1)$

$\left(\frac{1}{4}, \frac{1}{2}\right)$

03

$\left(5, \frac{5}{2}\right)$

$\left(-\frac{1}{3}, -\frac{2}{3}\right)$

개념 다지기 1

상수 k의 값을 구하세요.

01 $y=4x$의 그래프가 점 $(k, 8)$을 지남

대입

$\boldsymbol{y=4x}$

$8=4\times\boldsymbol{k}$

$8=4\boldsymbol{k}$

$\boldsymbol{k}=2$

답: 2

02 $y=-\frac{1}{3}x$의 그래프가 점 $\left(2k, \frac{2}{3}\right)$를 지남

03 $y=-2x$의 그래프가 점 $(k+1, 1)$을 지남

04 점 $(4k, k+9)$가 $y=\frac{5}{2}x$의 그래프 위의 점

05 점 $(8, -k+3)$은 $y=\frac{1}{4}x$의 그래프 위의 점

06 $y=-\frac{6}{7}x$의 그래프가 점 $\left(k, \frac{2}{7}k+16\right)$을 지남

▶정답 및 해설 61쪽

개념 다지기 2

다음을 만족하는 일차함수의 식을 구하세요.

01 y는 x에 정비례하고, $x=-3$일 때 $y=6$

$y=ax$에 $x=-3$, $y=6$ 대입

$6=a\times(-3)$

$6=-3a$

$a=-2$

따라서, 일차함수의 식은 $y=-2x$

답: $y=-2x$

02 원점을 지나는 직선이고, x가 1 증가할 때 y는 -3 증가

03 비례상수가 $-\frac{1}{7}$인 정비례 관계

04 두 점 $(0, 0)$, $(1, -6)$을 지나는 직선

05 y는 x에 정비례하고, x가 -6 증가할 때 y는 6 증가

06 그래프가 원점과 점 $(-12, 10)$을 지나는 일차함수

▶ 정답 및 해설 62쪽

개념 마무리 1

그래프를 보고, 일차함수의 식과 k의 값을 각각 구하세요.

01

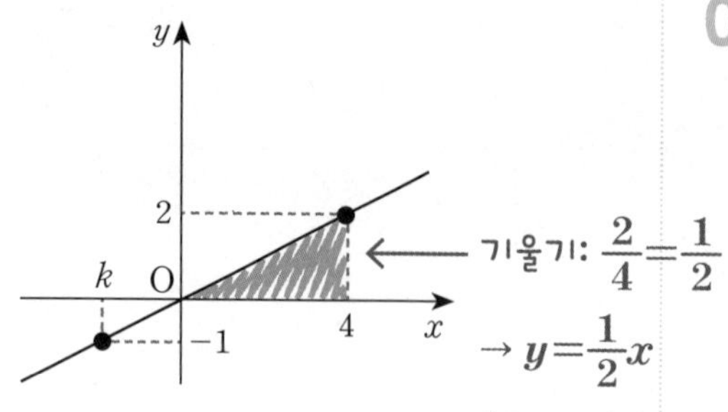

기울기: $\frac{2}{4}=\frac{1}{2}$

$\rightarrow y=\frac{1}{2}x$

$(k, -1)$을 대입

$(-1)=\frac{1}{2}\times k$

$-1=\frac{1}{2}k$

$k=-2$

➡ 식: $y=\frac{1}{2}x$

$k=$ -2

02

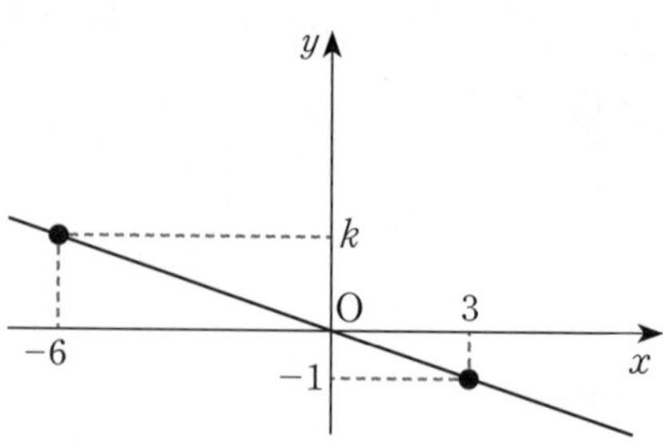

➡ 식:

$k=$

03

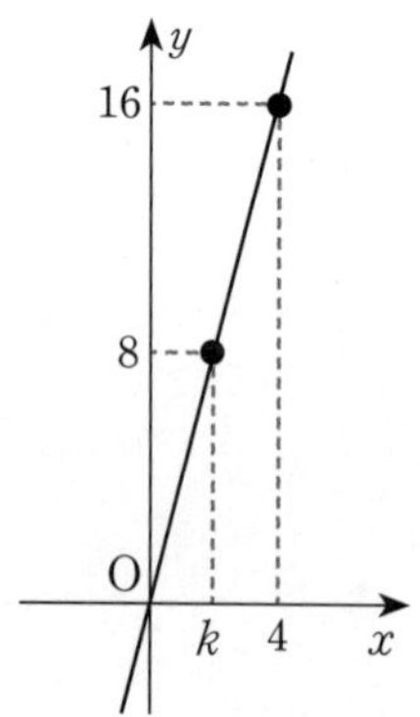

➡ 식:

$k=$

04

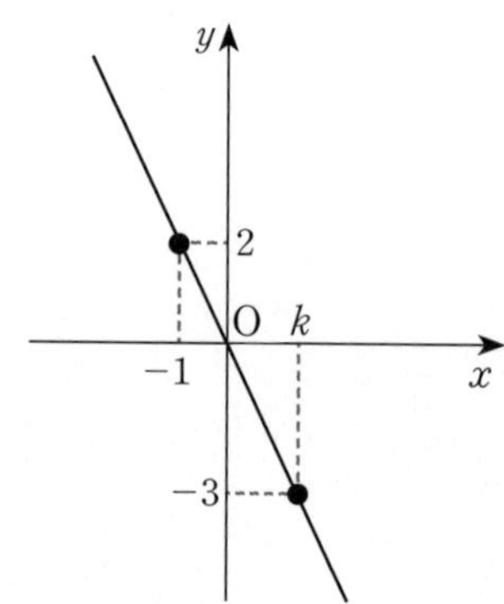

➡ 식:

$k=$

05

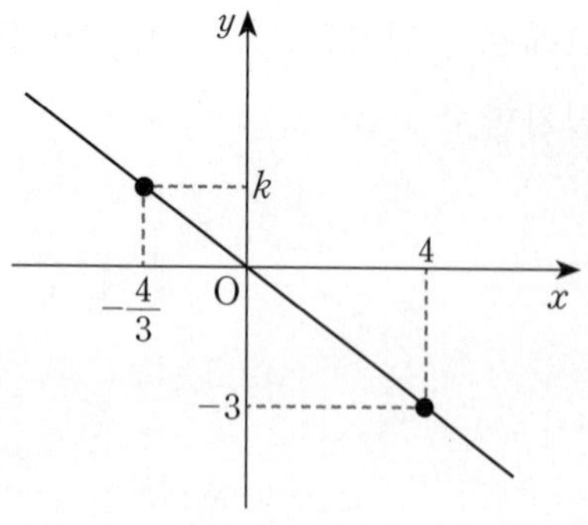

➡ 식:

$k=$

06

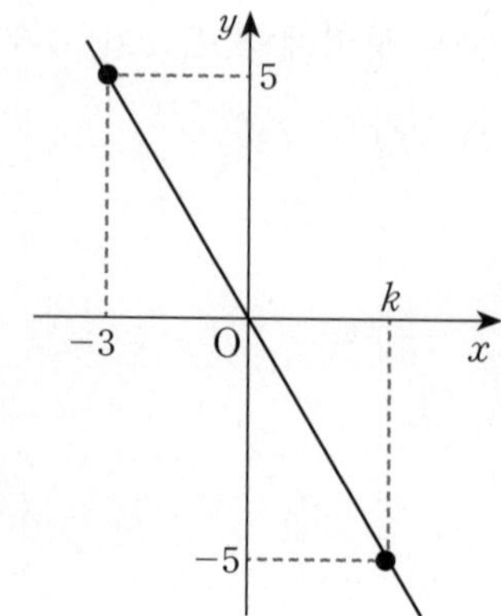

➡ 식:

$k=$

▶정답 및 해설 63쪽

3-48

개념 마무리 2

관계있는 것끼리 이어 보세요.

(기울기)$=\frac{-1}{-3}=\frac{1}{3}$

x가 -3 증가할 때 y는 -1 증가	x가 -1 증가할 때 y는 -2 증가	x가 2 증가할 때 y는 -20 증가	x가 8 증가할 때 y는 -10 증가
$y=2x$	$y=\frac{1}{3}x$	$y=-10x$	$y=-\frac{5}{4}x$
점 $(-6, -2)$를 지남	점 $\left(\frac{1}{2}, 1\right)$을 지남	점 $(4, -5)$를 지남	점 $\left(-\frac{1}{10}, 1\right)$을 지남

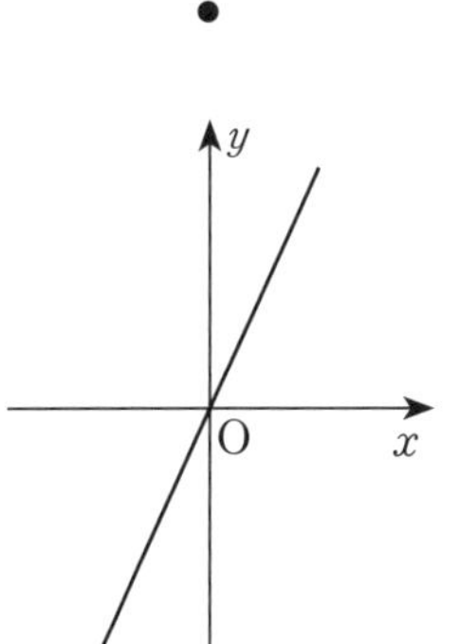

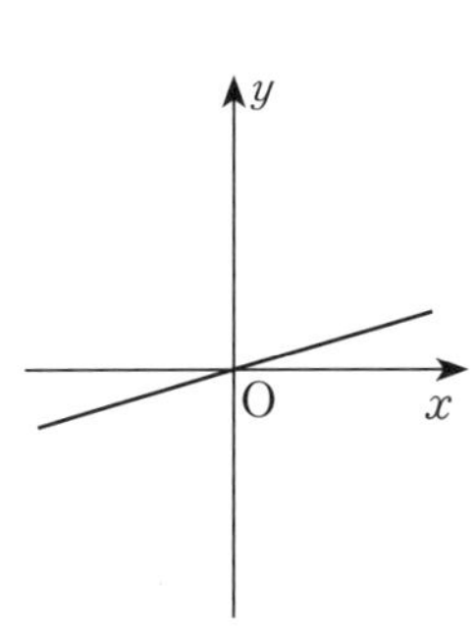

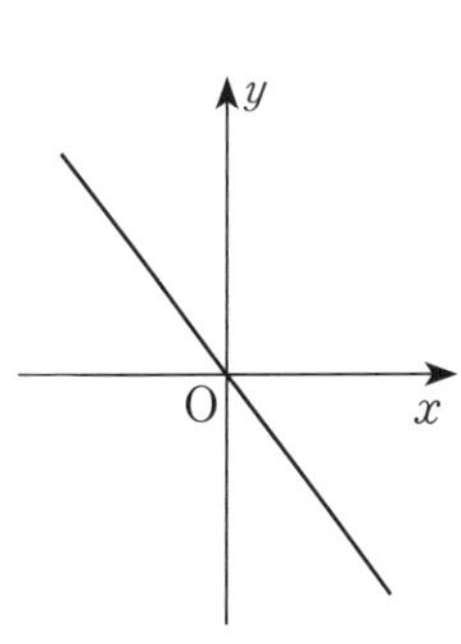

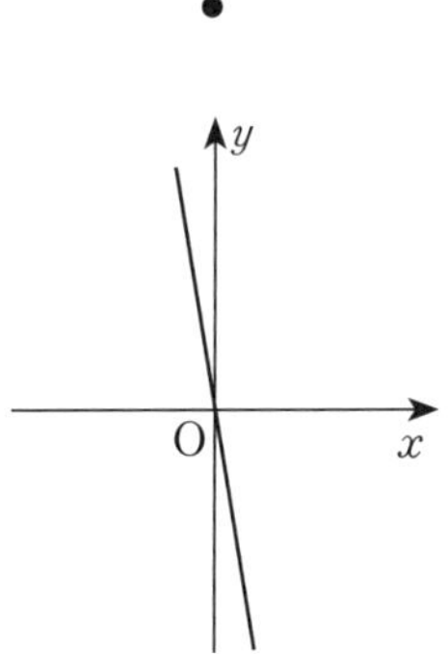

단원 마무리

01 다항식의 차수가 3인 것은?

① $2x^3-x^2-4$
② $6x+1$
③ $6x^2-2$
④ $\frac{1}{4}x^5$
⑤ $1+2x+3x^2$

02 다음 중 y가 x에 정비례하지 않는 것은?

① 1000원짜리 지폐 x장으로 교환할 수 있는 100원짜리 동전의 개수가 y개
② 하루 중 낮이 x시간일 때, 밤이 y시간
③ 가로가 x cm, 세로가 6 cm인 직사각형의 넓이가 y cm^2
④ 둘레가 y cm인 마름모의 한 변의 길이는 x cm
⑤ 시속 80 km로 x시간 동안 달린 거리는 y km

03 다음 중 일차함수인 것을 모두 고르면?

① $y=x^2+3x$
② $y=x$
③ $y=\frac{2}{3}x-6$
④ $y=\frac{2}{x}+1$
⑤ $y=\frac{5}{4x}$

04 다음 정비례 관계식 중 비례상수가 가장 작은 것은?

① $y=\frac{2}{3}x$
② $y=-x$
③ $y=5x$
④ $y=-\frac{6x}{5}$
⑤ $y=0.1x$

05 x의 값이 -2, -1, 0, 1, 2일 때, $y=-2x$의 그래프를 알맞게 그린 것은?

①
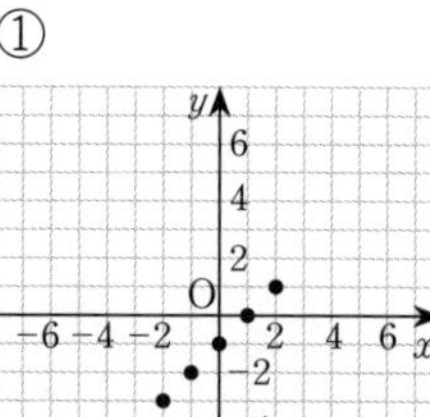

②
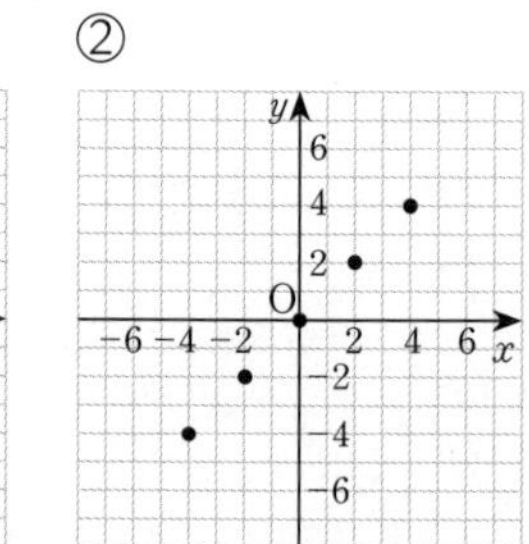

③
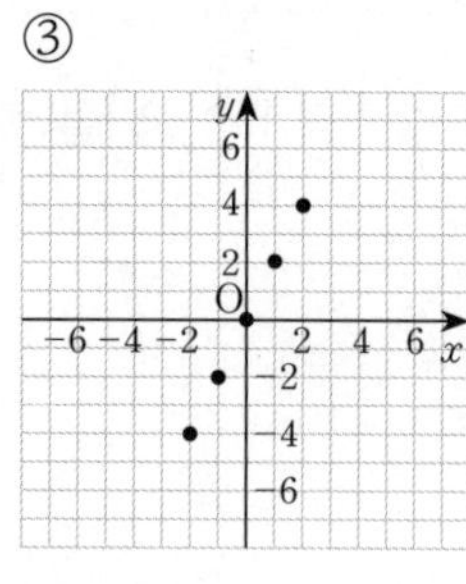

④
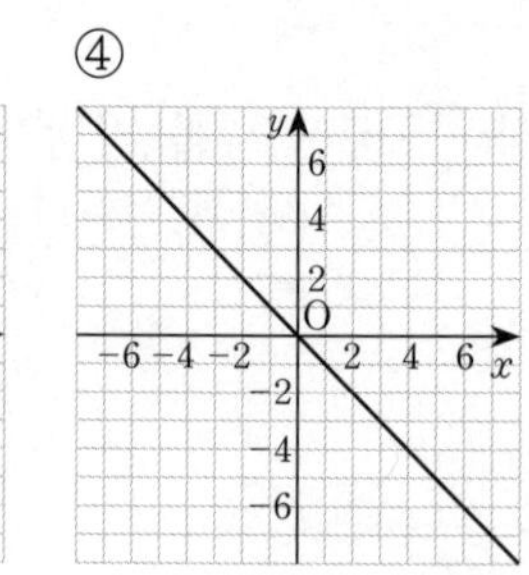

⑤
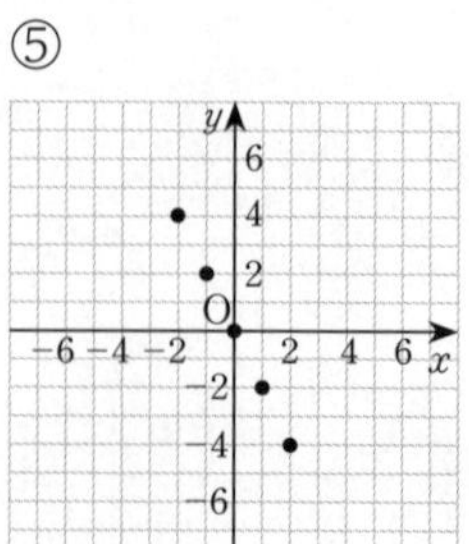

▶ 정답 및 해설 64~65쪽 3-50

06 $x : y = 2 : 14$를 정비례 관계식으로 나타냈을 때, 비례상수를 구하시오.

07 그래프가 향하는 방향이 다른 하나는?

① $y = -x$ ② $y = 0.5x$
③ $y = -\frac{3}{4}x$ ④ $y = -7x$
⑤ $y = -\frac{1}{10}x$

08 정비례 관계 $y = ax(a > 0)$의 그래프에 대한 설명으로 옳지 않은 것은?

① 오른쪽 위로 향한다.
② x가 증가하면 y도 증가한다.
③ 제1사분면과 제3사분면을 지난다.
④ 원점을 지난다.
⑤ x와 y의 부호가 반대이다.

09 y가 x에 정비례하고, $x = -6$일 때 $y = \frac{2}{3}$입니다. $x = 9$일 때, y의 값을 구하시오.

10 다음 중 그래프가 y축에 가장 가까운 것은?

① $y = 3x$ ② $y = -\frac{3}{4}x$
③ $y = \frac{5}{4}x$ ④ $y = -6x$
⑤ $y = 4.5x$

11 다음 그래프에 알맞은 정비례 관계식을 쓰시오.

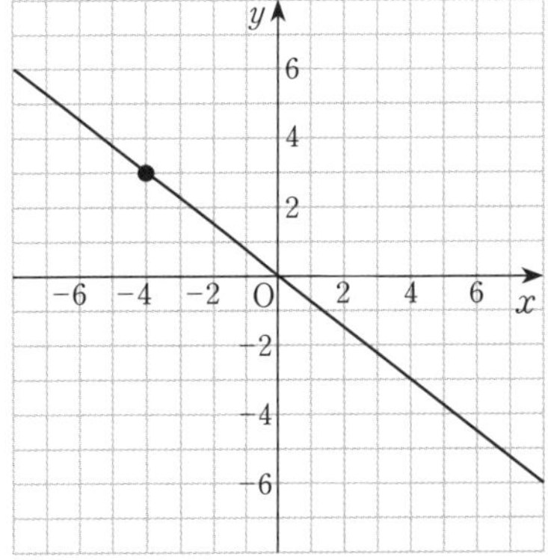

12 x와 y가 정비례 관계일 때, 표를 완성하시오.

x	-1	0	1	
y	3	0		-9

13 다음 중 함수 $y=6x$의 그래프 위의 점이 아닌 것은?

① $(0, 0)$　② $\left(\frac{2}{3}, 4\right)$
③ $(12, 2)$　④ $\left(-\frac{1}{6}, -1\right)$
⑤ $\left(\frac{3}{4}, \frac{9}{2}\right)$

14 다음 정비례 관계의 그래프에서 x의 증가량이 -3일 때, y의 증가량을 구하시오.

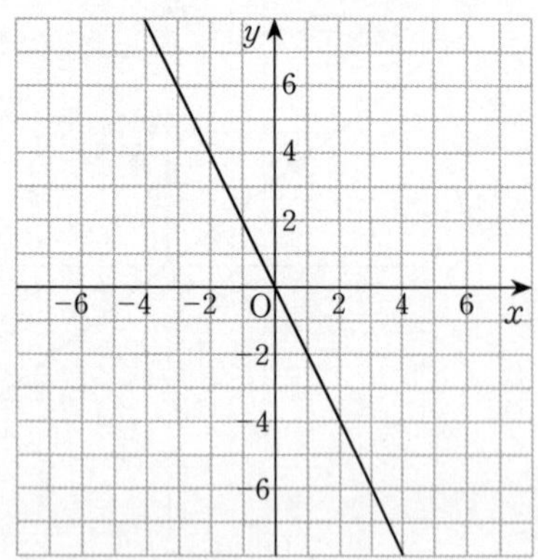

15 다음 중 두 점을 지나는 직선의 기울기가 가장 큰 것은?

① $(0, 0)$, $(3, 1)$
② $(-1, -1)$, $(4, 4)$
③ $(1, 2)$, $(0, 0)$
④ $(-1, -4)$, $(3, 12)$
⑤ $(-5, -7)$, $(2, -5)$

16 두 점 $(2, k-1)$, $(4, -2k)$를 지나는 직선의 기울기가 5일 때, k의 값을 구하시오.

▶ 정답 및 해설 66~67쪽

17 함수 $y=ax$의 그래프가 $y=-x$와 $y=-\frac{1}{4}x$의 그래프 사이에 있을 때, 상수 a의 값이 될 수 있는 것은?

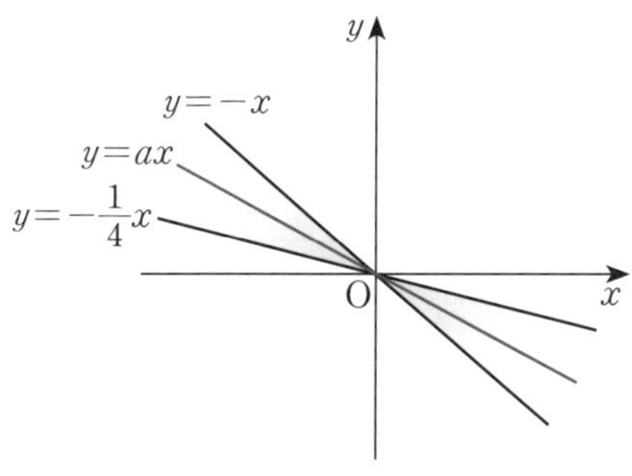

① -2　② $\frac{1}{3}$　③ $\frac{2}{5}$　④ $-\frac{3}{2}$　⑤ $-\frac{1}{3}$

18 ㉠~㉢ 중 함수 $y=-\frac{5}{12}x$의 그래프로 알맞은 것을 찾아 기호를 쓰시오.

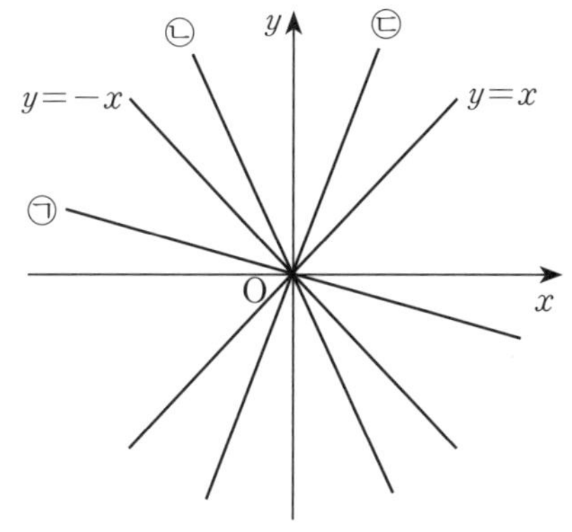

19 함수 $y=ax$의 그래프가 점 $(4,\ -2)$를 지날 때, 이 그래프에 대한 설명으로 옳은 것을 모두 고르면?

① 오른쪽 아래로 향한다.
② 기울기는 3이다.
③ 점 $\left(\frac{1}{2},\ 0\right)$을 지난다.
④ x가 3 증가하면 y는 -6 증가한다.
⑤ $y=\frac{1}{4}x$의 그래프보다 y축에 더 가깝다.

20 다음과 같은 일차함수의 그래프에서 $a+k$의 값을 구하시오. (단, a는 상수)

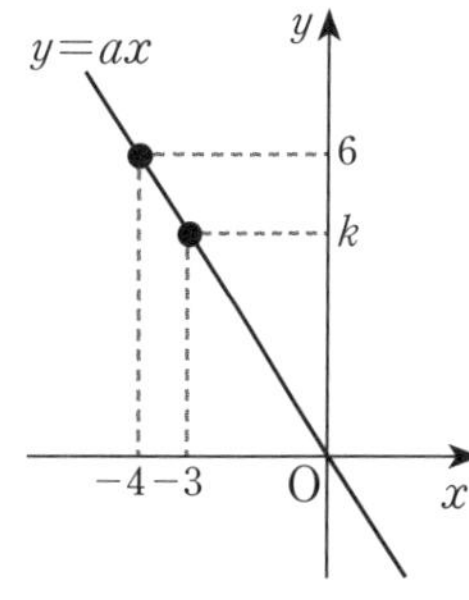

▶ 정답 및 해설 68쪽

서술형 문제

21 단백질의 열량은 1 g당 4 kcal입니다. 단백질 x g의 열량을 y kcal라 할 때, 물음에 답하시오.

(1) x와 y 사이의 관계식을 쓰시오.

(2) (1)의 관계식을 그래프로 나타내시오.

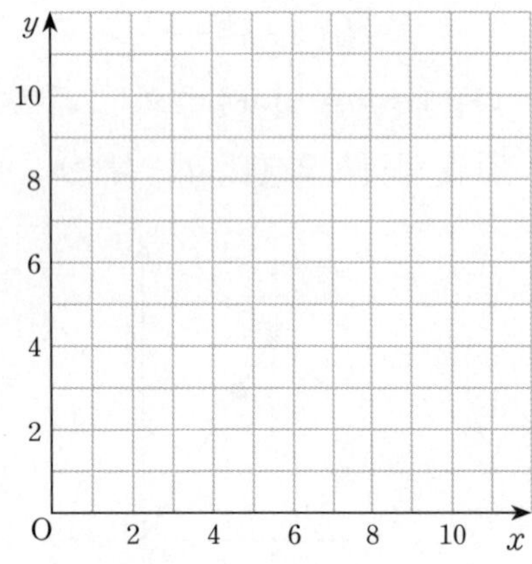

서술형 문제

22 함수 $y=ax$의 그래프는 $y=-2x$의 그래프보다 y축에 가깝고, $y=3x$의 그래프보다는 x축에 가깝습니다. 양수 a의 범위를 구하시오.

풀이

서술형 문제

23 정비례 관계 $y=\frac{7}{3}x$의 그래프가 점 $(6k, 2k-3)$을 지날 때, k의 값을 구하시오.

풀이

점, 선, 면

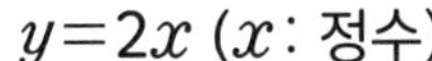
$y=2x$ (x: 정수)

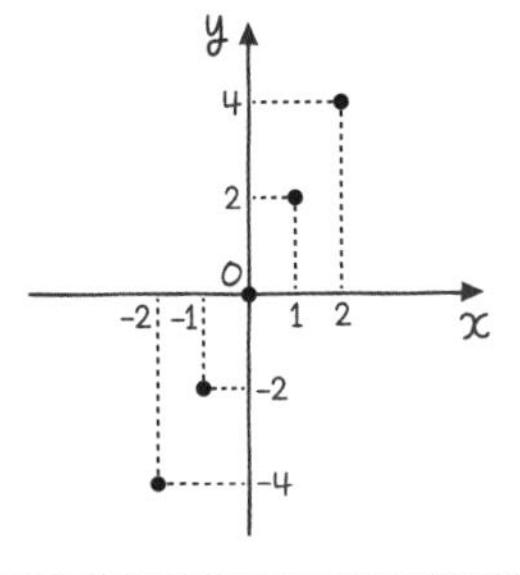

$y=2x$ (x: 수 전체)

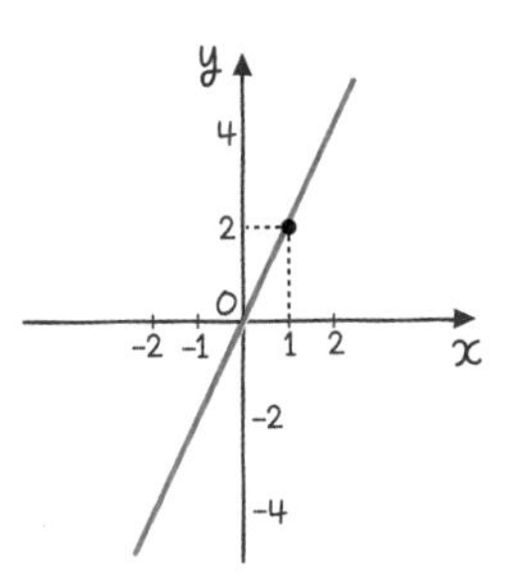

왼쪽 그래프처럼, 점이 무한히 많으면 직선을 만들 수 있었지!
그런데 점 1개로도 직선을 만들 수 있어~

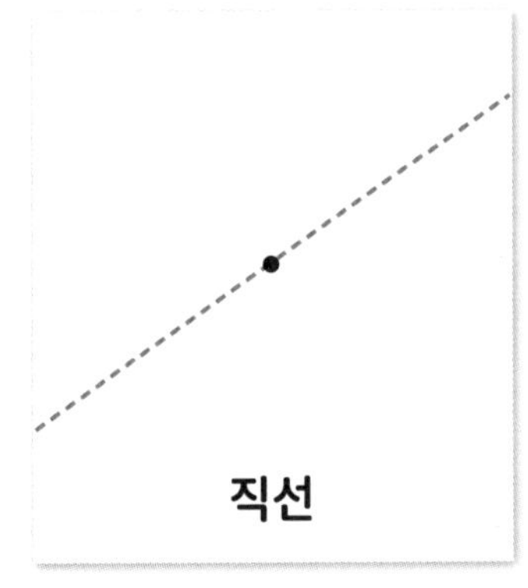
직선

곡선

점 1개를 한 방향으로만 왔다갔다 움직여 봐.
그때 점이 지나간 자리가 직선이 될 거야.
그리고 점을 이쪽저쪽 방향을 바꿔서 움직이면 곡선이 되지. 그러니까
선은 점이 만드는 거야~

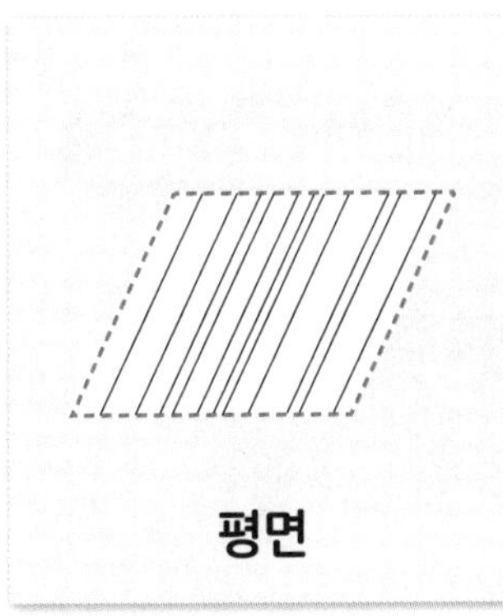
평면

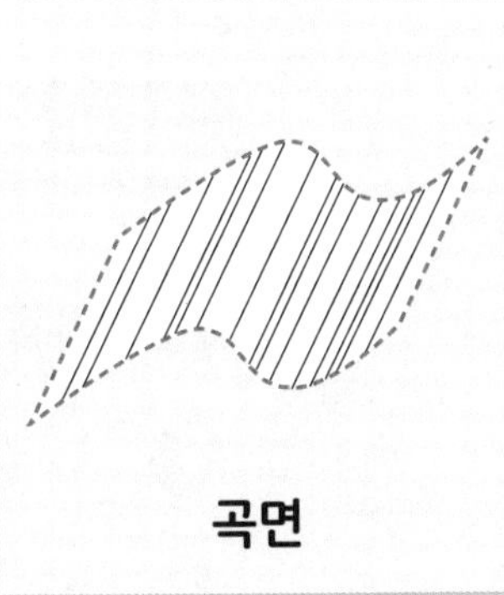
곡면

그렇게 만들어진 선을 움직이면 면을 만들 수 있어.
선을 수평 방향으로 움직이면 평면을 만들 수 있고,
선을 이리저리 움직이면 곡면을 만들 수 있지. 그러니까
면은 선이 만드는 거야~

4 일차함수의 활용

이번 단원에서 배울 내용

1. 좌표축과 평행한 그래프
2. 서로 만나는 그래프
3. x의 값이 범위일 때
4. 최댓값과 최솟값

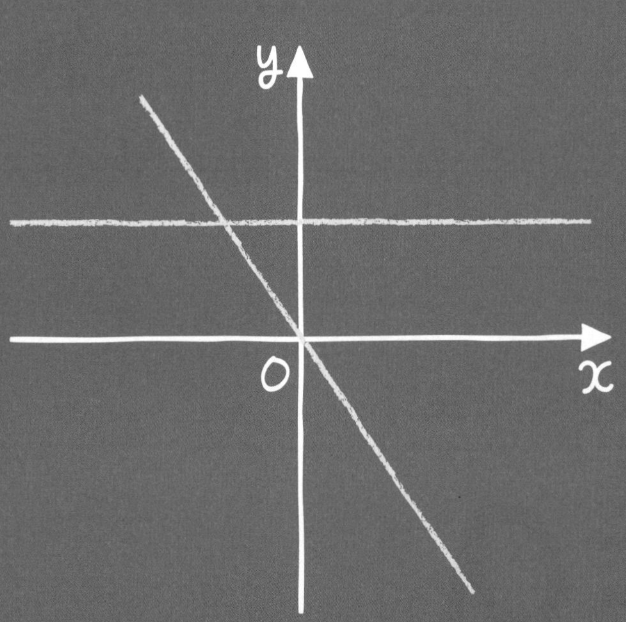

x축이나 y축과 평행한 그래프도 있고,
그래프끼리 서로 만날 수도 있어.

일차함수의 그래프에서 몇 가지 내용을 기억해두면
이렇게 복잡한 그래프 문제도 쉽게 해결할 수 있지.

자~ 그럼, 함수의 그래프에서
발휘할 수 있는 스킬들을 지금 알려줄게~

1 좌표축과 평행한 그래프

좌표축과 평행한 그래프

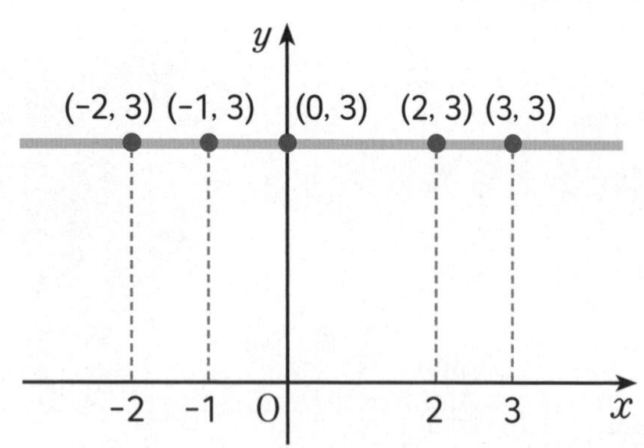

y 좌표가 3인 점들을 연결한 직선!

x가 무엇이든지, y는 계속 3

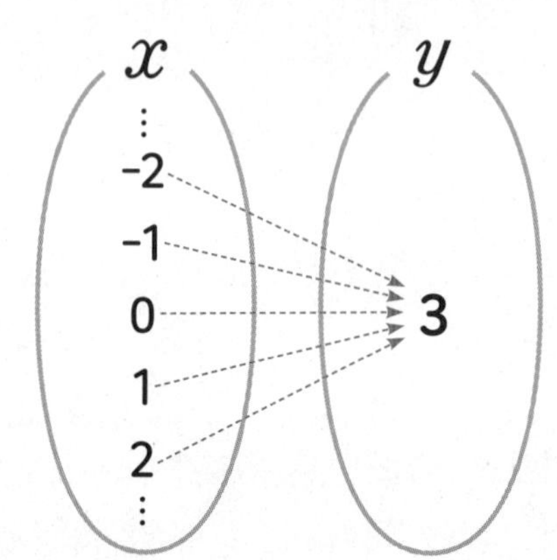

이런 함수를 **상수함수** 라고 해~

➡ 식으로 쓰면, $y=3$

(x값 하나에 y값 하나니까 함수!)

x축과 평행한 직선의 식 모양

(= y축에 수직)

$$y=a$$

(a는 상수)

※ $y=0$의 그래프는 x축과 일치

개념 익히기 1

주어진 그래프를 보고, 빈칸을 알맞게 채우세요.

01

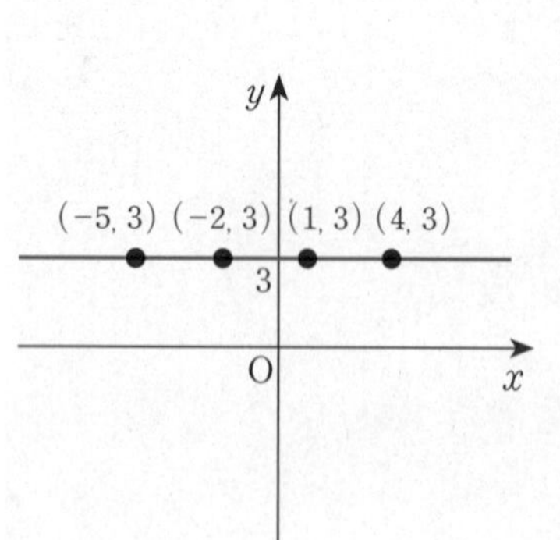

➡ $y=$ 3

02

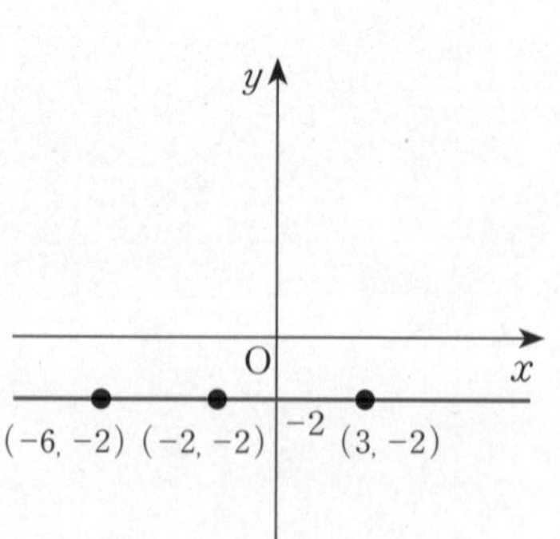

➡ □$=-2$

03

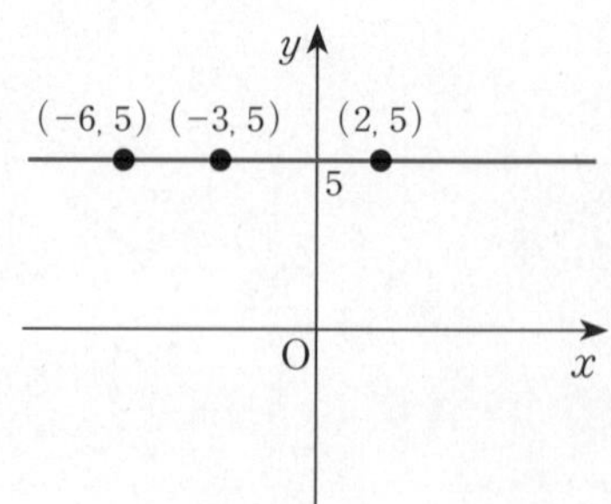

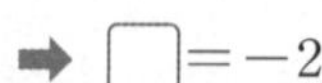

➡ □=□

▸정답 및 해설 69쪽

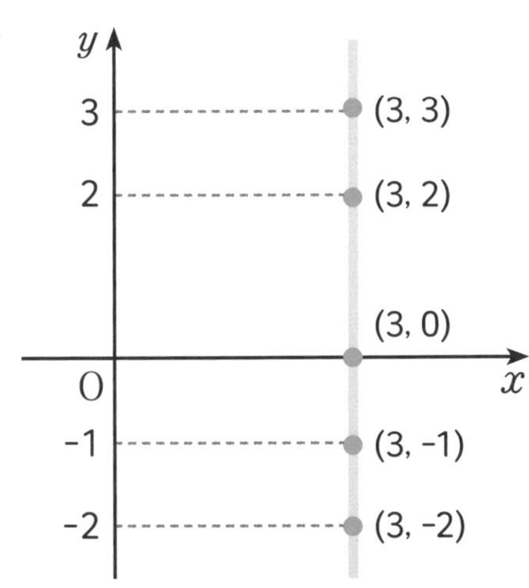

x 좌표가 3인 점들을 연결한 직선!

x는 3 하나에, y는 모든 수

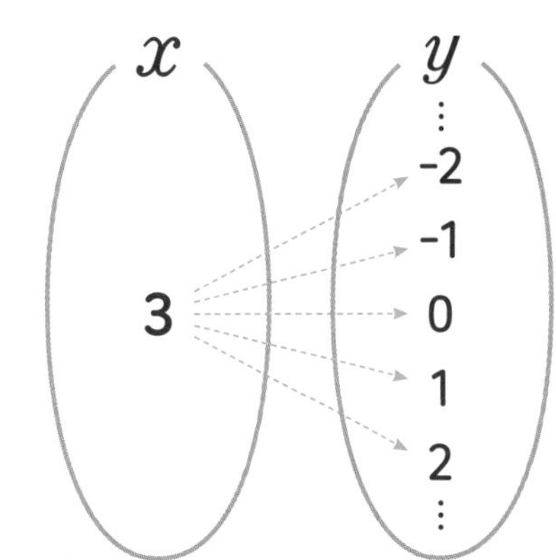

➡ 식으로 쓰면, $x=3$

(x값 하나에 y값이 여러 개니까 함수 아님!)

함수가 아니어도 그래프는 그릴 수 있어.

y축과 평행한 직선의 식 모양

(= x축에 수직)

$$x=a$$

(a는 상수)

※ $x=0$의 그래프는 y축과 일치

개념 익히기 2

그래프의 모양을 알맞게 설명한 것에 ○표 하세요.

01

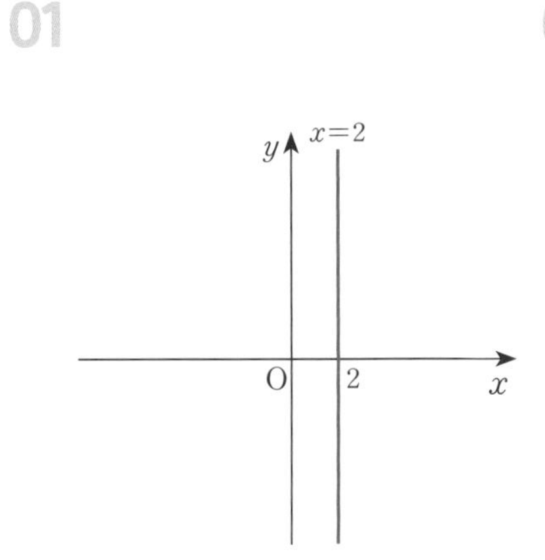

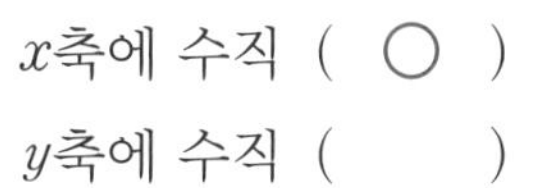

x축에 수직 (○)

y축에 수직 ( )

02

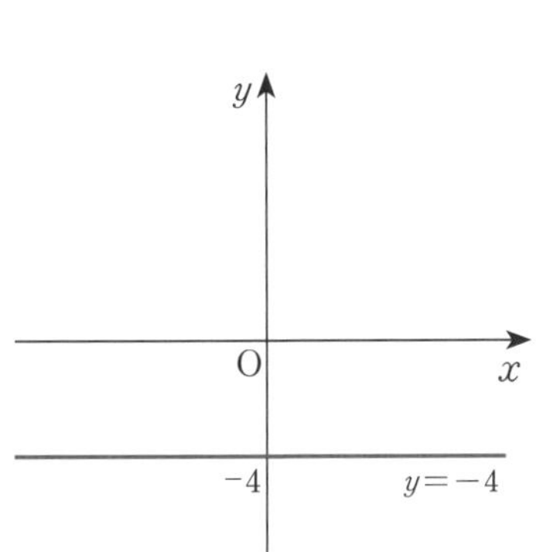

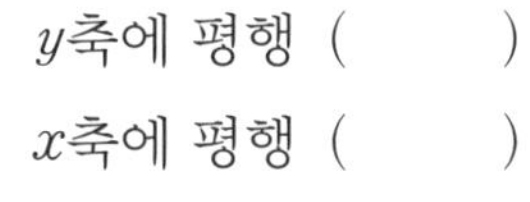

y축에 평행 ( )

x축에 평행 ( )

03

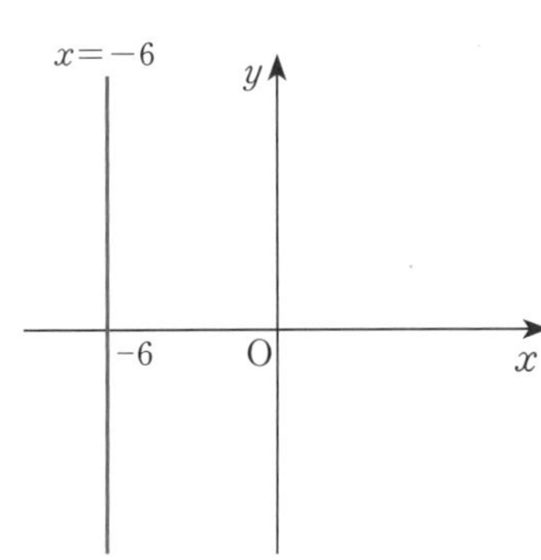

x축에 평행 ( )

x축에 수직 ( )

▶ 정답 및 해설 69쪽

4-03

개념 다지기 1

식을 그래프로 그리거나, 그래프를 보고 알맞은 식을 쓰세요.

01 $x=-7$

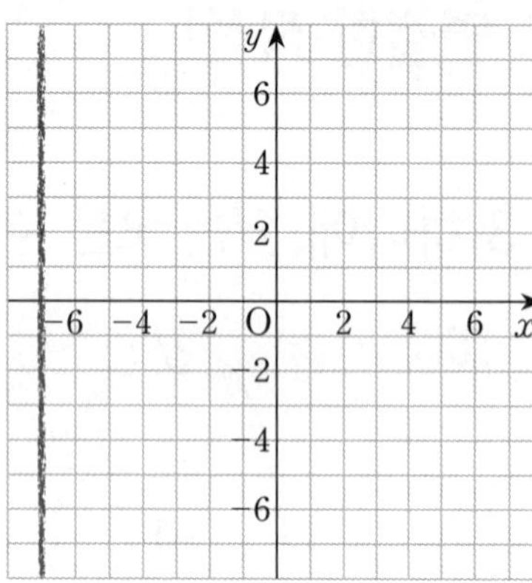

02

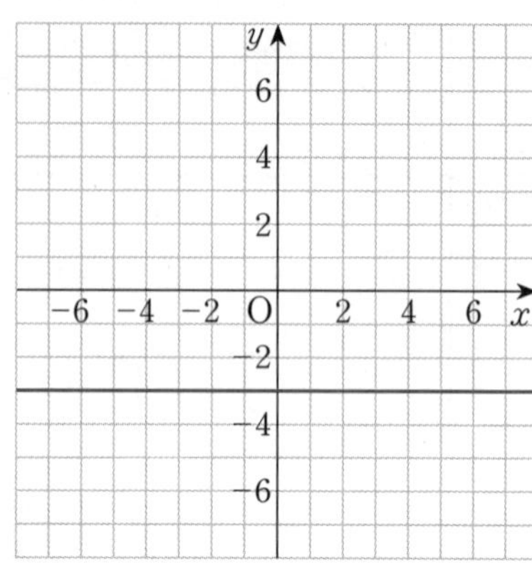

03 $y=5$

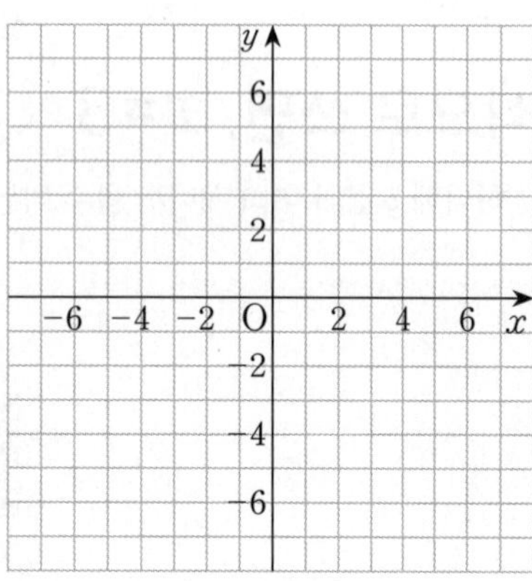

04

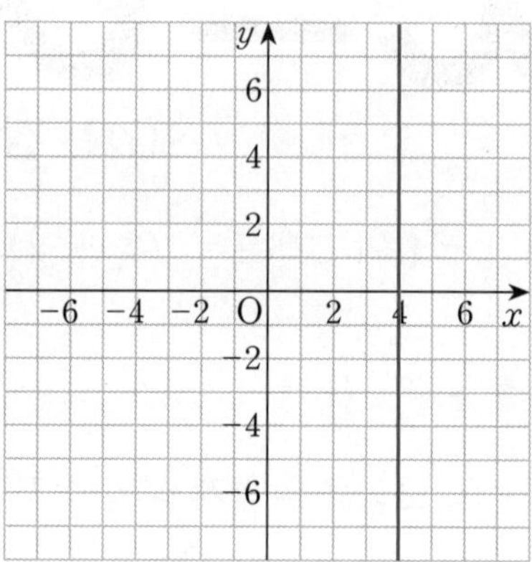

05 $x=0$

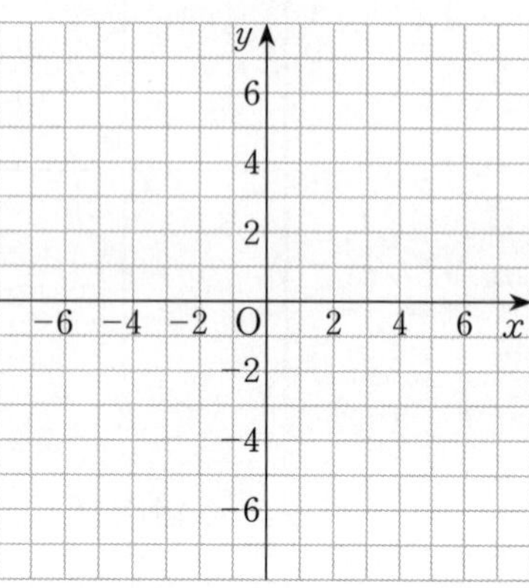

06

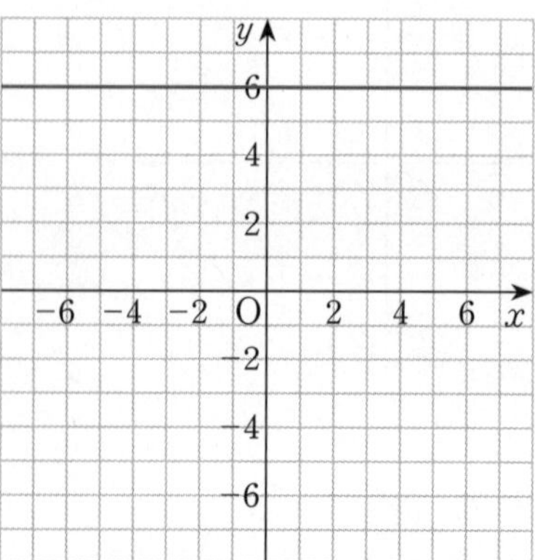

▸ 정답 및 해설 69쪽

4-04

개념 다지기 2

y축에 평행하게 그은 보조선을 보고, 함수의 그래프인지 아닌지 판별하세요.

01

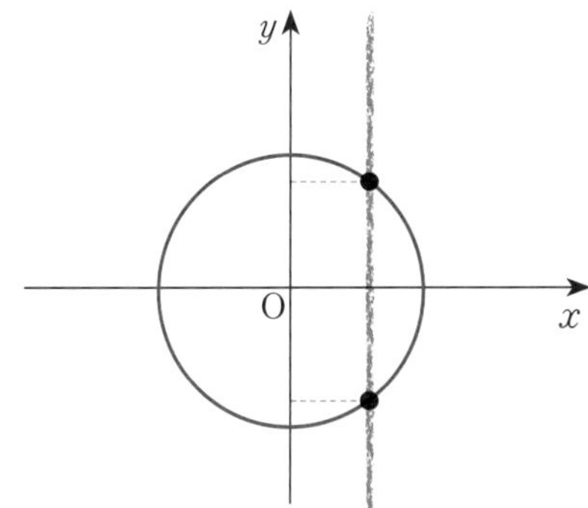

x값 하나에 y값이 [2]개

➡ 함수 (이다 , (아니다)).

02

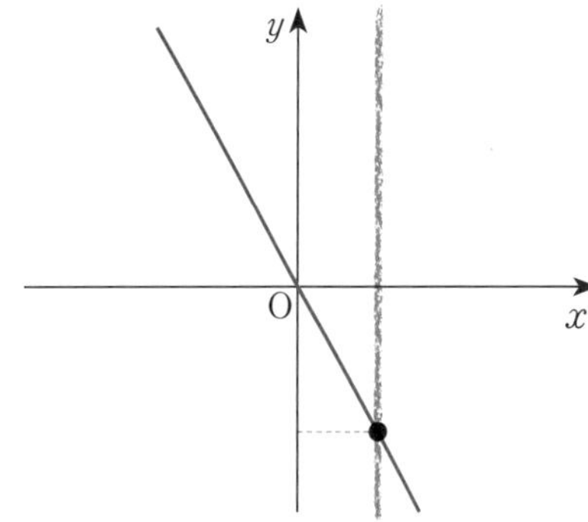

x값 하나에 y값이 [ ]개

➡ 함수 (이다 , 아니다).

03

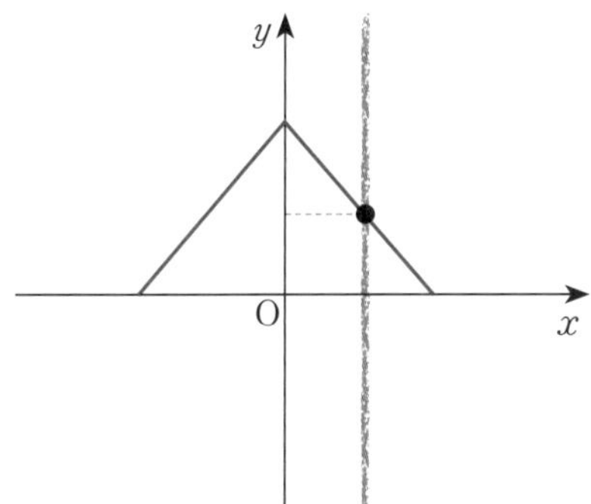

x값 하나에 y값이 [ ]개

➡ 함수 (이다 , 아니다).

04

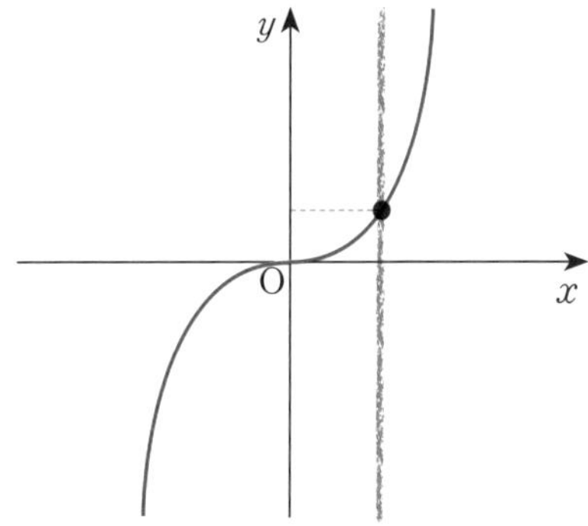

x값 하나에 y값이 [ ]개

➡ 함수 (이다 , 아니다).

05

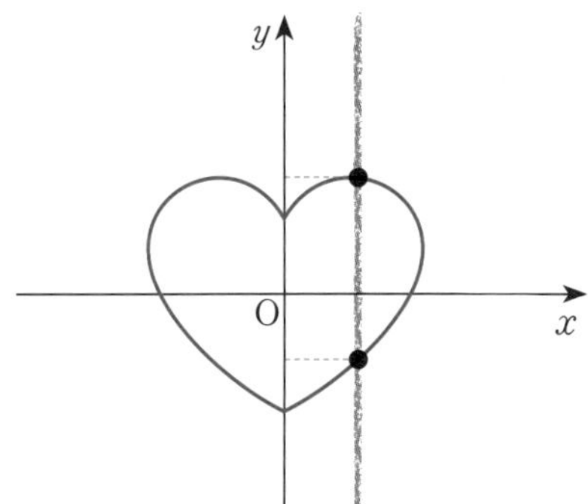

x값 하나에 y값이 [ ]개

➡ 함수 (이다 , 아니다).

06

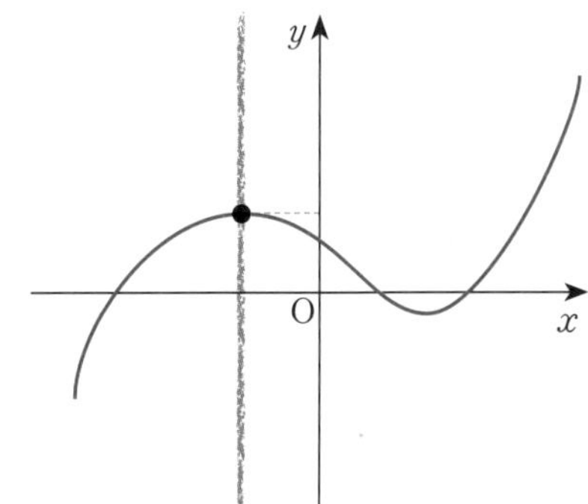

x값 하나에 y값이 [ ]개

➡ 함수 (이다 , 아니다).

▶ 정답 및 해설 70쪽

4-05

개념 마무리 1

상수 k의 값을 구하세요.

01 x축에 평행한 직선이
점 $(-6, 7)$과 점 $(5, k+1)$을 지남

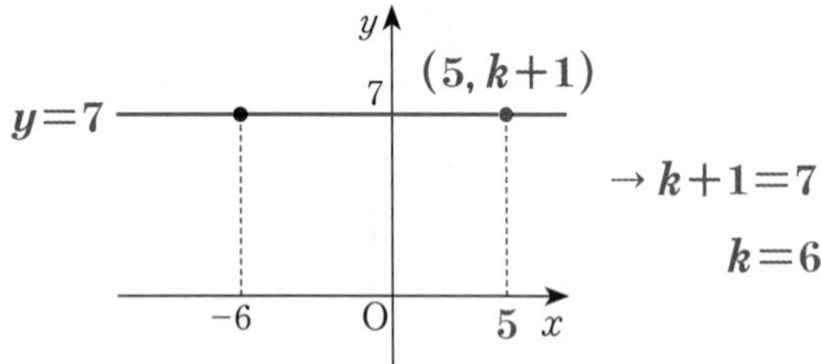

답: **6**

02 x축에 수직인 직선이
점 $(4, -2)$와 점 $(2k, 3)$을 지남

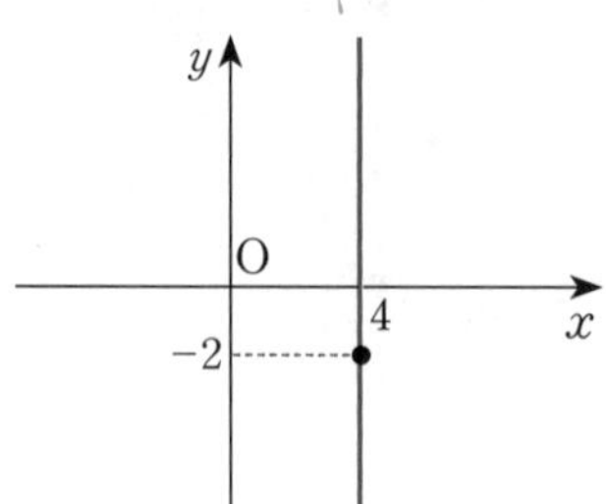

03 x축에 평행한 직선이
점 $(3, 1)$과 점 $(12, 2k+1)$을 지남

04 y축에 평행한 직선이
점 $\left(-\frac{1}{2}, 1\right)$과 점 $\left(k, \frac{1}{2}k\right)$를 지남

05 y축에 수직인 직선이
점 $(5, k-3)$과 점 $\left(10, \frac{5}{2}\right)$를 지남

06 x축에 수직인 직선이
점 $(k+7, 1)$과 점 $(-5, 3k)$를 지남

▶정답 및 해설 71쪽

개념 마무리 2

직선을 나타내는 식을 보고, 옳은 설명에 ○표, 틀린 설명에 ×표 하세요.

01 $x=-1$

- 함수입니다. (×)
- 기울기가 -1입니다. ( )
- 그래프는 점 $(-1, 2)$를 지납니다. ( )
- 그래프는 제2, 3사분면을 지납니다. ( )

02 $y=-\frac{1}{5}$

- 함수입니다. ( )
- 그래프는 제1, 2사분면을 지납니다. ( )
- 그래프는 x축과 평행합니다. ( )
- x가 증가할 때 y도 증가합니다. ( )

03 $x=13$

- 함수입니다. ( )
- 그래프는 y축과 평행합니다. ( )
- 그래프는 제1, 4사분면을 지납니다. ( )
- 그래프는 y좌표가 13인 점들을 연결한 직선입니다. ( )

04 $y=3x$

- x가 증가할 때 y도 증가합니다. ( )
- 그래프는 제2, 3사분면을 지납니다. ( )
- 그래프는 y축에 수직입니다. ( )
- 그래프는 원점을 지납니다. ( )

05 $y=11$

- 그래프는 x축에 수직입니다. ( )
- 그래프는 제1, 2사분면을 지납니다. ( )
- 그래프는 점 $(-3, 11)$을 지납니다. ( )
- 함수가 아닙니다. ( )

06 $y=0$

- 그래프는 제1, 2사분면을 지납니다. ( )
- 그래프는 y축과 일치합니다. ( )
- 함수입니다. ( )
- 그래프는 점 $(0, 0)$을 지납니다. ( )

2 서로 만나는 그래프

교점 : 교차해서 생긴 점

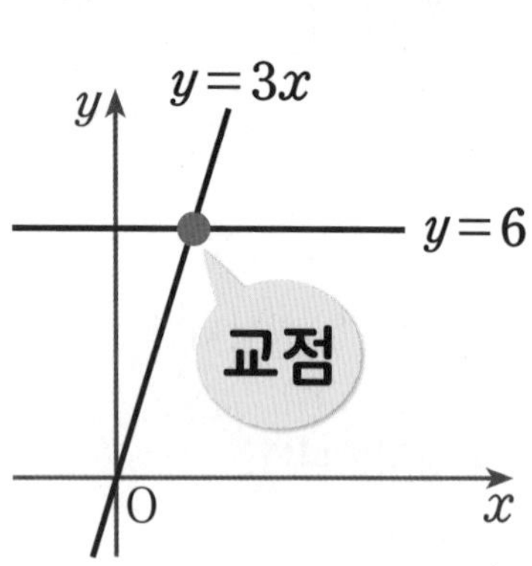

문제 여기에서 교점의 좌표는?

교점의 중요한 성질

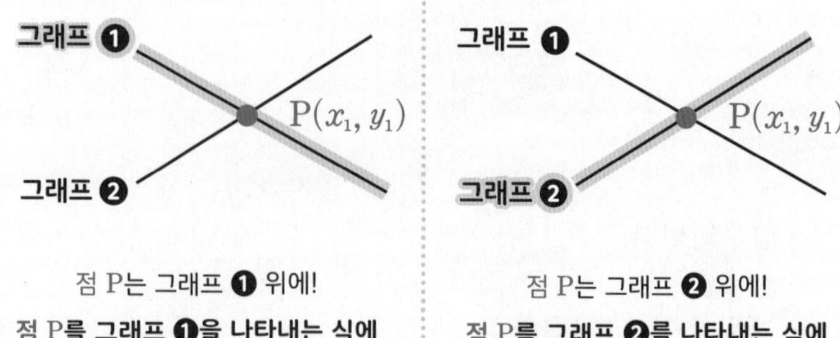

점 P는 그래프 ❶ 위에!
점 P를 그래프 ❶을 나타내는 식에 대입하면 성립

점 P는 그래프 ❷ 위에!
점 P를 그래프 ❷를 나타내는 식에 대입하면 성립

➡ **교점은 그래프 ❶, ❷를 나타내는 식 둘 다에서 성립!**

풀이

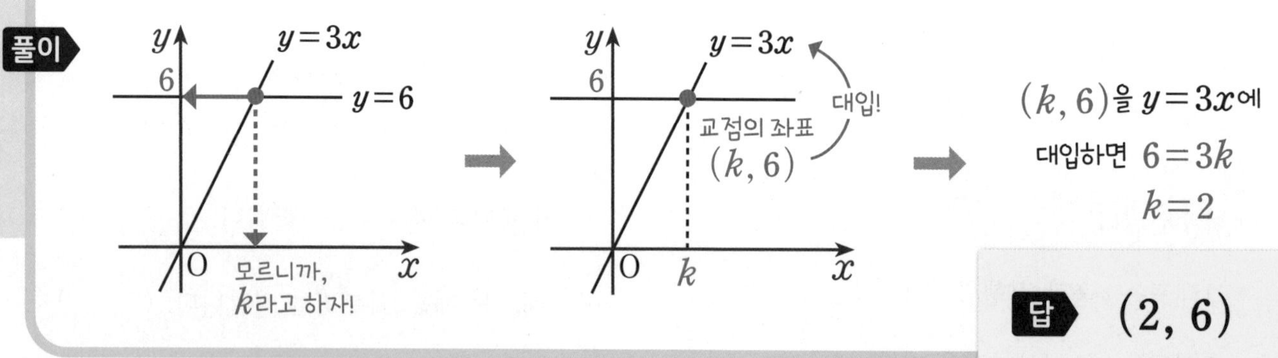

답 $(2, 6)$

개념 익히기 1

설명에 알맞은 점의 기호를 쓰세요.

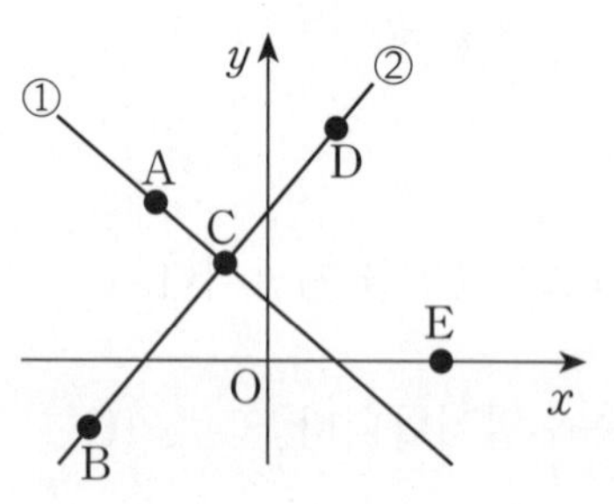

01 그래프 ①의 식에 대입했을 때 성립하는 점

점 A, 점 C

02 그래프 ②의 식에 대입했을 때 성립하는 점

03 그래프 ①, ②의 식에 대입했을 때 모두 성립하는 점

▶ 정답 및 해설 72쪽

문제 두 점 A(4, 3), B(2, 8)에 대하여 $y=ax$의 그래프가 선분 AB와 만날 때, 상수 a의 값의 범위는?

풀이

먼저 그림으로 살펴봐!

만나지 않을 때

만날 때

(초록선의 기울기) ≤ ($y=ax$의 기울기) ≤ (주황선의 기울기)

초록선: 원점과 (4, 3)을 지남 → $\frac{3}{4}$

주황선: 원점과 (2, 8)을 지남 → 4

답 $\frac{3}{4} \le a \le 4$

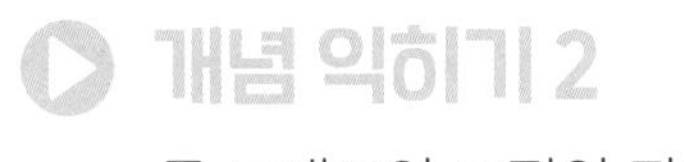

두 그래프의 교점의 좌표를 구하세요.

01

02

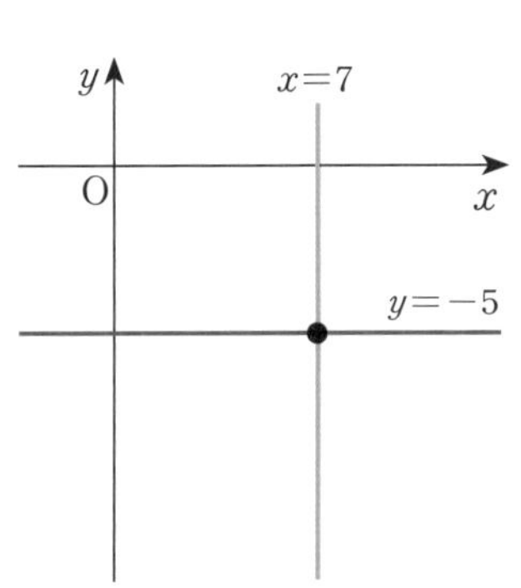

03

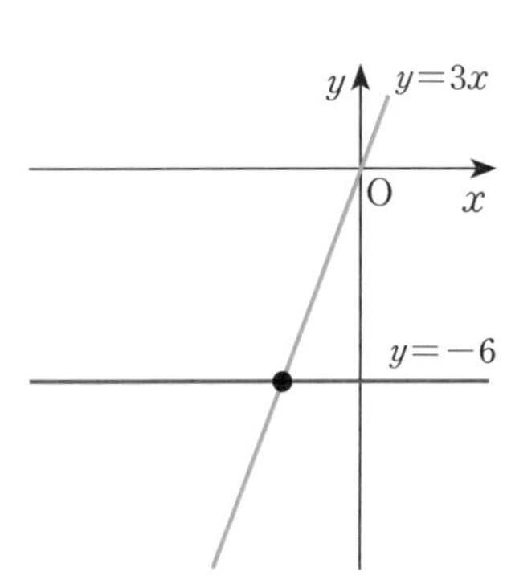

▶ 정답 및 해설 73쪽

4-09

개념 다지기 1

두 식을 그래프로 나타냈을 때, 교점의 좌표를 구하세요.

01 $\begin{cases} y=-7x \\ y=7 \end{cases}$

(k, 7) y=7 y O x y=−7x

교점의 좌표를 $(k, 7)$이라 하면 $(k, 7)$을 $y=-7x$에 대입했을 때 성립!

→ $y=-7x$

$7=(-7)\times k$

$k=-1$

따라서 교점의 좌표는 $(-1, 7)$

답: $(-1, 7)$

02 $\begin{cases} y=4x \\ y=12 \end{cases}$

03 $\begin{cases} y=\frac{1}{2}x \\ x=-10 \end{cases}$

04 $\begin{cases} y=1 \\ x=3 \end{cases}$

05 $\begin{cases} y=0 \\ y=-\frac{1}{3}x \end{cases}$

06 $\begin{cases} y=2 \\ y=\frac{1}{2}x \end{cases}$

4-10

개념 다지기 2

일차함수 $y=ax$의 그래프가 선분 AB와 만나도록 하는 상수 a의 값의 범위를 구하세요.

01

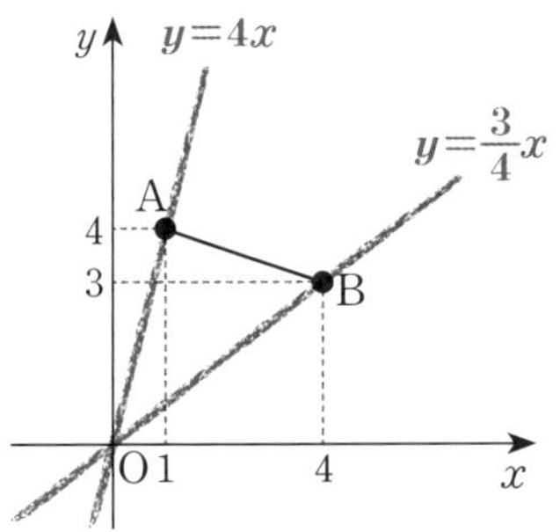

답: $\frac{3}{4} \le a \le 4$

02

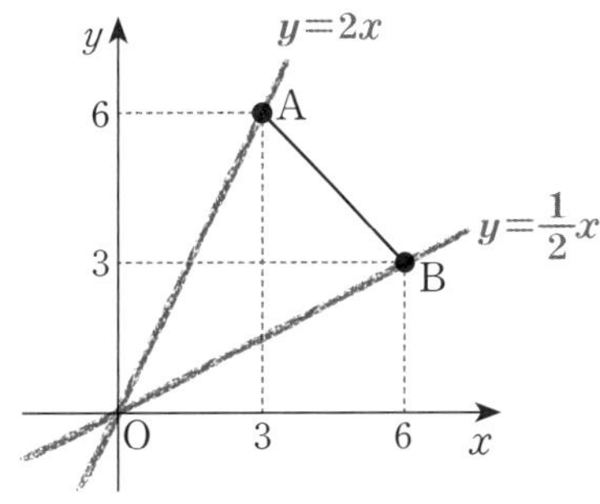

03

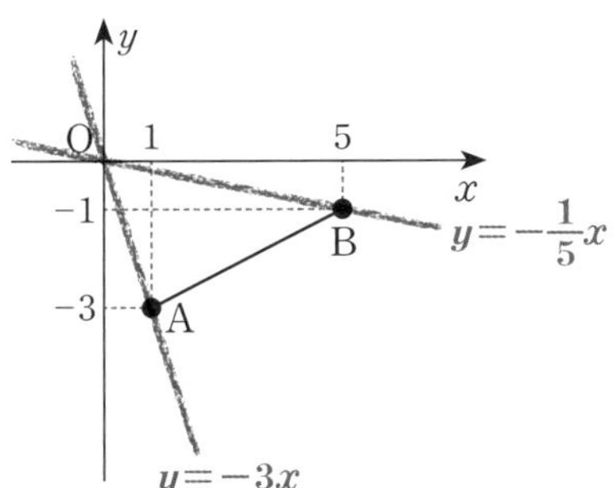

04

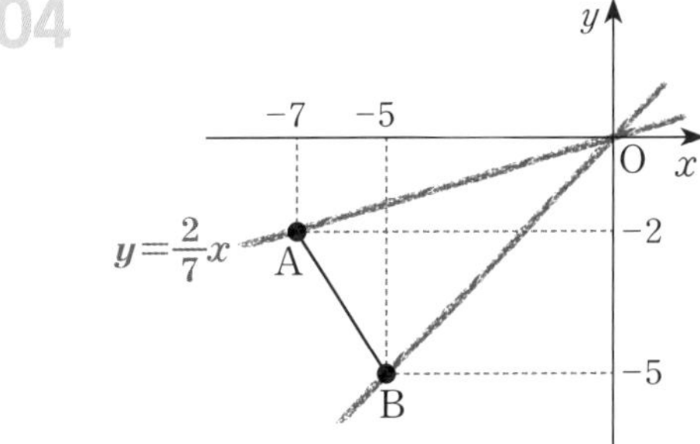

05

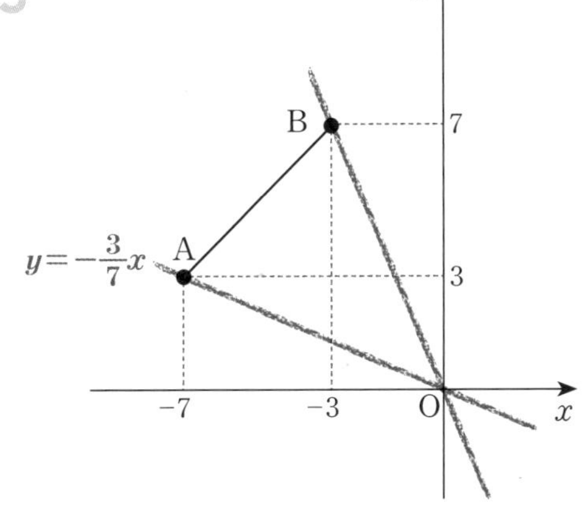

06

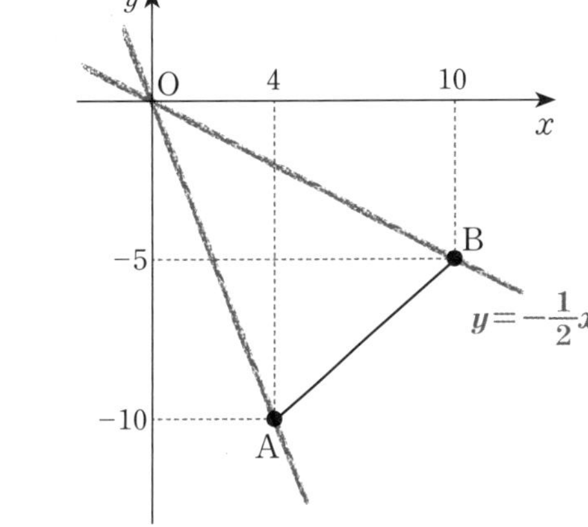

4-11

개념 마무리 1

설명에 알맞은 도형을 좌표평면 위에 나타내고, 색칠하세요. (단, 교점의 좌표도 모두 표시하세요.)

01 $y=4x$, $x=3$, x축 으로 둘러싸인 삼각형

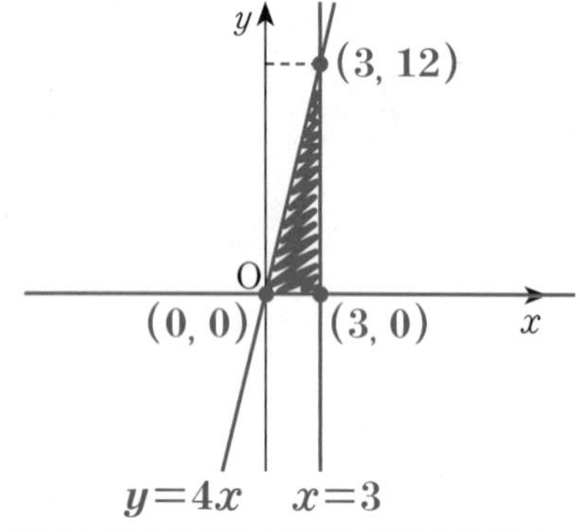

02 $y=2x$, $y=2$, y축 으로 둘러싸인 삼각형

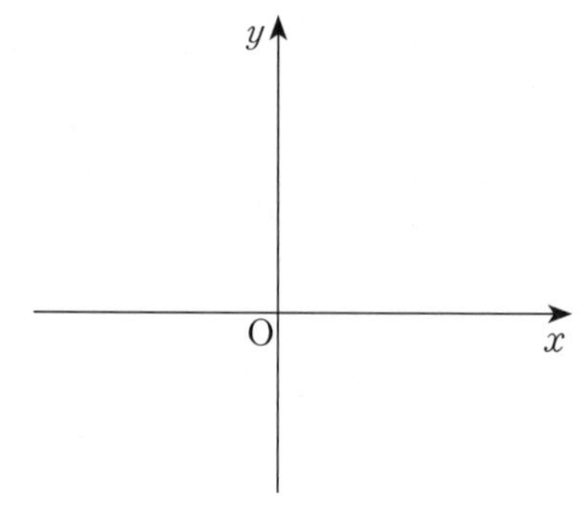

03 $y=-x$, $x=-1$, $y=0$ 으로 둘러싸인 삼각형

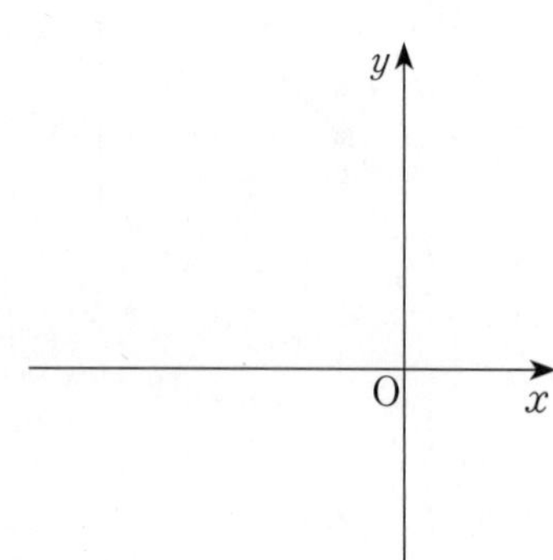

04 $y=2$, $y=0$, $x=1$, $x=2$ 으로 둘러싸인 사각형

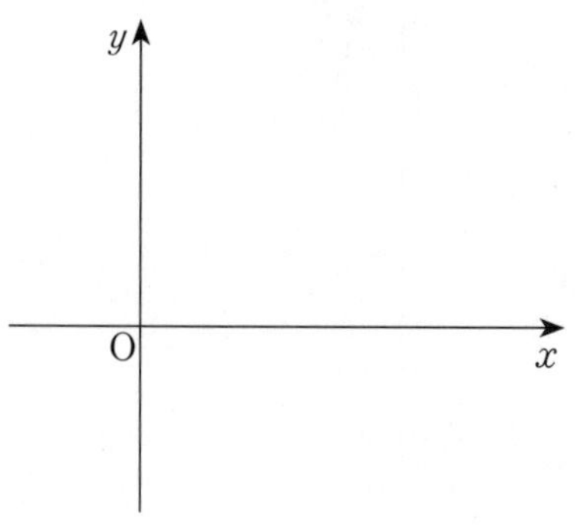

05 $y=-\frac{1}{3}x$, $y=-2$, $x=0$ 으로 둘러싸인 삼각형

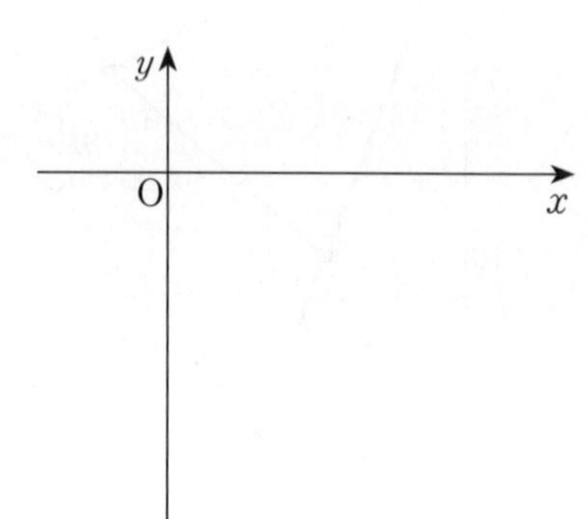

06 $x=1$, $x=-5$, $y=1$, $y=-3$ 으로 둘러싸인 사각형

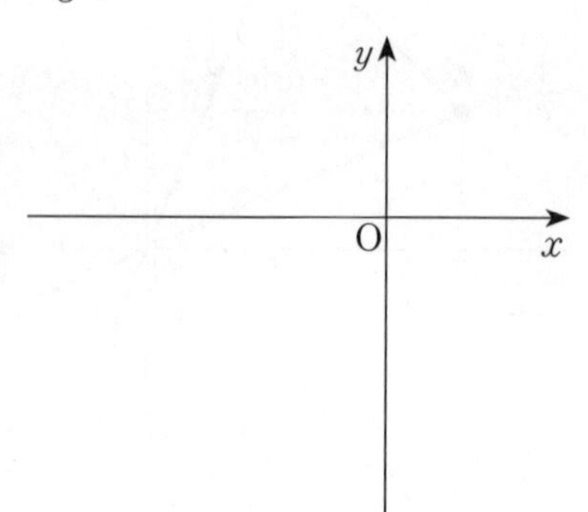

▶정답 및 해설 76쪽

개념 마무리 2

두 점 A, B에 대하여 선분 AB와 $y=ax$의 그래프가 만나도록 하는 상수 a의 값의 범위를 구하세요.

01 A(2, 16), B(6, 4)

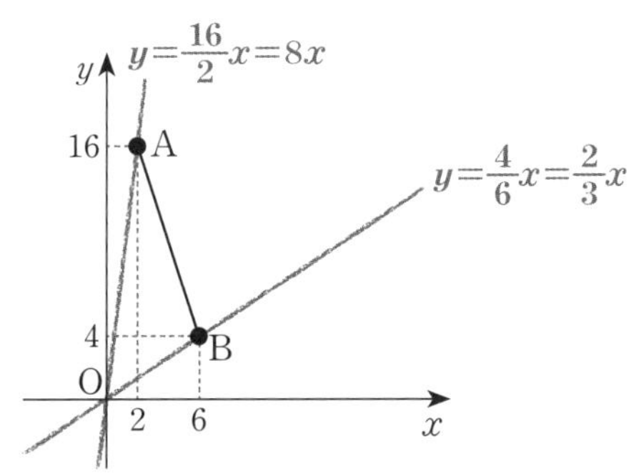

답: $\frac{2}{3} \leq a \leq 8$

02 A(3, 4), B(5, 1)

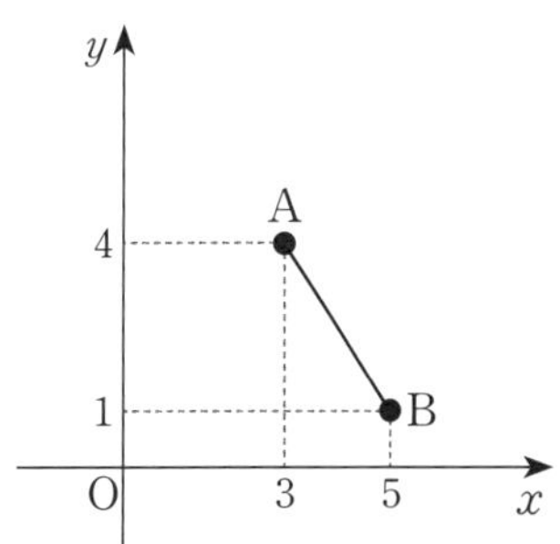

03 A(8, 1), B(8, 4)

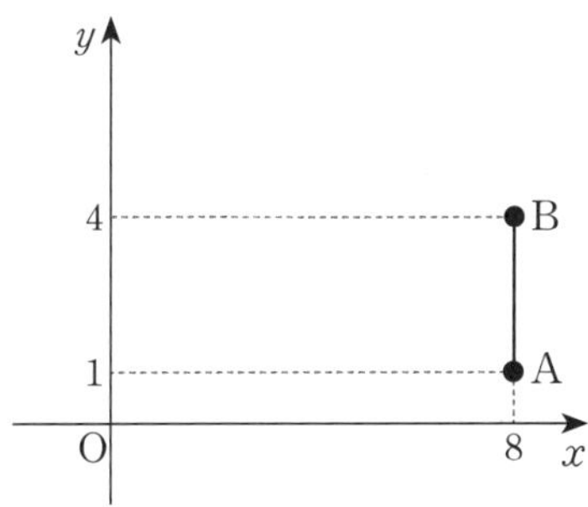

04 A(−3, 1), B(−1, 3)

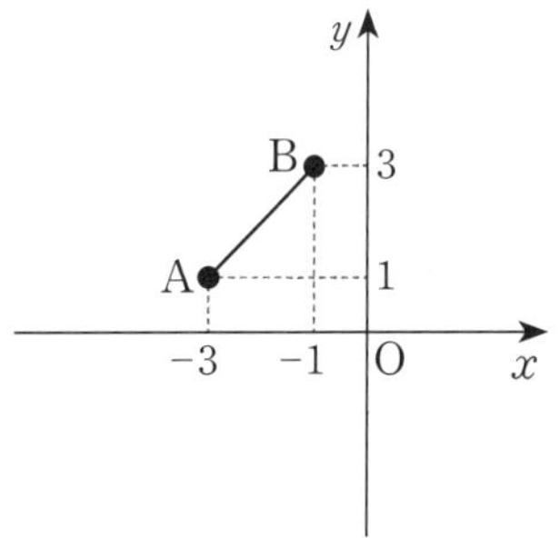

05 A(7, 1), B(5, −2)

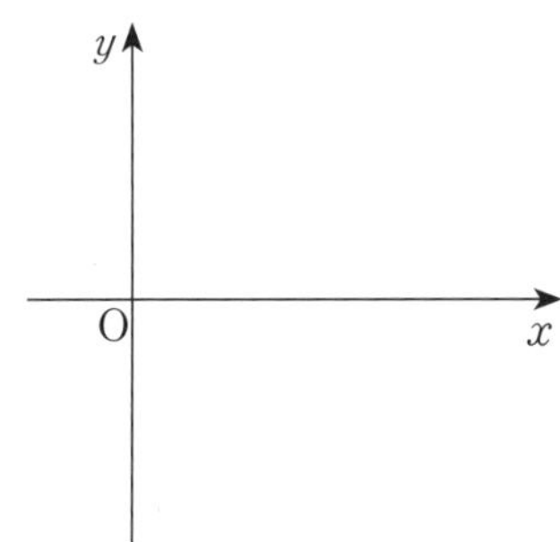

06 A(−6, 2), B(−1, −4)

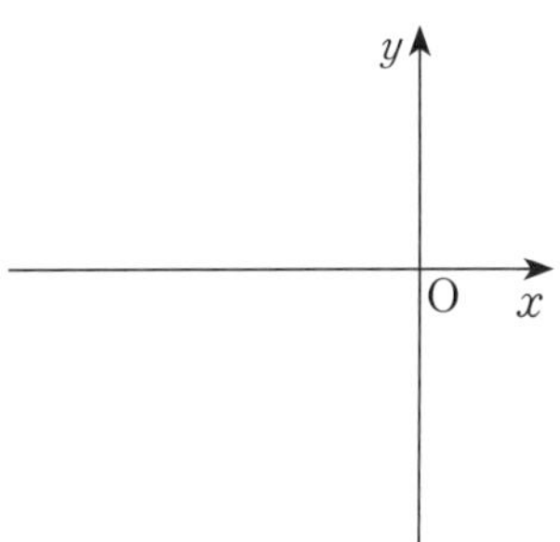

3 x의 값이 범위일 때

x의 값은 범위일 수도 있어!

★ $-2\le x\le 4$일 때, $y=\frac{1}{2}x$의 그래프 그리기

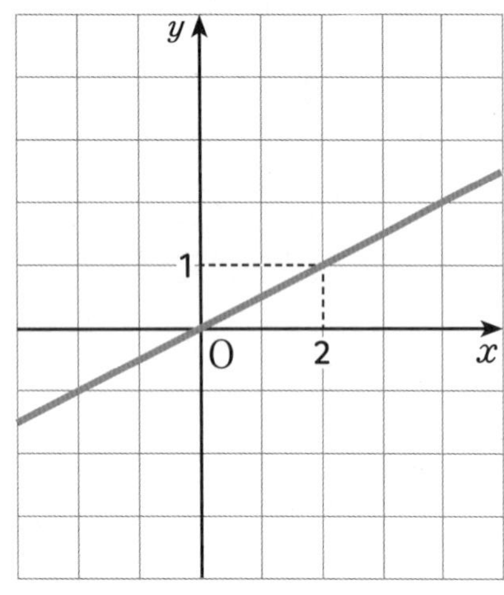

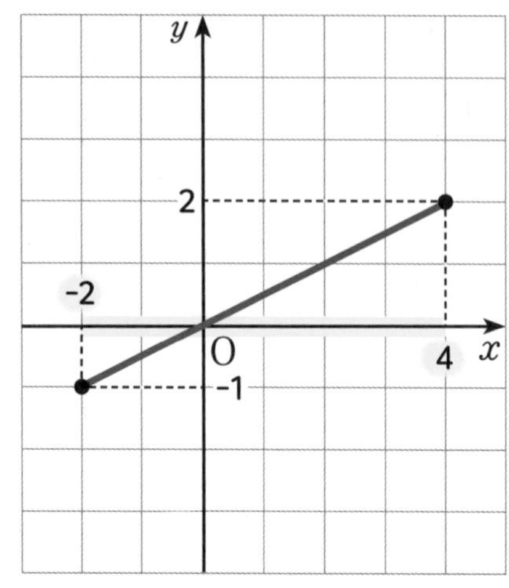

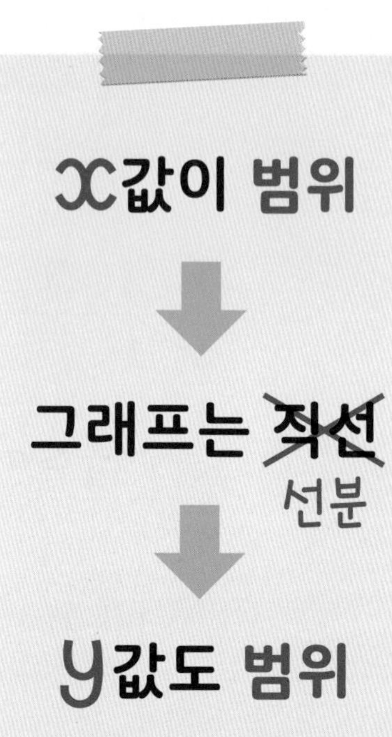

①단계 x값이 수 전체일 때의 그래프 그리기

②단계 x의 범위에 해당하는 부분만 남기기

➡ $-1\le y\le 2$

▶ 개념 익히기 1

그래프에서 주어진 x의 범위에 해당하는 부분을 표시하세요.

01

$-3\le x\le 1$

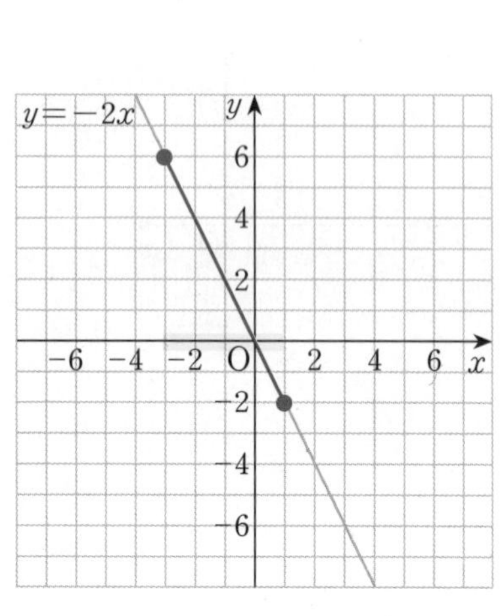

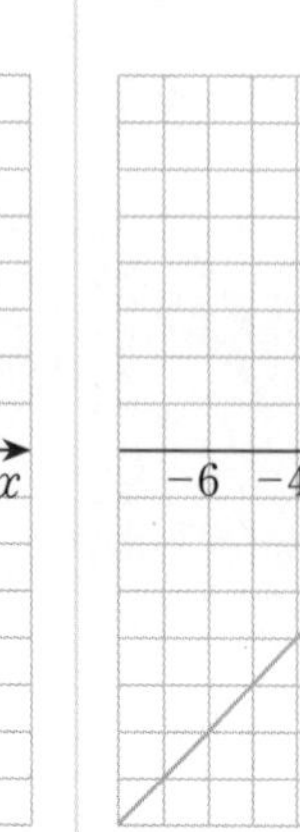

02

$2\le x\le 5$

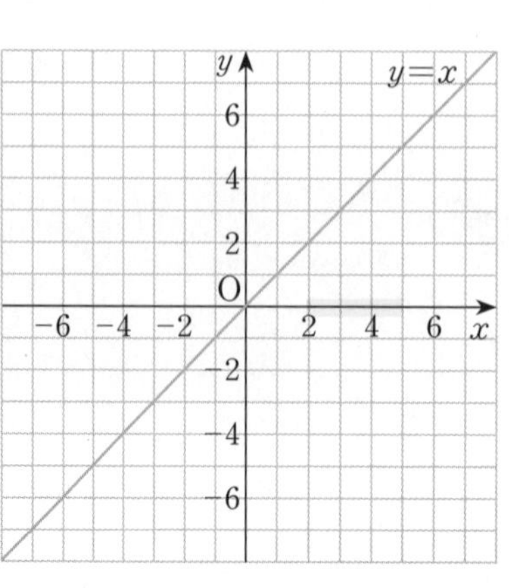

03

$-6\le x\le 3$

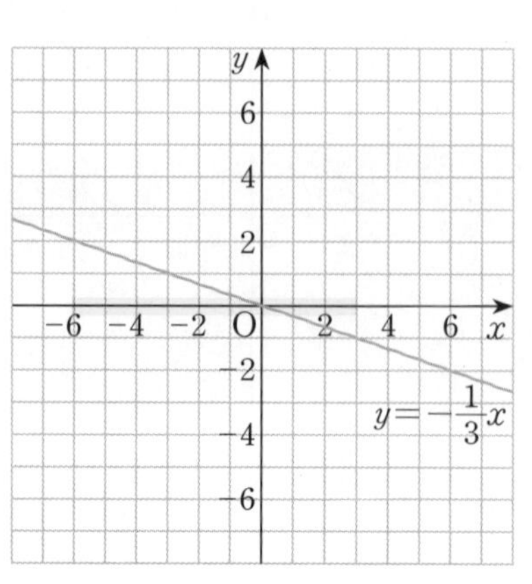

▶ 정답 및 해설 77쪽

x값이 범위인 실생활 문제

시속 6 km로 달리는 미니카가 72 km를 달릴 수 있는 건전지를 넣고 달립니다. x시간 동안 달린 거리를 y km라고 할 때, x와 y 사이의 관계식을 구하고, 그래프를 그리세요.

x : 달린 시간(시간) (1시간에 6 km)

y : 달린 거리(km) (최대 72 km)

➡ 1시간 후 6 km 달림
2시간 후 12 km 달림
3시간 후 18 km 달림
⋮
x시간 후 $6x$ km 달림

달린 거리 이것이 y

➡ $y = 6x$

달린 시간! 건전지가 다 닳으면 끝이라

72 km를 달릴 때까지 걸린 시간을 구하면...

➡ $72 = 6x$

$12 = x$

x가 될 수 있는 가장 큰 값

정답

• **관계식**

$y = 6x\ (0 \le x \le 12)$

왜냐면, 시간은 음수일 수 없으니까!

• **그래프**

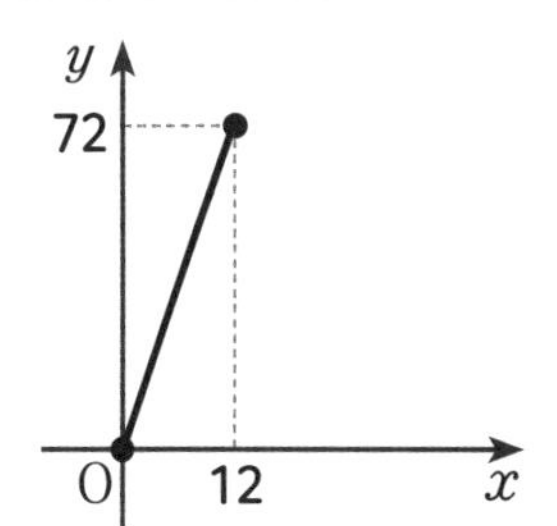

개념 익히기 2

주어진 그래프에서 x의 값과 y의 값을 각각 범위로 쓰세요.

01

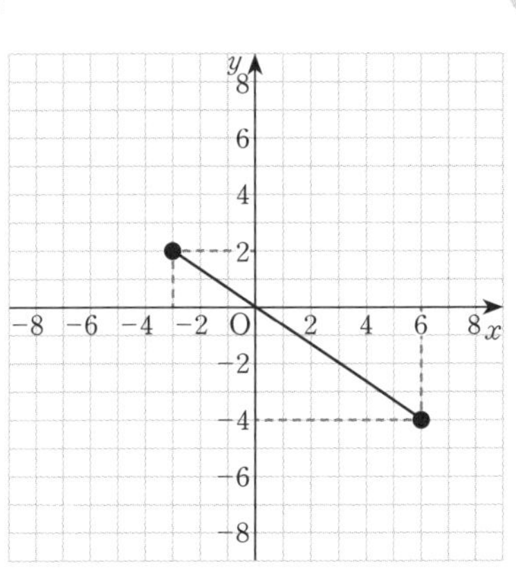

x의 값: $-3 \le x \le 6$

y의 값:

02

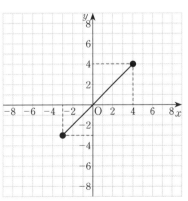

x의 값:

y의 값:

03

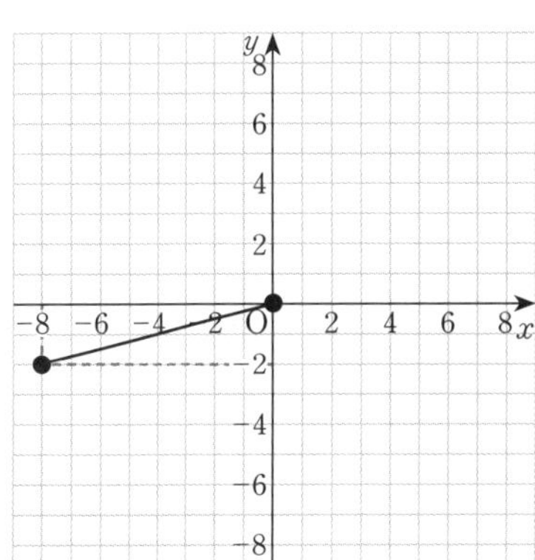

x의 값:

y의 값:

▶ 정답 및 해설 77쪽

개념 다지기 1

물음에 답하세요.

01 민기의 휴대전화 통화 요금은 1분에 15원입니다. 민기가 x분 동안 통화했을 때의 요금을 y원이라고 할 때, x의 값을 범위로 쓰세요. (단, 별도의 기본 요금은 없습니다.)

x는 통화한 시간이니까 음수일 수 없음

답: $0 \leq x$

02 파라핀 10 g을 녹여서 양초를 만들려고 합니다. 파라핀 1 g을 녹이는 데 5초가 걸리고, x초 동안 녹인 파라핀의 양을 y g이라고 할 때, y의 값을 범위로 쓰세요.

03 1분에 50 L씩 물이 나오는 호스로 부피가 500 L인 수영장에 물을 가득 채우려고 합니다. x분 동안 수영장에 채운 물의 양을 y L라고 할 때, y의 값을 범위로 쓰세요.

04 지혜네 집에서 학교까지의 거리는 600 m이고, 지혜는 1분 동안 60 m를 가는 속도로 걷습니다. 지혜가 집에서 학교까지 가는 데 x분 동안 걸은 거리를 y m라고 할 때, y의 값을 범위로 쓰세요.

05 어느 철물점에서 길이가 35 m인 철사를 1 m당 300원에 팔고 있습니다. 철사 x m의 가격을 y원이라고 할 때, x의 값을 범위로 쓰세요.

06 1초에 2 m씩 움직이는 엘리베이터가 0 m 높이에서 60 m 높이까지 멈추지 않고 올라갑니다. x초 동안 엘리베이터가 올라간 높이를 y m라고 할 때, y의 값을 범위로 쓰세요.

▶ 정답 및 해설 78쪽

4-16

개념 다지기 2

주어진 x의 범위에 대한 함수의 그래프를 그리고, y의 값을 범위로 쓰세요.

01 $y=\frac{1}{2}x$ $(x\le 4)$

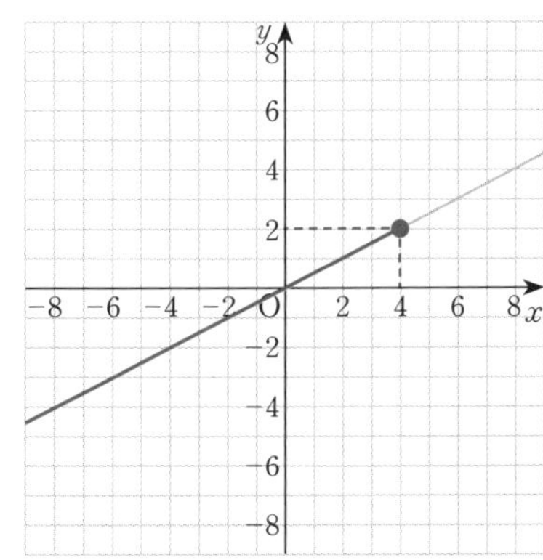

y의 값: $y\le 2$

02 $y=-x$ $(-5\le x\le 4)$

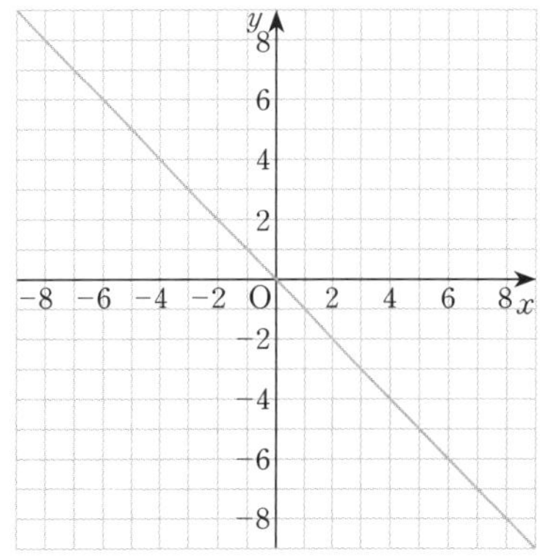

y의 값:

03 $y=\frac{1}{4}x$ $(0\le x\le 8)$

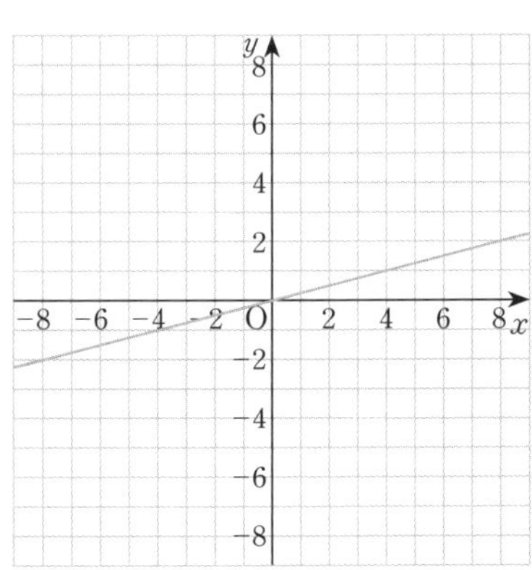

y의 값:

04 $y=3x$ $(-2\le x)$

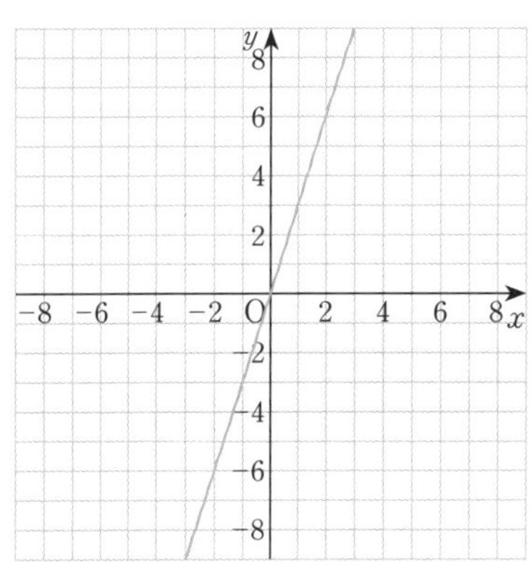

y의 값:

05 $y=2x$ $(-4\le x\le -2)$

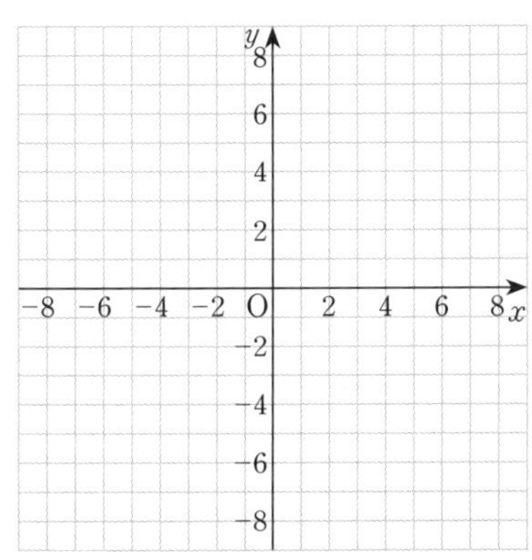

y의 값:

06 $y=\frac{1}{3}x$ $(-6\le x\le 3)$

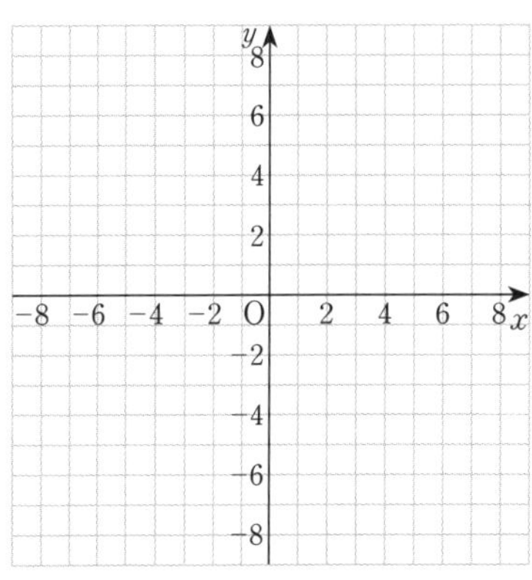

y의 값:

▶ 정답 및 해설 79쪽

4-17

개념 마무리 1

물음에 답하세요.

01 페인트 1 L로 벽면 4 m^2를 칠할 수 있습니다. 페인트가 4 L 있을 때, x L로 칠한 벽면의 넓이를 y m^2라고 합니다. 물음에 답하세요.

(1) 표를 완성하세요.

x	0	1	2	3	4
y	**0**	**4**			

(2) x와 y 사이의 관계식을 구하세요.

(3) x의 값을 범위로 쓰세요.

(4) (3)에서 구한 x의 범위에 대한 함수의 그래프를 좌표평면 위에 그리세요.

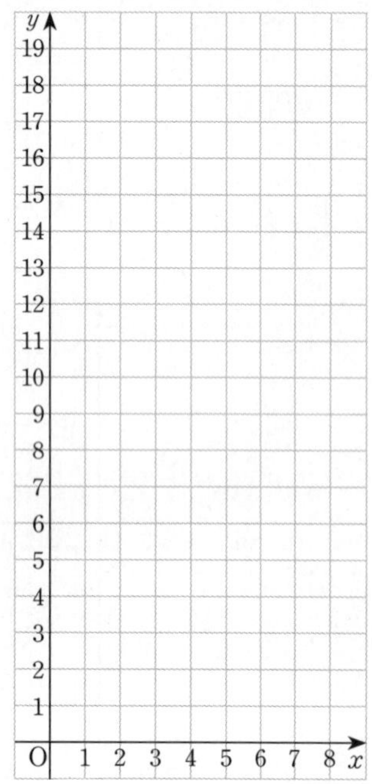

02 어느 택배 회사의 국제 배송 요금은 1 kg당 2만 원이고, 보낼 수 있는 무게는 16 kg 이하입니다. x kg인 물건의 배송 요금을 y만 원이라고 할 때, 물음에 답하세요.

(1) 표를 완성하세요.

x	0	1	2	3	…	16
y					…	

(2) x와 y 사이의 관계식을 구하세요.

(3) x의 값을 범위로 쓰세요.

(4) (3)에서 구한 x의 범위에 대한 함수의 그래프를 좌표평면 위에 그리세요.

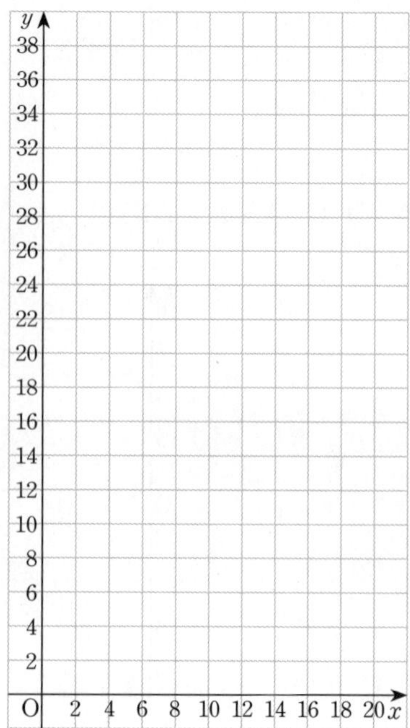

▶ 정답 및 해설 79쪽

개념 마무리 2

주어진 x와 y 사이의 관계를 그래프로 나타내었을 때, 그래프가 **직선**인지 **반직선**인지 **선분**인지 쓰세요.

01 어느 가게에서 쇠고기를 1인당 최대 10 kg까지 판매합니다. 쇠고기의 가격이 1 kg당 3만 원이라고 할 때, 쇠고기 x kg의 가격은 y만 원입니다.

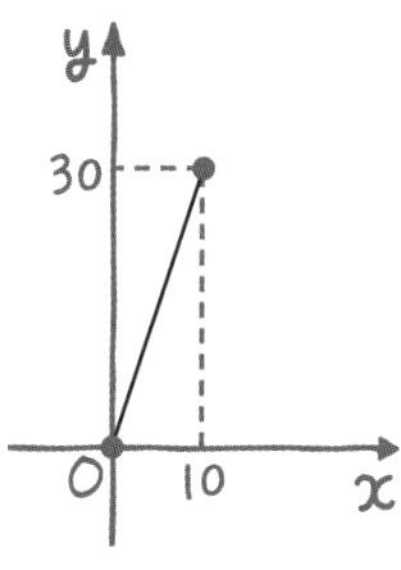

답: **선분**

02 어떤 수 x의 4배가 y입니다.

03 1분당 요금이 100원인 주차장이 있습니다. x분 동안 주차했을 때, 주차 요금은 y원입니다.

04 털실 1 m의 무게가 5 g일 때, 털실 x m의 무게는 y g입니다.

05 어느 통신사의 5G 서비스를 이용하면 1초 동안 500 Mb(메가비트)의 데이터를 받을 수 있습니다. 이때 x초 동안 받은 데이터의 양은 y Mb입니다.

06 어떤 전기자전거는 1시간에 20 km씩, 최대 10시간 동안 이동할 수 있습니다. 이 자전거로 x시간 동안 이동할 수 있는 거리는 y km입니다.

4 최댓값과 최솟값

그래프가 선분이면
시작과 끝이 있으니까...

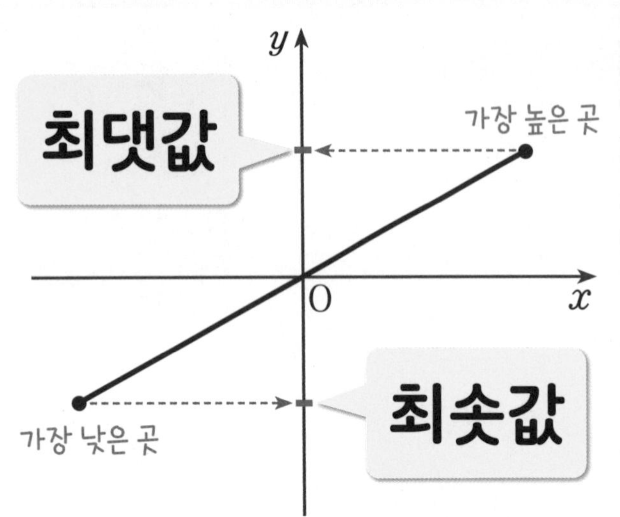

최댓값, 최솟값은
x값이 아니라
y값에서 찾는 거구나!

⚠ 그래프가 직선(= 끝없는 곧은 선)이면
최댓값, 최솟값을 정할 수 없어요.

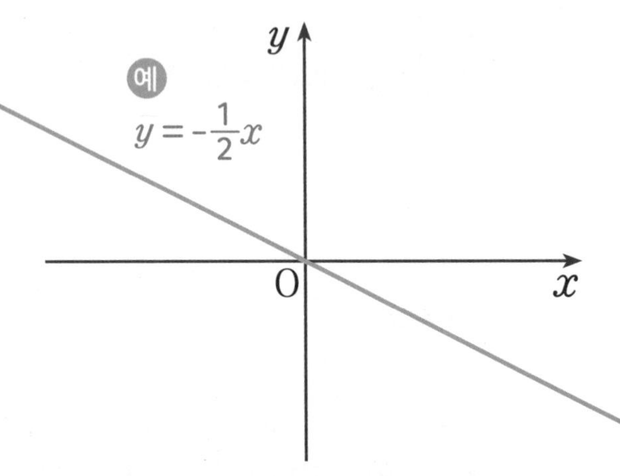

최댓값: 없음
최솟값: 없음

▶ 개념 익히기 1

그래프에서 최댓값 또는 최솟값을 정할 수 있으면 ○표, 없으면 ×표 하세요.

01

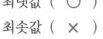

최댓값 (○)
최솟값 (×)

02

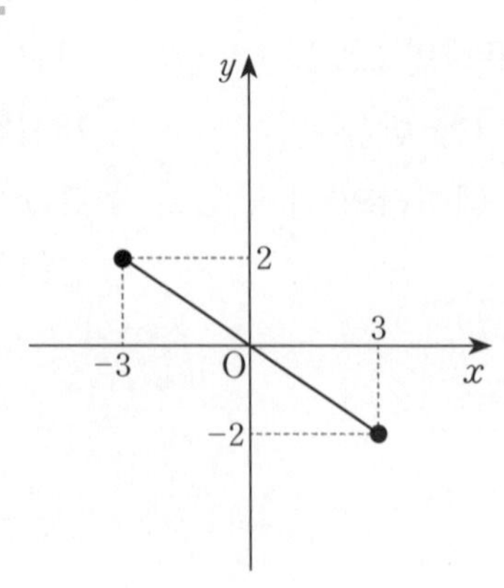

최댓값 (   )
최솟값 (   )

03

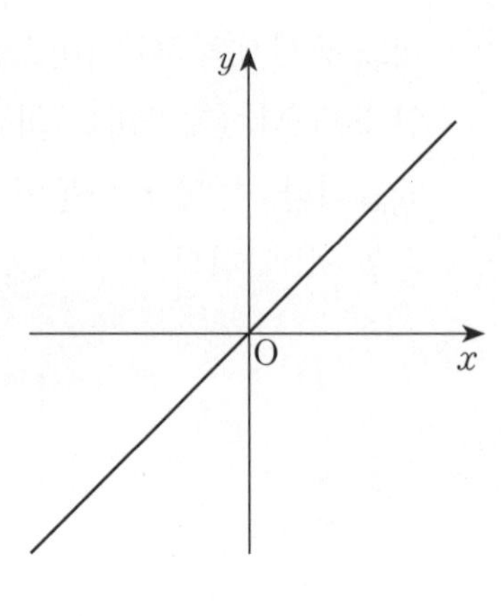

최댓값 (   )
최솟값 (   )

▶정답 및 해설 80쪽

최댓값, 최솟값을 찾을 때는 그래프를 그려 봐~

$y = ax\ (a>0)$

x가 증가할 때 y도 증가!

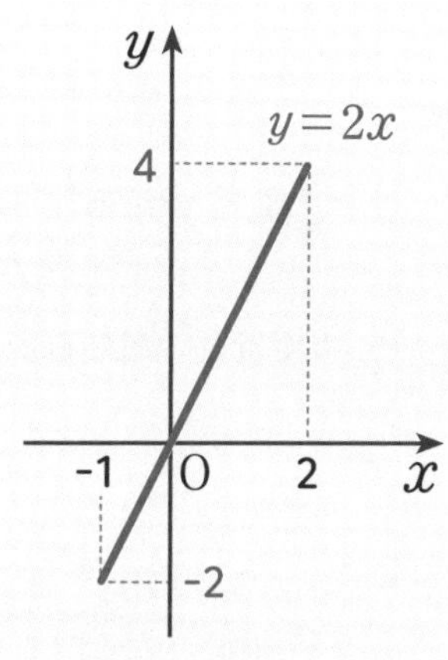

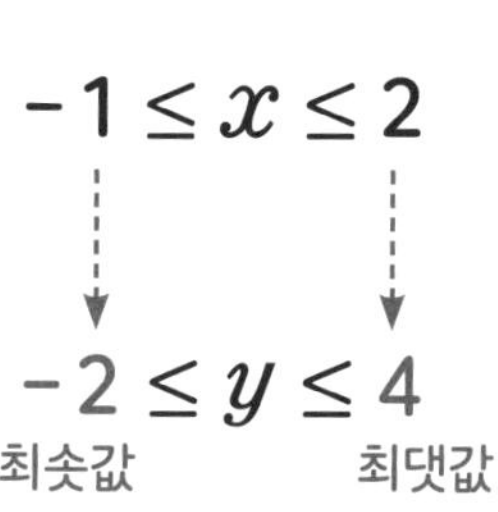

$y = ax\ (a<0)$

x가 증가할 때 y는 감소!

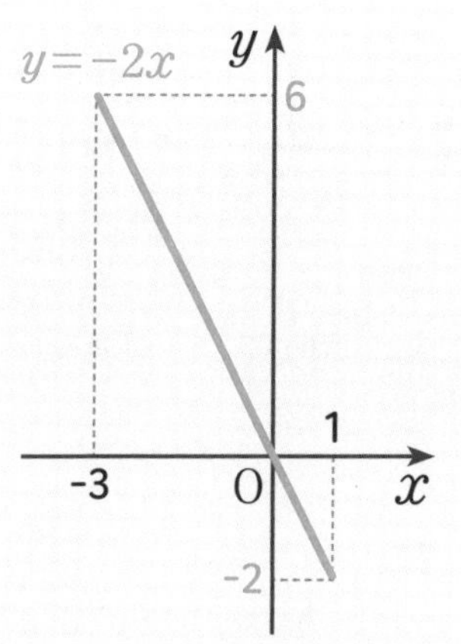

최댓값 최솟값 쓰는 방법

x값이 얼마일 때 / 최댓값인지, 최솟값인지 쓰고 / y값 쓰기!

예 (x=-1일 때) 최솟값 -2

예 (x = 2일 때) 최댓값 4

개념 익히기 2

함수의 그래프를 보고 최댓값과 최솟값을 화살표로 표시하세요.

01

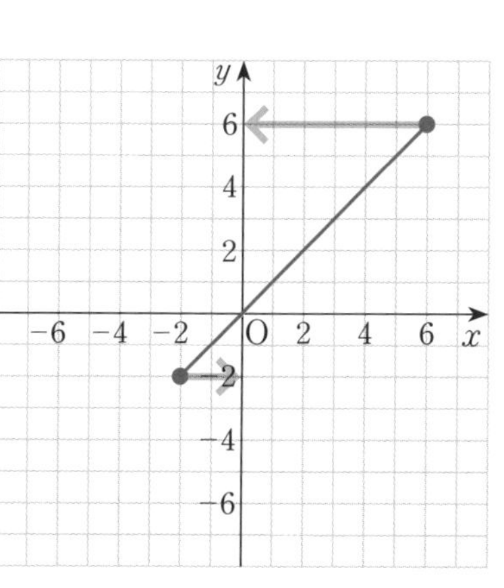

02

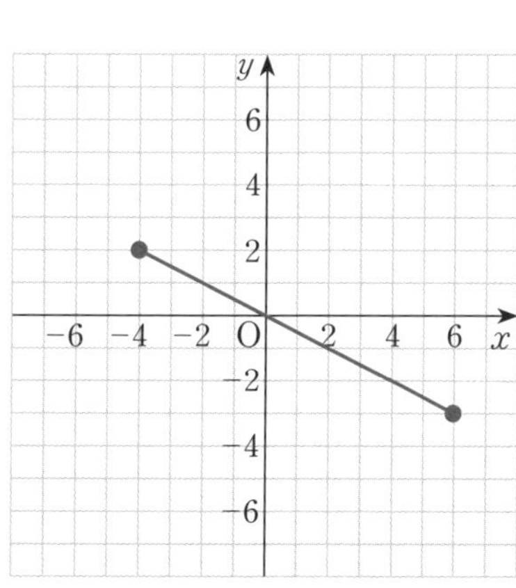

03

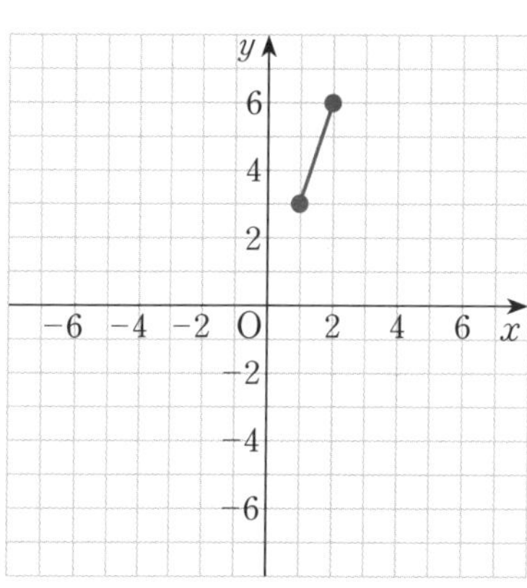

▶ 정답 및 해설 80쪽

4-21

개념 다지기 1

함수의 그래프에 대한 x와 y의 범위를 보고, 최댓값과 최솟값을 알맞게 연결하세요.

01

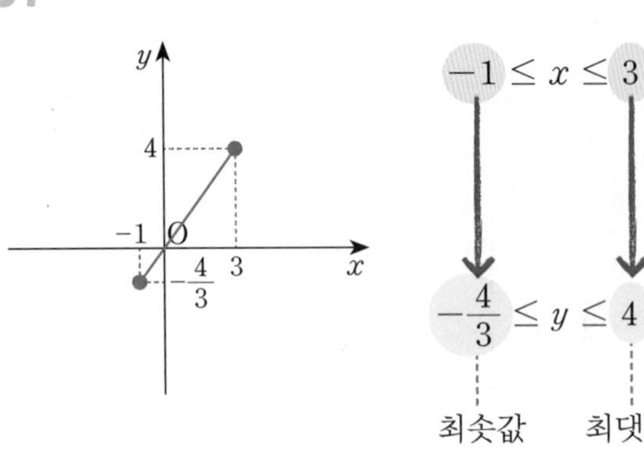

02

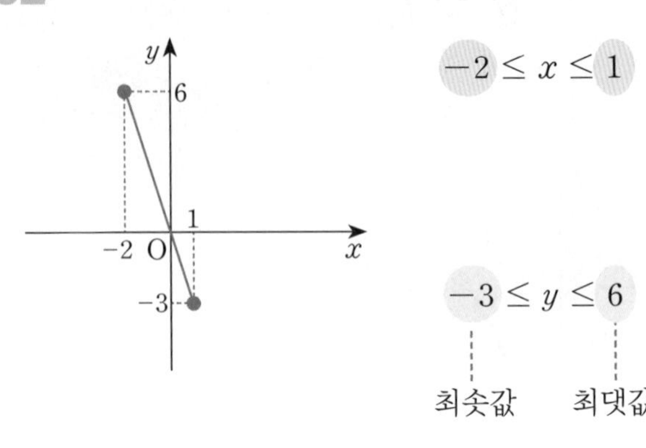

03

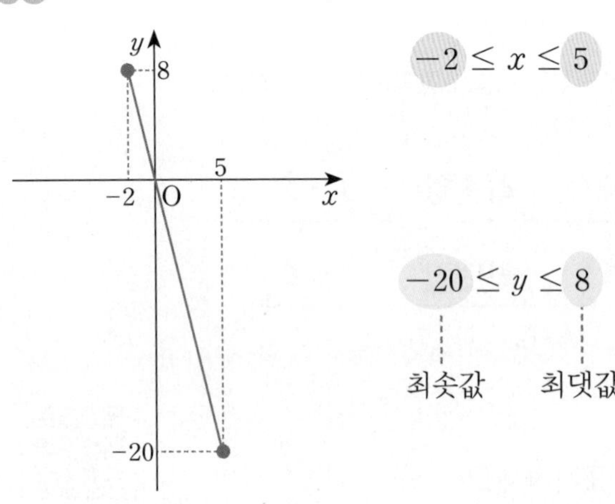

04

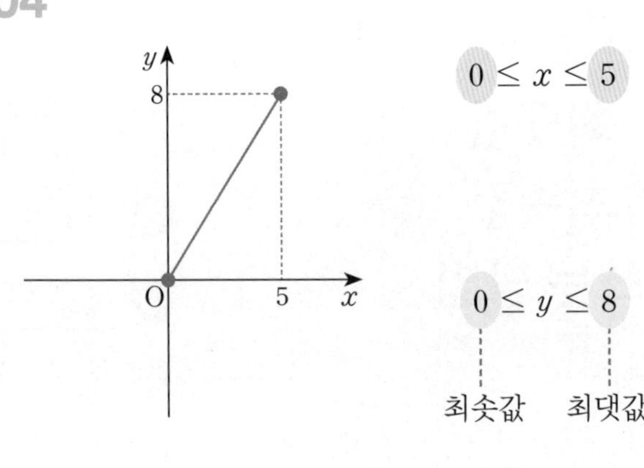

05

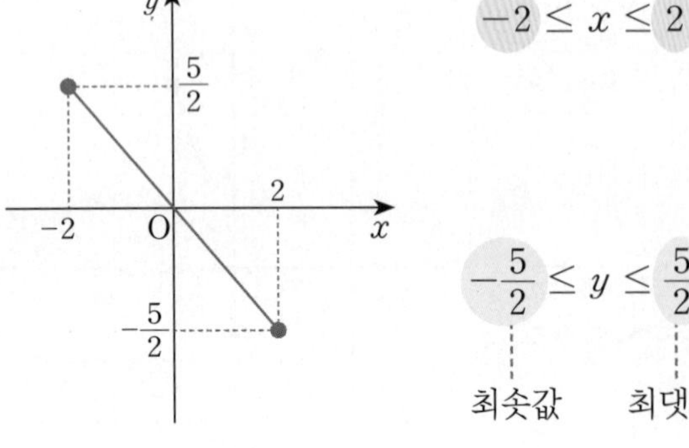

06

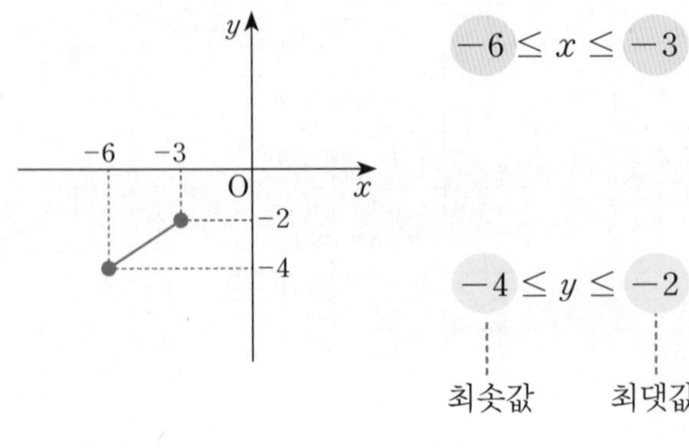

▶ 정답 및 해설 80쪽

4-22

개념 다지기 2

함수의 그래프를 보고, 빈칸을 알맞게 채우세요.

01

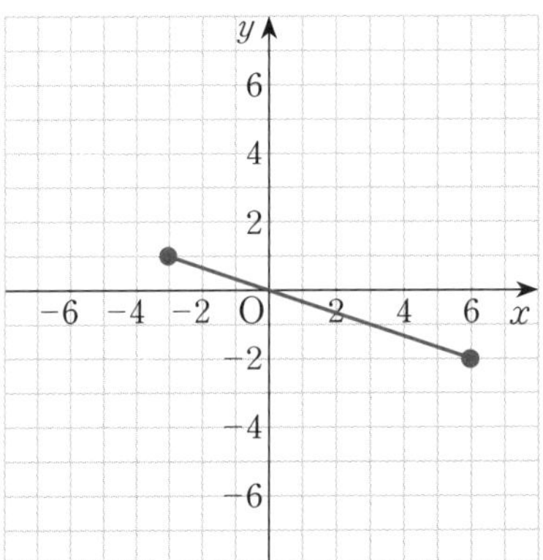

➡ $x=$ -3 일 때, 최댓값 1

$x=$ 6 일 때, 최솟값 -2

02

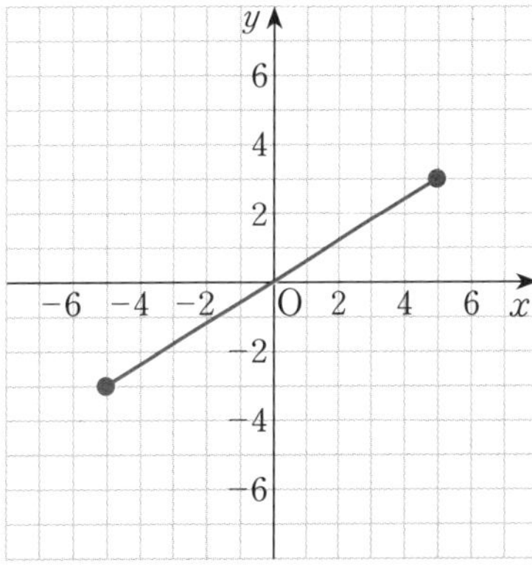

➡ $x=$ ☐ 일 때, 최댓값 ☐

$x=$ ☐ 일 때, 최솟값 ☐

03

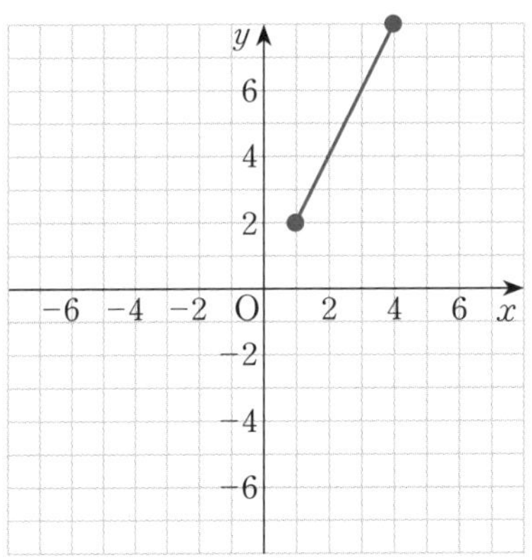

➡ $x=$ ☐ 일 때, 최댓값 ☐

$x=$ ☐ 일 때, 최솟값 ☐

04

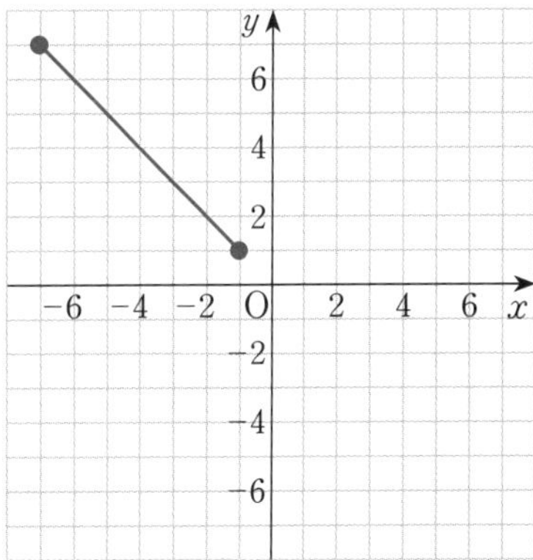

➡ $x=$ ☐ 일 때, 최댓값 ☐

$x=$ ☐ 일 때, 최솟값 ☐

05

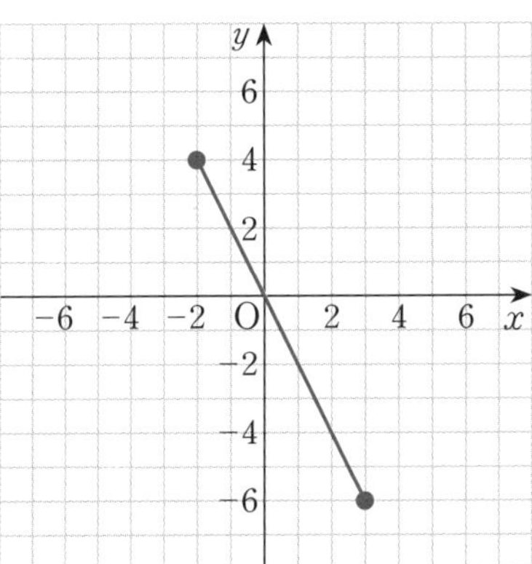

➡ $x=$ ☐ 일 때, 최댓값 ☐

$x=$ ☐ 일 때, 최솟값 ☐

06

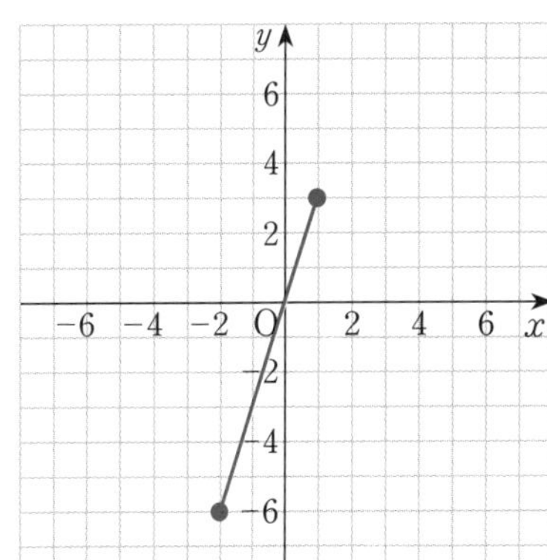

➡ $x=$ ☐ 일 때, 최댓값 ☐

$x=$ ☐ 일 때, 최솟값 ☐

▶ 정답 및 해설 81쪽

4-23

개념 마무리 1

주어진 조건을 보고 최댓값, 최솟값을 각각 구하세요. (구하려는 값이 없으면 ×표 하세요.)

01 $-\frac{3}{2} \leq x$일 때, $y=\frac{2}{3}x$

최솟값은
$x=-\frac{3}{2}$일 때의 y값
$\rightarrow y=\frac{2}{3}\times\left(-\frac{3}{2}\right)$
$=-1$

답: $\left(x=-\frac{3}{2}\text{일 때}\right)$ 최솟값 -1
최댓값 ×

02 $\frac{1}{2} \leq x \leq 3$일 때, $y=-4x$

03 $-4 \leq x \leq 3$일 때, $y=-\frac{1}{5}x$

04 $0 \leq x \leq 4$일 때, $y=-5x$

05 $2 \leq x$일 때, $y=2x$

06 $3 \leq x \leq 9$일 때, $y=\frac{1}{6}x$

▶정답 및 해설 82쪽

개념 마무리 2

물음에 답하세요.

01 일차함수 $y=ax$ $(1\le x\le 3)$의 그래프에서 $x=1$일 때 최댓값, $x=3$일 때 최솟값이 됩니다. 상수 a가 양수인지 음수인지 쓰세요.

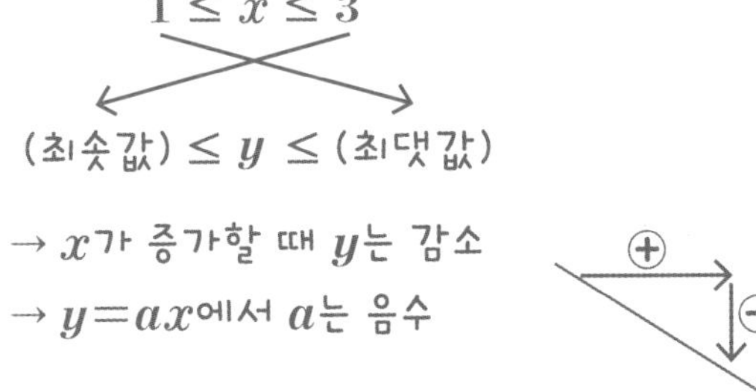

답: 음수

02 $y=2x$ $(-9\le x\le -7)$의 그래프는 $x=k$일 때 최댓값이 됩니다. k의 값을 구하세요.

03 일차함수 $y=ax$ (㉠$\le x\le$㉡)의 그래프에서 $x=$㉠일 때 최솟값이 됩니다. 상수 a가 양수인지 음수인지 쓰세요.

04 $-5\le x\le b$일 때, $y=-3x$의 그래프의 최솟값은 6입니다. b의 값을 구하세요.

05 $y=\frac{1}{3}x$ $(a\le x\le b)$의 그래프에서 최댓값은 3이고, 최솟값은 -2입니다. a와 b의 값을 각각 구하세요.

06 일차함수 $y=ax$ $(1\le x\le 6)$의 그래프에서 $x=6$일 때 최솟값이 -24입니다. 최댓값을 구하세요.

단원 마무리

01 주어진 그래프의 식을 쓰시오.

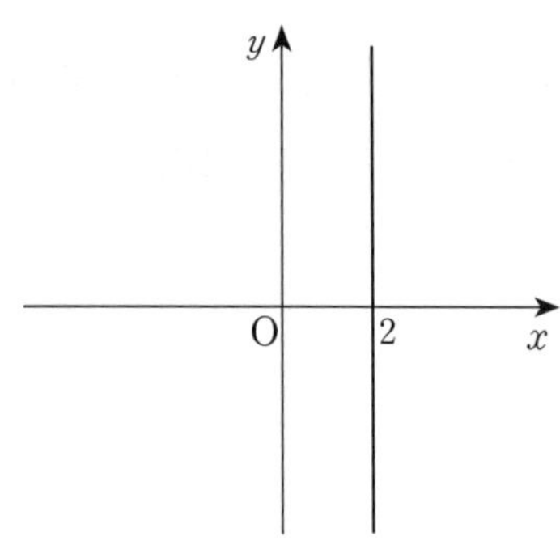

02 다음 중 그래프가 점 $(5,\ -3)$을 지나고 x축과 평행한 것은?

① $x=5$　　② $y=-3$
③ $y=-x$　　④ $y=5$
⑤ $y=-\frac{3}{5}x$

03 두 그래프 ㉠, ㉡의 교점을 찾아 기호를 쓰시오.

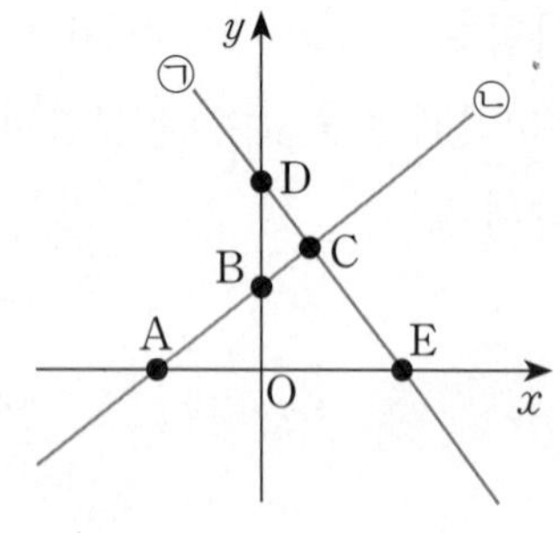

04 주어진 그래프에서 x의 값을 범위로 쓰시오.

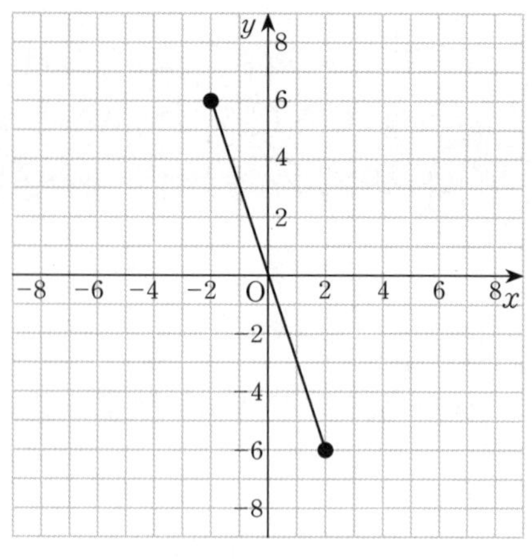

05 두 식을 그래프로 나타냈을 때, 교점의 좌표를 구하시오.

$y=\frac{1}{2}x$　　　$x=6$

06 하은이는 1분에 200 m를 가는 빠르기로 1시간 동안 자전거를 탔습니다. 출발 후 x분 동안 이동한 거리를 y m라고 할 때, x의 값을 범위로 바르게 쓴 것은?

① $0 \leq x \leq 200$　② $0 \leq x \leq 1$　③ $0 \leq x \leq 60$　④ $60 \leq x \leq 200$　⑤ $1 \leq x \leq 60$

07 $y=2$의 그래프에 대한 설명으로 옳지 않은 것은?

① 함수의 그래프입니다.
② 제1, 2사분면을 지납니다.
③ y축과 평행합니다.
④ 점 $(1, 2)$를 지납니다.
⑤ $x=-1$의 그래프와 점 $(-1, 2)$에서 만납니다.

08 좌표평면 위에 함수 $y=-2x$ $(-2 \leq x \leq 4)$의 그래프를 그리시오.

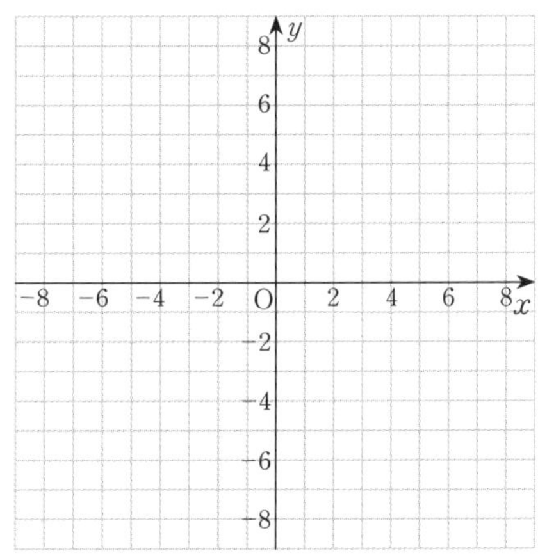

09 두 식을 그래프로 나타냈을 때, 교점의 좌표가 $(-4, 1)$인 것은?

① $\begin{cases} y=-4 \\ y=\frac{1}{4}x \end{cases}$　② $\begin{cases} x=1 \\ y=4x \end{cases}$　③ $\begin{cases} y=1 \\ y=-4x \end{cases}$　④ $\begin{cases} y=1 \\ y=-\frac{1}{4}x \end{cases}$　⑤ $\begin{cases} x=-4 \\ y=-x \end{cases}$

10 $-6 \leq x \leq 1$일 때, 함수 $y=-\frac{1}{2}x$의 최댓값과 최솟값을 구하시오.

11 $x=1$, $x=-2$, $y=0$, $y=5$의 그래프로 둘러싸인 도형의 넓이를 구하시오.

4-27

12 아래 좌표평면에 나타낸 그래프를 보고, 함수의 그래프가 아닌 이유를 바르게 말한 것은?

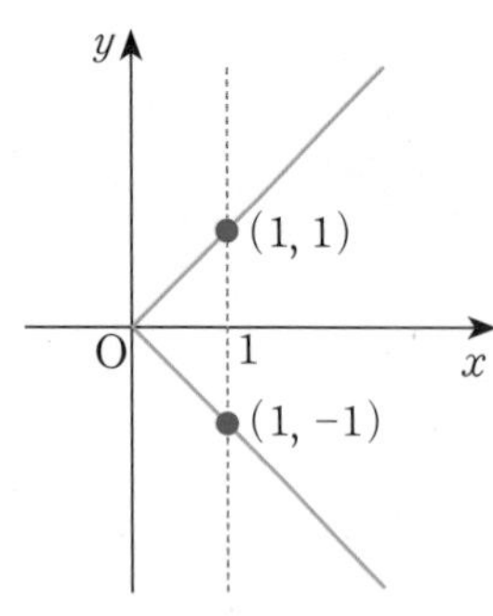

① x축과 평행하지 않기 때문에
② 원점을 지나기 때문에
③ 최솟값, 최댓값이 없기 때문에
④ 제1사분면과 제4사분면을 지나기 때문에
⑤ $x=1$일 때, y의 값이 1과 -1로 2개이기 때문에

13 두 점 A(2, 5), B(4, 1)에 대하여 선분 AB와 $y=ax$의 그래프가 만날 때, 상수 a의 값으로 알맞은 것은?

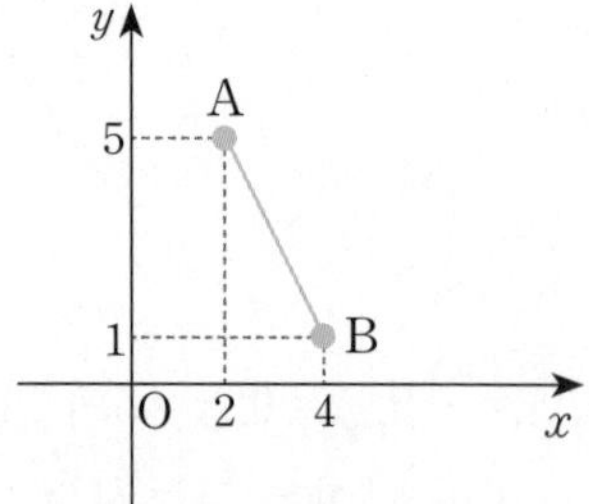

① $\frac{1}{5}$　② $-\frac{1}{2}$　③ -1
④ 1　⑤ 3

14 400 L의 물을 담을 수 있는 빈 물탱크에 1분에 20 L씩 일정하게 물을 넣고 있습니다. x분 동안 넣은 물의 양을 y L라고 할 때, y의 값을 범위로 쓰시오.

15 $x=a$와 $y=-1$의 그래프의 교점이 $(10, b)$일 때, 상수 a, b에 대하여 $a+b$의 값을 구하시오.

16 $1 \le x \le 3$에서 일차함수 $y=ax$의 그래프는 $x=3$일 때 최솟값이 됩니다. 상수 a가 양수인지 음수인지 쓰시오.

▶ 정답 및 해설 85~87쪽

17 함수 $y=3x$의 그래프에 대한 설명으로 옳은 것은?

① $x=1$의 그래프와 만나는 점의 좌표는 $(1, 0)$입니다.
② $y=2$의 그래프와 만나는 점의 좌표는 $(0, 2)$입니다.
③ x가 증가할 때, y는 감소합니다.
④ $-1\leq x\leq 3$일 때, y의 값은 $-3\leq y\leq 9$입니다.
⑤ $x\geq 1$일 때, 최댓값은 3입니다.

18 $y=\frac{2}{5}x$의 그래프가 $x=a$와 $y=2$의 그래프의 교점을 지날 때, 상수 a의 값을 구하시오.

19 일차함수 $y=ax$ $(-4\leq x\leq 5)$의 그래프에서 $x=-4$일 때 최댓값이 12입니다. 최솟값을 m이라고 할 때, $a+m$의 값을 구하시오. (단, a는 상수)

20 두 점 $A(-6, 2)$, $B(-4, 4)$에 대하여 다음 중 그래프가 선분 AB와 만나지 않는 것은?

① $y=-\frac{2}{3}x$　② $y=-x$
③ $y=-\frac{1}{3}x$　④ $y=-\frac{1}{2}x$
⑤ $y=-2x$

▶ 정답 및 해설 88쪽

서술형 문제

21 두 점 $(a-3,\ 2)$, $(-2a,\ 4)$를 지나는 직선이 x축에 수직일 때, a의 값을 구하시오.

풀이

서술형 문제

22 $y=-3x$의 그래프와 x축, $x=-1$의 그래프로 둘러싸인 도형의 넓이를 구하시오.

풀이

서술형 문제

23 높이가 3 km인 산을 올라가려고 합니다. 높이가 1 km 높아질 때마다 기온이 6 ℃씩 일정하게 내려갑니다. 현재 기온이 0 ℃인 지면에서 올라간 높이가 x km인 곳의 기온을 y ℃라고 할 때, 물음에 답하시오.

(1) 높이가 3 km인 산 정상에 도착했을 때의 기온은 몇 ℃인지 구하시오.

(2) 정상까지 올라갈 때, x의 값을 범위로 쓰시오.

(3) (2)에서 구한 x의 범위에 대한 함수의 그래프를 좌표평면에 위에 그리시오.

y, O, 1, 2, 3, 4, 5, 6, x, −1, −2, −3, −4, −5, −6, −7, −8, −9, −10, −11, −12, −13, −14, −15, −16, −17, −18, −19

쉬어가기

좌표축과 평행한 직선의 기울기

x축과 평행한 직선의 기울기는?

➡ 정답: 0

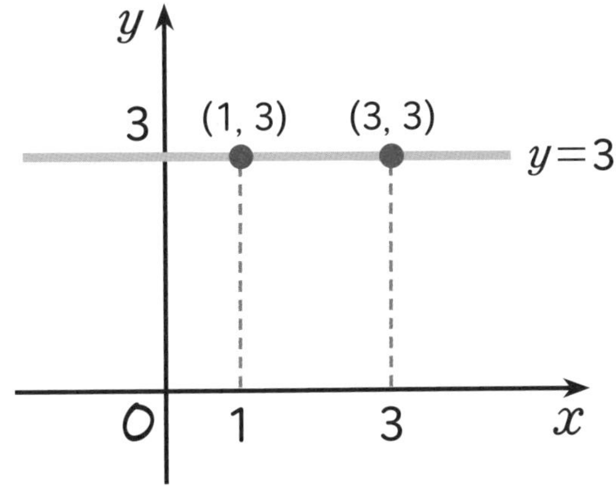

기울기를 구하기 위해
직선 위의 두 점을 찾자.

두 점 (1, 3), (3, 3)을 지나는
직선의 기울기

$$\Rightarrow \frac{3-3}{3-1}=\frac{0}{2}=0$$

y축과 평행한 직선의 기울기는?

➡ 정답: 구할 수 없다!

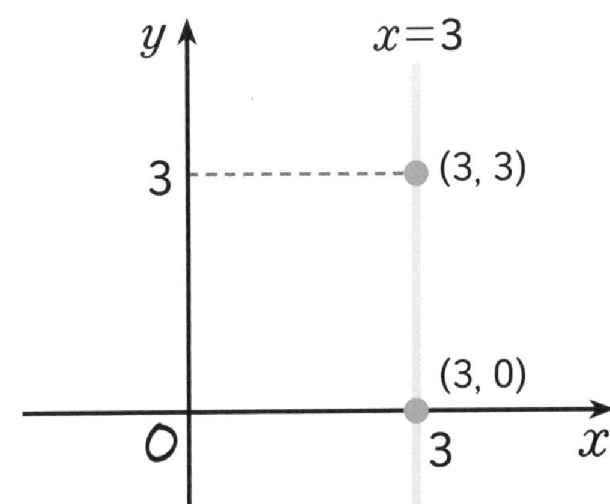

기울기를 구하기 위해
직선 위의 두 점을 찾자.

두 점 (3, 0), (3, 3)을 지나는
직선의 기울기

$$\Rightarrow \frac{3-0}{3-3}=\frac{3}{0}$$

분모는
0이 될 수
없어!

따라서 y축에 평행한 직선의
기울기는 구할 수 없다!

MEMO

MEMO

MEMO

정답 및 해설

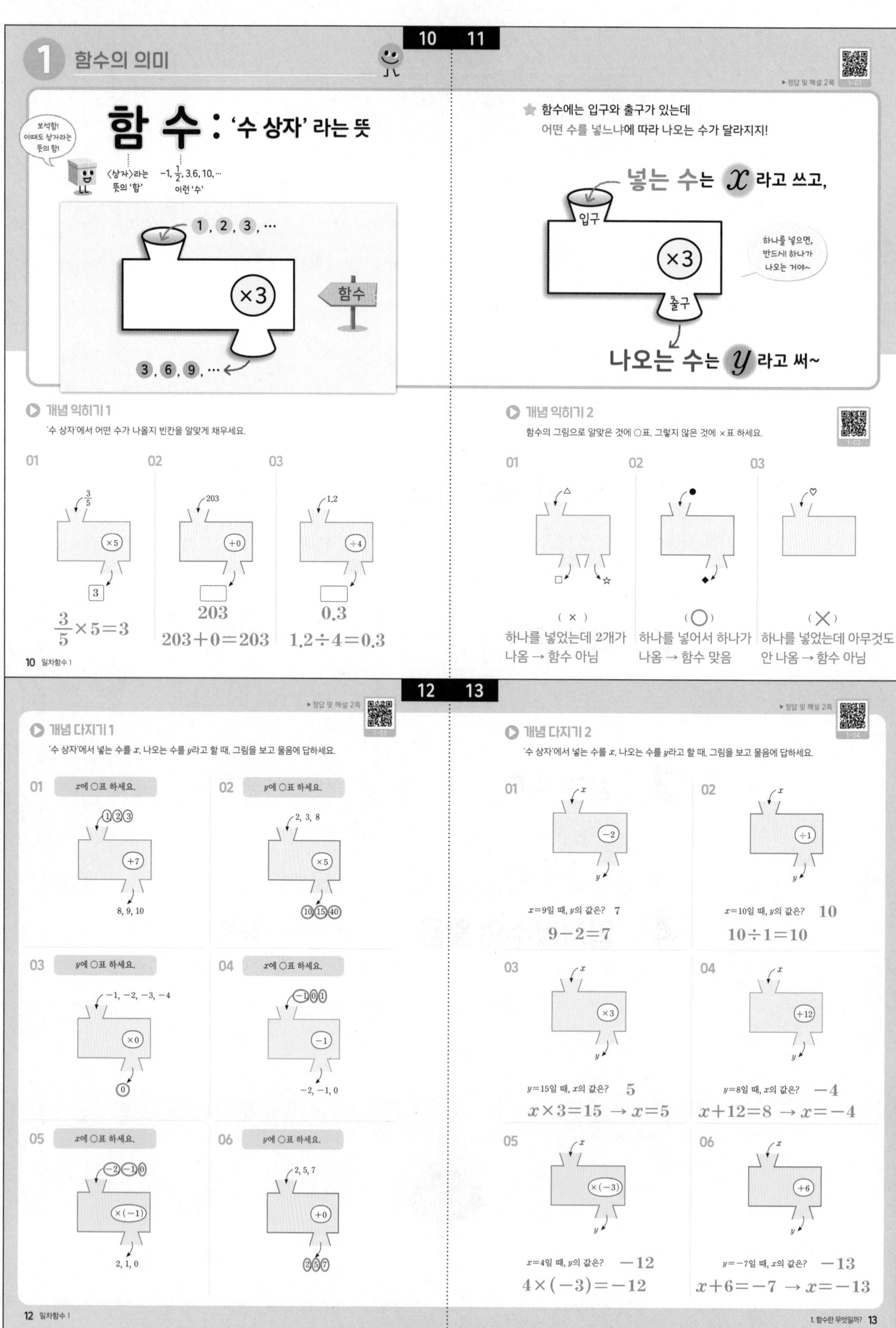
10 11
1 함수의 의미
함 수 : '수 상자'라는 뜻
개념 익히기 1
'수 상자'에서 어떤 수가 나올지 빈칸을 알맞게 채우세요.
01 3
3/5×5=3
02 203
203+0=203
03 0.3
1.2÷4=0.3
함수에는 입구와 출구가 있는데 어떤 수를 넣느냐에 따라 나오는 수가 달라지지!
넣는 수는 x라고 쓰고,
나오는 수는 y라고 써~
개념 익히기 2
함수의 그림으로 알맞은 것에 ○표, 그렇지 않은 것에 ×표 하세요.
01 (×) 하나를 넣었는데 2개가 나옴 → 함수 아님
02 (○) 하나를 넣어서 하나가 나옴 → 함수 맞음
03 (×) 하나를 넣었는데 아무것도 안 나옴 → 함수 아님
12 13
개념 다지기 1
'수 상자'에서 넣는 수를 x, 나오는 수를 y라고 할 때, 그림을 보고 물음에 답하세요.
01 x에 ○표 하세요. ①②③
02 y에 ○표 하세요. ⑩⑮㊵
03 y에 ○표 하세요. ⓪
04 x에 ○표 하세요. (−1)⓪①
05 x에 ○표 하세요. (−2)(−1)⓪
06 y에 ○표 하세요. ②⑤⑦
개념 다지기 2
'수 상자'에서 넣는 수를 x, 나오는 수를 y라고 할 때, 그림을 보고 물음에 답하세요.
01 x=9일 때, y의 값은? 7
9−2=7
02 x=10일 때, y의 값은? 10
10÷1=10
03 y=15일 때, x의 값은? 5
x×3=15 → x=5
04 y=8일 때, x의 값은? −4
x+12=8 → x=−4
05 x=4일 때, y의 값은? −12
4×(−3)=−12
06 y=−7일 때, x의 값은? −13
x+6=−7 → x=−13

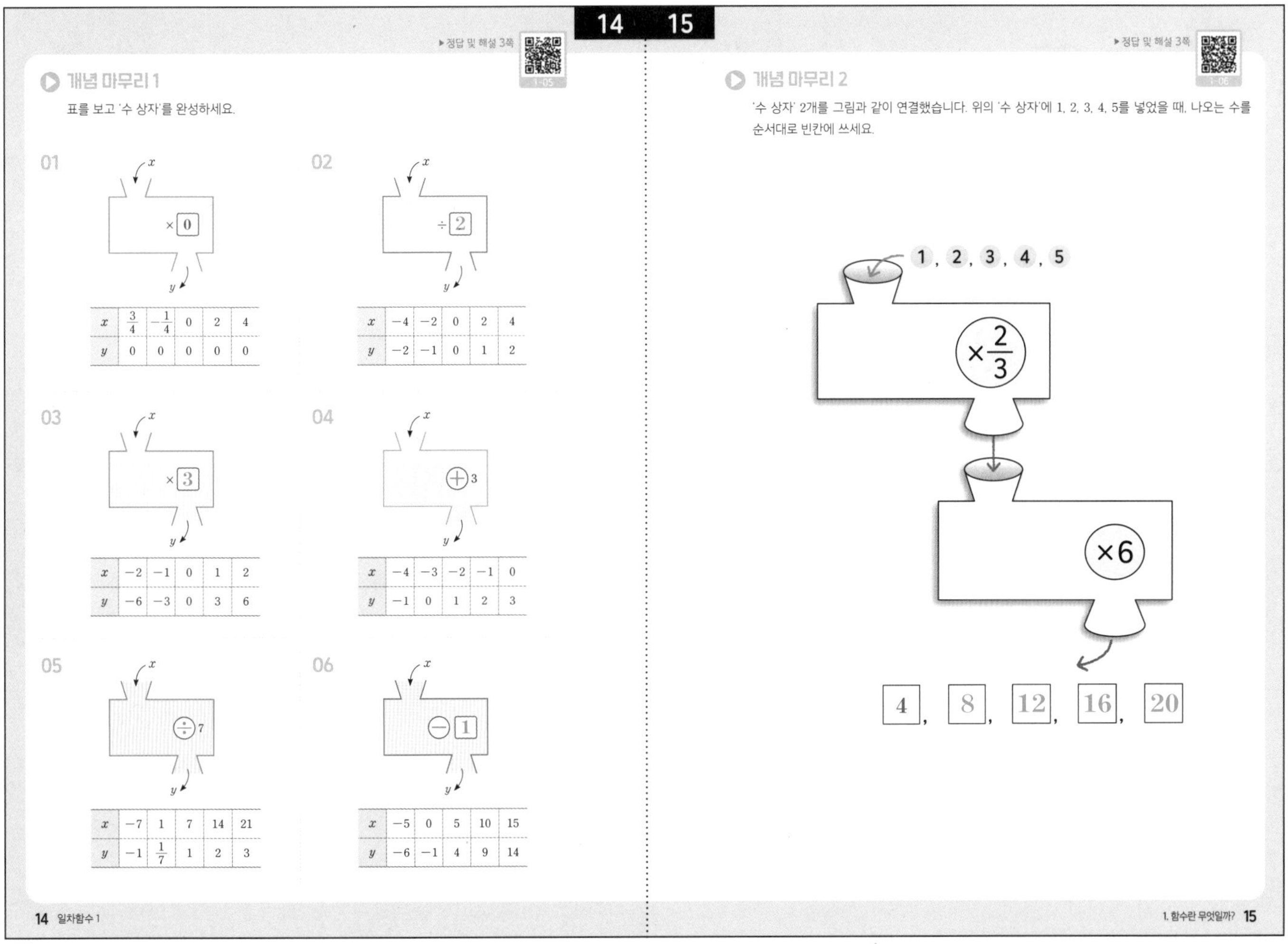

14 15

▶ 정답 및 해설 3쪽

개념 마무리 1

표를 보고 '수 상자'를 완성하세요.

01 x → $\times$ [0] → y

x	$\frac{3}{4}$	$-\frac{1}{4}$	0	2	4
y	0	0	0	0	0

02 x → $\div$ [2] → y

x	-4	-2	0	2	4
y	-2	-1	0	1	2

03 x → $\times$ [3] → y

x	-2	-1	0	1	2
y	-6	-3	0	3	6

04 x → (+) 3 → y

x	-4	-3	-2	-1	0
y	-1	0	1	2	3

05 x → (÷) 7 → y

x	-7	1	7	14	21
y	-1	$\frac{1}{7}$	1	2	3

06 x → (−) [1] → y

x	-5	0	5	10	15
y	-6	-1	4	9	14

▶ 정답 및 해설 3쪽

개념 마무리 2

'수 상자' 2개를 그림과 같이 연결했습니다. 위의 '수 상자'에 1, 2, 3, 4, 5를 넣었을 때, 나오는 수를 순서대로 빈칸에 쓰세요.

1, 2, 3, 4, 5 → $\times\frac{2}{3}$ → $\times 6$ →

[4], [8], [12], [16], [20]

15쪽 풀이

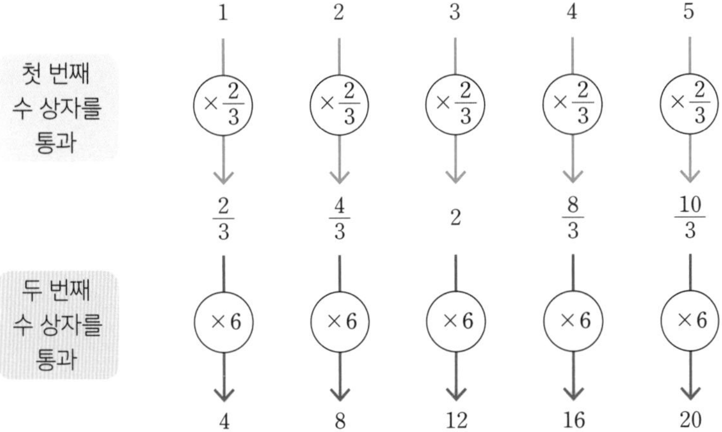

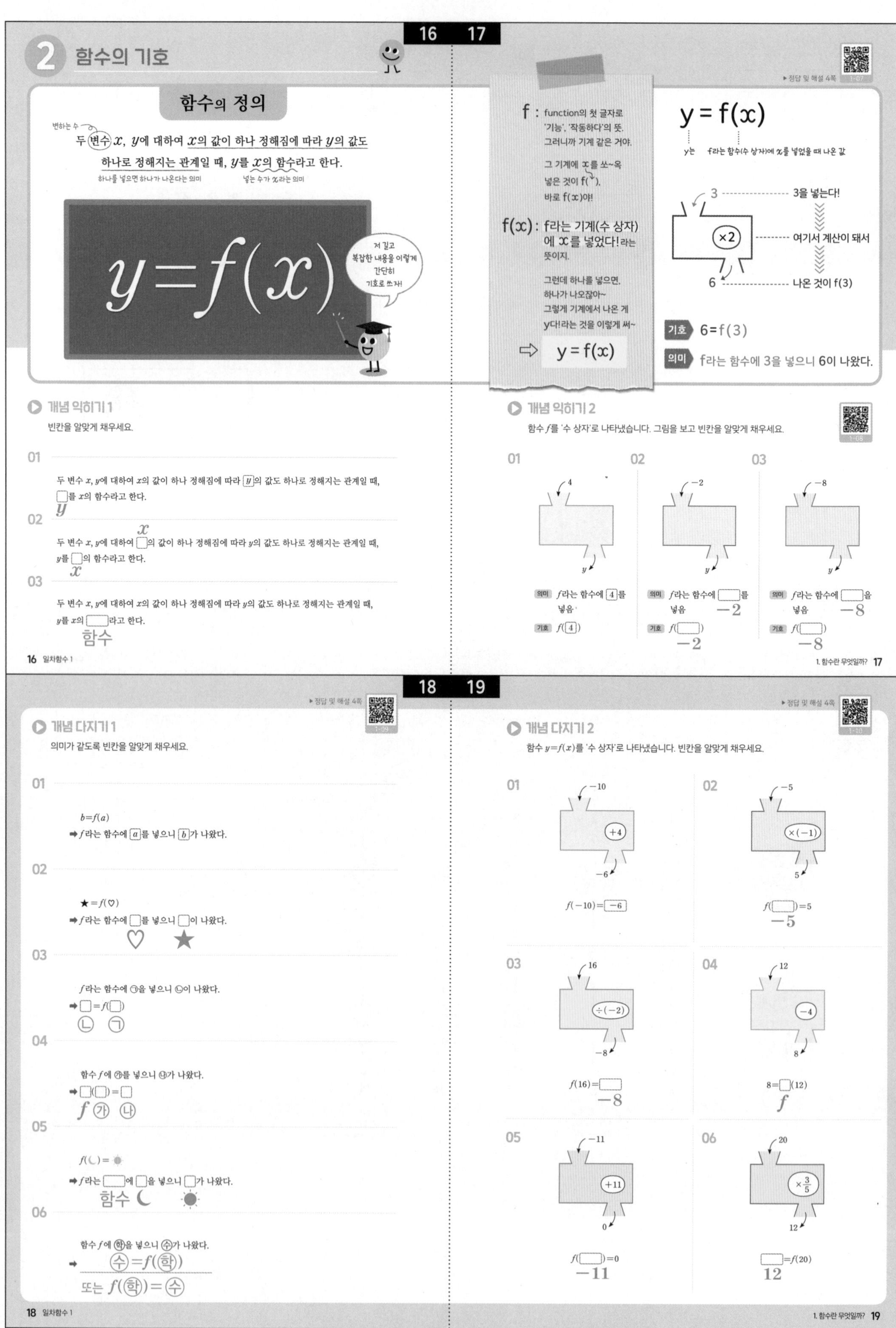

16 17

2 함수의 기호

함수의 정의

변하는 수

두 변수 x, y에 대하여 x의 값이 하나 정해짐에 따라 y의 값도 하나로 정해지는 관계일 때, y를 x의 함수라고 한다.

하나를 넣으면 하나가 나온다는 의미 / 넣는 수가 x라는 의미

$$y=f(x)$$

저 길고 복잡한 내용을 이렇게 간단히 기호로 쓰자!

f : function의 첫 글자로 '기능', '작동하다'의 뜻. 그러니까 기계 같은 거야.

그 기계에 x를 쏘~옥 넣은 것이 f( ), 바로 f(x)야!

f(x) : f라는 기계(수 상자)에 x를 넣었다!라는 뜻이지.

그런데 하나를 넣으면, 하나가 나오잖아~ 그렇게 기계에서 나온 게 y다!라는 것을 이렇게 써~

⇨ y = f(x)

▸정답 및 해설 4쪽 1-07

y = f(x)

y는 f라는 함수(수 상자)에 x를 넣었을 때 나온 값

3 ······ 3을 넣는다!

×2 ······ 여기서 계산이 돼서

6 ······ 나온 것이 f(3)

기호 6=f(3)

의미 f라는 함수에 3을 넣으니 6이 나왔다.

개념 익히기 1

빈칸을 알맞게 채우세요.

01 두 변수 x, y에 대하여 x의 값이 하나 정해짐에 따라 [y]의 값도 하나로 정해지는 관계일 때, [ ]를 x의 함수라고 한다. y

02 두 변수 x, y에 대하여 [ ]의 값이 하나 정해짐에 따라 y의 값도 하나로 정해지는 관계일 때, y를 [ ]의 함수라고 한다. x / x

03 두 변수 x, y에 대하여 x의 값이 하나 정해짐에 따라 y의 값도 하나로 정해지는 관계일 때, y를 x의 [ ]라고 한다. 함수

개념 익히기 2

함수 f를 '수 상자'로 나타냈습니다. 그림을 보고 빈칸을 알맞게 채우세요.

▸1-08

01 (4 → y) 의미 f라는 함수에 [4]를 넣음 / 기호 f([4])

02 (−2 → y) 의미 f라는 함수에 [ ]를 넣음 -2 / 기호 f([ ]) -2

03 (−8 → y) 의미 f라는 함수에 [ ]을 넣음 -8 / 기호 f([ ]) -8

18 19

▸정답 및 해설 4쪽 1-09

개념 다지기 1

의미가 같도록 빈칸을 알맞게 채우세요.

01 $b=f(a)$
➡ f라는 함수에 [a]를 넣으니 [b]가 나왔다.

02 ★$=f$(♡)
➡ f라는 함수에 [ ]를 넣으니 [ ]이 나왔다. ♡ ★

03 f라는 함수에 ㉠을 넣으니 ㉡이 나왔다.
➡ [ ]$=f$([ ]) ㉡ ㉠

04 함수 f에 ㉮를 넣으니 ㉯가 나왔다.
➡ [ ]([ ])=[ ] f ㉮ ㉯

05 f(☾)= ☀
➡ f라는 [ ]에 [ ]을 넣으니 [ ]가 나왔다. 함수 ☾ ☀

06 함수 f에 ㉻을 넣으니 ㉲가 나왔다.
➡ ㉲$=f$(㉻) 또는 f(㉻)$=$㉲

▸정답 및 해설 4쪽 1-10

개념 다지기 2

함수 $y=f(x)$를 '수 상자'로 나타냈습니다. 빈칸을 알맞게 채우세요.

01 (−10, +4, −6) $f(-10)=$[-6]

02 (−5, ×(−1), 5) f([ ])$=5$ -5

03 (16, ÷(−2), −8) $f(16)=$[ ] -8

04 (12, −4, 8) $8=$[ ](12) f

05 (−11, +11, 0) f([ ])$=0$ -11

06 (20, $\times\frac{3}{5}$, 12) [ ]$=f(20)$ 12

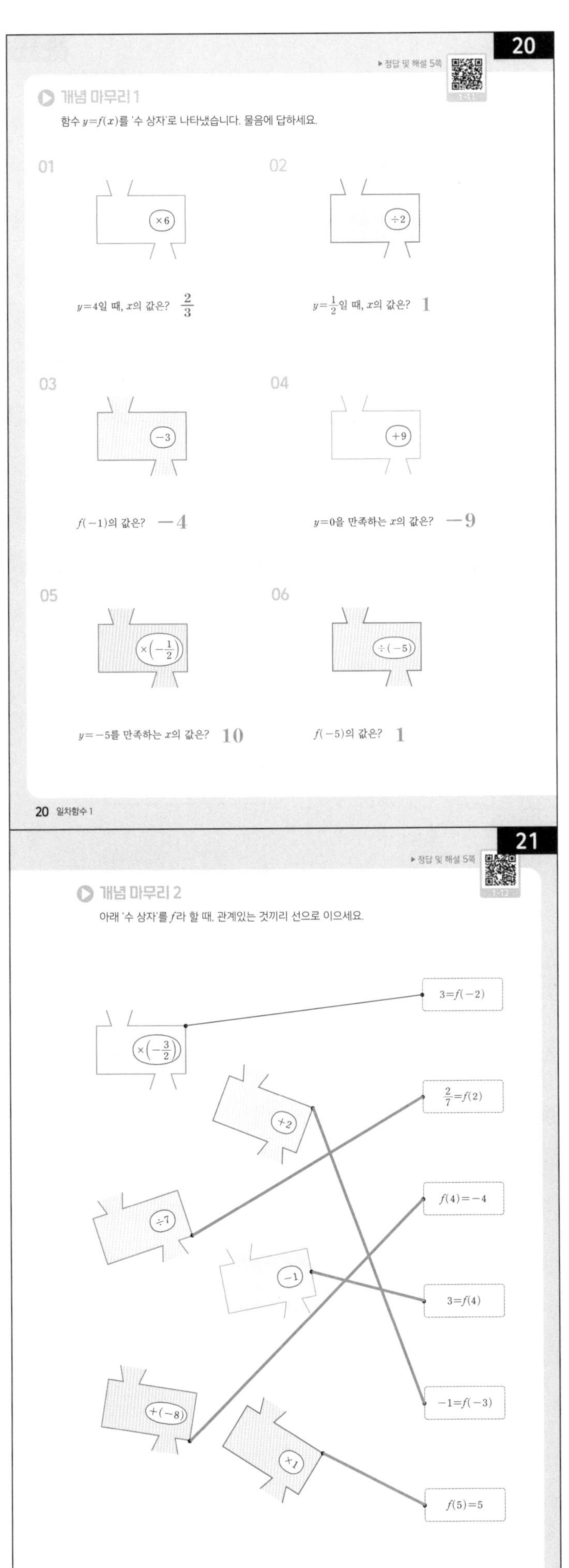

20쪽 풀이

01 $y=4$일 때 $x=?$
(나온 수: $y=4$, 들어간 수: x)

수 상자: $\times 6$

$\rightarrow \quad 4=x\times 6$

$\frac{1}{6}\times 4=x\times 6\times \frac{1}{6}$

$x=\frac{4}{6}=\frac{2}{3}$

02 $y=\frac{1}{2}$일 때 $x=?$
(나온 수: $y=\frac{1}{2}$, 들어간 수: x)

수 상자: $\div 2$

$\rightarrow \quad \frac{1}{2}=x\div 2$

$2\times \frac{1}{2}=x\div 2\times 2$

$x=2\times \frac{1}{2}$

$=1$

03 $f(-1)=?$
(들어간 수: -1, 나온 수: ?)

수 상자: -3

$(-1)-3=-4$

$\rightarrow f(-1)=-4$

04 $y=0$일 때 $x=?$
(나온 수: $y=0$, 들어간 수: x)

수 상자: $+9$

$\rightarrow 0=x+9$

$x=-9$

05 $y=-5$일 때 $x=?$
(나온 수: $y=-5$, 들어간 수: x)

수 상자: $\times\left(-\frac{1}{2}\right)$

$\rightarrow -5=x\times\left(-\frac{1}{2}\right)$

$(-2)\times(-5)=x\times\left(-\frac{1}{2}\right)\times(-2)$

$x=(-2)\times(-5)$

$=10$

06 $f(-5)=?$
(들어간 수: -5, 나온 수: ?)

수 상자: $\div(-5)$

$(-5)\div(-5)=1$

$\rightarrow f(-5)=1$

21쪽의 풀이는 다음 페이지에 있습니다.

21

개념 마무리 2

아래 '수 상자'를 f라 할 때, 관계있는 것끼리 선으로 이으세요.

(들어간 수) $\times\left(-\frac{3}{2}\right)=$(나온 수)

따라서, (들어간 수)$=$(나온 수)$\times\left(-\frac{2}{3}\right)$

그런 것을 찾으면 $3=f(-2)$ (나온 수: 3, 들어간 수: -2)

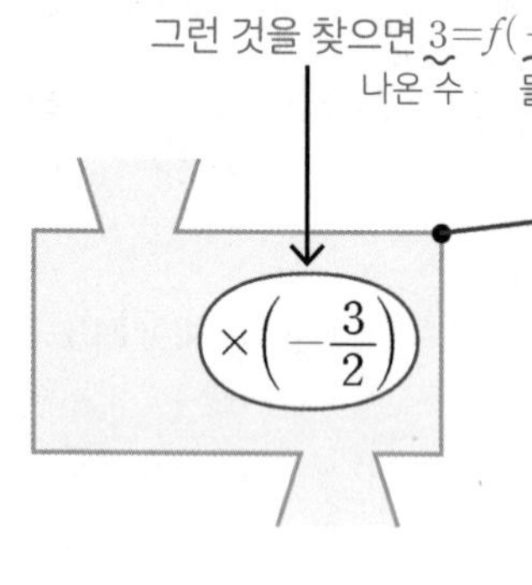

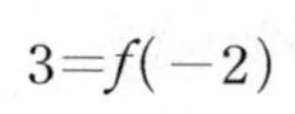

$3=f(-2)$

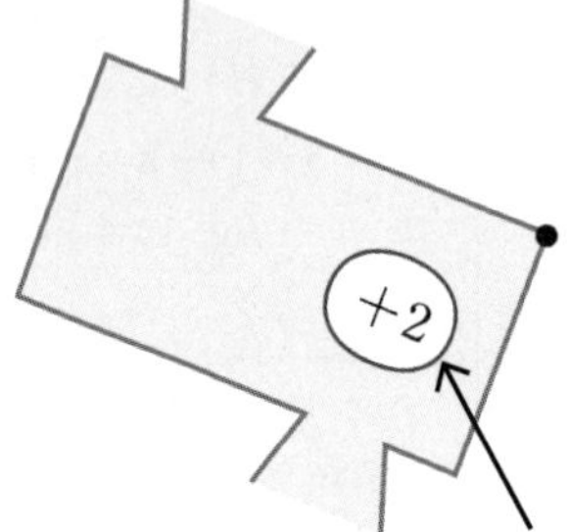

$\frac{2}{7}=f(2)$

2가 커져서 나오는 수 상자!
따라서 나온 수가 들어간 수보다
2가 더 큼. 그런 것을 찾으면
$-1=f(-3)$ (나온 수: -1, 들어간 수: -3)

$f(4)=-4$

(들어간 수)$\div 7=$(나온 수)
따라서, (들어간 수)$=$(나온 수)$\times 7$
그런 것을 찾으면 $\frac{2}{7}=f(2)$ (나온 수: $\frac{2}{7}$, 들어간 수: 2)

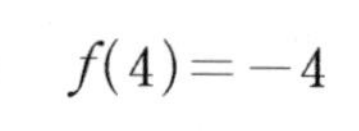

$3=f(4)$

1이 작아져서 나오는 수 상자!
따라서 나온 수가 들어간 수보다
1이 더 작음. 그런 것을 찾으면
$3=f(4)$ (나온 수: 3, 들어간 수: 4)

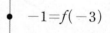

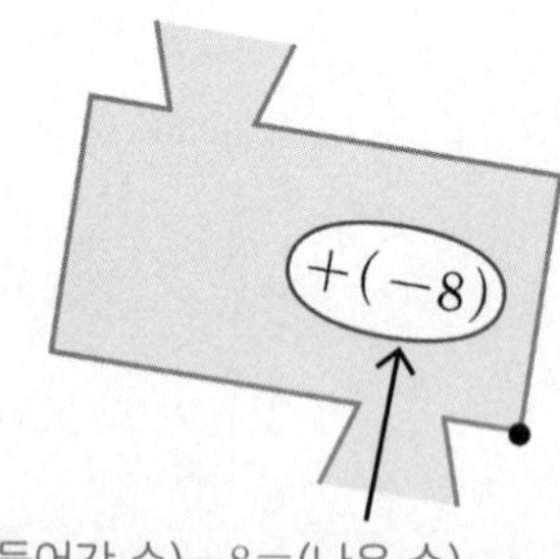

$-1=f(-3)$

(들어간 수)$-8=$(나온 수)
그런 것을 찾으면 $f(4)=-4$ (들어간 수: 4, 나온 수: -4)

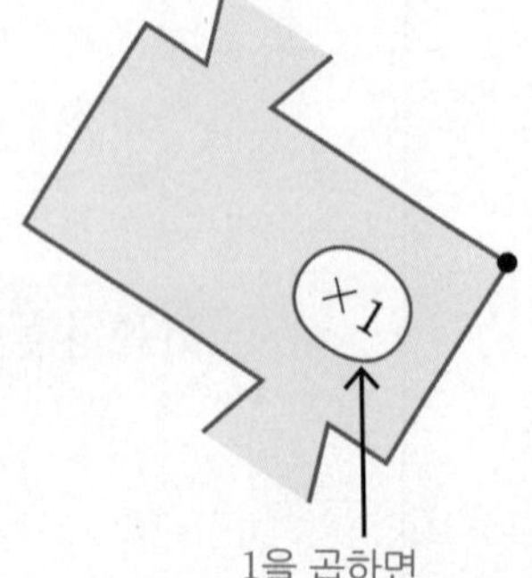

$f(5)=5$

1을 곱하면
들어간 수와 나온 수가 같음.
그런 것을 찾으면
$f(5)=5$ (들어간 수: 5, 나온 수: 5)

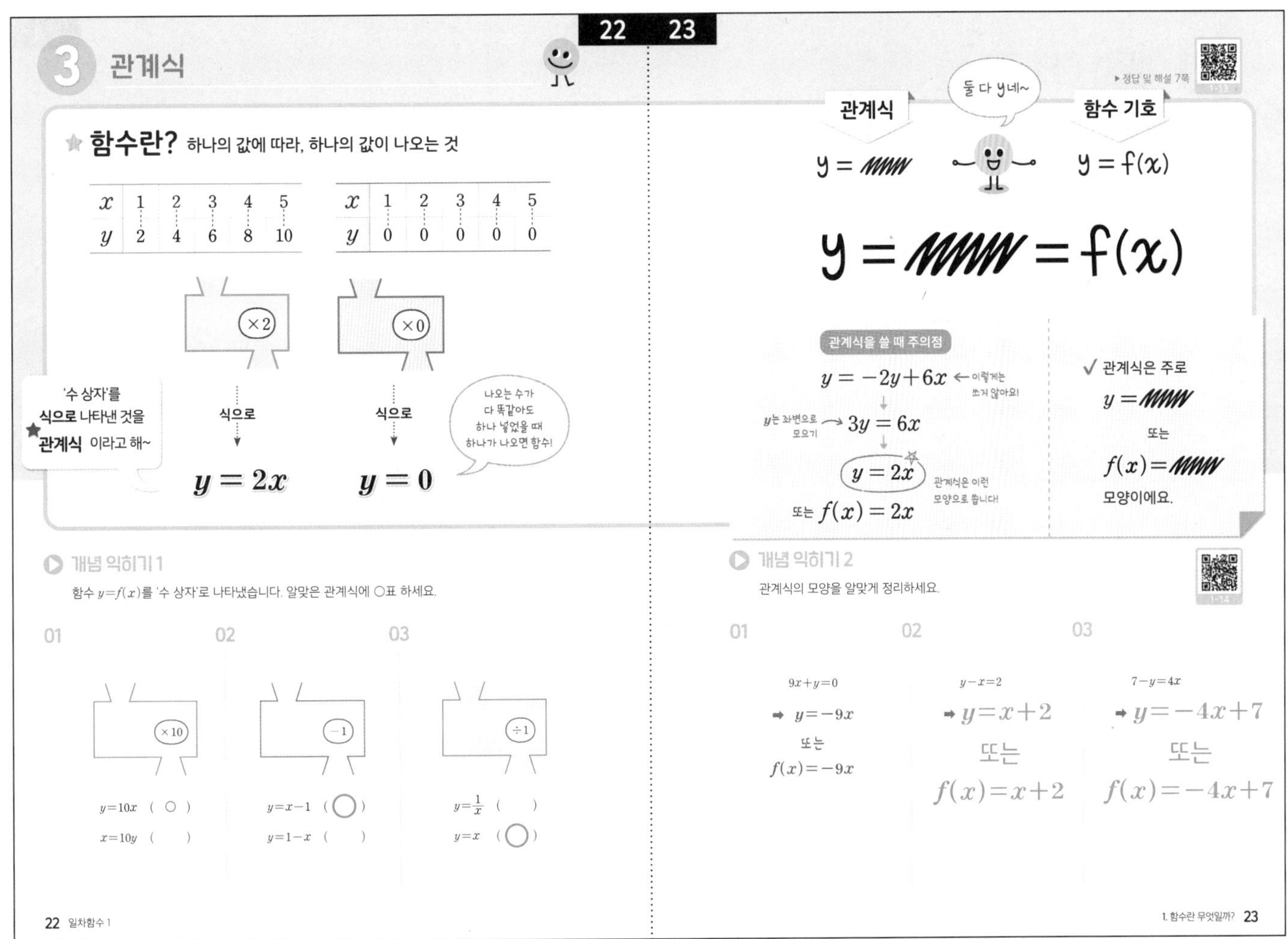
22 23

3 관계식

▸정답 및 해설 7쪽

★ **함수란?** 하나의 값에 따라, 하나의 값이 나오는 것

x	1	2	3	4	5
y	2	4	6	8	10

x	1	2	3	4	5
y	0	0	0	0	0

$\times 2$ → 식으로 → $y=2x$

$\times 0$ → 식으로 → $y=0$

'수 상자'를 **식으로** 나타낸 것을 **관계식** 이라고 해~

나오는 수가 다 똑같아도 하나 넣었을 때 하나가 나오면 함수!

관계식 $y=$ ~~~~ 둘 다 y네~ **함수 기호** $y=f(x)$

$$y = \text{~~~~} = f(x)$$

관계식을 쓸 때 주의점

$y=-2y+6x$ ← 이렇게는 쓰지 않아요!

y는 좌변으로 모으기 → $3y=6x$

$y=2x$ 관계식은 이런 모양으로 씁니다!

또는 $f(x)=2x$

✓ 관계식은 주로 $y=$ ~~~~ 또는 $f(x)=$ ~~~~ 모양이에요.

개념 익히기 1

함수 $y=f(x)$를 '수 상자'로 나타냈습니다. 알맞은 관계식에 ○표 하세요.

01 ($\times 10$)
$y=10x$ (○)
$x=10y$ ( )

02 (-1)
$y=x-1$ (○)
$y=1-x$ ( )

03 ($\div 1$)
$y=\frac{1}{x}$ ( )
$y=x$ (○)

개념 익히기 2

관계식의 모양을 알맞게 정리하세요.

01 $9x+y=0$
➡ $y=-9x$
또는
$f(x)=-9x$

02 $y-x=2$
➡ $y=x+2$
또는
$f(x)=x+2$

03 $7-y=4x$
➡ $y=-4x+7$
또는
$f(x)=-4x+7$

22 일차함수 1

1. 함수란 무엇일까? 23

개념 다지기 1

함수 $y=f(x)$에 대하여 물음에 답하세요.

01 $f(x)=-4x$, $f(2)=?$

$f(2)$의 뜻: $f(x)$에서 x 대신에
2를 넣어서 나온 값

$f(2)=(-4)\times(2)$
$=-8$

답: -8

02 $f(x)=\dfrac{6}{x}$, $f(-1)=?$

$f(-1)$의 뜻: $f(x)$에서 x 대신에
-1을 넣어서 나온 값

$\rightarrow f(-1)=\dfrac{6}{(-1)}=-6$

답: -6

03 $f(x)=x-1$, $f(0)=?$

$f(0)$의 뜻: $f(x)$에서 x 대신에
0을 넣어서 나온 값

$\rightarrow f(0)=(0)-1$
$=-1$

답: -1

04 $y=2x-3$, $f(-5)=?$

$f(-5)$의 뜻: $f(x)$에서 x 대신에
-5를 넣어서 나온 값

$\rightarrow y=2x-3$이므로
$f(x)=2x-3$
$f(-5)=2\times(-5)-3$
$=-10-3$
$=-13$

답: -13

05 $y=x^2$, $f(10)=?$

$f(10)$의 뜻: $f(x)$에서 x 대신에
10을 넣어서 나온 값

$\rightarrow y=x^2$이므로
$f(x)=x^2$
$f(10)=(10)^2$
$=100$

답: 100

06 $f(x)=\dfrac{3}{x}+1$, $f(-6)=?$

$f(-6)$의 뜻: $f(x)$에서 x 대신에
-6을 넣어서 나온 값

$\rightarrow f(-6)=\dfrac{3}{(-6)}+1$
$=-\dfrac{1}{2}+1$
$=\dfrac{1}{2}$

답: $\dfrac{1}{2}$

개념 다지기 2

함수 $y=f(x)$에 대하여 다음을 만족시키는 a의 값을 구하세요.

01 $f(x)=4x+1$, $f(a)=9$

$f(a)=9$의 뜻: $f(x)$에서 x 대신에 a를 넣었더니 9가 나옴

$\rightarrow f(x)=4x+1$

$f(a)=4\times(a)+1=9$

$4a=8$

$a=2$

답: 2

02 $y=x-10$, $f(a)=5$

$f(a)=5$의 뜻: $f(x)$에서 x 대신에 a를 넣었더니 5가 나왔다.

$\rightarrow y=x-10$이므로

$f(x)=x-10$

$f(a)=(a)-10=5$

$a=15$

답: 15

03 $f(x)=-9x$, $f(a)=3$

$f(a)=3$의 뜻: $f(x)$에서 x 대신에 a를 넣었더니 3이 나왔다.

$\rightarrow f(x)=-9x$

$f(a)=-9\times(a)=3$

$a=-\frac{1}{3}$

답: $-\frac{1}{3}$

04 $2x+y=11$, $f(a)=0$

$y=-2x+11$이므로 $f(x)=-2x+11$

$f(a)=0$의 뜻: $f(x)$에서 x 대신에 a를 넣었더니 0이 나왔다.

$\rightarrow f(x)=-2x+11$

$f(a)=-2\times(a)+11=0$

$-2a=-11$

$a=\frac{11}{2}$

답: $\frac{11}{2}$

05 $4y=x$, $f(a)=-1$

$y=\frac{x}{4}$이므로 $f(x)=\frac{x}{4}$

$f(a)=-1$의 뜻: $f(x)$에서 x 대신에 a를 넣었더니 -1이 나왔다.

$\rightarrow f(x)=\frac{x}{4}$

$f(a)=\frac{(a)}{4}=-1$

$a=-4$

답: -4

06 $f(x)=-6x+5$, $f(a)=41$

$f(a)=41$의 뜻: $f(x)$에서 x 대신에 a를 넣었더니 41이 나왔다.

$\rightarrow f(x)=-6x+5$

$f(a)=-6\times(a)+5=41$

$-6a=36$

$a=-6$

답: -6

26

개념 마무리 1

함수 $y=f(x)$에 대하여 물음에 답하세요.

01 함수 $f(x)=ax+3$에 대해 $f(-1)=1$일 때, 상수 a의 값은?

$f(-1)=1$의 뜻: $f(x)$에서 x 대신에 -1을 넣었더니 1이 나옴

$f(x)=ax+3$, $f(-1)=1$이니까

$f(-1)=a\times(-1)+3=1$

$-a+3=1$

$-a=-2$

$a=2$

답: 2

02 함수 $y=x+a$일 때, $f(1)=0$이면 상수 a의 값은?

$f(x)=x+a$

$f(1)=0$의 뜻: $f(x)$에서 x 대신에 1을 넣었더니 0이 나왔다.

$f(x)=x+a$

$f(1)=0$이니까

$f(1)=(1)+a=0$

$a=-1$

답: -1

03 함수 $y=ax-1$에 대해 $f(2)=-9$일 때, 상수 a의 값은?

$f(x)=ax-1$

$f(2)=-9$의 뜻: $f(x)$에서 x 대신에 2를 넣었더니 -9가 나왔다.

$f(x)=ax-1$

$f(2)=-9$니까

$f(2)=a\times(2)-1=-9$

$2a-1=-9$

$2a=-8$

$a=-4$

답: -4

04 함수 $f(x)=-\frac{4}{3}x+a$일 때, $f(0)=8$이면 상수 a의 값은?

$f(0)=8$의 뜻: $f(x)$에서 x 대신에 0을 넣었더니 8이 나왔다.

$f(x)=-\frac{4}{3}x+a$

$f(0)=8$이니까

$f(0)=\left(-\frac{4}{3}\right)\times(0)+a=8$

$a=8$

답: 8

05 함수 $f(x)=ax+4$일 때, $f(-1)=5$이면 상수 a의 값은?

$f(-1)=5$의 뜻: $f(x)$에서 x 대신에 -1을 넣었더니 5가 나왔다.

$f(x)=ax+4$

$f(-1)=5$니까

$f(-1)=a\times(-1)+4=5$

$-a+4=5$

$-a=1$

$a=-1$

답: -1

06 함수 $y=ax+8$에 대하여 $f(4)=10$일 때, 상수 a의 값은?

$f(x)=ax+8$

$f(4)=10$의 뜻: $f(x)$에서 x 대신에 4를 넣었더니 10이 나왔다.

$f(x)=ax+8$

$f(4)=10$이니까

$f(4)=a\times(4)+8=10$

$4a+8=10$

$4a=2$

$a=\frac{1}{2}$

답: $\frac{1}{2}$

개념 마무리 2

함수 $y=f(x)$에 대하여 물음에 답하세요.

01 함수 $f(x)=2x-3$에 대하여 $-3f\left(\frac{1}{2}\right)$의 값은?

$f\left(\frac{1}{2}\right)=2\times\left(\frac{1}{2}\right)-3$
$=1-3$
$=-2$

$f(x)$에서 x 대신 $\frac{1}{2}$을 넣은 것

$\rightarrow -3f\left(\frac{1}{2}\right)=(-3)\times(-2)$
$=6$

답: 6

02 함수 $f(x)=-3x+5$에 대해 $f(3)+2f(-2)$의 값은?

$f(3)$: $f(x)$에서 x 대신 3을 넣은 것
$f(-2)$: $f(x)$에서 x 대신 -2를 넣은 것

$f(3)=(-3)\times(3)+5$
$=-9+5$
$=-4$

$f(-2)=(-3)\times(-2)+5$
$=6+5$
$=11$
$\rightarrow 2f(-2)=2\times11=22$

$\rightarrow f(3)+2f(-2)=(-4)+22=18$

답: 18

03 함수 $f(x)=-\frac{4}{3}x-1$에 대해 $f(a)=-1$을 만족시키는 상수 a의 값은?

$f(a)=-1$이니까
$f(a)=\left(-\frac{4}{3}\right)\times(a)-1=-1$
$-\frac{4}{3}a-1=-1$
$-\frac{4}{3}a=0$
$a=0$

답: 0

04 함수 $y=ax+1$에서 $f\left(\frac{1}{3}\right)=2$일 때, 상수 a의 값은?

$y=ax+1$이므로 $f(x)=ax+1$
$f\left(\frac{1}{3}\right)=2$니까
$\rightarrow f\left(\frac{1}{3}\right)=a\times\left(\frac{1}{3}\right)+1=2$
$\frac{1}{3}a+1=2$
$\frac{1}{3}a=1$
$a=3$

답: 3

05 함수 $y=-x+b$일 때, $f(3)=3$이면 $f(-1)$의 값은? (단, b는 상수)

$y=-x+b$이므로
$f(x)=-x+b$
$f(3)=3$이니까
$\rightarrow f(3)=-(3)+b=3$
$-3+b=3$
$b=6$
따라서 주어진 함수는
$f(x)=-x+6$

$f(x)=-x+6$
$\rightarrow f(-1)=-(-1)+6$
$=1+6$
$=7$

답: 7

06 함수 $f(x)=ax-2$이고 $f(1)=5$, $f(b)=12$일 때, 상수 a, b에 대하여 $a+b$의 값은?

$f(1)=5$니까
$f(1)=a\times(1)-2=5$
$a-2=5$
$a=7$
따라서 주어진 함수는
$f(x)=7x-2$

$f(x)=7x-2$
$f(b)=12$니까
$\rightarrow f(b)=7\times(b)-2=12$
$7b-2=12$
$7b=14$
$b=2$

$\rightarrow a+b=7+2$
$=9$

답: 9

28 29

4 그림으로 보는 함수

이런 함수에서 $x=1, 2, 3, 4$라면?

★ $f(x)=3x$

표로

x	1	2	3	4
y	3	6	9	12

그림으로

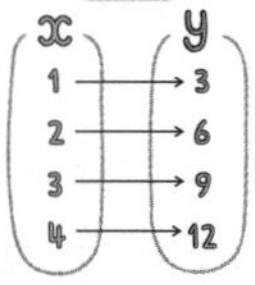

식으로

$f(1)=3$
$f(2)=6$
$f(3)=9$
$f(4)=12$

어때~? x 하나에, y가 하나 나오니까 함수 맞지!

이렇게, **하나와 하나가 짝꿍을 이루는 것**을 **대응**이라고 해.

그러니까 1과 3이 대응, 2와 6이 대응!

대응이 아니에요. 대응이에요.

'**대응**'이라는 말이 나오면 무엇과 무엇이 **짝꿍**이 되는지 잘 봐야해~

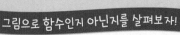

▸ 정답 및 해설 12쪽

그림으로 함수인지 아닌지를 살펴보자!

$y=2x$ $y=0$

x에 y가 대응하니까 함수 맞지!

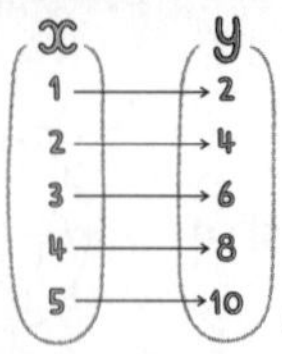

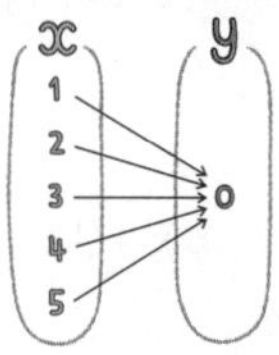

⊗ 함수가 아닌 예

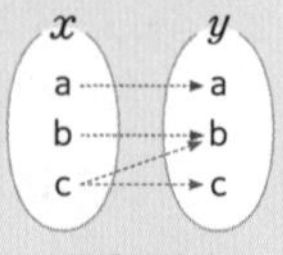

하나를 넣었을 때 둘이 나오면 함수가 아니야~

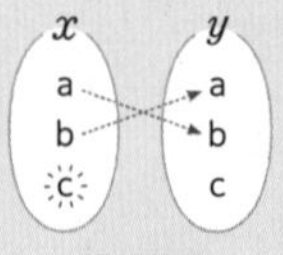

C를 넣었을 때 나오는 게 없으니까 함수가 아니야~

함수는, 하나 누르면 하나가 나오는 자판기를 생각해~

개념 익히기 1

그림을 보고 물음에 답하세요.

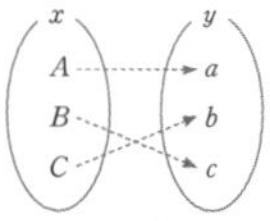

01 A에 대응하는 것은? a

02 B에 대응하는 것은? c

03 C에 대응하는 것은? b

개념 익히기 2

함수의 그림으로 알맞은 것에 ○표, 그렇지 않은 것에 ×표 하세요.

01 (×) ㄹ에 대응하는 y가 없으므로 함수 아님

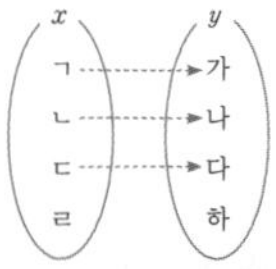

02 (×) ○에 대응하는 y가 2개이므로 함수 아님

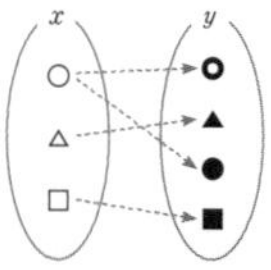

03 (○)

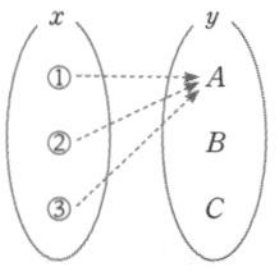

30 31

▸ 정답 및 해설 12쪽

개념 다지기 1

표를 보고 대응하는 화살표를 그리고, 함수인지 아닌지 알맞은 말에 ○표 하세요.

01

x	a	b	c	d
y	1, 3	2	4	5

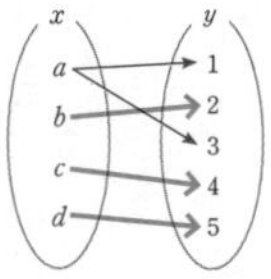

함수가 (맞습니다 , (아닙니다)).

a에 대응하는 y가 2개이므로 함수 아님

02

x	a	b	c	d
y	갑	을	병	정

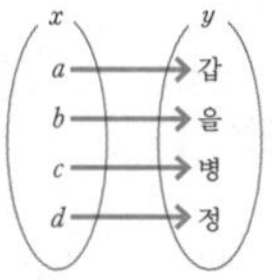

함수가 ((맞습니다), 아닙니다).

03

x	1	2	3	4
y	1		0	2

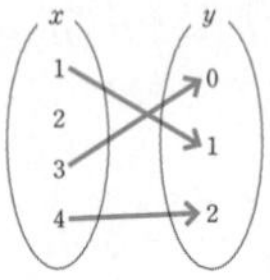

함수가 (맞습니다 , (아닙니다)).

2에 대응하는 y가 없으므로 함수 아님

04

x	㉠	㉡	㉢	㉣
y	0	0	0	0

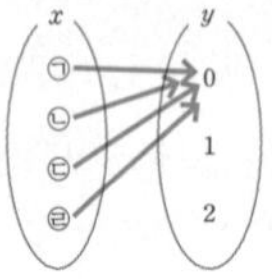

함수가 ((맞습니다), 아닙니다).

▸ 정답 및 해설 12쪽

개념 다지기 2

함수 $y=f(x)$를 나타낸 그림을 보고 물음에 답하세요.

01

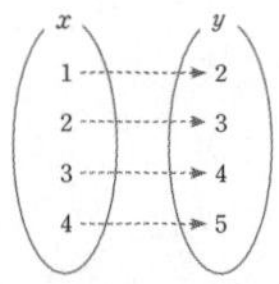

(1) $f(1)$의 값은? 2

(2) $f(4)$의 값은? 5

(3) $f(4)-f(1)$을 구하세요. 3

$5-2=3$

02

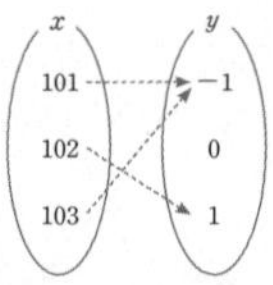

(1) $f(101)$의 값은? -1

(2) $f(102)$의 값은? 1

(3) $f(101)+f(102)+f(103)$을 구하세요. -1

$-1+1+(-1)=-1$

03

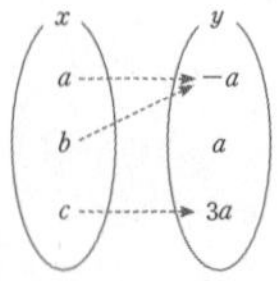

(1) $f(b)$의 값은? $-a$

(2) $f(c)$의 값은? $3a$

(3) $f(a)\times f(b)\times f(c)$를 구하세요. $3a^3$

$(-a)\times(-a)\times 3a$
$=3a^3$

04

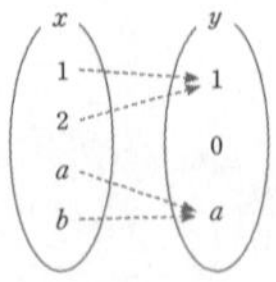

(1) $y=1$일 때 x의 값은? $1, 2$

(2) $y=a$일 때 x의 값은? a, b

(3) $f(a)\times f(b)$를 구하세요. a^2

$a\times a=a^2$

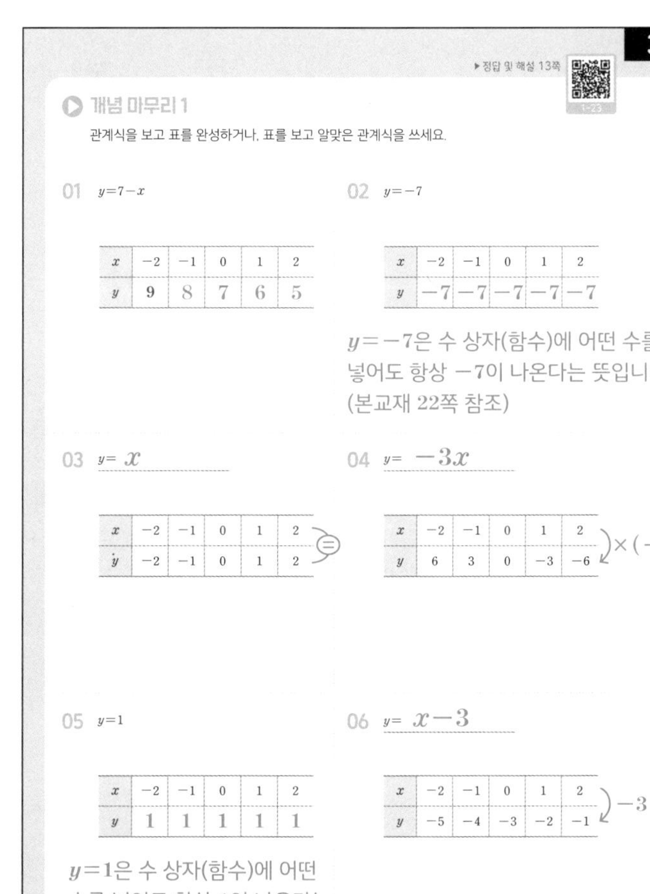

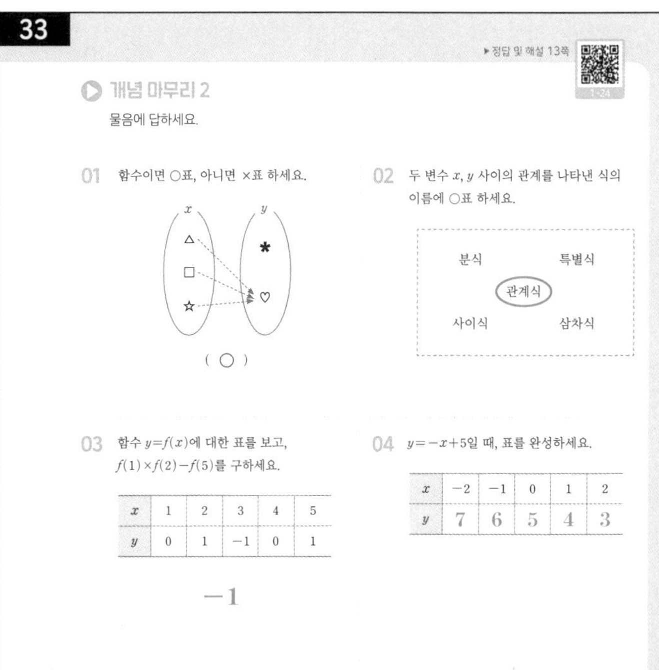

33쪽 풀이

03

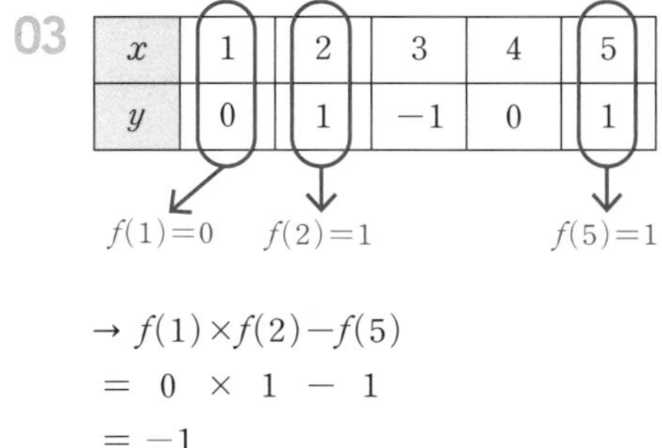

$\rightarrow f(1)\times f(2)-f(5)$
$= 0 \times 1 - 1$
$= -1$

04 $y=-x+5$

여기에 x의 값을 대입하여 y의 값을 구합니다.

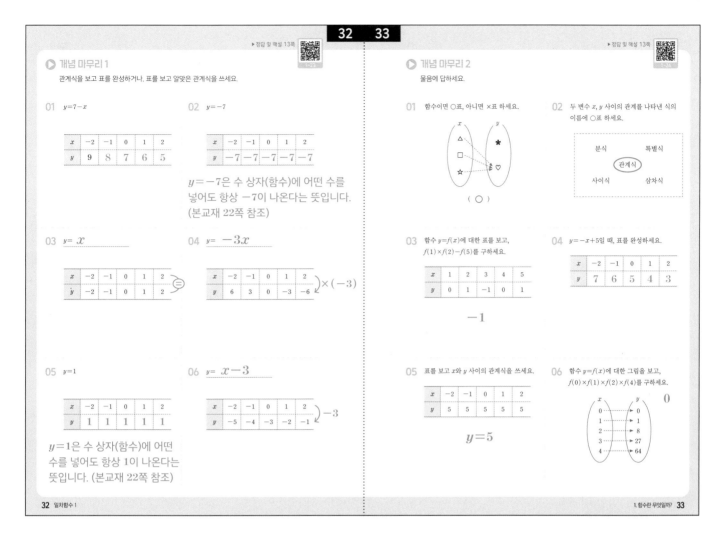

$x=-2 \rightarrow y=-(-2)+5=2+5=7$
$x=-1 \rightarrow y=-(-1)+5=1+5=6$
$x=0 \rightarrow y=-(0)+5=5$
$x=1 \rightarrow y=-(1)+5=4$
$x=2 \rightarrow y=-(2)+5=3$

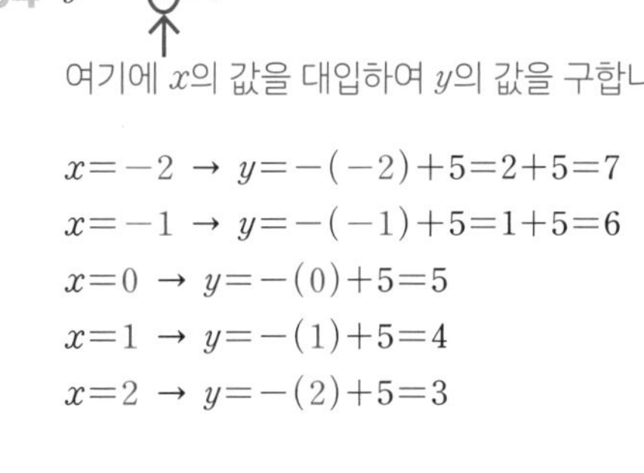

05 x가 어떤 수든 상관없이 y가 항상 5이므로, 관계식으로 나타내면 $y=5$입니다.

06

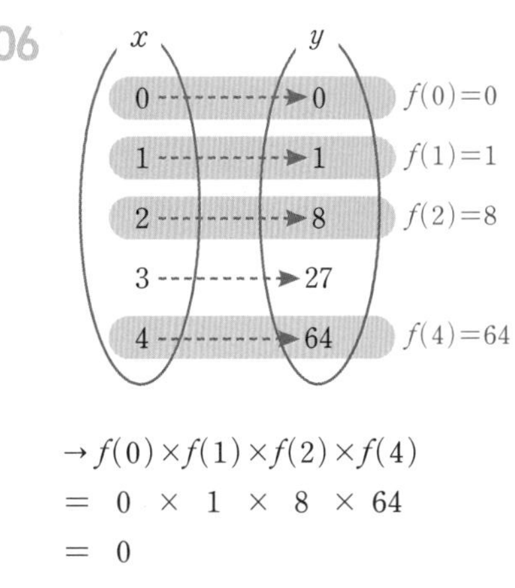

$\rightarrow f(0)\times f(1)\times f(2)\times f(4)$
$= 0 \times 1 \times 8 \times 64$
$= 0$

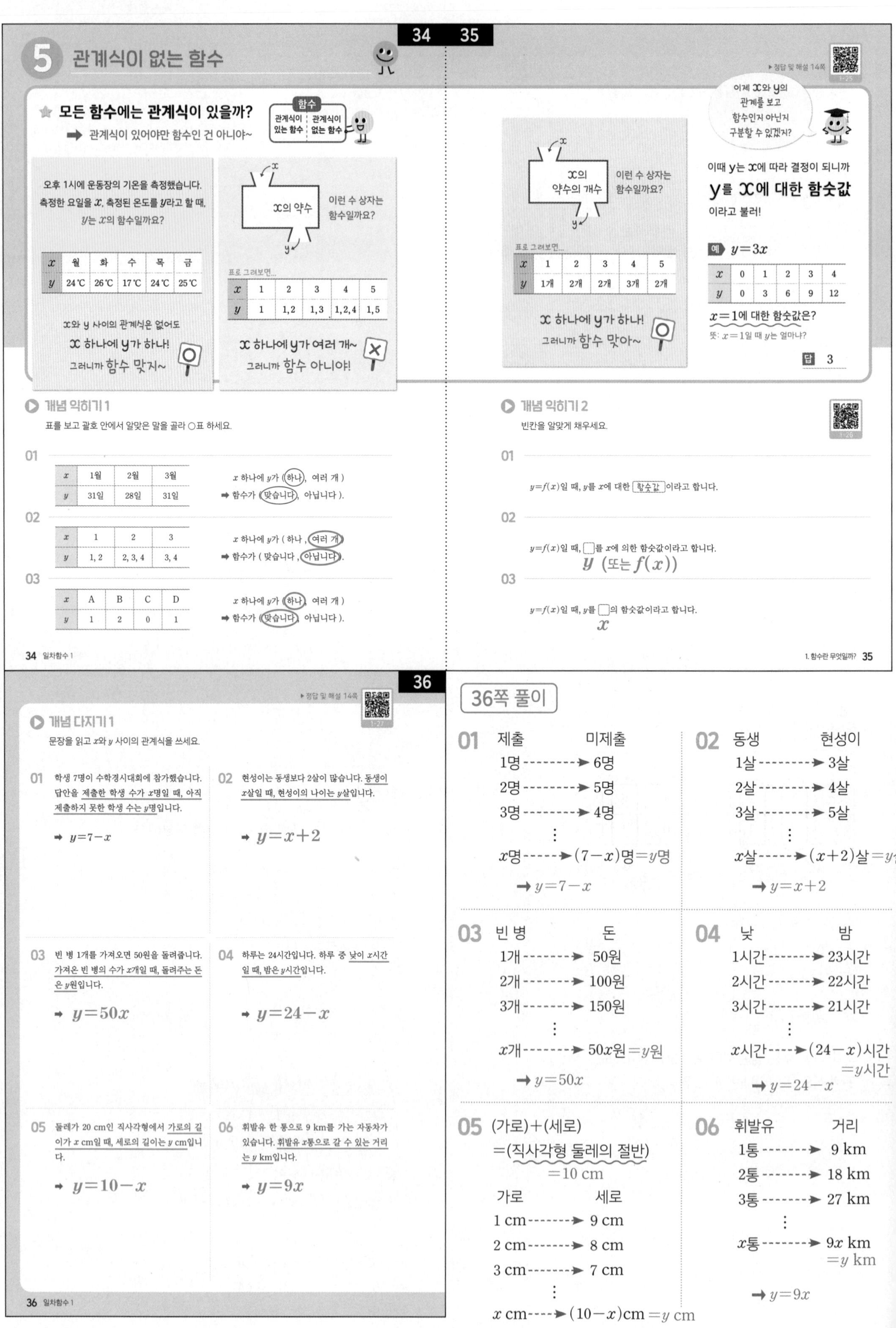

34 35

5 관계식이 없는 함수

▸정답 및 해설 14쪽

★ 모든 함수에는 관계식이 있을까?

➡ 관계식이 있어야만 함수인 건 아니야~

함수
관계식이 있는 함수
관계식이 없는 함수

오후 1시에 운동장의 기온을 측정했습니다. 측정한 요일을 x, 측정된 온도를 y라고 할 때, y는 x의 함수일까요?

x	월	화	수	목	금
y	24 ℃	26 ℃	17 ℃	24 ℃	25 ℃

x와 y 사이의 관계식은 없어도 x 하나에 y가 하나! 그러니까 함수 맞지~

x의 약수
이런 수 상자는 함수일까요?

표로 그려보면...

x	1	2	3	4	5
y	1	1, 2	1, 3	1, 2, 4	1, 5

x 하나에 y가 여러 개~ 그러니까 함수 아니야!

x의 약수의 개수
이런 수 상자는 함수일까요?

표로 그려보면...

x	1	2	3	4	5
y	1개	2개	2개	3개	2개

x 하나에 y가 하나! 그러니까 함수 맞아~

이제 x와 y의 관계를 보고 함수인지 아닌지 구분할 수 있겠지?

이때 y는 x에 따라 결정이 되니까

y를 x에 대한 함숫값이라고 불러!

예 $y=3x$

x	0	1	2	3	4
y	0	3	6	9	12

$x=1$에 대한 함숫값은?

뜻: $x=1$일 때 y는 얼마냐?

답 3

개념 익히기 1

표를 보고 괄호 안에서 알맞은 말을 골라 ○표 하세요.

01

x	1월	2월	3월
y	31일	28일	31일

x 하나에 y가 ((하나), 여러 개)
➡ 함수가 ((맞습니다), 아닙니다).

02

x	1	2	3
y	1, 2	2, 3, 4	3, 4

x 하나에 y가 (하나, (여러 개))
➡ 함수가 (맞습니다, (아닙니다)).

03

x	A	B	C	D
y	1	2	0	1

x 하나에 y가 ((하나), 여러 개)
➡ 함수가 ((맞습니다), 아닙니다).

34 일차함수 1

개념 익히기 2

빈칸을 알맞게 채우세요.

01 $y=f(x)$일 때, y를 x에 대한 [함숫값]이라고 합니다.

02 $y=f(x)$일 때, □를 x에 의한 함숫값이라고 합니다. y (또는 $f(x)$)

03 $y=f(x)$일 때, y를 □의 함숫값이라고 합니다. x

1. 함수란 무엇일까? 35

36

▸정답 및 해설 14쪽

개념 다지기 1

문장을 읽고 x와 y 사이의 관계식을 쓰세요.

01 학생 7명이 수학경시대회에 참가했습니다. 답안을 제출한 학생 수가 x명일 때, 아직 제출하지 못한 학생 수는 y명입니다.

➡ $y=7-x$

02 현성이는 동생보다 2살이 많습니다. 동생이 x살일 때, 현성이의 나이는 y살입니다.

➡ $y=x+2$

03 빈 병 1개를 가져오면 50원을 돌려줍니다. 가져온 빈 병의 수가 x개일 때, 돌려주는 돈은 y원입니다.

➡ $y=50x$

04 하루는 24시간입니다. 하루 중 낮이 x시간일 때, 밤은 y시간입니다.

➡ $y=24-x$

05 둘레가 20 cm인 직사각형에서 가로의 길이가 x cm일 때, 세로의 길이는 y cm입니다.

➡ $y=10-x$

06 휘발유 한 통으로 9 km를 가는 자동차가 있습니다. 휘발유 x통으로 갈 수 있는 거리는 y km입니다.

➡ $y=9x$

36 일차함수 1

36쪽 풀이

01 제출 → 미제출
1명 → 6명
2명 → 5명
3명 → 4명
⋮
x명 → $(7-x)$명$=y$명
➡ $y=7-x$

02 동생 → 현성이
1살 → 3살
2살 → 4살
3살 → 5살
⋮
x살 → $(x+2)$살$=y$살
➡ $y=x+2$

03 빈 병 → 돈
1개 → 50원
2개 → 100원
3개 → 150원
⋮
x개 → $50x$원$=y$원
➡ $y=50x$

04 낮 → 밤
1시간 → 23시간
2시간 → 22시간
3시간 → 21시간
⋮
x시간 → $(24-x)$시간$=y$시간
➡ $y=24-x$

05 (가로)+(세로)
=(직사각형 둘레의 절반)
=10 cm
가로 → 세로
1 cm → 9 cm
2 cm → 8 cm
3 cm → 7 cm
⋮
x cm → $(10-x)$cm $=y$ cm
➡ $y=10-x$

06 휘발유 → 거리
1통 → 9 km
2통 → 18 km
3통 → 27 km
⋮
x통 → $9x$ km $=y$ km
➡ $y=9x$

37 ▸ 정답 및 해설 15쪽

개념 다지기 2

문장에 맞게 표를 완성하고, 함수인지 아닌지 알맞은 말에 ○표 하세요.

01 x는 자연수, y는 x 이상인 자연수입니다.

x	1	2	3	4	5	⋯
y	1, 2, 3, ⋮	2, 3, 4, ⋮	3, 4, 5, ⋮	4, 5, 6, ⋮	5, 6, 7, ⋮	⋯

➡ y는 x의 함수가 (맞습니다 , (아닙니다)).

02 자전거를 타고 시속 x km로 y시간 동안 달린 거리는 8 km입니다.

x	40	32	24	16	8
y	$\frac{1}{5}$	$\frac{1}{4}$	$\frac{1}{3}$	$\frac{1}{2}$	1

➡ y는 x의 함수가 ((맞습니다) , 아닙니다).

03 x는 정수, y는 x의 절댓값입니다.

x	⋯	-2	-1	0	1	2	⋯
y	⋯	2	1	0	1	2	⋯

➡ y는 x의 함수가 ((맞습니다) , 아닙니다).

04 x는 자연수, y는 x를 3으로 나눈 나머지입니다.

x	1	2	3	4	5	⋯
y	1	2	0	1	2	⋯

➡ y는 x의 함수가 ((맞습니다) , 아닙니다).

05 x는 자연수, y는 x와 서로소인 자연수입니다.

x	1	2	3	4	5	⋯
y	1, 2, 3, ⋮	1, 3, 5, ⋮	1, 2, 4, ⋮	1, 3, 5, ⋮	1, 2, 3, ⋮	⋯

➡ y는 x의 함수가 (맞습니다 , (아닙니다)).

06 x는 정수, y는 x보다 1 작은 수입니다.

x	⋯	-2	-1	0	1	2	⋯
y	⋯	-3	-2	-1	0	1	⋯

➡ y는 x의 함수가 ((맞습니다) , 아닙니다).

1. 함수란 무엇일까? 37

37쪽 풀이

01 x 하나에 y가 여러 개이므로 함수 아님

02

• (거리)=(속력)×(시간)

• (속력)=$\frac{(\text{거리})}{(\text{시간})}$

• (시간)=$\frac{(\text{거리})}{(\text{속력})}$

시속 x km로 y시간 동안 달린 거리가 8 km

속력: x 시간: y 거리: 8

➡ $y=\frac{8}{x}$ $(x\neq0)$

x	40	32	24	16	8
	$y=\frac{8}{40}$	$y=\frac{8}{32}$	$y=\frac{8}{24}$	$y=\frac{8}{16}$	$y=\frac{8}{8}$
y	$\frac{1}{5}$	$\frac{1}{4}$	$\frac{1}{3}$	$\frac{1}{2}$	1

➡ x 하나에 y가 하나이므로 함수 맞음

03 y는 x의 절댓값

x	⋯	-2	-1	0	1	2	⋯
y	⋯	2	1	0	1	2	⋯

➡ x 하나에 y가 하나이므로 함수 맞음

04 y는 x를 3으로 나눈 나머지

x	1	2	3	4	5	⋯
	$1\div3=0\cdots①$	$2\div3=0\cdots②$	$3\div3=1\cdots⓪$	$4\div3=1\cdots①$	$5\div3=1\cdots②$	⋯
y	1	2	0	1	2	⋯

➡ x 하나에 y가 하나이므로 함수 맞음

05 y는 x와 서로소인 자연수 → x와 y의 최대공약수가 1

x	1	2	3	4	5	⋯
y	1, 2, 3, ⋮	1, 3, 5, ⋮	1, 2, 4, ⋮	1, 3, 5, ⋮	1, 2, 3, ⋮	⋯

➡ x 하나에 y가 여러 개이므로 함수 아님

06 y는 x보다 1 작은 수

x	⋯	-2	-1	0	1	2	⋯
y	⋯	-3	-2	-1	0	1	⋯

➡ x 하나에 y가 하나이므로 함수 맞음

38

▸ 정답 및 해설 16쪽

개념 마무리 1

문장을 보고 y가 x의 함수이면 ○표, 아니면 ×표 하세요.

01 x와 y의 합은 7입니다. (○)

02 x분은 y초입니다. (○)

03 우리 반 학생 중 x월에 태어난 학생 수 y명 (○)

04 자연수 x보다 작은 홀수 y (×)

05 한 변의 길이가 x cm인 정삼각형의 둘레 y cm (○)

06 절댓값이 x인 수 y (×)

38 일차함수 1

38쪽 풀이

01 x와 y의 합이 7

x	$\cdots$	-2	-1	0	1	2	$\cdots$
y	$\cdots$	9	8	7	6	5	$\cdots$

➡ x 하나에 y가 하나이므로 함수 맞음

02 1분＝60초, x분은 y초

x	1	2	3	4	5	$\cdots$
y	60	120	180	240	300	$\cdots$

➡ x 하나에 y가 하나이므로 함수 맞음

03 y는 x월에 태어난 학생 수

→ 어떤 달에 태어난 학생이 4명이면서 동시에 5명인 것은 불가능!
따라서, x와 y의 관계를 표로 나타낸다면 다음과 같음

예

x	1	2	3	4	5	$\cdots$	12
y	3	1	4	2	3	$\cdots$	5

➡ x 하나에 y가 하나이므로 함수 맞음

04 y는 x보다 작은 홀수

x	1	2	3	4	5	6	$\cdots$
y	／	1	1	1, 3	1, 3	1, 3, 5	$\cdots$

➡ x 하나에 y가 없거나 여러 개이므로 함수 아님

05 y는 한 변의 길이가 x cm인 정삼각형의 둘레

→ (정삼각형의 둘레)＝(한 변의 길이)×3

x	1	2	3	4	5	$\cdots$
y	3	6	9	12	15	$\cdots$

➡ x 하나에 y가 하나이므로 함수 맞음

06 y의 절댓값이 x

x	0	1	2	3	4	$\cdots$
y	0	1, -1	2, -2	3, -3	4, -4	$\cdots$

➡ x 하나에 y가 여러 개이므로 함수 아님

39

▶ 정답 및 해설 17쪽

개념 마무리 2

y를 x의 함수라 할 때, 물음에 답하세요.

01 200원짜리 사탕 x개를 사고 5000원을 냈을 때의 거스름돈이 y원입니다. $x=3$에 대한 함숫값을 구하세요. 4400

풀이 $y=5000-200x$

$x=3$에 대한 함숫값
→ x 대신 3을 넣었을 때 y의 값
$5000-200\times3=5000-600$
$=4400$

02 올해 수현이의 나이는 x살이고, 4년 후의 나이를 y살이라고 할 때, x와 y 사이의 관계식을 구하세요.

$y=x+4$

03 x는 자연수, y는 x 이하인 짝수의 개수일 때, $x=8$에 대한 함숫값을 구하세요.

4

04 1분에 15장씩 인쇄하는 프린터가 x분 동안 인쇄한 종이가 y장입니다. 함숫값이 120이 되는 x의 값을 구하세요.

8

05 밑변의 길이가 x cm, 높이가 4 cm인 삼각형의 넓이를 y cm²라고 할 때, 함숫값이 10이 되는 x의 값을 구하세요.

5

06 어떤 수영장에 50 cm의 높이로 물이 채워져 있습니다. 이 수영장의 물의 높이가 매분 3 cm씩 증가하도록 물을 받으려고 합니다. 물을 받은 지 x분 후의 물의 높이를 y cm라고 할 때, $x=7$에 대한 함숫값을 구하세요.

71

1. 함수란 무엇일까? 39

39쪽 풀이

01 200원짜리 사탕 x개를 사고
5000원을 냈을 때 거스름돈이 y원

물건값: $200x$

(거스름돈)=(낸 돈)−(물건값)
$y = 5000 - 200x$

• 문제: $x=3$일 때의 함숫값
→ x 대신 3을 넣었을 때 y의 값

$y=5000-200x$
$=5000-200\times(3)$
$=5000-600$
$=4400$

02 올해 x살, 4년 후 y살

올해 4년 후
1살 → 5살
2살 → 6살
3살 → 7살
⋮
x살 → $(x+4)$살 $=y$살
→ $y=x+4$

03 y는 자연수 x 이하인 짝수의 개수

1 이하인 짝수: 없음 → $y=0$
2 이하인 짝수: 2 → $y=1$
3 이하인 짝수: 2 → $y=1$
4 이하인 짝수: 2, 4 → $y=2$
⋮
8 이하인 짝수: 2, 4, 6, 8 → $y=4$

04 1분에 15장씩, x분 동안 인쇄한 종이가 y장

1분 → 15장
2분 → 30장
3분 → 45장
⋮
x분 → $15x$장 $=y$장
→ $y=15x$

• 문제: 함숫값이 120이 되는 x의 값
→ y가 120일 때 x의 값?

$y=15x$
$120=15x$
$x=8$

05 밑변의 길이가 x, 높이가 4인 삼각형의 넓이 y

(삼각형 넓이)=(밑변)×(높이)×$\frac{1}{2}$
(y, x, 4)

→ $y=x\times4\times\frac{1}{2}$
→ $y=2x$

• 문제: 함숫값이 10이 되는 x의 값
→ y가 10일 때 x의 값?

$y=2x$
$10=2x$
$x=5$

06 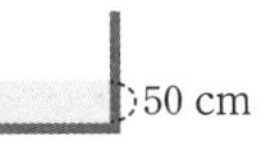

50 cm가 채워진 수영장에 높이가 매분 3 cm씩 증가하도록 물을 더 넣을 때, x분 후의 물의 높이가 y cm

(전체 물 높이)=(원래 물 높이)+(증가한 물 높이)
$y = 50 + 3x$

1분 후 → 3 cm 증가
2분 후 → 6 cm 증가
3분 후 → 9 cm 증가
⋮
x분 후 → $3x$ cm 증가

• 문제: $x=7$에 대한 함숫값
→ x 대신 7을 넣었을 때 y의 값

$y=50+3x$
$=50+3\times(7)$
$=50+21$
$=71$

40 41

1. 함수란 무엇일까? **단원 마무리**

▸정답 및 해설 18~19쪽

01 그림에 알맞은 관계식은? ②

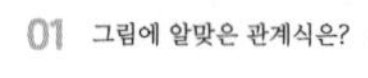

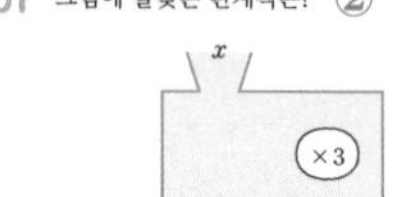

① $y=x+3$ ② $y=3x$ ③ $x=3y$
④ $y=3-x$ ⑤ $y=3$

02 오른쪽 그림과 같은 이등변삼각형을 보고 표를 완성하시오.

x	10	20	30	40	50	60	70
y	160	140	120	100	80	60	40

03 비커에 담긴 10℃의 액체를 가열하면서 온도를 재었더니 2분마다 10℃씩 일정하게 올라갔습니다. 가열하기 시작하여 x분이 지난 후 액체의 온도를 y℃라고 할 때, x와 y 사이의 관계식을 구하시오.

$y=5x+10$

04 함수 $f(x)=3x-1$일 때, 함숫값이 큰 순서대로 쓰시오.

$f(0)$, $f(-3)$, $f(3)$
-1 -10 8

$f(3)$, $f(0)$, $f(-3)$

05 함수 $y=f(x)$에 대한 그림을 보고 물음에 답하시오.

(1) $f(3)$의 값은? 1

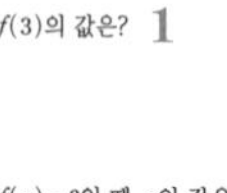

(2) $f(a)=3$일 때, a의 값은? 4

(3) $f(1)-f(4)$의 값은? 1

$4-3=1$

06 함수 $y=f(x)$에 대한 설명으로 옳지 않은 것은? ④

① 두 변수 x, y에 대하여 x의 값이 하나 정해짐에 따라 y의 값도 하나로 정해지는 관계입니다.
② f라는 함수에 x를 넣으면 y가 나옵니다.
③ y를 x의 함수라고 합니다.
④ x를 y에 대한 함숫값이라고 합니다.
⑤ 관계식이 없어도 함수가 될 수 있습니다.

07 x가 2일 때, y의 값은 $-\frac{3}{5}$입니다. x와 y의 관계식으로 알맞은 것은? ③

① $y=x-\frac{2}{5}$ ② $y=5x$
③ $y=-x+\frac{7}{5}$ ④ $y=5x+5$
⑤ $y=\frac{x}{5}$

08 표를 보고 대응하는 화살표를 그리고, 함수인지 아닌지 알맞은 말에 ○표 하시오.

x	1	2	3	4
y	4	3	2	2

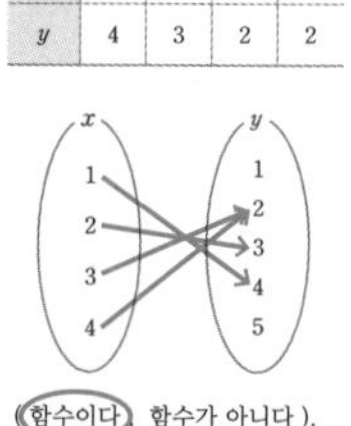

(함수이다, 함수가 아니다).

09 다음 중 y가 x의 함수가 아닌 것은? ②

① 우리 반에서 키가 x cm인 학생 수 y명
② 자연수 x의 배수 y
③ 넓이가 12 cm²이고, 가로가 x cm인 직사각형의 세로 y cm
④ 시속 5 km로 x시간 동안 달린 거리 y km
⑤ 1개에 500원인 지우개 x개의 가격 y원

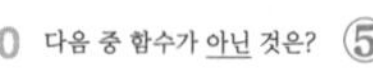

10 다음 중 함수가 아닌 것은? ⑤

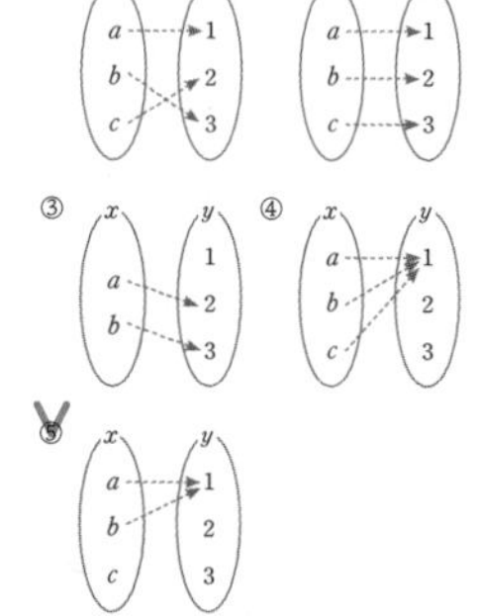

40 일차함수 1 | 1. 함수란 무엇일까? 41

40~41쪽 풀이

02 삼각형의 세 각의 크기의 합은 180°

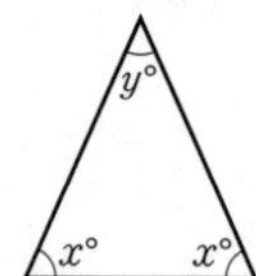

이등변삼각형의 아래쪽 두 각이 각각 $x°$, 위쪽 각이 $y°$
→ $x+x+y=180$
$y=180-2x$

답

x	10	20	30	40	50	60	70
y	160	140	120	100	80	60	40

03 • 원래 액체 온도가 10℃
• 2분에 10℃씩 올라감 → 1분에 5℃씩 올라감

1분 후 ---▶ 5℃ 증가
2분 후 ---▶ 10℃ 증가
3분 후 ---▶ 15℃ 증가
⋮
x분 후 ---▶ $5x$℃ 증가

(액체 온도)=(원래 온도)+(증가한 온도)
$y = 10 + 5x$

답 $y=5x+10$

04 $f(x)=3x-1$

$f(0)=3\times(0)-1=-1$

$f(-3)=3\times(-3)-1$
$=-9-1$
$=-10$

$f(3)=3\times(3)-1$
$=9-1$
$=8$

답 $f(3)$, $f(0)$, $f(-3)$

06 ④ x를 y에 대한 함숫값이라고 합니다.
→ y를 x에 대한

답 ④

41쪽 풀이

07 x 대신 2를 넣었을 때 y의 값이 $-\frac{3}{5}$이 되는 식을 찾기

① $y=x-\frac{2}{5}$

$\rightarrow y=(2)-\frac{2}{5}=\frac{8}{5}$ (×)

② $y=5x$

$\rightarrow y=5\times(2)=10$ (×)

③ $y=-x+\frac{7}{5}$

$\rightarrow y=-(2)+\frac{7}{5}=-\frac{3}{5}$ (○)

④ $y=5x+5$

$\rightarrow y=5\times(2)+5=15$ (×)

⑤ $y=\frac{x}{5}$

$\rightarrow y=\frac{(2)}{5}$ (×)

답 ③

08 x 하나에 y가 하나씩 대응되었으므로 함수 맞음

답 함수이다.

10 ①~④는 x 하나에 y가 하나씩 대응되었으므로 함수 맞음

⑤ 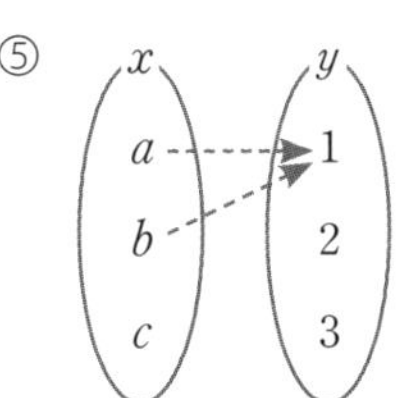

→ $x=c$일 때 대응하는 y의 값이 없으므로 함수 아님

답 ⑤

09 ① 우리 반에서 키가 x cm인 학생 수 y명

→ 예를 들어, 키가 160 cm인 학생이 2명이면서 동시에 4명인 것은 불가능!
따라서, x와 y의 관계를 표로 나타낸다면 다음과 같음

예

x	…	160	161	162	163	…
y	…	1	2	1	0	…

→ x 하나에 y가 하나이므로 함수 맞음

② 자연수 x의 배수 y

x	1	2	3	4	5	…
y	1, 2, 3, ⋮	2, 4, 6, ⋮	3, 6, 9, ⋮	4, 8, 12, ⋮	5, 10, 15, ⋮	…

→ x 하나에 y가 여러 개이므로 함수 아님

③ 가로가 x, 세로가 y인 직사각형의 넓이가 12

곱이 12

x	1	2	3	4	…
y	12	6	4	3	…

→ x 하나에 y가 하나이므로 함수 맞음

④ 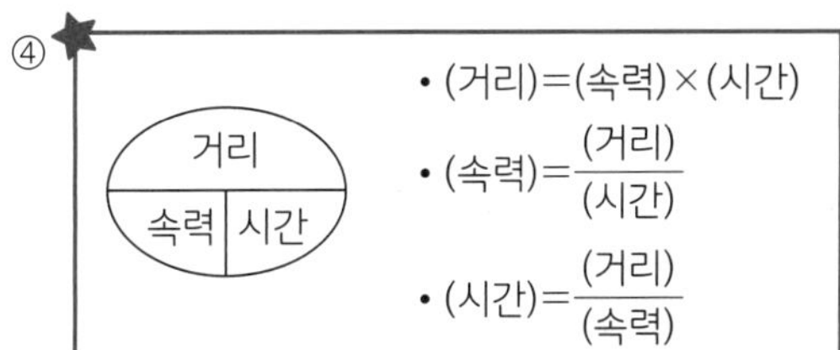

시속 5 km로 x시간 동안 달린 거리가 y km
속력: 5 시간: x 거리: y

→ $y=5x$

x	1	2	3	4	5	…
y	5	10	15	20	25	…

→ x 하나에 y가 하나이므로 함수 맞음

⑤ 500원짜리 지우개 x개의 가격 y원

x	1	2	3	4	5	…
y	500	1000	1500	2000	2500	…

→ x 하나에 y가 하나이므로 함수 맞음

답 ②

42 43

단원 마무리

11 다음 관계식에 따라 아래 그림에 x와 y 사이의 대응을 각각 나타냈을 때, 함수가 아닌 것은? ③

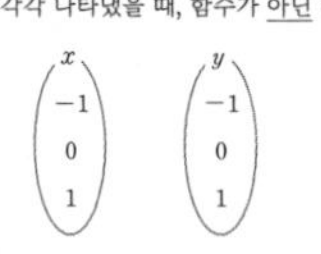

① $y=x$ ② $y=-x$
③ $y=x-1$ ④ $y=|x|$
⑤ $y=x^2$

12 함수 $y=f(x)$에 대하여 옳지 않은 것은? ②

① $y=ax+b$이면 $f(x)=ax+b$입니다.
② $f(2)=1$은 x 대신에 1을 넣어서 나온 값이 2라는 뜻입니다.
③ $y-1=x$이면 $f(x)=x+1$입니다.
④ $f(x)=-8$은 함수에 어떤 수를 넣어도 항상 -8이 나온다는 뜻입니다.
⑤ $f(-1)=5$이면, $2f(-1)=10$입니다.

13 표를 보고 x와 y 사이의 관계식을 쓰시오.

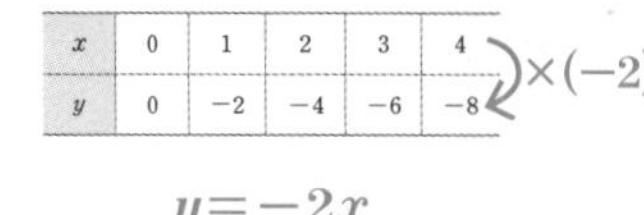

x	0	1	2	3	4
y	0	-2	-4	-6	-8

$\times(-2)$

$y=-2x$

14 $y=\frac{3}{4}x+6$일 때, $2f(8)-f(0)$의 값을 구하시오.

18

15 민호는 매일 짜장면을 한 그릇씩 먹습니다. x일째 짜장면을 먹고, 먹은 직후에 측정한 체중을 y kg이라 할 때, y는 x의 함수인지 아닌지 쓰시오.

함수입니다.

▶ 정답 및 해설 20~22쪽

16 함수 $f(x)=$(자연수 x보다 작은 소수의 개수)에 대하여 $f(10)\times f(20)$의 값을 구하시오.

32

17 함수 $f(x)=ax+5$에 대해 $f(1)=3$, $f(b)=10$일 때, ab의 값을 구하시오. (단, a는 상수)

5

18 x는 자연수이고, y는 x와 20의 최대공약수입니다. 함수 $y=f(x)$라고 할 때, 다음 중 옳지 않은 것은? ⑤

① $f(4)=4$ ② $f(15)=5$
③ $f(3)+f(6)=3$ ④ $f(7)\times f(11)=1$
⑤ $f(10)=f(5)$

19 함수 $f(x)=3x+10$에 대해 $f\left(\frac{a}{3}\right)=7-2a$일 때, a의 값을 구하시오.

-1

20 다음 '수 상자'에 x를 넣으면 $y=2x-m$이 나옵니다. 이 '수 상자'에 6을 넣었더니 4가 나왔다면, 5를 넣었을 때 나오는 수를 구하시오. (단, m은 상수)

2

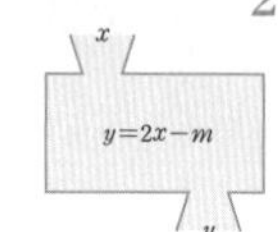

42 일차함수 1 1. 함수란 무엇일까? 43

42쪽 풀이

11 ① $y=x$

→ x가 -1일 때 y는 -1
x가 0일 때 y는 0
x가 1일 때 y는 1

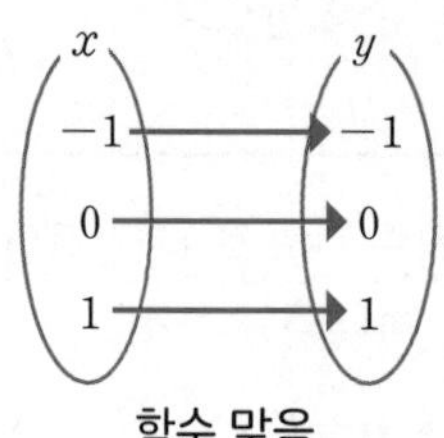

함수 맞음

② $y=-x$

→ x가 -1일 때 y는 1
x가 0일 때 y는 0
x가 1일 때 y는 -1

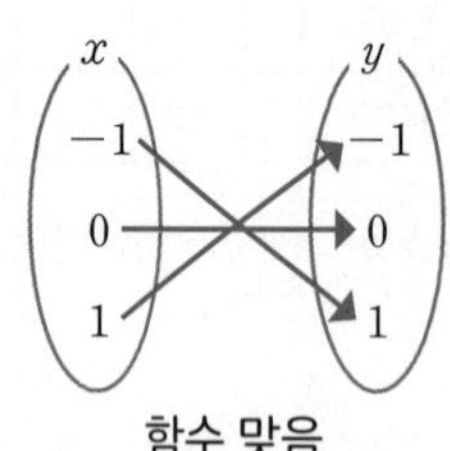

함수 맞음

③ $y=x-1$

→ x가 -1일 때 y는 -2
x가 0일 때 y는 -1
x가 1일 때 y는 0

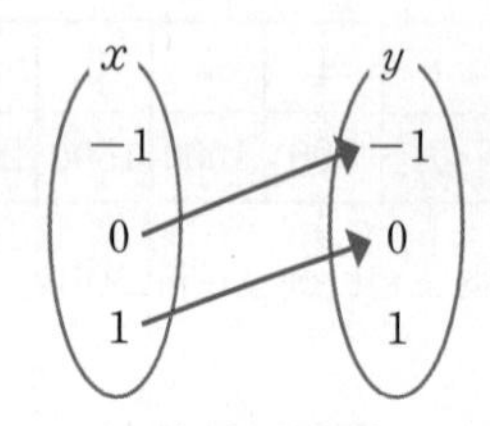

$x=-1$일 때 대응하는 y값이 없으므로 함수 아님

④ $y=|x|$

→ x가 -1일 때 y는 1
x가 0일 때 y는 0
x가 1일 때 y는 1

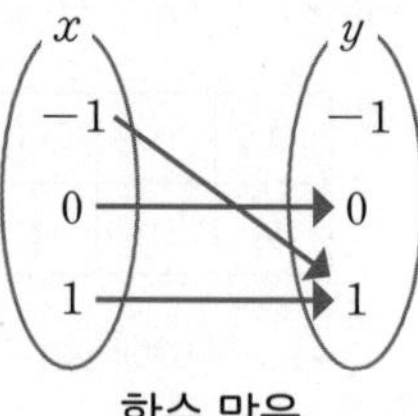

함수 맞음

⑤ $y=x^2$

→ x가 -1일 때 y는 1
x가 0일 때 y는 0
x가 1일 때 y는 1

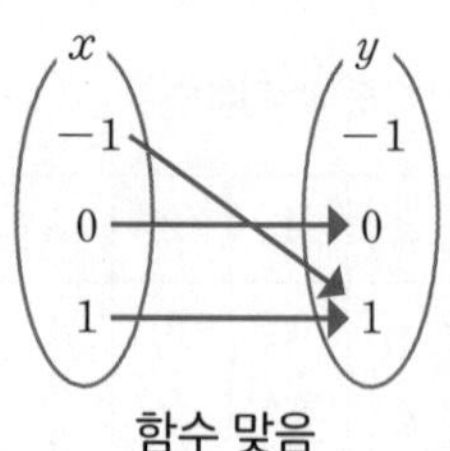

함수 맞음

답 ③

12 ② $y=f(x)$에서 $f(2)=1$은 x 대신에 2를 넣어서 나온 값이 1이라는 뜻입니다.

답 ②

42~43쪽 풀이

14 $y=\frac{3}{4}x+6 \rightarrow f(x)=\frac{3}{4}x+6$

$f(8)=\frac{3}{4}\times(8)+6$
$=6+6$
$=12$

$\rightarrow 2f(8)=2\times12=24$

$f(0)=\frac{3}{4}\times(0)+6$
$=6$

$\rightarrow 2f(8)-f(0)=24-6$
$=18$

답 18

15 짜장면을 x일째 먹었을 때, 체중 y kg

→ 예를 들어, 3일째 짜장면을 먹고 바로 잰 체중이 55 kg이면서 동시에 59 kg인 것은 불가능!
따라서, x일째 짜장면을 먹고 잰 체중이 몇 kg이든, 하나의 체중으로 나옴

→ x 하나에 y가 하나이므로 함수 맞음

답 함수입니다.

16 $f(x)$=(자연수 x보다 작은 소수의 개수)

→ $f(10)$=(10보다 작은 소수의 개수) → 4개
2, 3, 5, 7

$f(20)$=(20보다 작은 소수의 개수) → 8개
2, 3, 5, 7, 11, 13, 17, 19

→ $f(10)\times f(20)=4\times8=32$

답 32

17 $f(x)=ax+5$

• $f(1)=3 \rightarrow f(1)=a\times(1)+5=3$
$a+5=3$
$a=-2$

$a=-2$이므로 $f(x)=-2x+5$

• $f(b)=10 \rightarrow f(b)=(-2)\times(b)+5=10$
$-2b=5$
$b=-\frac{5}{2}$

→ $ab=(-2)\times\left(-\frac{5}{2}\right)=5$

답 5

18 x는 자연수,
y는 x와 20의 최대공약수 → 함수 $y=f(x)$에서 $f(x)$는 x와 20의 최대공약수를 의미

① $f(\underset{x}{4})=\underset{y}{4}$ → 4와 20의 최대공약수가 4인지 확인하기

최대공약수 ④) 4 20 / 1 5 → $f(4)=4$가 맞음

② $f(\underset{x}{15})=\underset{y}{5}$ → 15와 20의 최대공약수가 5인지 확인하기

최대공약수 ⑤) 15 20 / 3 4 → $f(15)=5$가 맞음

③ $f(3)+f(6)=3$
$f(3)$: 3과 20의 최대공약수, $f(6)$: 6과 20의 최대공약수

최대공약수 ①) 3 20 / 3 20 → $f(3)=1$
최대공약수 ②) 6 20 / 3 10 → $f(6)=2$

→ $f(3)+f(6)$
$=1+2$
$=3$

④ $f(7)\times f(11)=1$
$f(7)$: 7과 20의 최대공약수, $f(11)$: 11과 20의 최대공약수

최대공약수 ①) 7 20 / 7 20 → $f(7)=1$
최대공약수 ①) 11 20 / 11 20 → $f(11)=1$

→ $f(7)\times f(11)$
$=1\times1$
$=1$

⑤ $f(10)=f(5)$
$f(10)$: 10과 20의 최대공약수, $f(5)$: 5와 20의 최대공약수

최대공약수 ⑩) 10 20 / 1 2 → $f(10)=10$
최대공약수 ⑤) 5 20 / 1 4 → $f(5)=5$

→ $f(10)$과 $f(5)$는 같지 않음

답 ⑤

43쪽 풀이

19 $f(x)=3x+10$

$f\left(\frac{a}{3}\right)=7-2a$니까

$f\left(\frac{a}{3}\right)=3\times\left(\frac{a}{3}\right)+10=7-2a$

$a+10=7-2a$

$3a=-3$

$a=-1$

답 -1

20 주어진 수 상자의 관계식 : $f(x)=2x-m$

- 6을 넣었더니 4가 나옴

→ $x=6$일 때 함숫값이 4

→ $f(6)=2\times(6)-m=4$

$12-m=4$

$m=8$

$m=8$이므로 $\boxed{f(x)=2x-8}$

- 문제: 수 상자에 5를 넣었을 때 나오는 수

→ $x=5$일 때 함숫값?

→ $f(5)=2\times(5)-8$

$=10-8$

$=2$

답 2

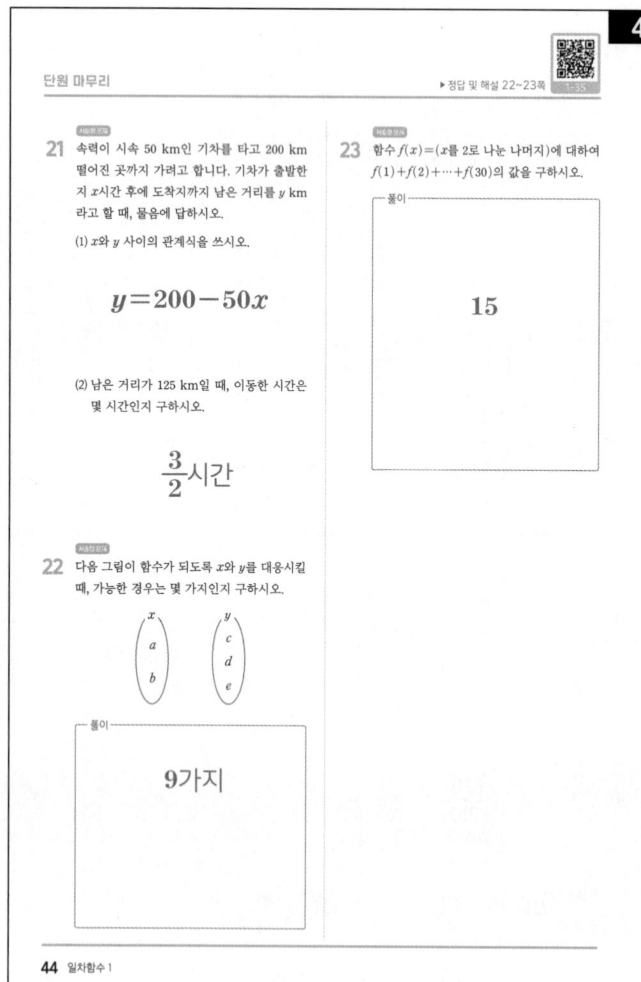
44

단원 마무리 ▶정답 및 해설 22~23쪽

21 속력이 시속 50 km인 기차를 타고 200 km 떨어진 곳까지 가려고 합니다. 기차가 출발한 지 x시간 후에 도착지까지 남은 거리를 y km라고 할 때, 물음에 답하시오.

(1) x와 y 사이의 관계식을 쓰시오.

$y=200-50x$

(2) 남은 거리가 125 km일 때, 이동한 시간은 몇 시간인지 구하시오.

$\frac{3}{2}$시간

22 다음 그림이 함수가 되도록 x와 y를 대응시킬 때, 가능한 경우는 몇 가지인지 구하시오.

풀이

9가지

23 함수 $f(x)=$(x를 2로 나눈 나머지)에 대하여 $f(1)+f(2)+\cdots+f(30)$의 값을 구하시오.

풀이

15

44 일차함수 1

21 (1) (x시간 동안 간 거리)$+y=200$

(거리)=(속력)×(시간)

$=\ 50\ \times\ x$

→ $50x+y=200$

$y=200-50x$

답 $y=200-50x$

더 자세히 알아보기

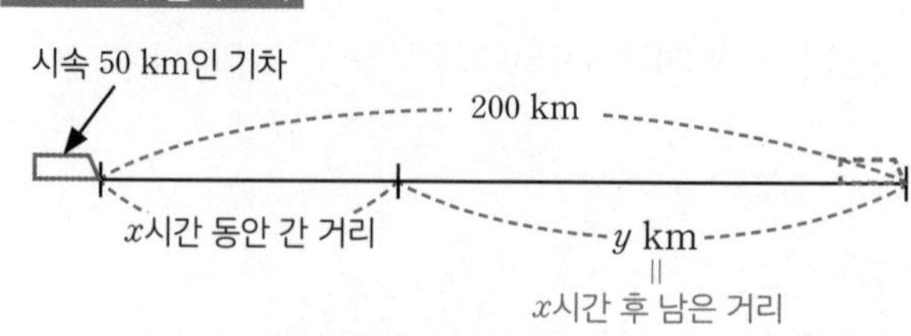

→ $y=200-$(x시간 동안 간 거리)

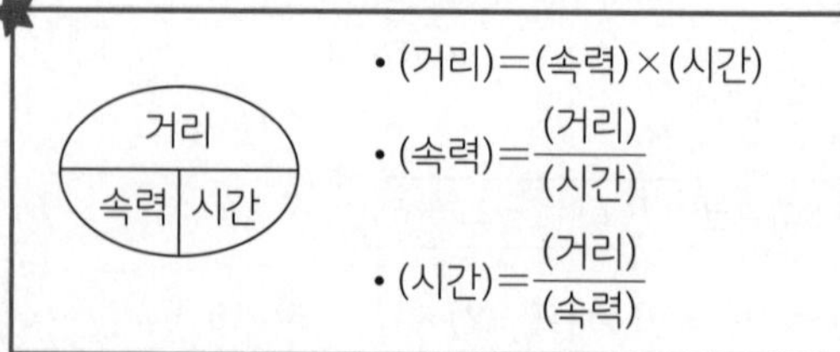

따라서,

(x시간 동안 간 거리)=(속력)×(x시간)

$=\ 50\ \times\ x$

$=\ 50x$

→ $y=200-50x$

44쪽 풀이

21 (2) 남은 거리가 125 km라는 것은 $y=125$를 의미

$y=125$일 때 x의 값

→ $125=200-50x$

$50x=75$

$x=\frac{75}{50}=\frac{3}{2}$

답 $\frac{3}{2}$시간

22 함수가 되려면 x의 값에 대응하는 y의 값이 하나씩 있어야 합니다.

① $x=a$에 대한 함숫값이 c인 경우

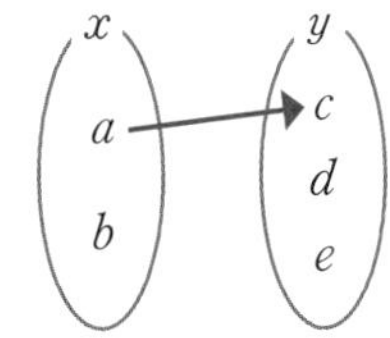

$x=b$에 대한 함숫값은 c이거나 d이거나 e → 3가지

② $x=a$에 대한 함숫값이 d인 경우

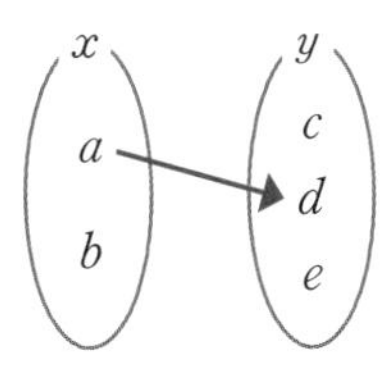

$x=b$에 대한 함숫값은 c이거나 d이거나 e → 3가지

③ $x=a$에 대한 함숫값이 e인 경우

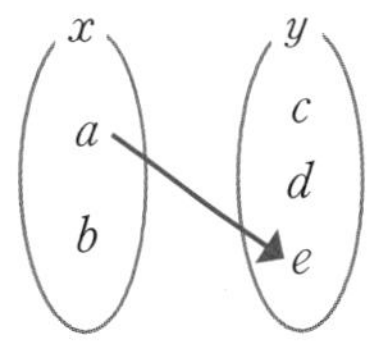

$x=b$에 대한 함숫값은 c이거나 d이거나 e → 3가지

→ 따라서, 가능한 경우는 모두 $3+3+3=9$(가지)

답 9가지

23 $f(x)=$(x를 2로 나눈 나머지)

$f(1)=$(1을 2로 나눈 나머지)$=1$

$1\div2=0 \cdots ①$

$f(2)=$(2를 2로 나눈 나머지)$=0$

$2\div2=1 \cdots ⓪$

$f(3)=$(3을 2로 나눈 나머지)$=1$

$3\div2=1 \cdots ①$

$f(4)=$(4를 2로 나눈 나머지)$=0$

$4\div2=2 \cdots ⓪$

⋮

→ x의 값이 홀수일 때 $f(x)$의 값은 1

x의 값이 짝수일 때 $f(x)$의 값은 0

$\underbrace{f(1),\ f(3),\ f(5),\ \cdots,\ f(29)}_{15개}$의 값은 모두 1

$\underbrace{f(2),\ f(4),\ f(6),\ \cdots,\ f(30)}_{15개}$의 값은 모두 0

$f(1)+f(2)+\cdots+f(30)=1\times15+0\times15$

$=15$

답 15

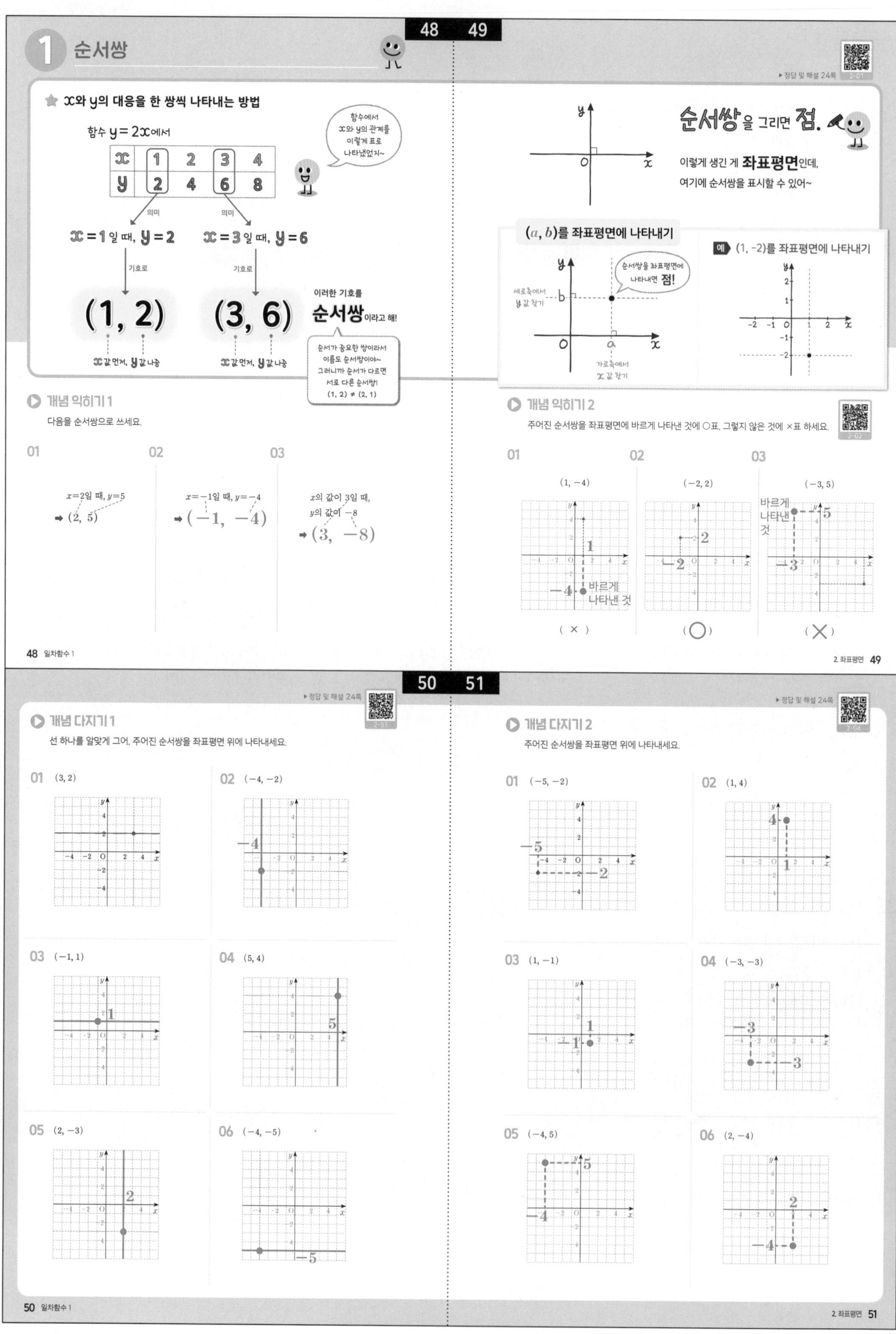
48 49
1 순서쌍
▶정답 및 해설 24쪽
x와 y의 대응을 한 쌍씩 나타내는 방법
함수 y = 2x에서
함수에서 x와 y의 관계를 이렇게 표로 나타냈었지~
x = 1 일 때, y = 2
x = 3 일 때, y = 6
(1, 2)
(3, 6)
이러한 기호를 순서쌍이라고 해!
순서가 중요한 쌍이라서 이름도 순서쌍이야~ 그러니까 순서가 다르면 서로 다른 순서쌍! (1, 2) ≠ (2, 1)
x값 먼저, y값 나중
순서쌍을 그리면 점.
이렇게 생긴 게 좌표평면인데, 여기에 순서쌍을 표시할 수 있어~
(a, b)를 좌표평면에 나타내기
세로축에서 y값 찾기
가로축에서 x값 찾기
순서쌍을 좌표평면에 나타내면 점!
예 (1, -2)를 좌표평면에 나타내기
개념 익히기 1
다음을 순서쌍으로 쓰세요.
01 x=2일 때, y=5 ➡ (2, 5)
02 x=−1일 때, y=−4 ➡ (−1, −4)
03 x의 값이 3일 때, y의 값이 −8 ➡ (3, −8)
개념 익히기 2
주어진 순서쌍을 좌표평면에 바르게 나타낸 것에 ○표, 그렇지 않은 것에 ×표 하세요.
01 (1, −4) (×)
02 (−2, 2) (○)
03 (−3, 5) (×)
바르게 나타낸 것
48 일차함수 1
2. 좌표평면 49
50 51
개념 다지기 1
선 하나를 알맞게 그어, 주어진 순서쌍을 좌표평면 위에 나타내세요.
01 (3, 2)
02 (−4, −2)
03 (−1, 1)
04 (5, 4)
05 (2, −3)
06 (−4, −5)
개념 다지기 2
주어진 순서쌍을 좌표평면 위에 나타내세요.
01 (−5, −2)
02 (1, 4)
03 (1, −1)
04 (−3, −3)
05 (−4, 5)
06 (2, −4)
50 일차함수 1
2. 좌표평면 51

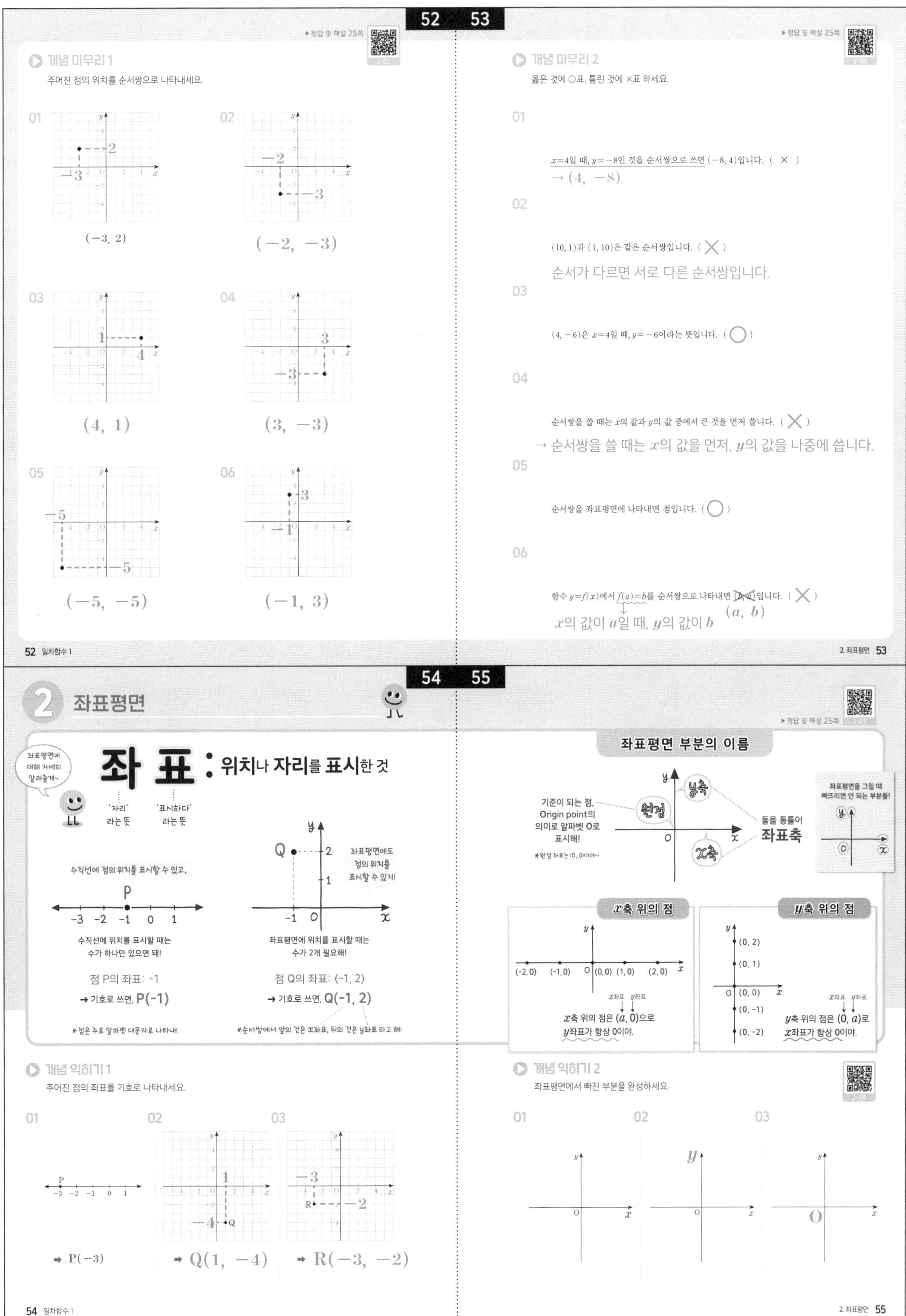
52 53
▸정답 및 해설 25쪽
개념 마무리 1
주어진 점의 위치를 순서쌍으로 나타내세요.
01 (−3, 2)
02 (−2, −3)
03 (4, 1)
04 (3, −3)
05 (−5, −5)
06 (−1, 3)
52 일차함수 1
개념 마무리 2
옳은 것에 ○표, 틀린 것에 ×표 하세요.
01 x=4일 때, y=−8인 것을 순서쌍으로 쓰면 (−8, 4)입니다. (×)
→ (4, −8)
02 (10, 1)과 (1, 10)은 같은 순서쌍입니다. (×)
순서가 다르면 서로 다른 순서쌍입니다.
03 (4, −6)은 x=4일 때, y=−6이라는 뜻입니다. (○)
04 순서쌍을 쓸 때는 x의 값과 y의 값 중에서 큰 것을 먼저 씁니다. (×)
→ 순서쌍을 쓸 때는 x의 값을 먼저, y의 값을 나중에 씁니다.
05 순서쌍을 좌표평면에 나타내면 점입니다. (○)
06 함수 y=f(x)에서 f(a)=b를 순서쌍으로 나타내면 (b, a)입니다. (×)
(a, b)
x의 값이 a일 때, y의 값이 b
2. 좌표평면 53
54 55
2 좌표평면
좌표평면에 대해 자세히 알려줄게~
좌 표 : 위치나 자리를 표시한 것
'자리' 라는 뜻
'표시하다' 라는 뜻
수직선에 점의 위치를 표시할 수 있고,
수직선에 위치를 표시할 때는 수가 하나만 있으면 돼!
점 P의 좌표: -1
→ 기호로 쓰면, P(-1)
*점은 주로 알파벳 대문자로 나타내!
좌표평면에도 점의 위치를 표시할 수 있지!
좌표평면에 위치를 표시할 때는 수가 2개 필요해!
점 Q의 좌표: (-1, 2)
→ 기호로 쓰면, Q(-1, 2)
*순서쌍에서 앞의 것은 x좌표, 뒤의 것은 y좌표 라고 해!
좌표평면 부분의 이름
기준이 되는 점, Origin point의 의미로 알파벳 O로 표시해!
*원점 좌표는 (0, 0)이야~
원점
y축
x축
둘을 통틀어 좌표축
좌표평면을 그릴 때 빠뜨리면 안 되는 부분들!
x축 위의 점
(-2, 0) (-1, 0) (0, 0) (1, 0) (2, 0)
x좌표 y좌표
x축 위의 점은 (a, 0)으로 y좌표가 항상 0이야.
y축 위의 점
(0, 2) (0, 1) (0, 0) (0, -1) (0, -2)
x좌표 y좌표
y축 위의 점은 (0, a)로 x좌표가 항상 0이야.
개념 익히기 1
주어진 점의 좌표를 기호로 나타내세요.
01 → P(−3)
02 → Q(1, −4)
03 → R(−3, −2)
54 일차함수 1
개념 익히기 2
좌표평면에서 빠진 부분을 완성하세요.
01 02 03
2. 좌표평면 55

56 57

▸정답 및 해설 26쪽

개념 다지기 1

빈칸을 알맞게 채우세요.

01 A(-9, 1)
➡ 점 A의 x좌표 : -9
점 A의 y좌표 : 1

02 B(-2, -7)
➡ 점 B의 x좌표 : -2
점 B의 y좌표 : -7

03 C(0, -5)
➡ 점 C의 y좌표 : -5
점 C의 x좌표 : 0

04 D(8, 4)
➡ 점 D의 x좌표 : 8
점 D의 y좌표 : 4

05 E(3, -6)
➡ 점 E의 x좌표 : 3
점 E의 y좌표 : -6

06 F(0, -7)
➡ 점 F의 x좌표 : 0
점 F의 y좌표 : -7

56 일차함수 1

▸정답 및 해설 26쪽

개념 다지기 2

점의 좌표를 기호로 쓰고, 좌표평면 위에 나타내세요.

01 점 A는 y축 위에 있고, y좌표는 -4 (x좌표가 0)
➡ A(0, -4)

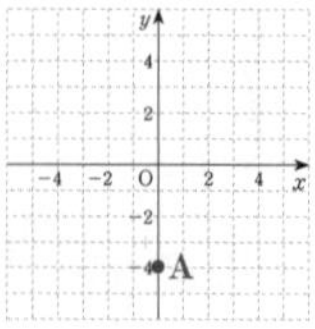

02 점 B의 x좌표는 -3, y좌표는 0
➡ B(-3, 0)

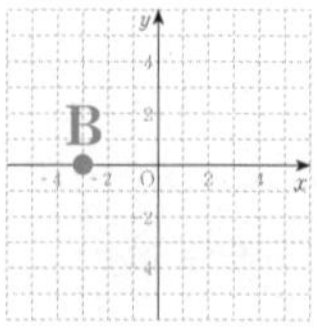

03 점 C의 x좌표는 0, y좌표는 4
➡ C(0, 4)

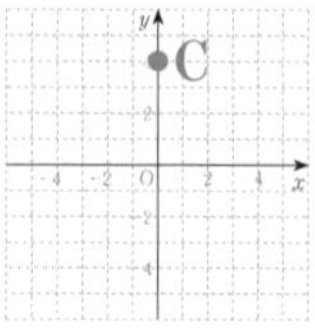

04 점 D는 x축 위에 있고, x좌표는 -1 (y좌표가 0)
➡ D(-1, 0)

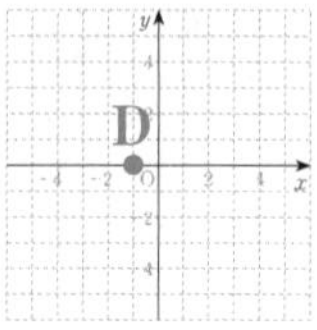

05 점 E는 y축 위에 있고, y좌표는 -3 (x좌표가 0)
➡ E(0, -3)

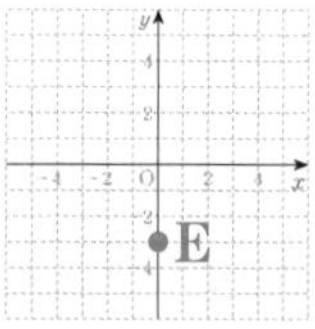

06 점 F는 x축 위에 있고, x좌표는 2 (y좌표가 0)
➡ F(2, 0)

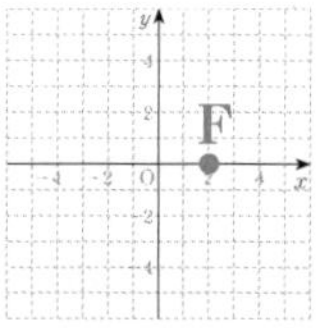

2. 좌표평면 57

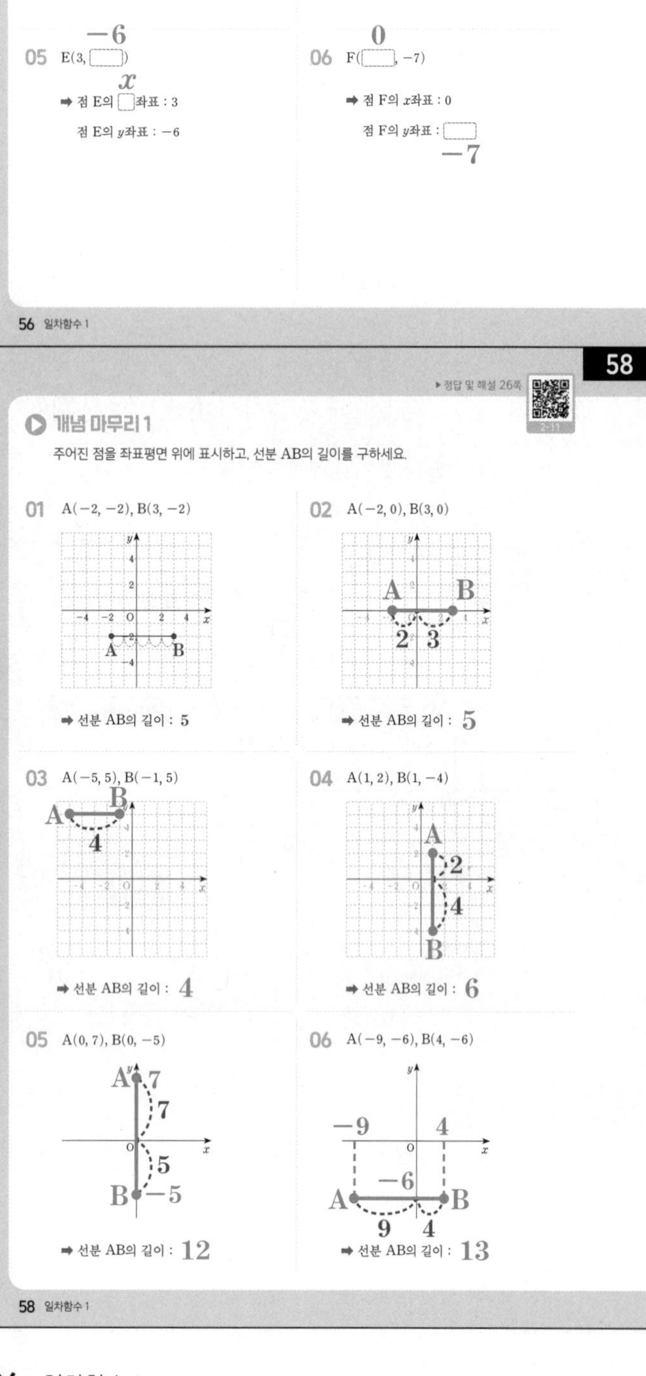

58

▸정답 및 해설 26쪽

개념 마무리 1

주어진 점을 좌표평면 위에 표시하고, 선분 AB의 길이를 구하세요.

01 A(-2, -2), B(3, -2)
➡ 선분 AB의 길이 : 5

02 A(-2, 0), B(3, 0)
➡ 선분 AB의 길이 : 5

03 A(-5, 5), B(-1, 5)
➡ 선분 AB의 길이 : 4

04 A(1, 2), B(1, -4)
➡ 선분 AB의 길이 : 6

05 A(0, 7), B(0, -5)
➡ 선분 AB의 길이 : 12

06 A(-9, -6), B(4, -6)
➡ 선분 AB의 길이 : 13

58 일차함수 1

개념 마무리 2

물음에 답하세요.

01 점 $(4, a+7)$이 x축 위의 점일 때, 상수 a의 값은?

→ y좌표가 0

점 $(4, a+7)$
y좌표$=0$
→ $a+7=0$
$a=-7$

답: $a=-7$

02 점 $(a-5, -6)$이 y축 위의 점일 때, 상수 a의 값은?

→ x좌표가 0

점 $(a-5, -6)$
x좌표$=0$
→ $a-5=0$
$a=5$

답: $a=5$

03 점 $(-10, 3a+6)$이 x축 위의 점일 때, 상수 a의 값은?

→ y좌표가 0

점 $(-10, 3a+6)$
y좌표$=0$
→ $3a+6=0$
$3a=-6$
$a=-2$

답: $a=-2$

04 점 $(a+1, 2b-4)$가 원점일 때, 상수 a, b의 값은?

→ x좌표, y좌표 모두 0

점 $(a+1, 2b-4)$
x좌표$=0$ y좌표$=0$
→ $a+1=0$
$a=-1$
→ $2b-4=0$
$2b=4$
$b=2$

답: $a=-1, b=2$

05 점 $A(a+4, 5a-10)$이 x축 위의 점이고, 점 $B(4b-12, 3b)$가 y축 위의 점일 때, 상수 a, b의 값은?

(x축 위의 점 → y좌표가 0, y축 위의 점 → x좌표가 0)

점 $A(a+4, 5a-10)$
y좌표$=0$
→ $5a-10=0$
$5a=10$
$a=2$

점 $B(4b-12, 3b)$
x좌표$=0$
→ $4b-12=0$
$4b=12$
$b=3$

답: $a=2, b=3$

06 점 $(2a-8, b+7)$이 원점일 때, 점 $A(b, 3a)$의 좌표는?

→ x좌표, y좌표 모두 0

점 $(2a-8, b+7)$
x좌표$=0$ y좌표$=0$
→ $2a-8=0$
$2a=8$
$a=4$
→ $b+7=0$
$b=-7$

→ 점 $A(b, 3a)$
-7 $3\times(4)=12$

답: $A(-7, 12)$

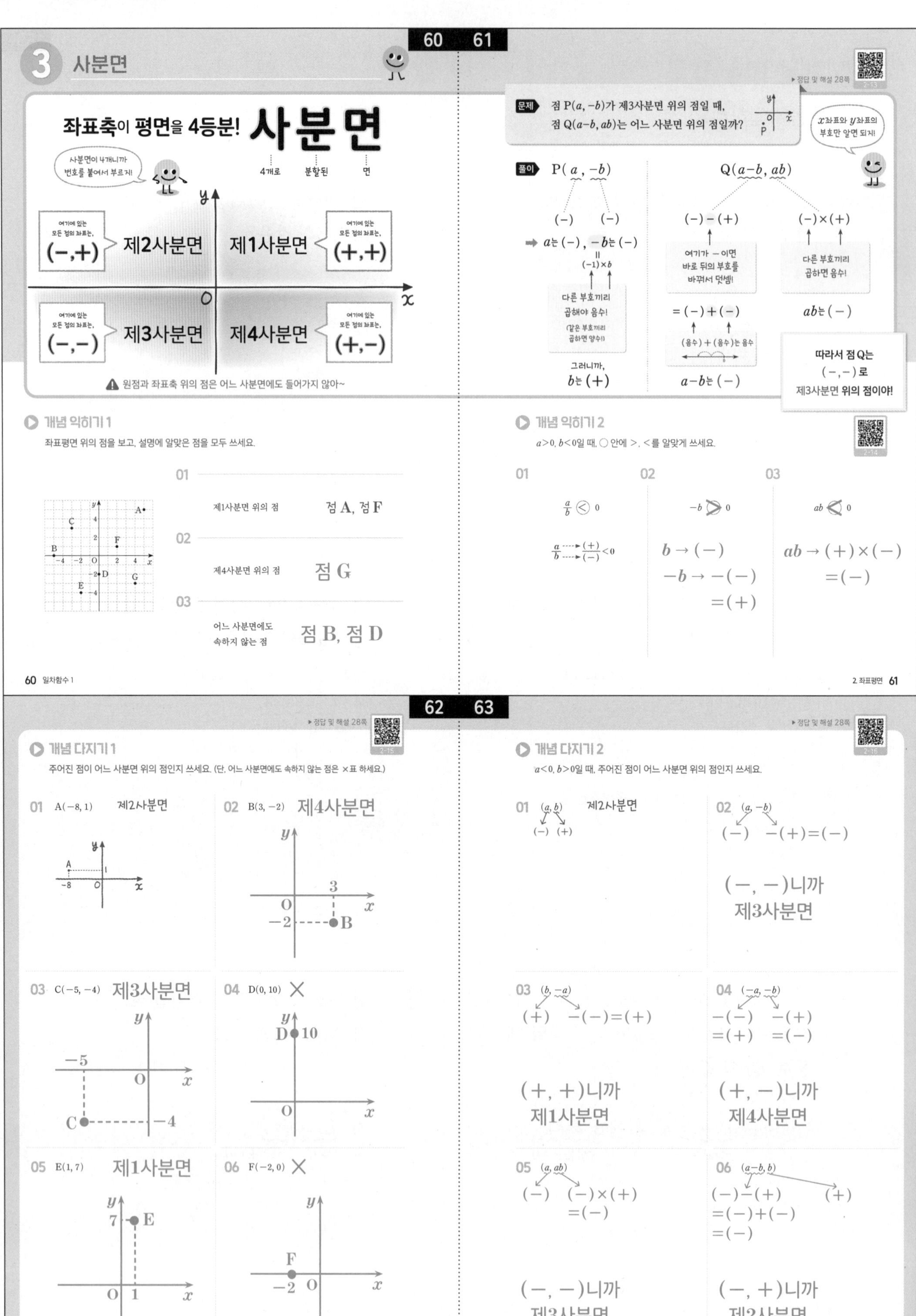
60 61
3 사분면
좌표축이 평면을 4등분! 사분면
4개로 분할된 면
사분면이 4개니까 번호를 붙여서 부르지!
여기에 있는 모든 점의 좌표는, (−,+) 제2사분면
제1사분면 여기에 있는 모든 점의 좌표는, (+,+)
여기에 있는 모든 점의 좌표는, (−,−) 제3사분면
제4사분면 여기에 있는 모든 점의 좌표는, (+,−)
원점과 좌표축 위의 점은 어느 사분면에도 들어가지 않아~
문제 점 P(a, −b)가 제3사분면 위의 점일 때, 점 Q(a−b, ab)는 어느 사분면 위의 점일까?
x좌표와 y좌표의 부호만 알면 되지!
풀이 P(a, −b) Q(a−b, ab)
a는 (−), −b는 (−)
다른 부호끼리 곱해야 음수! (같은 부호끼리 곱하면 양수!)
그러니까, b는 (+)
여기가 −이면 바로 뒤의 부호를 바꿔서 덧셈!
=(−)+(−)
(음수)+(음수)는 음수
a−b는 (−)
다른 부호끼리 곱하면 음수!
ab는 (−)
따라서 점 Q는 (−,−)로 제3사분면 위의 점이야!
개념 익히기 1
좌표평면 위의 점을 보고, 설명에 알맞은 점을 모두 쓰세요.
01 제1사분면 위의 점 점 A, 점 F
02 제4사분면 위의 점 점 G
03 어느 사분면에도 속하지 않는 점 점 B, 점 D
개념 익히기 2
a>0, b<0일 때, ○ 안에 >, <를 알맞게 쓰세요.
01 a/b < 0
02 −b > 0 b → (−) −b → −(−) =(+)
03 ab < 0 ab → (+)×(−) =(−)
60 일차함수 1
2. 좌표평면 61
62 63
개념 다지기 1
주어진 점이 어느 사분면 위의 점인지 쓰세요. (단, 어느 사분면에도 속하지 않는 점은 ×표 하세요.)
01 A(−8, 1) 제2사분면
02 B(3, −2) 제4사분면
03 C(−5, −4) 제3사분면
04 D(0, 10) ×
05 E(1, 7) 제1사분면
06 F(−2, 0) ×
개념 다지기 2
a<0, b>0일 때, 주어진 점이 어느 사분면 위의 점인지 쓰세요.
01 (a, b) 제2사분면
02 (a, −b) (−) −(+)=(−) (−, −)니까 제3사분면
03 (b, −a) (+) −(−)=(+) (+, +)니까 제1사분면
04 (−a, −b) −(−)=(+) −(+)=(−) (+, −)니까 제4사분면
05 (a, ab) (−) (−)×(+)=(−) (−, −)니까 제3사분면
06 (a−b, b) (−)−(+)=(−)+(−)=(−) (+) (−, +)니까 제2사분면
62 일차함수 1
2. 좌표평면 63

개념 마무리 1

주어진 점이 어느 사분면 위의 점인지 보고, ◯ 안에 >, <를 알맞게 쓰세요.

01 A$(-a, b)$: 제1사분면 위의 점

➡ a ⓒ< 0, b ⓒ> 0

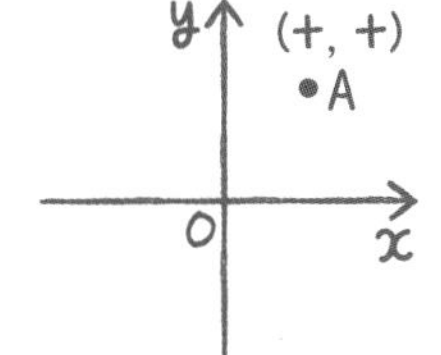

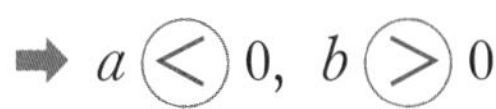

→(+, +)

A$(\underset{(+)}{-a}, \underset{(+)}{b})$

$-a=(+)$

$a=(-)$

02 B$(a, -b)$: 제4사분면 위의 점

➡ a ⓒ> 0, b ⓒ> 0

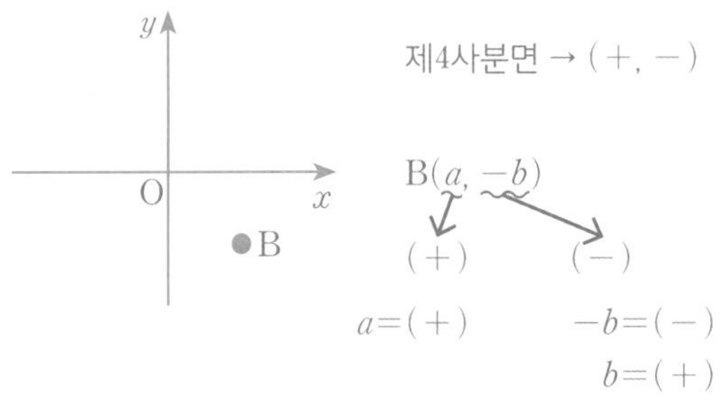

03 C$(-a, -b)$: 제3사분면 위의 점

➡ a ⓒ> 0, b ⓒ> 0

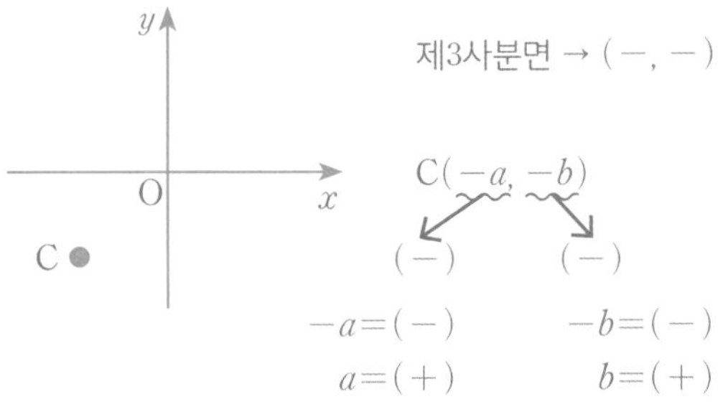

04 D(ab, a) : 제2사분면 위의 점

➡ a ⓒ> 0, b ⓒ< 0

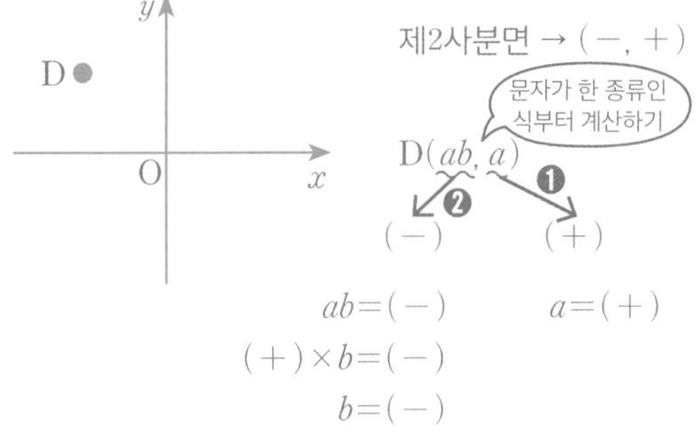

05 E$\left(-a, \frac{a}{b}\right)$: 제1사분면 위의 점

➡ a ⓒ< 0, b ⓒ< 0

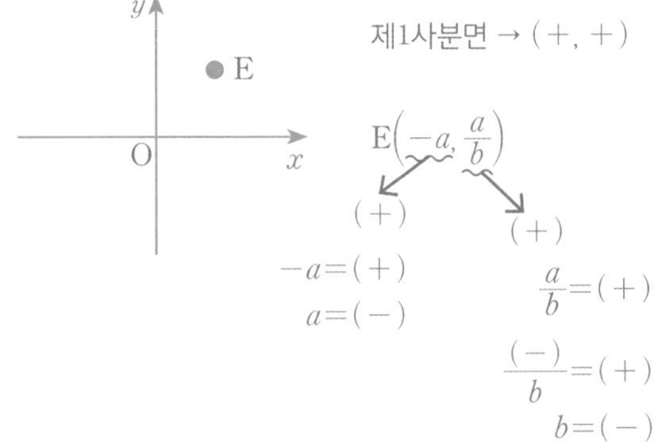

06 F$\left(\frac{b}{a}, b\right)$: 제4사분면 위의 점

➡ a ⓒ< 0, b ⓒ< 0

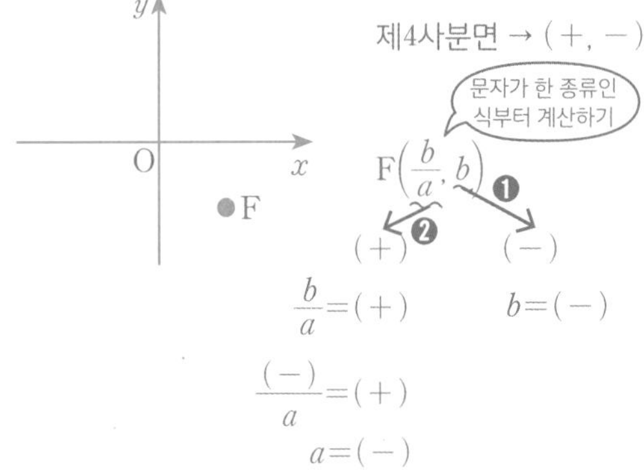

y
O
x
●F
제4사분면 → (+, −)
문자가 한 종류인 식부터 계산하기
F(b/a, b)
❶
❷
(+)
(−)
b/a=(+)
(−)/a=(+)
a=(−)
b=(−)

65

개념 마무리 2

물음에 답하세요.

01 점 $\mathrm{P}(a, b)$가 제2사분면 위의 점일 때, 점 $\mathrm{Q}(ab, -b)$는 어느 사분면 위의 점일까요?

$\mathrm{P}(a, b)$가 제2사분면
→ a는 $(-)$, b는 $(+)$

$\mathrm{Q}(ab, -b) \rightarrow \mathrm{Q}(-, -)$

$(-)\times(+)=(-)$ $\quad -(+)=(-)$

답: 제3사분면

02 점 $\mathrm{P}(a, -b)$가 제1사분면 위의 점일 때, 점 $\mathrm{Q}(b, ab)$는 어느 사분면 위의 점일까요?

$\mathrm{P}(a, -b)$가 제1사분면

$(+)$ $\quad (+)$

$-b=(+)$

$b=(-)$

→ a는 $(+)$, b는 $(-)$

$\mathrm{Q}(b, ab)$

$(-)$ $\quad (+)\times(-)=(-)$

→ $\mathrm{Q}(-, -)$

답: 제3사분면

03 점 $\mathrm{P}(a, ab)$가 제4사분면 위의 점일 때, 점 $\mathrm{Q}\left(\frac{a}{b}, a\right)$는 어느 사분면 위의 점일까요?

$\mathrm{P}(a, ab)$가 제4사분면

$(+)$ $\quad (-)$

$ab=(-)$

$(+)\times b=(-)$

$b=(-)$

→ a는 $(+)$, b는 $(-)$

$\mathrm{Q}\left(\frac{a}{b}, a\right)$

$\frac{(+)}{(-)}=(-)$ $\quad (+)$

→ $\mathrm{Q}(-, +)$

답: 제2사분면

04 점 $\mathrm{P}(ab, -b)$가 제3사분면 위의 점일 때, 점 $\mathrm{Q}\left(a-b, -\frac{b}{a}\right)$는 어느 사분면 위의 점일까요?

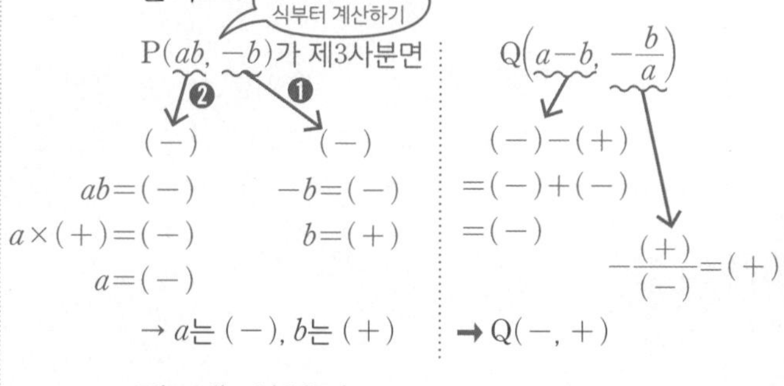

답: 제2사분면

05 점 $\mathrm{P}\left(\frac{a}{b}, -b\right)$가 제3사분면 위의 점일 때, 점 $\mathrm{Q}(b-a, -ab)$는 어느 사분면 위의 점일까요?

문자가 한 종류인 식부터 계산하기

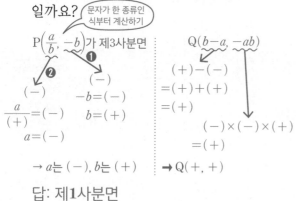

$\mathrm{P}\left(\frac{a}{b}, -b\right)$가 제3사분면

❶ $(-)$

$-b=(-)$

$b=(+)$

❷ $(-)$

$\frac{a}{(+)}=(-)$

$a=(-)$

→ a는 $(-)$, b는 $(+)$

$\mathrm{Q}(b-a, -ab)$

$(+)-(-)$

$=(+)+(+)$

$=(+)$

$(-)\times(-)\times(+)$

$=(+)$

→ $\mathrm{Q}(+, +)$

답: 제1사분면

06 점 $\mathrm{P}(-ab, a)$가 제2사분면 위의 점일 때, 점 $\mathrm{Q}\left(a+b, -\frac{b}{a}\right)$는 어느 사분면 위의 점일까요?

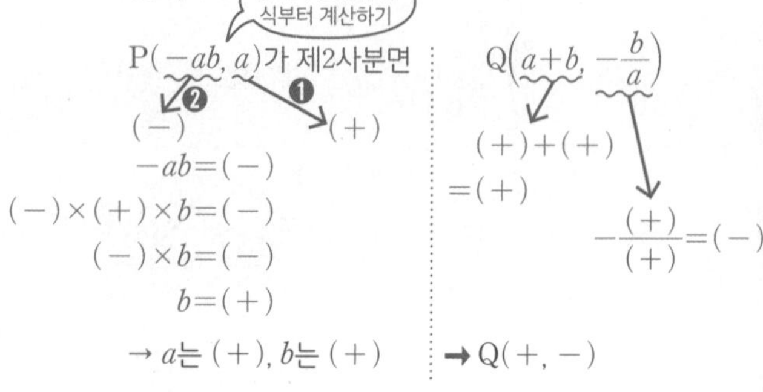

답: 제4사분면

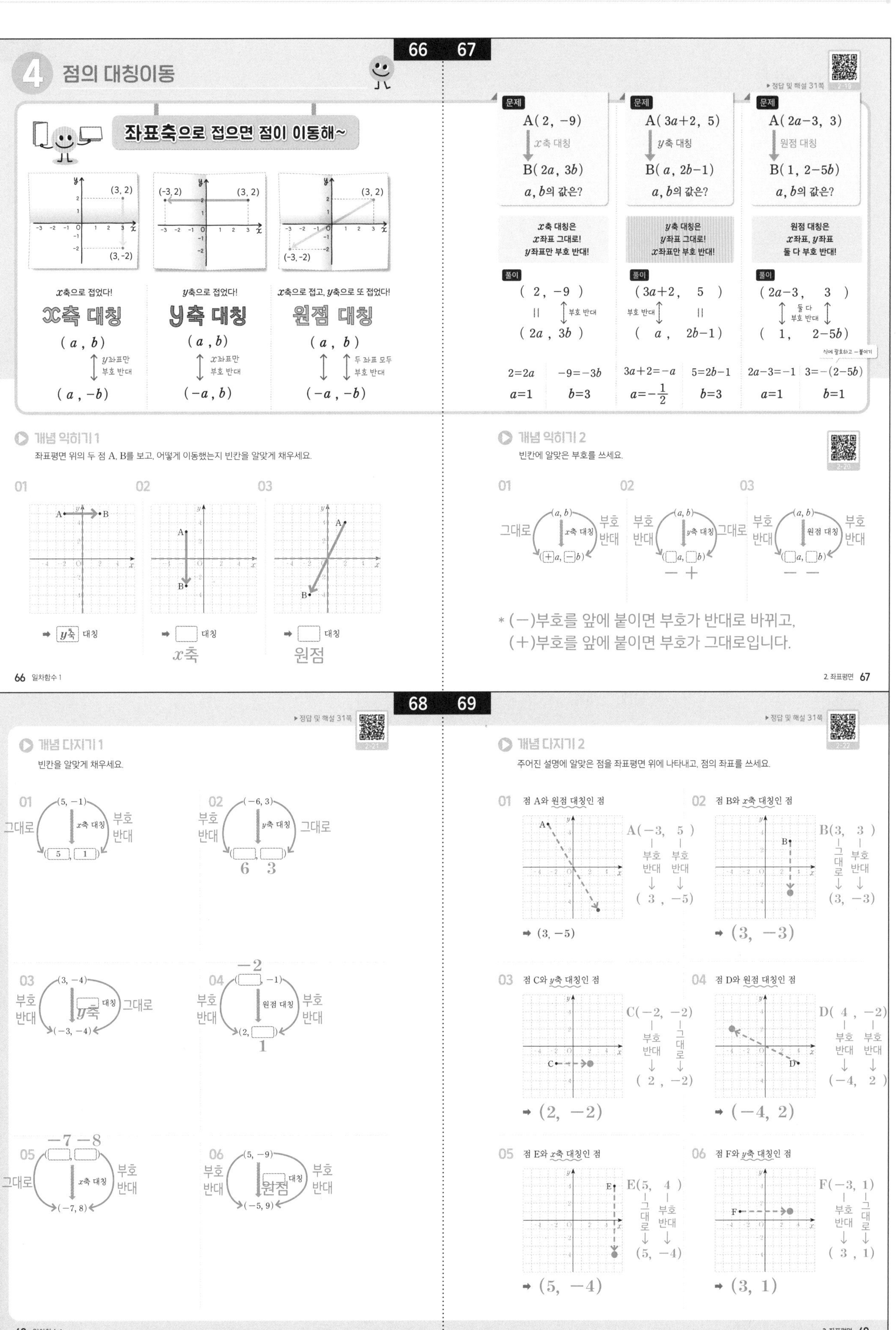

66 67
4 점의 대칭이동
좌표축으로 접으면 점이 이동해~
x축으로 접었다!
x축 대칭
(a, b) → (a, -b)
y좌표만 부호 반대
y축으로 접었다!
y축 대칭
(a, b) → (-a, b)
x좌표만 부호 반대
x축으로 접고, y축으로 또 접었다!
원점 대칭
(a, b) → (-a, -b)
두 좌표 모두 부호 반대
▶정답 및 해설 31쪽
문제
A(2, -9) x축 대칭 B(2a, 3b) a, b의 값은?
A(3a+2, 5) y축 대칭 B(a, 2b-1) a, b의 값은?
A(2a-3, 3) 원점 대칭 B(1, 2-5b) a, b의 값은?
x축 대칭은 x좌표 그대로! y좌표만 부호 반대!
y축 대칭은 y좌표 그대로! x좌표만 부호 반대!
원점 대칭은 x좌표, y좌표 둘 다 부호 반대!
풀이
2=2a, a=1 / -9=-3b, b=3
3a+2=-a, a=-1/2 / 5=2b-1, b=3
2a-3=-1, a=1 / 3=-(2-5b), b=1
식에 괄호하고 -붙이기
개념 익히기 1
좌표평면 위의 두 점 A, B를 보고, 어떻게 이동했는지 빈칸을 알맞게 채우세요.
01 y축 대칭 02 x축 대칭 03 원점 대칭
개념 익히기 2
빈칸에 알맞은 부호를 쓰세요.
01 (+a, -b) 02 (-a, +b) 03 (-a, -b)
* (-)부호를 앞에 붙이면 부호가 반대로 바뀌고, (+)부호를 앞에 붙이면 부호가 그대로입니다.
66 일차함수 1
2. 좌표평면 67
68 69
개념 다지기 1
빈칸을 알맞게 채우세요.
01 (5, -1) x축 대칭 (5, 1)
02 (-6, 3) y축 대칭 (6, 3)
03 (3, -4) y축 대칭 (-3, -4)
04 (-2, -1) 원점 대칭 (2, 1)
05 (-7, -8) x축 대칭 (-7, 8)
06 (5, -9) 원점 대칭 (-5, 9)
개념 다지기 2
주어진 설명에 알맞은 점을 좌표평면 위에 나타내고, 점의 좌표를 쓰세요.
01 점 A와 원점 대칭인 점 A(-3, 5) → (3, -5)
02 점 B와 x축 대칭인 점 B(3, 3) → (3, -3)
03 점 C와 y축 대칭인 점 C(-2, -2) → (2, -2)
04 점 D와 원점 대칭인 점 D(4, -2) → (-4, 2)
05 점 E와 x축 대칭인 점 E(5, 4) → (5, -4)
06 점 F와 y축 대칭인 점 F(-3, 1) → (3, 1)
68 일차함수 1
2. 좌표평면 69

개념 마무리 1

a, b의 값을 각각 구하세요.

01 점 A$(a-7, 4b)$와 점 B$(2a-11, 6-b)$가

x축 대칭 → A$(a-7, 4b)$, B$(2a-11, 6-b)$ (x좌표는 같고(||), y좌표는 부호 반대)

$a-7=2a-11$
$-a=-4$
$a=4$

$4b=-(6-b)$
$4b=-6+b$
$3b=-6$
$b=-2$

답: $a=4, b=-2$

02 점 A$(-a, 2)$와 점 B$(2a+2, b-2)$가

y축 대칭 → A$(-a, 2)$, B$(2a+2, b-2)$ (x좌표는 부호 반대, y좌표는 같음(||))

$-a=-(2a+2)$
$-a=-2a-2$
$a=-2$

$2=b-2$
$b=4$

답: $a=-2, b=4$

03 점 A$(4a+2, 5)$와 점 B$(2a, 3b+1)$이

원점 대칭 → A$(4a+2, 5)$, B$(2a, 3b+1)$ (x좌표 부호 반대, y좌표 부호 반대)

$4a+2=-2a$
$6a=-2$
$a=-\frac{1}{3}$

$5=-(3b+1)$
$5=-3b-1$
$6=-3b$
$b=-2$

답: $a=-\frac{1}{3}, b=-2$

04 점 A$(a, 2b)$와 점 B$(-3a+4, -b+15)$가

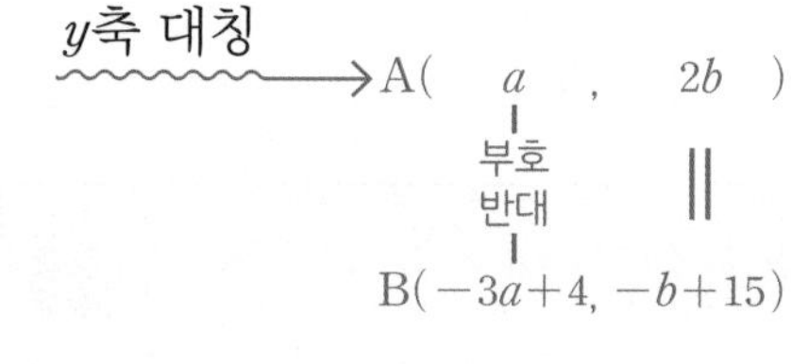

$a=-(-3a+4)$
$a=3a-4$
$-2a=-4$
$a=2$

$2b=-b+15$
$3b=15$
$b=5$

답: $a=2, b=5$

05 점 A$(-a+8, 2a)$와 점 B$(3a, b-3)$이

x축 대칭 → A$(-a+8, 2a)$, B$(3a, b-3)$ (x좌표는 같고(||), y좌표는 부호 반대)

$-a+8=3a$
$-4a=-8$
$a=2$

(대입)

$2a=-(b-3)$
$4=-b+3$
$b=-1$

답: $a=2, b=-1$

06 점 A$(4b, 2a+6)$과 점 B$(3b+7, b+3a)$가

원점 대칭 → A$(4b, 2a+6)$, B$(3b+7, b+3a)$ (x좌표 부호 반대, y좌표 부호 반대)

$4b=-(3b+7)$
$4b=-3b-7$
$7b=-7$
$b=-1$

(대입)

$2a+6=-(b+3a)$
$2a+6=-b-3a$
$5a+6=-b$
$5a+6=-(-1)$
$5a+6=1$
$5a=-5$
$a=-1$

답: $a=-1, b=-1$

▸ 정답 및 해설 33쪽

개념 마무리 2

도형을 좌표평면 위에 그리고, 넓이를 구하세요.

01 점 A(5, −2)와 x축 대칭인 점을 B, y축 대칭인 점을 C라 할 때, 삼각형 ABC의 넓이를 구하세요.

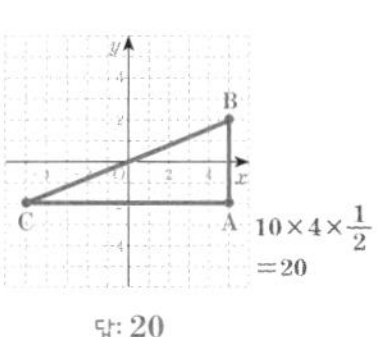

답: 20

02 점 A(4, 3)과 x축 대칭인 점을 B, y축 대칭인 점을 C라 할 때, 삼각형 ABC의 넓이를 구하세요.

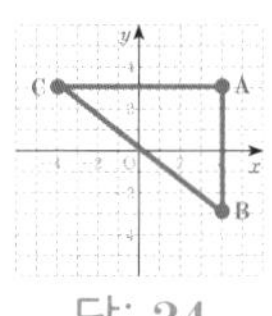

답: 24

03 점 A(−6, 1)과 원점 대칭인 점을 B, x축 대칭인 점을 C라 할 때, 삼각형 ABC의 넓이를 구하세요.

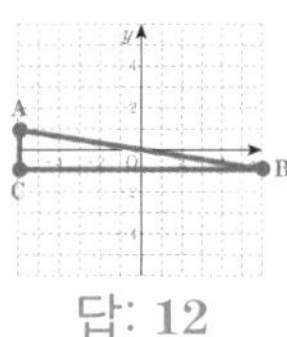

답: 12

04 점 A(−4, −5)와 y축 대칭인 점을 B, 원점 대칭인 점을 C라 할 때, 삼각형 ABC의 넓이를 구하세요.

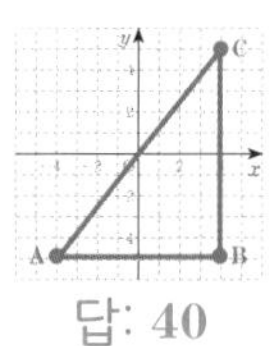

답: 40

05 점 A(2, 4)와 x축 대칭인 점을 B, 원점 대칭인 점을 C, y축 대칭인 점을 D라 할 때, 사각형 ABCD의 넓이를 구하세요.

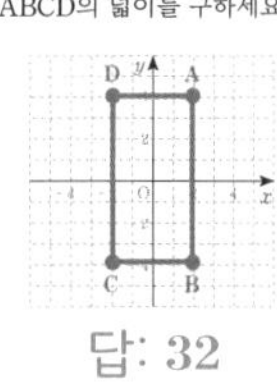

답: 32

06 점 A(3, −1)과 y축 대칭인 점을 B, 원점 대칭인 점을 C, x축 대칭인 점을 D라 할 때, 사각형 ABCD의 넓이를 구하세요.

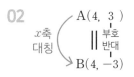

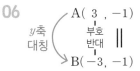

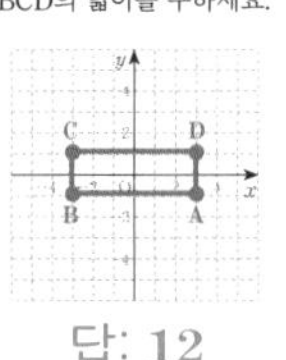

답: 12

2. 좌표평면 71

01

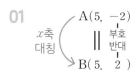

x축 대칭: A(5, −2) → B(5, 2) (부호 반대)

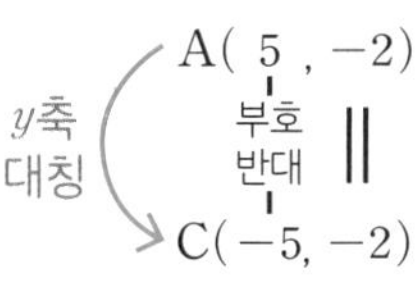

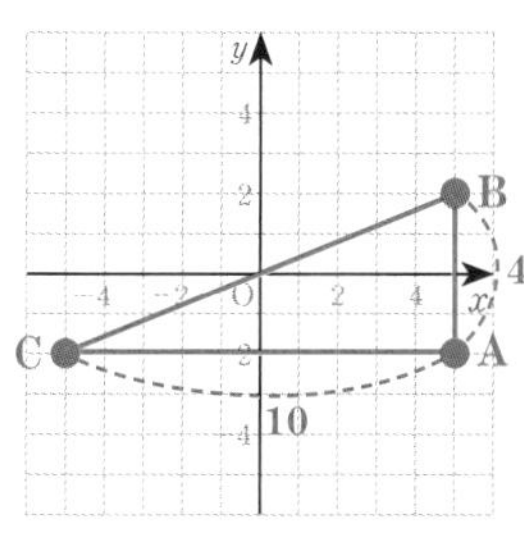

(삼각형 ABC의 넓이)$=10\times4\times\frac{1}{2}$
$=20$

02

x축 대칭: A(4, 3) → B(4, −3) (부호 반대)

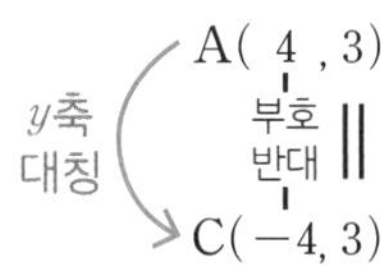

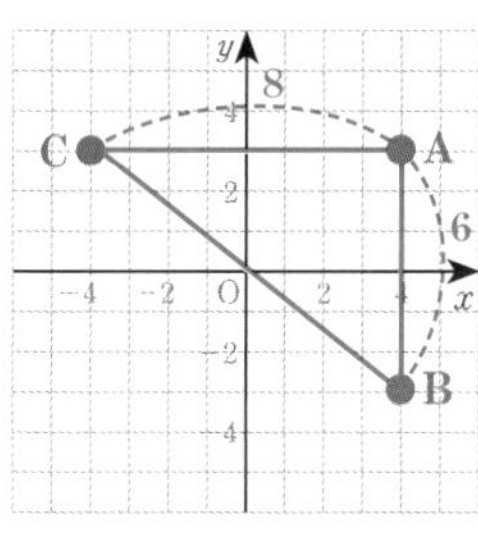

(삼각형 ABC의 넓이)$=8\times6\times\frac{1}{2}$
$=24$

03

원점 대칭: A(−6, 1) → B(6 , −1) (부호 반대, 부호 반대)

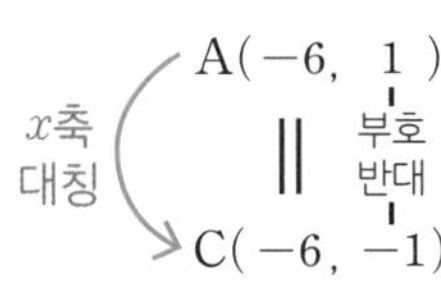

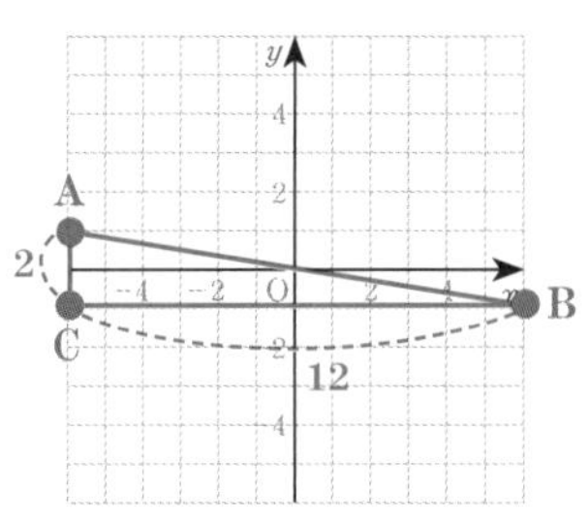

(삼각형 ABC의 넓이)$=12\times2\times\frac{1}{2}$
$=12$

04

y축 대칭: A(−4, −5) → B(4 , −5) (부호 반대)

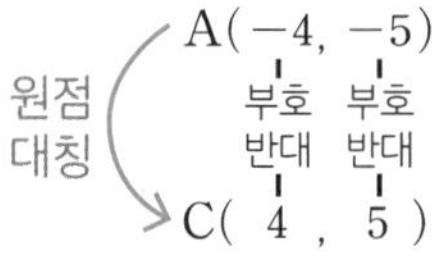

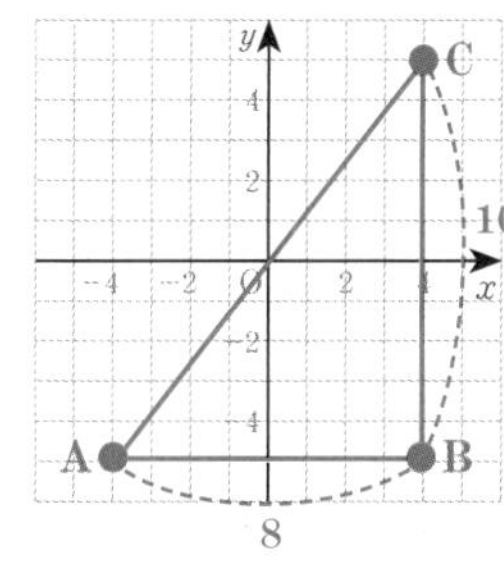

(삼각형 ABC의 넓이)$=8\times10\times\frac{1}{2}$
$=40$

05

x축 대칭: A(2 , 4) → B(2 , −4) (부호 반대)

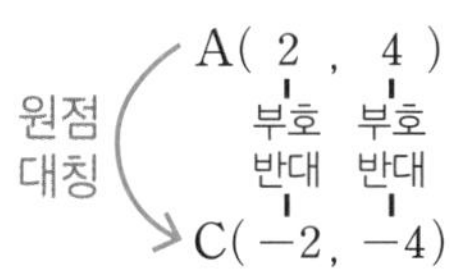

y축 대칭: A(2 , 4) → D(−2, 4) (부호 반대)

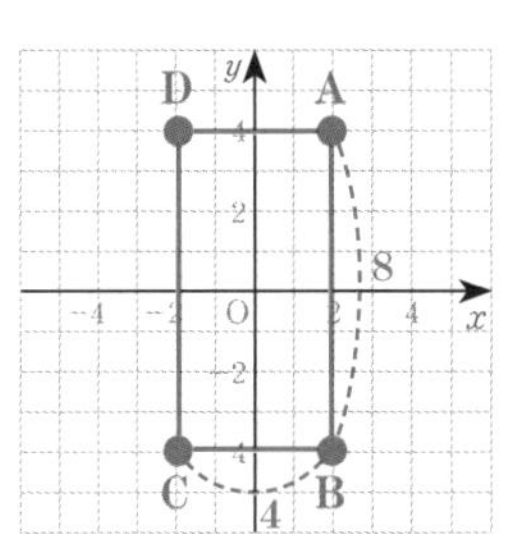

(사각형 ABCD의 넓이)$=4\times8$
$=32$

06

y축 대칭: A(3 , −1) → B(−3, −1) (부호 반대)

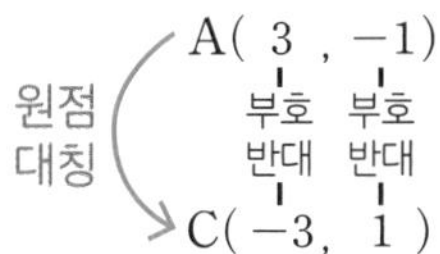

x축 대칭: A(3 , −1) → D(3 , 1) (부호 반대)

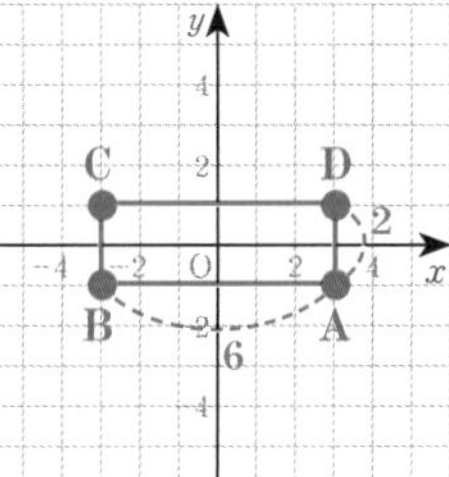

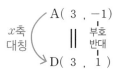

(사각형 ABCD의 넓이)$=6\times2$
$=12$

72 73

2. 좌표평면

단원 마무리

▶정답 및 해설 34쪽

01 점 A의 좌표를 기호로 나타내시오.

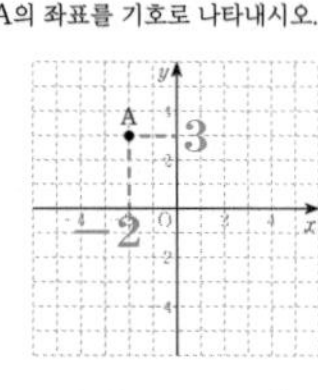

A$(-2,\ 3)$

02 y축 위에 있고, y좌표가 5인 점의 좌표는? ②

① $(5, 0)$ ② $(0, 5)$
③ $(-5, 0)$ ④ $(0, -5)$
⑤ $(0, 0)$

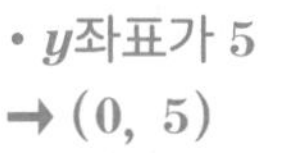

• y축 위에 있다. → x좌표가 0
• y좌표가 5
→ $(0,\ 5)$

03 다음 중 제2사분면 위에 있는 점의 좌표를 기호로 나타내시오.

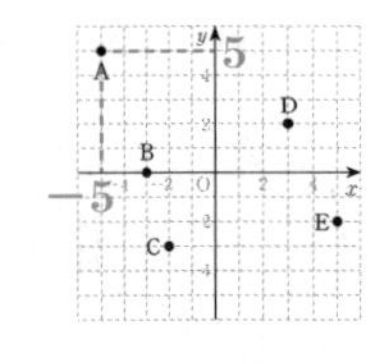

A$(-5,\ 5)$

04 점 $(4, 5)$와 원점 대칭인 점의 좌표를 쓰시오.

$(-4,\ -5)$

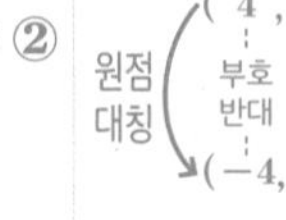

원점 대칭: $(4,\ 5)$ → 부호 반대, 부호 반대 → $(-4,\ -5)$

05 다음 중 제3사분면 위의 점은? ⑤

① $(4, 1)$ ② $(10, -2)$
③ $(-7, 2)$ ④ $(0, -3)$
⑤ $(-6, -3)$

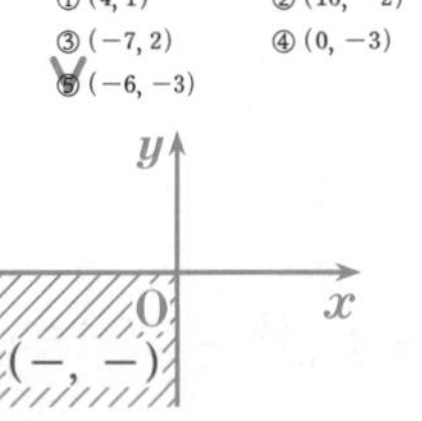

06 다음 중 x축에 대하여 대칭이동한 것은? ①

① $(2, -3) \to (2, 3)$
② $(5, 4) \to (4, 5)$
③ $(0, 1) \to (0, 1)$
④ $(6, -6) \to (-6, -6)$
⑤ $(1, -1) \to (-1, 1)$

07 다음 좌표평면 위의 점의 좌표를 기호로 바르게 나타낸 것은? ③

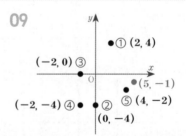

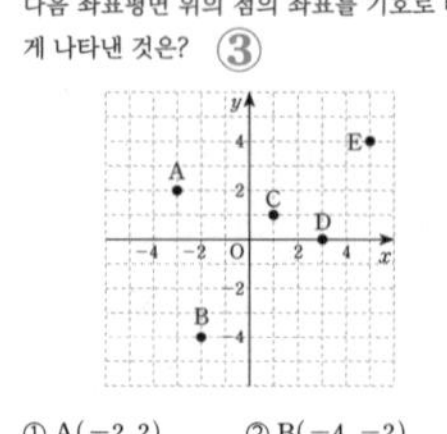

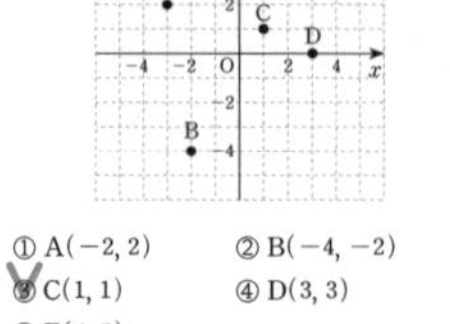

① A$(-2, 2)$ ② B$(-4, -2)$
③ C$(1, 1)$ ④ D$(3, 3)$
⑤ E$(4, 5)$

08 두 순서쌍 $(a+1, 8)$, $(4, -b)$가 서로 같을 때, $a+b$의 값을 구하시오. -5

09 다음 중 점 $(5, -1)$과 같은 사분면 위에 있는 점은? ⑤

① $(2, 4)$ ② $(0, -4)$
③ $(-2, 0)$ ④ $(-2, -4)$
⑤ $(4, -2)$

10 다음 보기 중 옳지 않은 것을 모두 찾아 기호를 쓰시오. ㉡, ㉣

보기
㉠ 점 $(2, 0)$은 x축 위의 점입니다.
㉡ y축 위의 점은 y좌표가 0입니다.
㉢ 점 $(-4, 3)$은 제2사분면 위의 점입니다.
㉣ 점 $(0, -5)$는 제1사분면 위의 점입니다.

72 일차함수 1 2. 좌표평면 73

73쪽 풀이

06 ① $(2, -3)$ → $(2, 3)$

x좌표 같음, y좌표 부호 반대 → x축 대칭

② $(5, 4)$ → $(4, 5)$

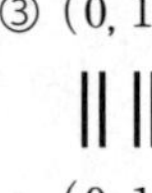

→ x축, y축, 원점 대칭 어느 것도 아님

③ $(0, 1)$ → $(0, 1)$ → x좌표, y좌표 모두 그대로이므로 같은 점임

④ $(6, -6)$ → $(-6, -6)$: x좌표 부호 반대, y좌표 같음 → y축 대칭

⑤ $(1, -1)$ → $(-1, 1)$: 부호 반대, 부호 반대 → 원점 대칭

답 ①

07

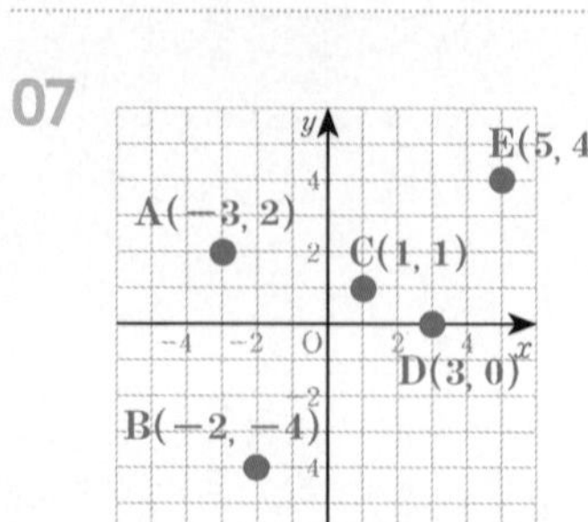

① A$(-2, 2)$ ② B$(-4, -2)$
③ C$(1, 1)$ ④ D$(3, 3)$
⑤ E$(4, 5)$

좌표평면 위의 점의 좌표를 바르게 나타낸 것은 C$(1, 1)$

답 ③

08 $(a+1,\ 8)$ = $(4,\ -b)$

$a+1=4$ $8=-b$
$a=3$ $b=-8$

→ $a+b=3+(-8)$
$=-5$

답 -5

09

①$(2, 4)$, ③$(-2, 0)$, $(5, -1)$, ⑤$(4, -2)$, ④$(-2, -4)$, ②$(0, -4)$

→ $(5, -1)$과 같이 제4사분면 위에 있는 점은 $(4, -2)$

답 ⑤

10

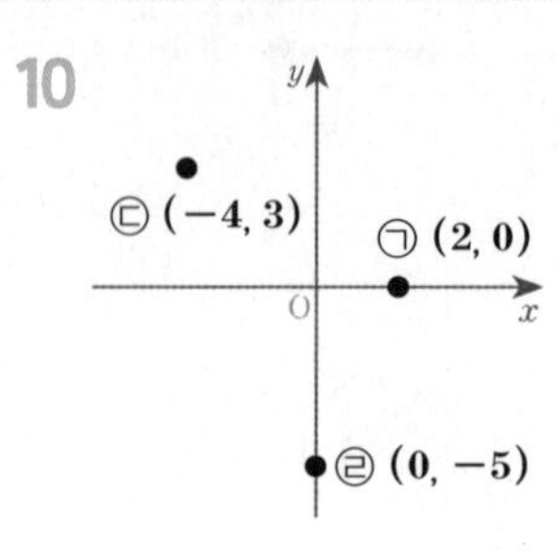

㉠ $(2, 0)$은 x축 위의 점이 맞음
㉡ y축 위의 점은 ~~y좌표가 0~~ → x좌표가 0

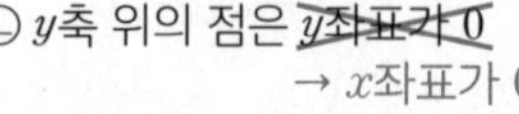

㉢ $(-4, 3)$은 제2사분면 위의 점이 맞음
㉣ $(0,\ -5)$는 ~~제1사분면 위의 점~~ → y축 위의 점

답 ㉡, ㉣

74쪽 풀이

12 a는 $(+)$, b는 $(+)$일 때
점 $(a+b, ab)$는 어느 사분면?

$(+)+(+)$ $=(+)$　　$(+)\times(+)$ $=(+)$

→ $(a+b, ab)$는 $(+, +)$이므로 제1사분면 위에 있음

답 제1사분면

13

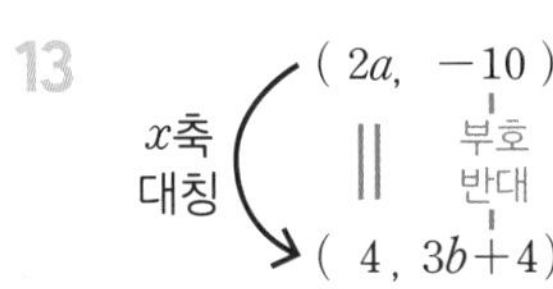

$(2a, -10)$
‖　부호 반대
$(4, 3b+4)$

$2a=4$
$a=2$

$-10=-(3b+4)$
$-10=-3b-4$
$-6=-3b$
$b=2$

→ $ab=2\times2=4$

답 4

74

단원 마무리

11 5개의 점 A(0, 5), B(−4, 2), C(−2, −3), D(3, −2), E(4, 3)을 꼭짓점으로 하는 오각형을 좌표평면에 나타냈습니다. 잘못 나타낸 점을 찾아 좌표평면에 바르게 나타내시오.

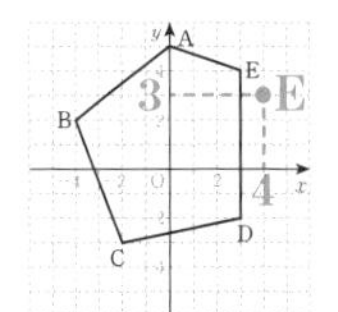

12 $a>0$, $b>0$일 때, 점 $(a+b, ab)$는 어느 사분면 위의 점인지 쓰시오.
제1사분면

13 점 $(2a, -10)$과 점 $(4, 3b+4)$가 x축에 대하여 대칭일 때, ab의 값을 구하시오. 4

14 점 $(-a, b)$가 제3사분면 위의 점일 때, 다음 중 제2사분면 위의 점은? ③
① (a, b)　② $(b, -a)$
③ (ab, a)　④ $(b-a, b)$
⑤ $\left(\frac{b}{a}, ab\right)$

15 다음 중 대칭이동한 방법이 다른 하나는? ①
① $(-1, 2)\to(-1, -2)$
② $(6, -4)\to(-6, 4)$
③ $(-9, -3)\to(9, 3)$
④ $(10, -50)\to(-10, 50)$
⑤ $(7, 8)\to(-7, -8)$

74 일차함수 1

14 $(-a, b)$가 제3사분면 위의 점
$(-)$ $(-)$
$-a=(-)$
$a=(+)$　→ $a=(+)$, $b=(-)$

① (a, b) → $(+, -)$: 제4사분면
$(+)$ $(-)$

② $(b, -a)$ → $(-, -)$: 제3사분면
$(-)$　$-a=-(+)$ $=(-)$

③ (ab, a) → $(-, +)$: 제2사분면
$ab=(+)\times(-)$ $=(-)$　$(+)$

④ $(b-a, b)$ → $(-, -)$: 제3사분면
$b-a=(-)-(+)$ $=(-)+(-)$ $=(-)$　$(-)$

⑤ $\left(\frac{b}{a}, ab\right)$ → $(-, -)$: 제3사분면
$\frac{b}{a}=\frac{(-)}{(+)}=(-)$　$ab=(+)\times(-)$ $=(-)$

답 ③

15 ① $(-1, 2)$ ‖ 부호 반대 $(-1, -2)$ → x축 대칭
② $(6, -4)$ 부호 반대 부호 반대 $(-6, 4)$ → 원점 대칭
③ $(-9, -3)$ 부호 반대 부호 반대 $(9, 3)$ → 원점 대칭
④ $(10, -50)$ 부호 반대 부호 반대 $(-10, 50)$ → 원점 대칭
⑤ $(7, 8)$ 부호 반대 부호 반대 $(-7, -8)$ → 원점 대칭

답 ①

75쪽 풀이

16 점 A와 y축 대칭인 점이 $(-2,\ -3)$
→ $(-2,\ -3)$과 y축 대칭인 점이 점 A

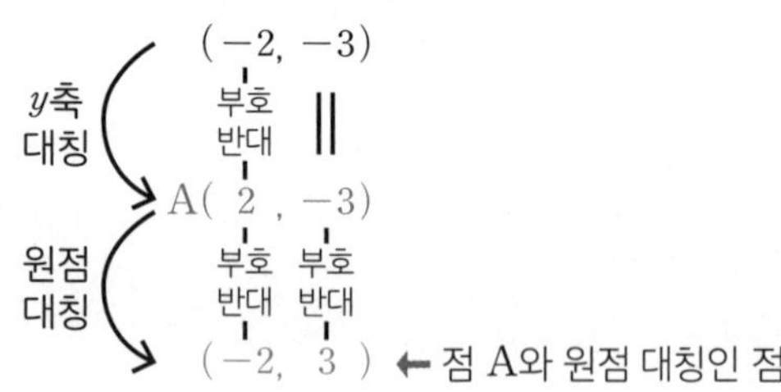

답 $(-2,\ 3)$

17

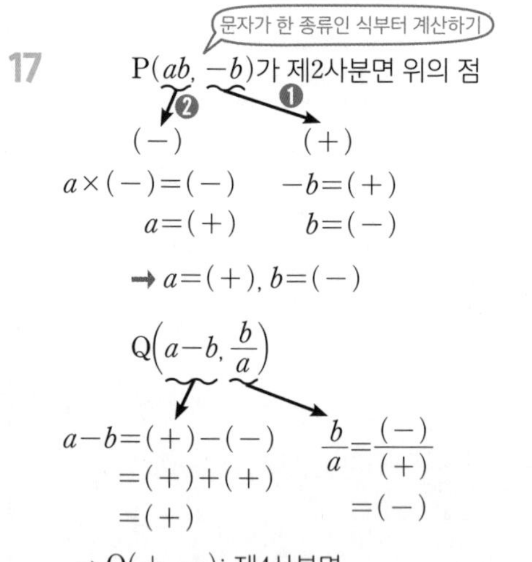

→ Q$(+,\ -)$: 제4사분면

답 제4사분면

18

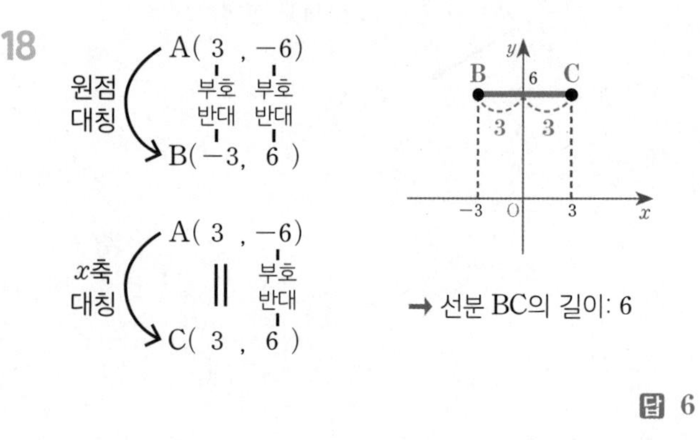

답 6

---

19 점 A$(a-5,\ a+1)$이 제3사분면 위의 점

$(-)$	$(-)$
$a-5=(-)$	$a+1=(-)$
$a=5$이면	$a=-1$이면
$5-5=0$이니까	$-1+1=0$이니까
a는 5보다	a는 -1보다
작아야 함	작아야 함

→ 두 조건을 모두 만족하려면, $a<-1$

따라서, a의 값이 될 수 있는 것은 -2입니다.

답 ②

> **75**
>
> ▸ 정답 및 해설 35~36쪽
>
> **16** 점 A와 y축 대칭인 점이 $(-2,\ -3)$일 때, 점 A와 원점 대칭인 점의 좌표를 쓰시오.
>
> $(-2,\ 3)$
>
> **17** 점 P$(ab,\ -b)$가 제2사분면 위의 점일 때, 점 Q$\left(a-b,\ \frac{b}{a}\right)$는 어느 사분면 위의 점인지 쓰시오.
>
> 제4사분면
>
> **18** 점 A$(3,\ -6)$과 원점 대칭인 점을 B, x축 대칭인 점을 C라 할 때, 선분 BC의 길이를 구하시오. 6
>
> **19** 점 A$(a-5,\ a+1)$이 제3사분면 위의 점일 때, 다음 중 a의 값이 될 수 있는 것은? ②
>
> ① 6 ② -2 ③ -1 ④ 3 ⑤ 4
>
> **20** 점 A$\left(2a+5,\ \frac{b-4}{3}\right)$를 원점에 대하여 대칭이동한 점이 $\left(\frac{b-4}{3},\ -b\right)$일 때, $a-b$의 값을 구하시오.
>
> $\frac{1}{2}$
>
> 2. 좌표평면 75

20

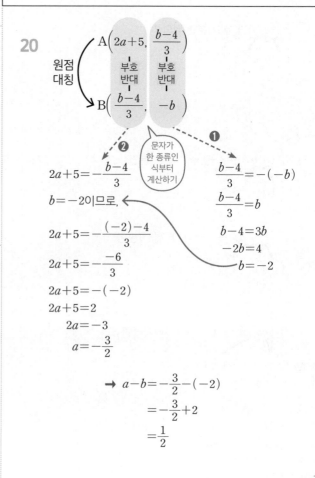

원점 대칭: A$\left(2a+5,\ \frac{b-4}{3}\right)$ → (부호 반대, 부호 반대) → B$\left(\frac{b-4}{3},\ -b\right)$

(문자가 한 종류인 식부터 계산하기)

❶
$$\frac{b-4}{3}=-(-b)$$
$$\frac{b-4}{3}=b$$
$$b-4=3b$$
$$-2b=4$$
$$b=-2$$

❷
$$2a+5=-\frac{b-4}{3}$$
$b=-2$이므로,
$$2a+5=-\frac{(-2)-4}{3}$$
$$2a+5=-\frac{-6}{3}$$
$$2a+5=-(-2)$$
$$2a+5=2$$
$$2a=-3$$
$$a=-\frac{3}{2}$$

$$\rightarrow a-b=-\frac{3}{2}-(-2)=-\frac{3}{2}+2=\frac{1}{2}$$

답 $\frac{1}{2}$

76쪽 풀이

21 A$(-1, -3)$, B$(2, -3)$, C$(3, 3)$, D$(0, 3)$

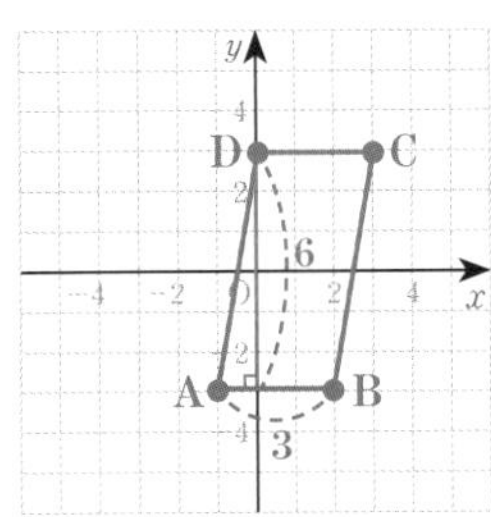

→ 사각형 ABCD는 밑변의 길이가 3, 높이가 6인 평행사변형
→ 넓이: $3\times6=18$

답 18

21 네 점 A$(-1, -3)$, B$(2, -3)$, C$(3, 3)$, D$(0, 3)$을 꼭짓점으로 하는 사각형 ABCD를 좌표평면에 그리고, 그 사각형의 넓이를 구하시오.

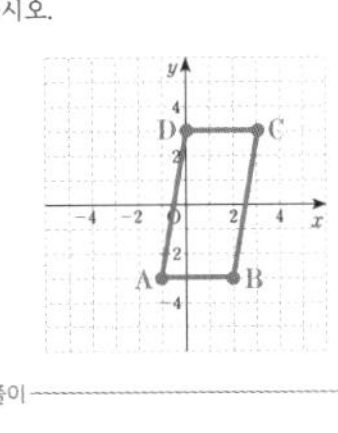

풀이

18

23 $a-b>0$, $ab<0$일 때, 점 $(a, -b)$는 어느 사분면 위의 점인지 구하시오.

풀이

22 점 P$(3a+6, -4a)$는 x축 위의 점이고, 점 Q$(b-5, 4-2b)$는 y축 위의 점입니다. 두 점 P, Q의 좌표를 각각 기호로 나타내시오.

풀이

P$(6, 0)$
Q$(0, -6)$

22
- P$(3a+6, -4a)$는 x축 위의 점
  → y좌표가 0이므로
  $-4a=0$
  $a=0$

  $a=0$이므로, 점 P의 x좌표는
  $3a+6=3\times(0)+6$
  $=6$
  → **P(6, 0)**

- Q$(b-5, 4-2b)$는 y축 위의 점
  → x좌표가 0이므로
  $b-5=0$
  $b=5$

  $b=5$이므로, 점 Q의 y좌표는
  $4-2b=4-2\times(5)$
  $=4-10$
  $=-6$
  → **Q(0, −6)**

답 P$(6, 0)$, Q$(0, -6)$

23 조건① $a-b>0$
→ $a>b$

조건② $ab<0$

다른 부호끼리 곱해야 음수가 되므로,
$a<0$, $b>0$이거나 $a>0$, $b<0$이어야 함

그런데 조건①에서 $a>b$이므로, $a>0$, $b<0$

문제: 점 $(a, -b)$는 어느 사분면?
→ $b<0$이므로 $-b>0$

→ $a>0$, $-b>0$이므로 제1사분면 위의 점

답 제1사분면

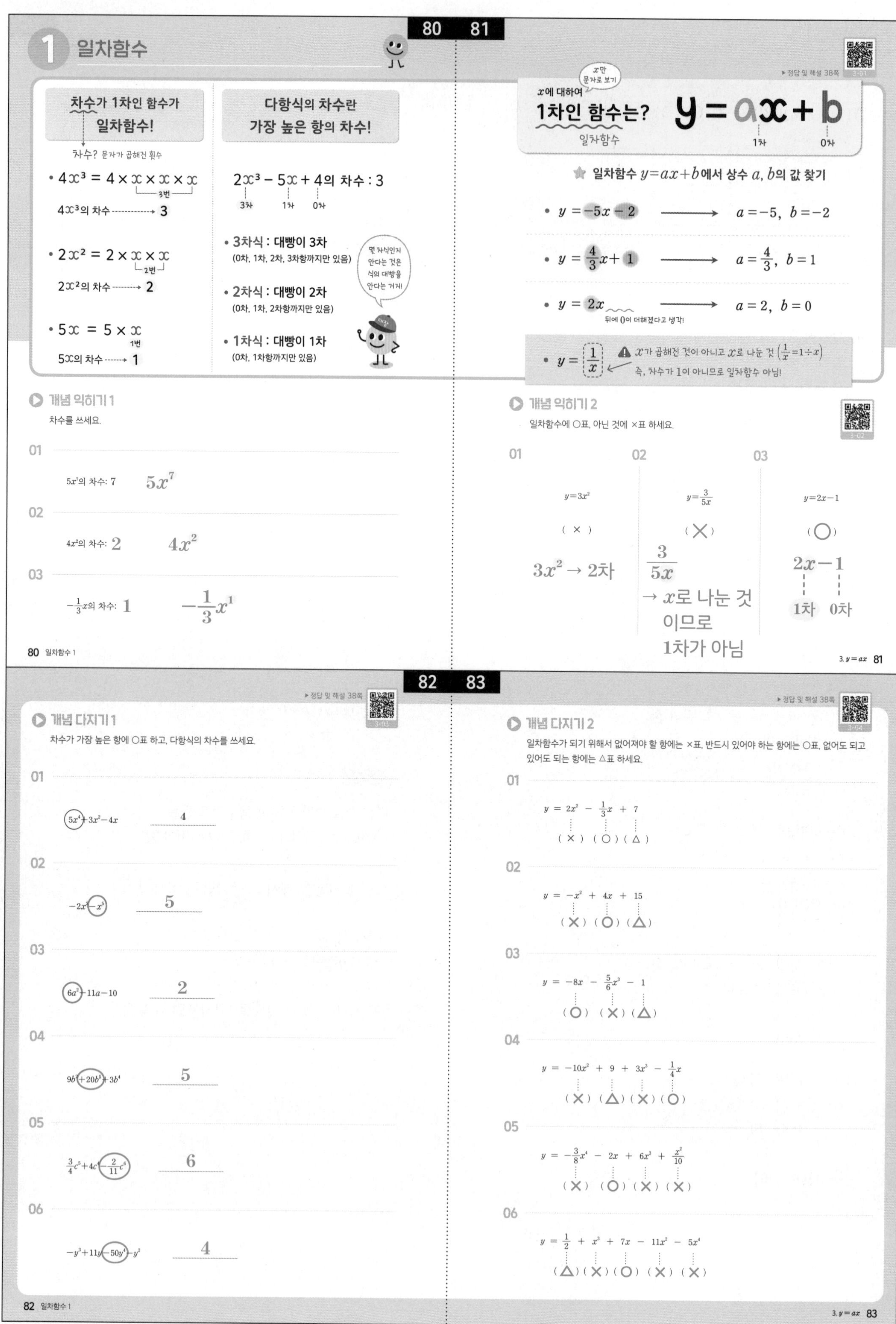

80 81

1 일차함수

차수가 1차인 함수가 일차함수!

차수? 문자가 곱해진 횟수

- $4x^3 = 4 \times x \times x \times x$ (3번)
  $4x^3$의 차수 → 3
- $2x^2 = 2 \times x \times x$ (2번)
  $2x^2$의 차수 → 2
- $5x = 5 \times x$ (1번)
  $5x$의 차수 → 1

다항식의 차수란 가장 높은 항의 차수!

$2x^3 - 5x + 4$의 차수 : 3 (3차, 1차, 0차)

- 3차식 : 대빵이 3차 (0차, 1차, 2차, 3차항까지만 있음)
- 2차식 : 대빵이 2차 (0차, 1차, 2차항까지만 있음)
- 1차식 : 대빵이 1차 (0차, 1차항까지만 있음)

몇 차식인지 안다는 것은 식의 대빵을 안다는 거지!

▶ 정답 및 해설 38쪽

x에 대하여 (x만 문자로 보기) 1차인 함수는? $y = ax + b$ (1차, 0차)
일차함수

일차함수 $y=ax+b$에서 상수 a, b의 값 찾기

- $y = -5x - 2$ → $a=-5$, $b=-2$
- $y = \frac{4}{3}x + 1$ → $a=\frac{4}{3}$, $b=1$
- $y = 2x$ → $a=2$, $b=0$ (뒤에 0이 더해졌다고 생각!)
- $y = \frac{1}{x}$ ⚠ x가 곱해진 것이 아니고 x로 나눈 것 $\left(\frac{1}{x}=1\div x\right)$
  즉, 차수가 1이 아니므로 일차함수 아님!

개념 익히기 1
차수를 쓰세요.

01 $5x^7$의 차수: 7 $5x^7$

02 $4x^2$의 차수: 2 $4x^2$

03 $-\frac{1}{3}x$의 차수: 1 $-\frac{1}{3}x^1$

개념 익히기 2
일차함수에 ○표, 아닌 것에 ×표 하세요.

01 $y=3x^2$ (×) $3x^2 \to 2$차

02 $y=\frac{3}{5x}$ (×) $\frac{3}{5x}$ → x로 나눈 것이므로 1차가 아님

03 $y=2x-1$ (○) $2x-1$: 1차, 0차

80 일차함수 1   3. $y=ax$ 81

82 83

▶ 정답 및 해설 38쪽

개념 다지기 1
차수가 가장 높은 항에 ○표 하고, 다항식의 차수를 쓰세요.

01 $5x^4+3x^2-4x$ 4

02 $-2x^4-x^5$ 5

03 $6a^2+11a-10$ 2

04 $9b^3+20b^5+3b^4$ 5

05 $\frac{3}{4}c^5+4c^4-\frac{2}{11}c^6$ 6

06 $-y^3+11y-50y^4-y^2$ 4

▶ 정답 및 해설 38쪽

개념 다지기 2
일차함수가 되기 위해서 없어져야 할 항에는 ×표, 반드시 있어야 하는 항에는 ○표, 없어도 되고 있어도 되는 항에는 △표 하세요.

01 $y = 2x^2 - \frac{1}{3}x + 7$
(×) (○) (△)

02 $y = -x^2 + 4x + 15$
(×) (○) (△)

03 $y = -8x - \frac{5}{6}x^3 - 1$
(○) (×) (△)

04 $y = -10x^2 + 9 + 3x^3 - \frac{1}{4}x$
(×) (△) (×) (○)

05 $y = -\frac{3}{8}x^4 - 2x + 6x^3 + \frac{x^2}{10}$
(×) (○) (×) (×)

06 $y = \frac{1}{2} + x^3 + 7x - 11x^2 - 5x^4$
(△) (×) (○) (×) (×)

82 일차함수 1   3. $y=ax$ 83

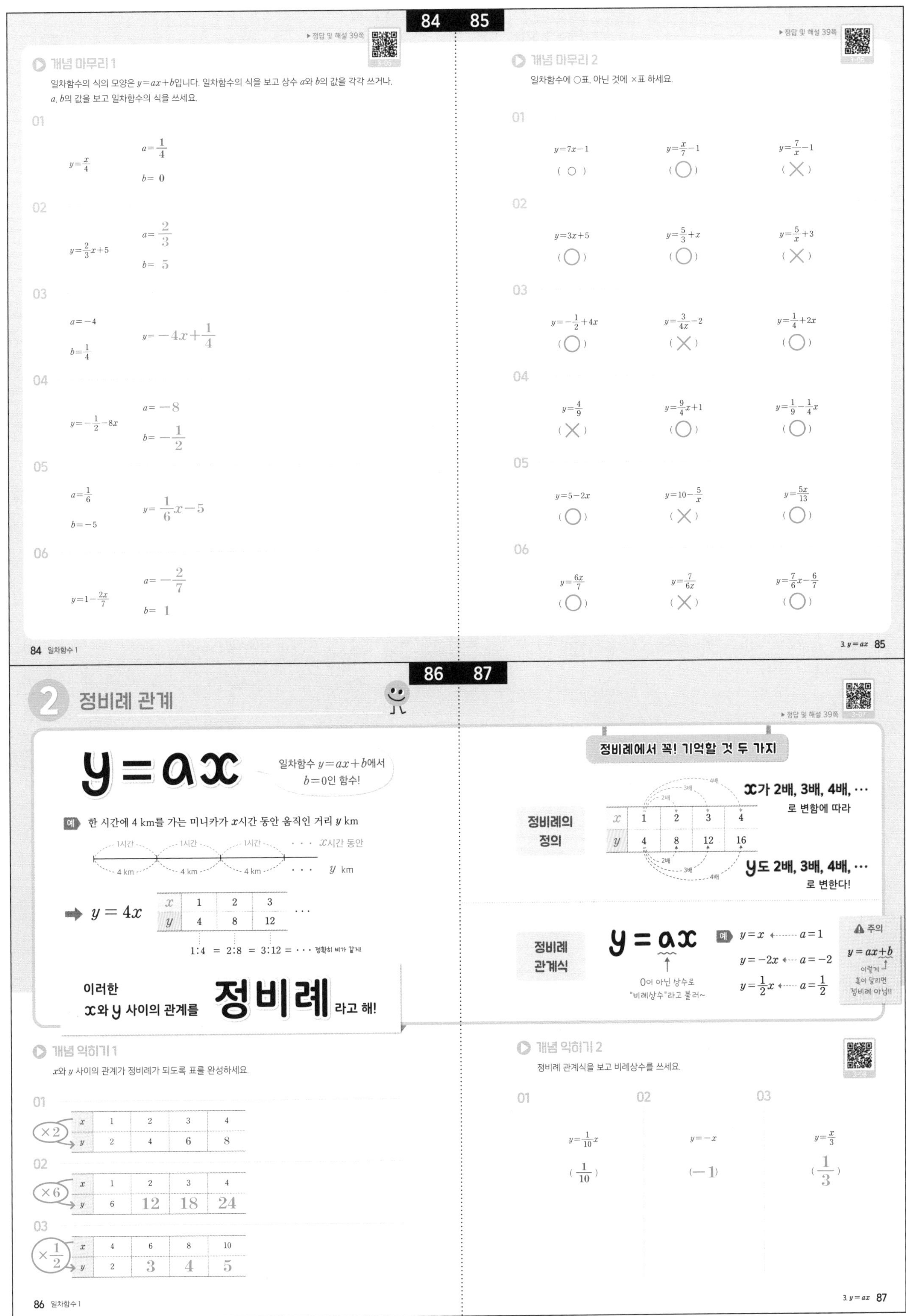

84 85

▸ 정답 및 해설 39쪽

개념 마무리 1

일차함수의 식의 모양은 $y=ax+b$입니다. 일차함수의 식을 보고 상수 a와 b의 값을 각각 쓰거나, a, b의 값을 보고 일차함수의 식을 쓰세요.

01 $y=\frac{x}{4}$ $a=\frac{1}{4}$ $b=0$

02 $y=\frac{2}{3}x+5$ $a=\frac{2}{3}$ $b=5$

03 $a=-4$ $b=\frac{1}{4}$ $y=-4x+\frac{1}{4}$

04 $y=-\frac{1}{2}-8x$ $a=-8$ $b=-\frac{1}{2}$

05 $a=\frac{1}{6}$ $b=-5$ $y=\frac{1}{6}x-5$

06 $y=1-\frac{2x}{7}$ $a=-\frac{2}{7}$ $b=1$

84 일차함수 1

▸ 정답 및 해설 39쪽

개념 마무리 2

일차함수에 ○표, 아닌 것에 ×표 하세요.

01 $y=7x-1$ (○) $y=\frac{x}{7}-1$ (○) $y=\frac{7}{x}-1$ (×)

02 $y=3x+5$ (○) $y=\frac{5}{3}+x$ (○) $y=\frac{5}{x}+3$ (×)

03 $y=-\frac{1}{2}+4x$ (○) $y=\frac{3}{4x}-2$ (×) $y=\frac{1}{4}+2x$ (○)

04 $y=\frac{4}{9}$ (×) $y=\frac{9}{4}x+1$ (○) $y=\frac{1}{9}-\frac{1}{4}x$ (○)

05 $y=5-2x$ (○) $y=10-\frac{5}{x}$ (×) $y=\frac{5x}{13}$ (○)

06 $y=\frac{6x}{7}$ (○) $y=\frac{7}{6x}$ (×) $y=\frac{7}{6}x-\frac{6}{7}$ (○)

3. $y=ax$ 85

86 87

2 정비례 관계

$y=ax$

일차함수 $y=ax+b$에서 $b=0$인 함수!

예 한 시간에 4 km를 가는 미니카가 x시간 동안 움직인 거리 y km

1시간 1시간 1시간 · · · x시간 동안

4 km 4 km 4 km · · · y km

➡ $y=4x$

x	1	2	3	···
y	4	8	12	

1:4 = 2:8 = 3:12 = · · · 정확히 비가 같게!

이러한 x와 y 사이의 관계를 **정비례**라고 해!

▸ 정답 및 해설 39쪽

정비례에서 꼭! 기억할 것 두 가지

정비례의 정의

x	1	2	3	4
y	4	8	12	16

x가 2배, 3배, 4배, … 로 변함에 따라 y도 2배, 3배, 4배, … 로 변한다!

정비례 관계식

$y=ax$

0이 아닌 상수로 "비례상수"라고 불러~

예 $y=x$ ← $a=1$
$y=-2x$ ← $a=-2$
$y=\frac{1}{2}x$ ← $a=\frac{1}{2}$

⚠ 주의 $y=ax+b$ 이렇게 혹이 달리면 정비례 아님!!

개념 익히기 1

x와 y 사이의 관계가 정비례가 되도록 표를 완성하세요.

01 ×2

x	1	2	3	4
y	2	4	6	8

02 ×6

x	1	2	3	4
y	6	12	18	24

03 $\times\frac{1}{2}$

x	4	6	8	10
y	2	3	4	5

86 일차함수 1

개념 익히기 2

정비례 관계식을 보고 비례상수를 쓰세요.

01 $y=\frac{1}{10}x$ ($\frac{1}{10}$)

02 $y=-x$ (-1)

03 $y=\frac{x}{3}$ ($\frac{1}{3}$)

3. $y=ax$ 87

88 89

▶ 정답 및 해설 40쪽 3-09

개념 다지기 1

표의 빈칸을 알맞게 채우고, x와 y 사이의 관계식을 쓰세요.

01 어느 약수터에서 1분 동안 3 L의 물이 흘러나올 때, x분 동안 흘러나온 물의 양 y L

x	1	2	3	4	⋯
y	3	6	9	12	⋯

답: $y=3x$

02 공책 1권의 가격이 1500원일 때, 공책 x권의 가격이 y원

x	1	2	3	4	⋯
y	1500	3000	4500	6000	⋯

답: $y=1500x$

03 가로의 길이가 x cm이고 세로의 길이가 20 cm인 직사각형의 넓이가 y cm²

x	1	2	3	4	⋯
y	20	40	60	80	⋯

답: $y=20x$

04 시속 95 km로 x시간 동안 달린 거리 y km

x	1	2	3	4	⋯
y	95	190	285	380	⋯

답: $y=95x$

05 1분의 통화 요금이 80원일 때, x분의 통화 요금이 y원

x	1	2	3	4	⋯
y	80	160	240	320	⋯

답: $y=80x$

06 1개의 무게가 7 kg인 볼링공 x개의 무게 y kg

x	1	2	3	4	⋯
y	7	14	21	28	⋯

답: $y=7x$

88 일차함수 1

▶ 정답 및 해설 40쪽 3-10

개념 다지기 2

정비례 관계식에 ○표 하고, 비례상수를 구하세요.

$y=ax(a\neq0)$가 정비례 관계식 (a: 비례상수)

$y=x+\frac{1}{2}$

$y=\frac{3}{x}$

(○) $y=\frac{x}{4}$ — 비례상수: $\frac{1}{4}$

(○) $y=-4x$ — 비례상수: -4

$y=\frac{5}{6}-\frac{5}{6}x$

(○) $y=-\frac{2}{5}x$ — 비례상수: $-\frac{2}{5}$

(○) $y=100x$ — 비례상수: 100

(○) $y=\frac{3x}{4}$ — 비례상수: $\frac{3}{4}$

$y=x^2$

$y=5$

3. $y=ax$ 89

개념 마무리 1

알맞은 정비례 관계식을 쓰세요.

01 y가 x에 정비례하고, $x=2$일 때 $y=-4$

$y=ax$에 $x=2$, $y=-4$ 대입

$\rightarrow (-4)=a\times 2$

$-4=2a$

$a=-2$

답: $y=-2x$

02 y가 x에 정비례하고, $x=5$일 때 $y=15$

$y=ax$에 $x=5$, $y=15$ 대입

$\rightarrow 15=a\times 5$

$15=5a$

$a=3$

답: $y=3x$

03 x와 y는 정비례 관계이고, $x=2$일 때 $y=-3$

$y=ax$에 $x=2$, $y=-3$ 대입

$\rightarrow (-3)=a\times 2$

$-3=2a$

$a=-\frac{3}{2}$

답: $y=-\frac{3}{2}x$

04 x, y에 대하여 y가 x에 정비례하고, $x=4$일 때 $y=-20$

$y=ax$에 $x=4$, $y=-20$ 대입

$\rightarrow (-20)=a\times 4$

$-20=4a$

$a=-5$

답: $y=-5x$

05 x가 2배, 3배, 4배, …로 변할 때 y도 2배, 3배, 4배, …로 변하고, $x=-\frac{1}{3}$일 때 $y=-\frac{5}{3}$

x와 y가 정비례 관계

$y=ax$에 $x=-\frac{1}{3}$, $y=-\frac{5}{3}$ 대입

$\rightarrow \left(-\frac{5}{3}\right)=a\times\left(-\frac{1}{3}\right)$

$-\frac{5}{3}=-\frac{1}{3}a$

$a=\left(-\frac{5}{3}\right)\times(-3)=5$

답: $y=5x$

06 $x : y=1 : 4$

내항의 곱은 외항의 곱과 같다.

$\rightarrow y\times 1=x\times 4$

$y=4x$

답: $y=4x$

개념 마무리 2

물음에 답하세요.

01 y가 x에 정비례하고, $x=3$일 때 $y=-1$입니다. $x=-15$일 때, y의 값은?

$y=ax$에 $x=3$, $y=-1$ 대입

$\rightarrow (-1)=a\times3$

$-1=3a$

$a=-\frac{1}{3}$

따라서 관계식은 $y=-\frac{1}{3}x$

- 문제: $x=-15$일 때, y의 값?

$y=\left(-\frac{1}{3}\right)\times(-15)$

$=5$

답: 5

02 y가 x에 정비례하고, $x=-2$일 때 $y=10$입니다. $x=4$일 때, y의 값은?

$y=ax$에 $x=-2$, $y=10$ 대입

$\rightarrow 10=a\times(-2)$

$10=-2a$

$a=-5$

따라서 관계식은 $y=-5x$

- 문제: $x=4$일 때, y의 값?

$y=(-5)\times4$

$=-20$

답: -20

03 y가 x의 a배이고, $x=\frac{1}{4}$일 때 $y=3$입니다. a의 값은?

($y=x\times a$)

$y=ax$에 $x=\frac{1}{4}$, $y=3$ 대입

$\rightarrow 3=a\times\frac{1}{4}$

$3=\frac{1}{4}a$

$a=12$

답: 12

04 $x:y=1:a$이고, $x=\frac{4}{5}$일 때 $y=12$입니다. a의 값은?

내항의 곱은 외항의 곱과 같다.

$y=ax$에 $x=\frac{4}{5}$, $y=12$ 대입

$\rightarrow 12=a\times\frac{4}{5}$

$12=\frac{4}{5}a$

$12\times\frac{5}{4}=a$

$a=15$

답: 15

05 y가 x에 정비례하고, $x=5$일 때 $y=-\frac{5}{7}$입니다. $y=-1$일 때, x의 값은?

$y=ax$에 $x=5$, $y=-\frac{5}{7}$ 대입

$\rightarrow \left(-\frac{5}{7}\right)=a\times5$

$-\frac{5}{7}=5a$

$a=-\frac{1}{7}$

따라서 관계식은 $y=-\frac{1}{7}x$

- 문제: $y=-1$일 때, x의 값?

$(-1)=\left(-\frac{1}{7}\right)\times x$

$-1=-\frac{1}{7}x$

$x=7$

답: 7

06 $x:y=1:a$이고, $x=12$일 때 $y=24$입니다. $x=\frac{1}{2}$일 때, y의 값은?

내항의 곱은 외항의 곱과 같다.

$y=ax$에 $x=12$, $y=24$ 대입

$\rightarrow 24=a\times12$

$24=12a$

$a=2$

따라서 관계식은 $y=2x$

- 문제: $x=\frac{1}{2}$일 때, y의 값?

$y=2\times\frac{1}{2}$

$=1$

답: 1

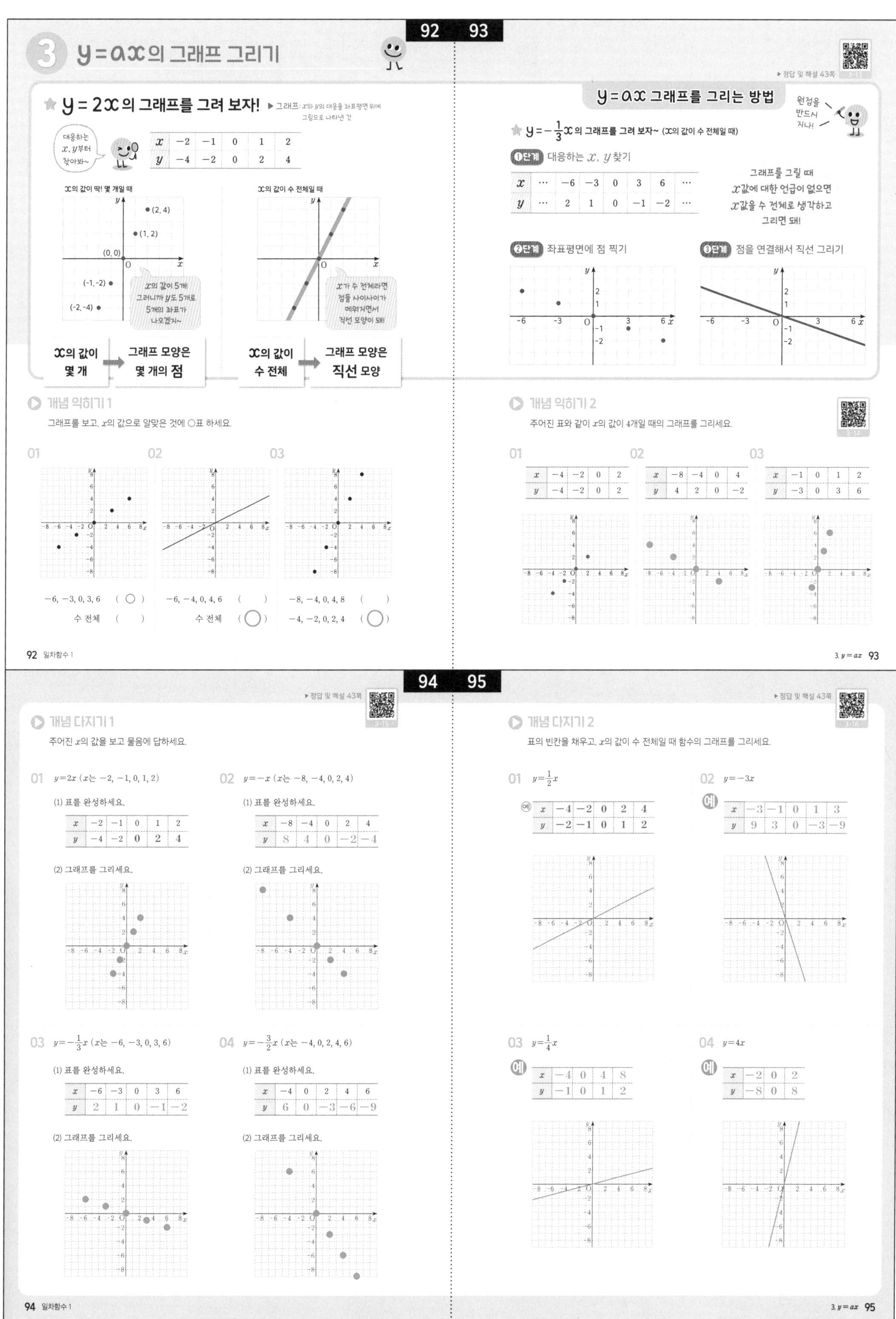

92 93
3 y=ax의 그래프 그리기
▶ 정답 및 해설 43쪽
y = 2x의 그래프를 그려 보자!
▶ 그래프: x와 y의 대응을 좌표평면 위에 그림으로 나타낸 것
대응하는 x, y부터 찾아봐~
x | −2 | −1 | 0 | 1 | 2
y | −4 | −2 | 0 | 2 | 4
x의 값이 딱! 몇 개일 때
x의 값이 수 전체일 때
(2, 4)
(1, 2)
(0, 0)
(-1, -2)
(-2, -4)
x의 값이 5개! 그러니까 y도 5개로 5개의 좌표가 나오겠지~
x가 수 전체라면 점들 사이사이가 메워지면서 직선 모양이 돼!
x의 값이 몇 개 → 그래프 모양은 몇 개의 점
x의 값이 수 전체 → 그래프 모양은 직선 모양
y=ax 그래프를 그리는 방법
원점을 반드시 지나
y = −1/3x의 그래프를 그려 보자~ (x의 값이 수 전체일 때)
1단계 대응하는 x, y 찾기
x | ··· | −6 | −3 | 0 | 3 | 6 | ···
y | ··· | 2 | 1 | 0 | −1 | −2 | ···
그래프를 그릴 때 x값에 대한 언급이 없으면 x값을 수 전체로 생각하고 그리면 돼!
2단계 좌표평면에 점 찍기
3단계 점을 연결해서 직선 그리기
개념 익히기 1
그래프를 보고, x의 값으로 알맞은 것에 ○표 하세요.
01 −6, −3, 0, 3, 6 (○) 수 전체 ( )
02 −6, −4, 0, 4, 6 ( ) 수 전체 (○)
03 −8, −4, 0, 4, 8 ( ) −4, −2, 0, 2, 4 (○)
개념 익히기 2
주어진 표와 같이 x의 값이 4개일 때의 그래프를 그리세요.
01 x | −4 | −2 | 0 | 2 ; y | −4 | −2 | 0 | 2
02 x | −8 | −4 | 0 | 4 ; y | 4 | 2 | 0 | −2
03 x | −1 | 0 | 1 | 2 ; y | −3 | 0 | 3 | 6
92 일차함수 1
3. y=ax 93
94 95
▶ 정답 및 해설 43쪽
개념 다지기 1
주어진 x의 값을 보고 물음에 답하세요.
01 y=2x (x는 −2, −1, 0, 1, 2)
(1) 표를 완성하세요.
x | −2 | −1 | 0 | 1 | 2 ; y | −4 | −2 | 0 | 2 | 4
(2) 그래프를 그리세요.
02 y=−x (x는 −8, −4, 0, 2, 4)
(1) 표를 완성하세요.
x | −8 | −4 | 0 | 2 | 4 ; y | 8 | 4 | 0 | −2 | −4
(2) 그래프를 그리세요.
03 y=−1/3x (x는 −6, −3, 0, 3, 6)
(1) 표를 완성하세요.
x | −6 | −3 | 0 | 3 | 6 ; y | 2 | 1 | 0 | −1 | −2
(2) 그래프를 그리세요.
04 y=−3/2x (x는 −4, 0, 2, 4, 6)
(1) 표를 완성하세요.
x | −4 | 0 | 2 | 4 | 6 ; y | 6 | 0 | −3 | −6 | −9
(2) 그래프를 그리세요.
개념 다지기 2
표의 빈칸을 채우고, x의 값이 수 전체일 때 함수의 그래프를 그리세요.
01 y=1/2x
예 x | −4 | −2 | 0 | 2 | 4 ; y | −2 | −1 | 0 | 1 | 2
02 y=−3x
예 x | −3 | −1 | 0 | 1 | 3 ; y | 9 | 3 | 0 | −3 | −9
03 y=1/4x
예 x | −4 | 0 | 4 | 8 ; y | −1 | 0 | 1 | 2
04 y=4x
예 x | −2 | 0 | 2 ; y | −8 | 0 | 8
94 일차함수 1
3. y=ax 95

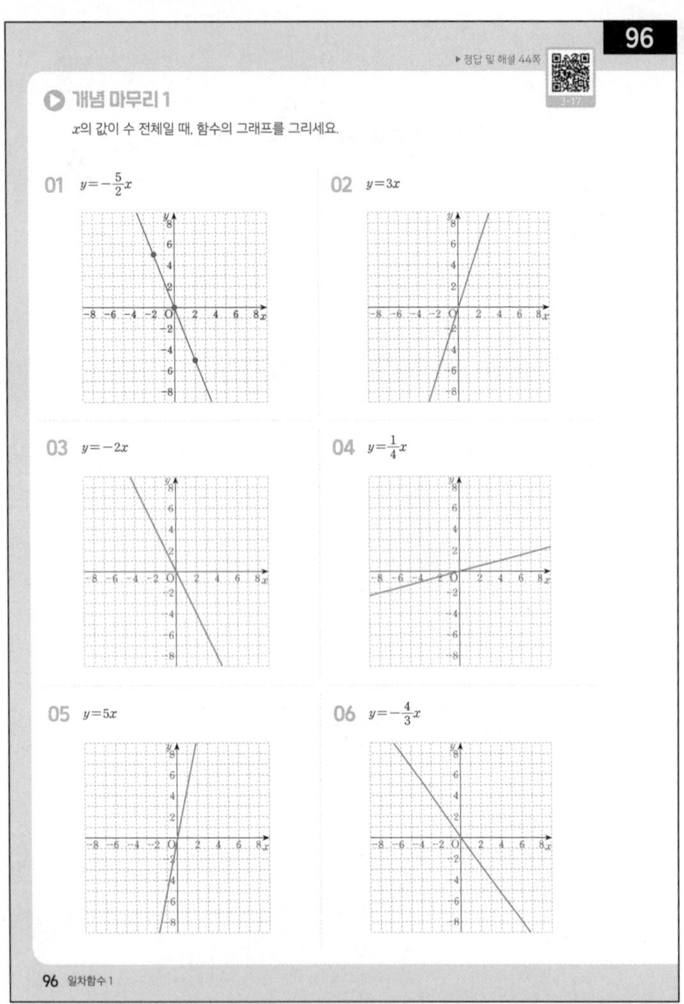

96쪽 풀이 대응하는 x, y의 값을 몇 개 찾아 점으로 찍은 후, 그 점을 연결하면 됩니다.

01 $y=-\frac{5}{2}x$

예

x	-2	0	2
y	5	0	-5

→ $(-2, 5)$, $(0, 0)$, $(2, -5)$를 찍고 선으로 연결하기

02 $y=3x$

예

x	-2	0	3
y	-6	0	9

→ $(-2, -6)$, $(0, 0)$, $(3, 9)$를 찍고 선으로 연결하기

03 $y=-2x$

예

x	-2	0	4
y	4	0	-8

→ $(-2, 4)$, $(0, 0)$, $(4, -8)$을 찍고 선으로 연결하기

04 $y=\frac{1}{4}x$

예

x	-4	0	4
y	-1	0	1

→ $(-4, -1)$, $(0, 0)$, $(4, 1)$을 찍고 선으로 연결하기

05 $y=5x$

예

x	-1	0	1
y	-5	0	5

→ $(-1, -5)$, $(0, 0)$, $(1, 5)$를 찍고 선으로 연결하기

06 $y=-\frac{4}{3}x$

예

x	-6	0	6
y	8	0	-8

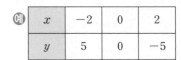

→ $(-6, 8)$, $(0, 0)$, $(6, -8)$을 찍고 선으로 연결하기

97쪽 풀이

01 그래프가 원점을 지나는 직선 모양 → 관계식은 $y=ax$
그래프가 지나는 점 $(4,\ -3)$을 $y=ax$에 대입하기

→ $(-3)=a\times4$
$-3=4a$
$a=-\frac{3}{4}$

→ 관계식: $y=-\frac{3}{4}x$

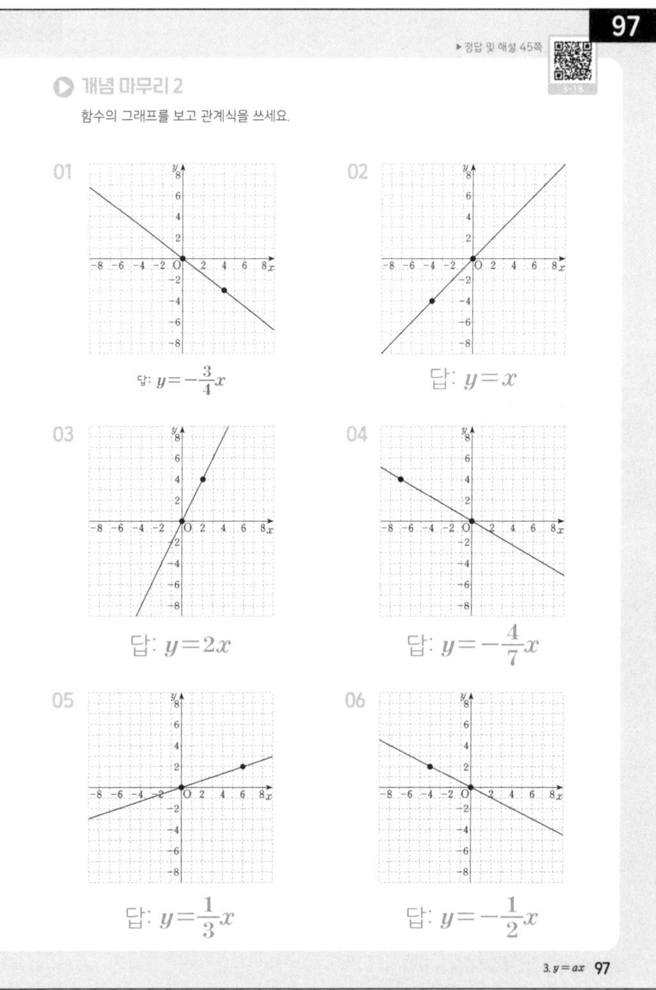

97
▶정답 및 해설 45쪽
개념 마무리 2
함수의 그래프를 보고 관계식을 쓰세요.
01
답: $y=-\frac{3}{4}x$
02
답: $y=x$
03
답: $y=2x$
04
답: $y=-\frac{4}{7}x$
05
답: $y=\frac{1}{3}x$
06
답: $y=-\frac{1}{2}x$
3. $y=ax$ 97

02 그래프가 원점을 지나는 직선 모양 → 관계식은 $y=ax$
그래프가 지나는 점 $(-4,\ -4)$를 $y=ax$에 대입하기

→ $(-4)=a\times(-4)$
$-4=-4a$
$a=1$

→ 관계식: $y=x$

03 그래프가 원점을 지나는 직선 모양 → 관계식은 $y=ax$
그래프가 지나는 점 $(2,4)$를 $y=ax$에 대입하기

→ $4=a\times2$
$4=2a$
$a=2$

→ 관계식: $y=2x$

04 그래프가 원점을 지나는 직선 모양 → 관계식은 $y=ax$
그래프가 지나는 점 $(-7,4)$를 $y=ax$에 대입하기

→ $4=a\times(-7)$
$4=-7a$
$a=-\frac{4}{7}$

→ 관계식: $y=-\frac{4}{7}x$

05 그래프가 원점을 지나는 직선 모양 → 관계식은 $y=ax$
그래프가 지나는 점 $(6,2)$를 $y=ax$에 대입하기

→ $2=a\times6$
$2=6a$
$a=\frac{1}{3}$

→ 관계식: $y=\frac{1}{3}x$

06 그래프가 원점을 지나는 직선 모양 → 관계식은 $y=ax$
그래프가 지나는 점 $(-4,2)$를 $y=ax$에 대입하기

→ $2=a\times(-4)$
$2=-4a$
$a=-\frac{1}{2}$

→ 관계식: $y=-\frac{1}{2}x$

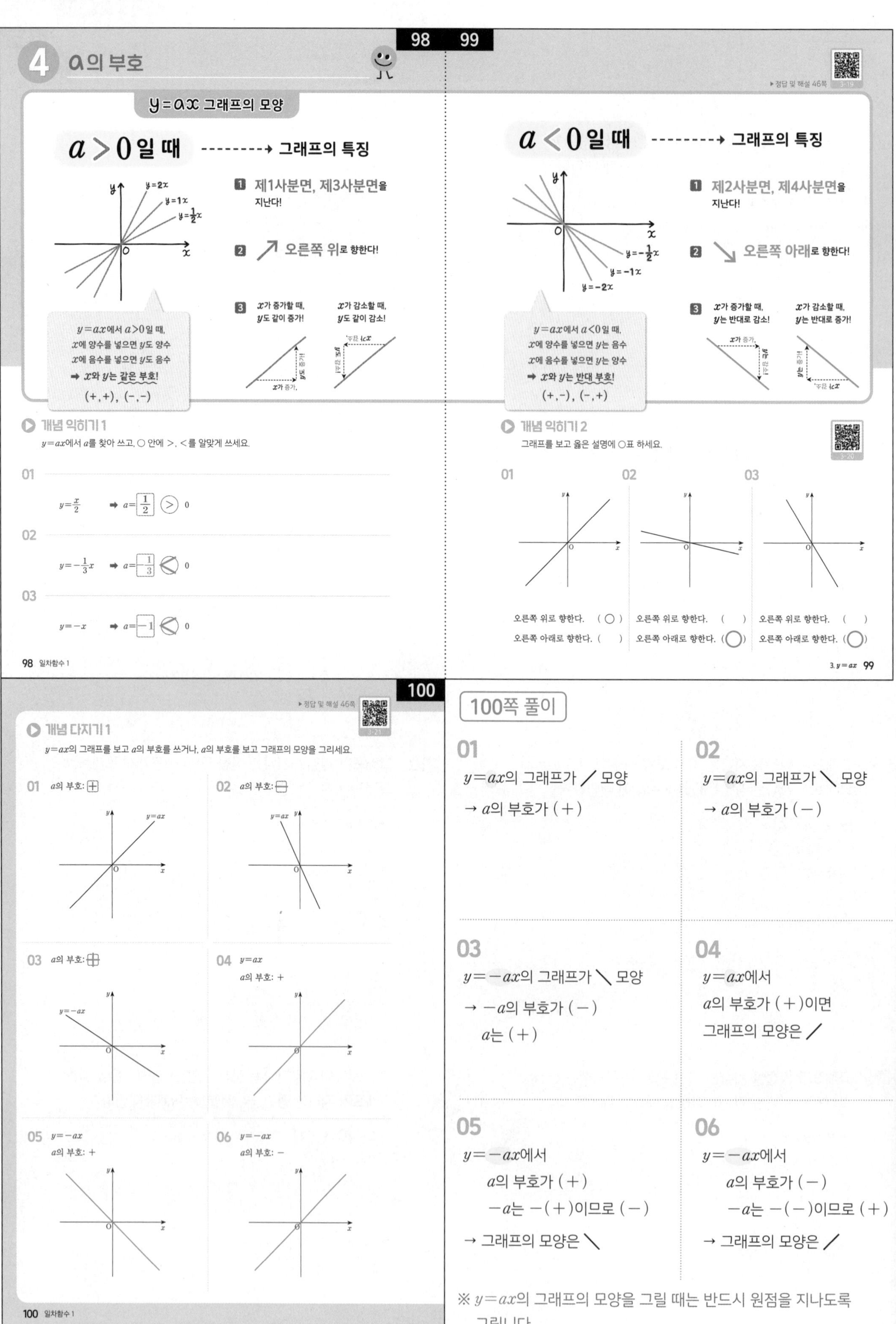

100쪽 풀이

01
$y=ax$의 그래프가 ／ 모양
→ a의 부호가 (+)

02
$y=ax$의 그래프가 ＼ 모양
→ a의 부호가 (−)

03
$y=-ax$의 그래프가 ＼ 모양
→ $-a$의 부호가 (−)
a는 (+)

04
$y=ax$에서
a의 부호가 (+)이면
그래프의 모양은 ／

05
$y=-ax$에서
a의 부호가 (+)
$-a$는 $-(+)$이므로 (−)
→ 그래프의 모양은 ＼

06
$y=-ax$에서
a의 부호가 (−)
$-a$는 $-(-)$이므로 (+)
→ 그래프의 모양은 ／

※ $y=ax$의 그래프의 모양을 그릴 때는 반드시 원점을 지나도록 그립니다.

101

▶정답 및 해설 47쪽

개념 다지기 2

함수의 식에 알맞은 그래프의 모양과 올바른 설명에 각각 ○표 하세요.

01 $y=-\frac{2}{3}x$

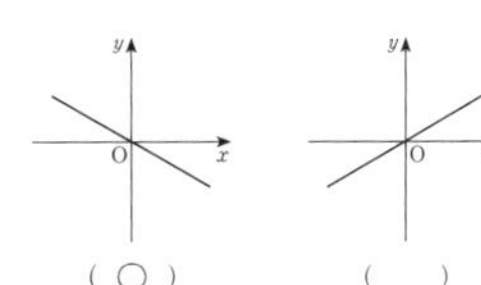

(○) ( )

➡ x가 증가할 때 y는 (증가 , **감소**)

02 $y=\frac{5}{2}x$

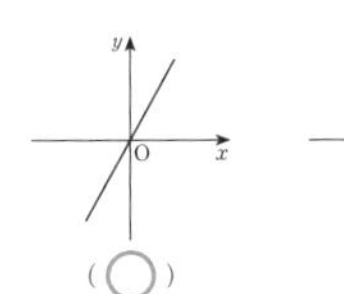

(○) ( )

➡ x가 증가할 때 y는 (**증가**, 감소)

03 $y=-6x$

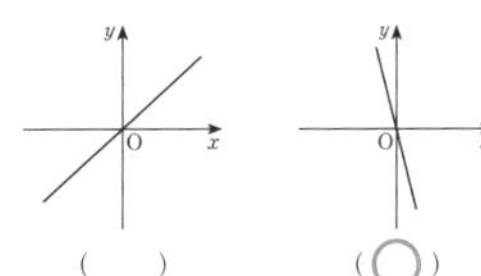

( ) (○)

➡ x가 감소할 때 y는 (**증가**, 감소)

04 $y=4x$

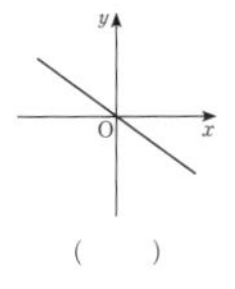

( ) (○)

➡ x가 감소할 때 y는 (증가 , **감소**)

05 $y=\frac{2x}{3}$

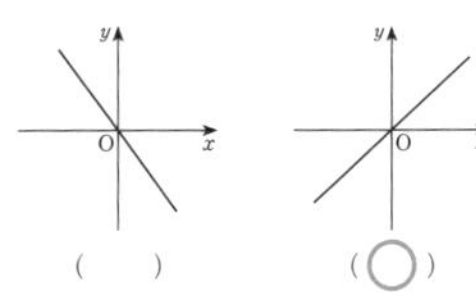

( ) (○)

➡ x가 감소할 때 y는 (증가 , **감소**)

06 $y=-\frac{4x}{5}$

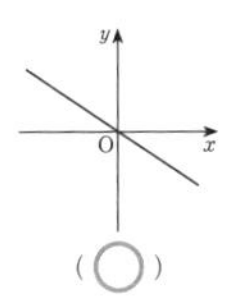

(○) ( )

➡ x가 증가할 때 y는 (증가 , **감소**)

101쪽 풀이

01 $y=-\frac{2}{3}x$

음수니까

그래프의 모양은 ╲

→ x가 증가할 때 y는 감소

02 $y=\frac{5}{2}x$

양수니까

그래프의 모양은 ╱

→ x가 증가할 때 y는 증가

03 $y=-6x$

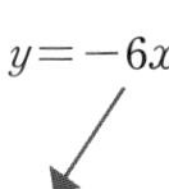

음수니까

그래프의 모양은 ╲

→ x가 감소할 때 y는 증가

04 $y=4x$

양수니까

그래프의 모양은 ╱

→ x가 감소할 때 y는 감소

05 $y=\frac{2x}{3}=\frac{2}{3}x$

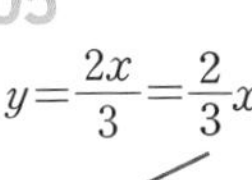

양수니까

그래프의 모양은 ╱

→ x가 감소할 때 y는 감소

06 $y=-\frac{4x}{5}=-\frac{4}{5}x$

음수니까

그래프의 모양은 ╲

→ x가 증가할 때 y는 감소

102

▶정답 및 해설 47쪽

개념 마무리 1

주어진 함수의 그래프에 대한 설명으로 옳은 것에 ○표, 틀린 것에 ×표 하세요.

01 $y=-4x$

- 그래프는 오른쪽 아래로 향한다. (○)
- 그래프는 제1, 3사분면을 지난다. (×)
- x가 증가할 때, y는 감소한다. (○)
- x가 음수일 때, y도 음수이다. (×)

02 $y=3x$

- 그래프는 오른쪽 위로 향한다. (○)
- 그래프는 제2, 4사분면을 지난다. (×)
- x가 증가할 때, y도 증가한다. (○)
- y는 x에 정비례한다. (○)

03 $y=\frac{2}{9}x$

- 그래프는 제2, 4사분면을 지난다. (×)
- x가 감소할 때, y는 증가한다. (×)
- y는 x에 대한 일차함수이다. (○)
- x와 y의 부호가 반대이다. (×)

04 $y=-\frac{x}{5}$

- 그래프는 오른쪽 아래로 향한다. (○)
- 그래프는 제2, 4사분면을 지난다. (○)
- 비례상수는 -1이다. (×)
- x가 감소할 때, y도 감소한다. (×)

05 $y=-\frac{3}{10}x$

- 그래프는 오른쪽 아래로 향한다. (○)
- x가 2배, 3배, 4배, … 가 될 때, y도 2배, 3배, 4배, … 가 된다. (○)
- 비례상수는 $\frac{3}{10}$이다. (×)
- x가 감소할 때, y는 증가한다. (○)

06 $y=8x$

- 그래프는 원점을 지난다. (○)
- y는 x에 대한 팔차함수이다. (×)
- x가 감소할 때, y도 감소한다. (○)
- $x=4$일 때, $y=\frac{1}{2}$이다. (×)

102쪽 풀이

01 $y=-4x$

음수니까

그래프의 모양은

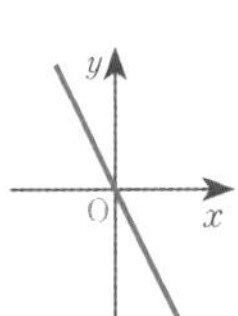

- 그래프는 오른쪽 아래로 향한다. (○)
- 그래프는 제1, 3사분면을 지난다. (×)
  → 제2, 4사분면을 지남
- x가 증가할 때, y는 감소한다. (○)
- x가 음수일 때, ~~y도 음수이다~~. (×)
  y는 양수이다.

02 $y=3x$

양수니까

그래프의 모양은

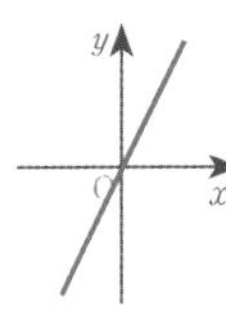

- 그래프는 오른쪽 위로 향한다. (○)
- 그래프는 제2, 4사분면을 지난다. (×)
  → 제1, 3사분면을 지남
- x가 증가할 때, y도 증가한다. (○)
- y는 x에 정비례한다. (○)

102쪽 풀이

03 $y=\frac{2}{9}x$

양수니까 그래프의 모양은

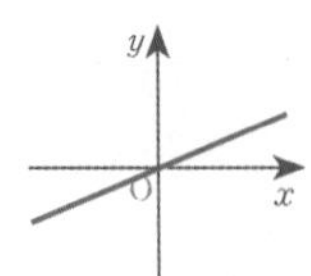

- 그래프는 제2, 4사분면을 지난다. (×) → 제1, 3사분면을 지남
- x가 감소할 때, ~~y는 증가한다~~. (×) y도 감소한다.
- y는 x에 대한 일차함수이다. (○)
- x와 y의 부호가 ~~반대이다~~. (×) 같다.

04 $y=-\frac{x}{5}=-\frac{1}{5}x$

음수니까 그래프의 모양은

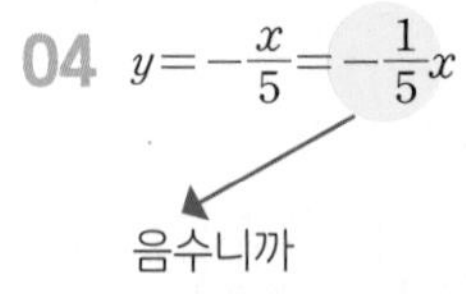

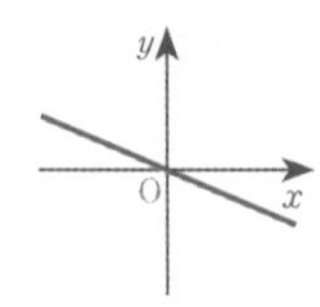

- 그래프는 오른쪽 아래로 향한다. (○)
- 그래프는 제2, 4사분면을 지난다. (○)
- 비례상수는 ~~1~~이다. (×) $-\frac{1}{5}$
- x가 감소할 때, ~~y도 감소한다~~. (×) y는 증가한다.

05 $y=-\frac{3}{10}x$

음수니까 그래프의 모양은

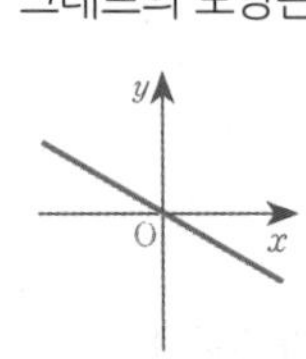

- 그래프는 오른쪽 아래로 향한다. (○)
- x가 2배, 3배, 4배, … 가 될 때, y도 2배, 3배, 4배, … 가 된다. (○)
- 비례상수는 ~~$\frac{3}{10}$~~이다. (×) $-\frac{3}{10}$
- x가 감소할 때, y는 증가한다. (○)

06 $y=8x$

양수니까 그래프의 모양은

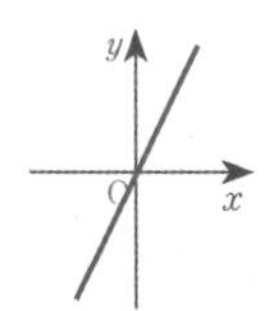

- 그래프는 원점을 지난다. (○)
- y는 x에 대한 ~~일차함수~~이다. (×) 일차함수
- x가 감소할 때, y도 감소한다. (○)
- $x=4$일 때, $y=\frac{1}{2}$이다. (×)

→ $y=8x$에 $x=4$를 대입하면 $y=8\times4=32$

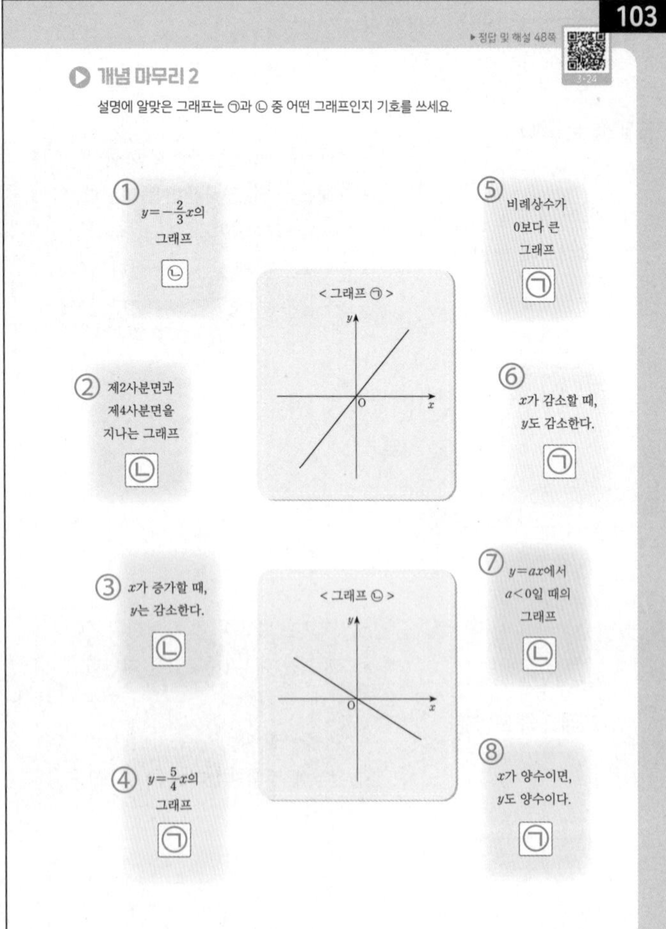

103
▸정답 및 해설 48쪽
개념 마무리 2
설명에 알맞은 그래프는 ㉠과 ㉡ 중 어떤 그래프인지 기호를 쓰세요.
① $y=-\frac{2}{3}x$의 그래프 ㉡
② 제2사분면과 제4사분면을 지나는 그래프 ㉡
③ x가 증가할 때, y는 감소한다. ㉡
④ $y=\frac{5}{4}x$의 그래프 ㉠
⑤ 비례상수가 0보다 큰 그래프 ㉠
⑥ x가 감소할 때, y도 감소한다. ㉠
⑦ $y=ax$에서 $a<0$일 때의 그래프 ㉡
⑧ x가 양수이면, y도 양수이다. ㉠
<그래프 ㉠>
<그래프 ㉡>
3. $y=ax$ 103

103쪽 풀이

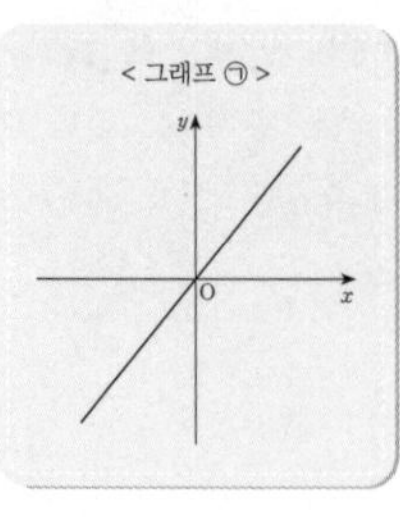

- 오른쪽 위로 향하는 그래프
- 제1사분면, 제3사분면을 지남
- $y=ax$에서 $a>0$인 그래프 (④, ⑤) (a: 비례상수)
- x가 증가할 때 y도 증가, x가 감소할 때 y도 감소 (⑥) → x와 y의 부호가 같음 (⑧)

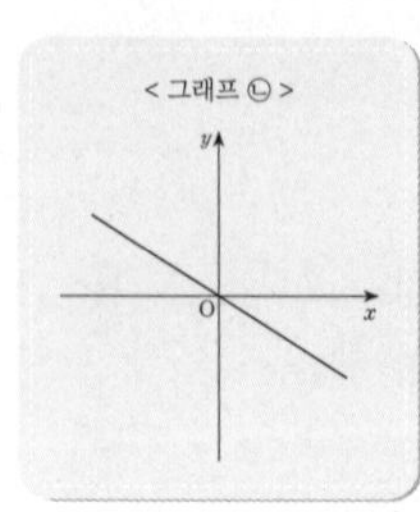

- 오른쪽 아래로 향하는 그래프
- 제2사분면, 제4사분면을 지남 (②)
- $y=ax$에서 $a<0$인 그래프 (①, ⑦) (a: 비례상수)
- x가 증가할 때 y는 감소, (③) x가 감소할 때 y는 증가 → x와 y의 부호가 반대

5 a의 절댓값

★ $y=ax$에서 $|a|$가 클수록 가파른 그래프!
(= y축에 가깝게 그려짐)

그 이유는, $a>0$인 그래프를 살펴보면 a가 클수록 가파른 그래프니까!

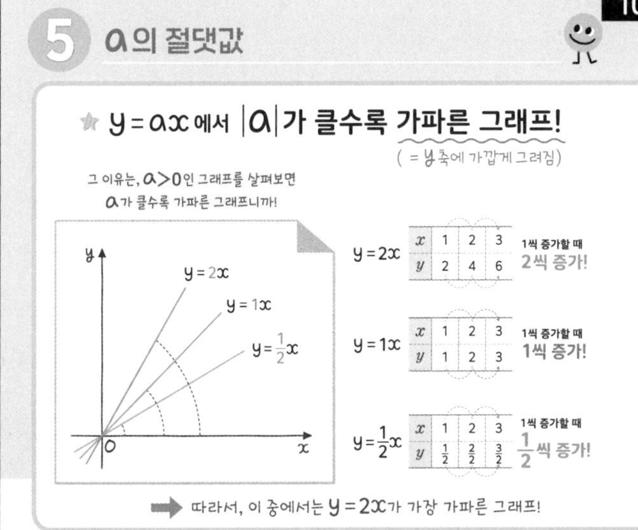

$y=2x$			
x	1	2	3
y	2	4	6

1씩 증가할 때 2씩 증가!

$y=1x$			
x	1	2	3
y	1	2	3

1씩 증가할 때 1씩 증가!

$y=\frac{1}{2}x$			
x	1	2	3
y	$\frac{1}{2}$	$\frac{2}{2}$	$\frac{3}{2}$

1씩 증가할 때 $\frac{1}{2}$씩 증가!

➡ 따라서, 이 중에서는 $y=2x$가 가장 가파른 그래프!

▶ 정답 및 해설 49쪽

그런데, $y=ax$와 $y=-ax$는 방향만 반대이고 똑같은 정도로 기울어진 것!

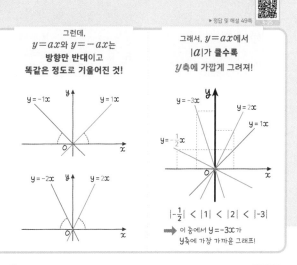

그래서, $y=ax$에서 $|a|$가 클수록 y축에 가깝게 그려져!

$|-\frac{1}{2}|<|1|<|2|<|-3|$

➡ 이 중에서 $y=-3x$가 y축에 가장 가까운 그래프!

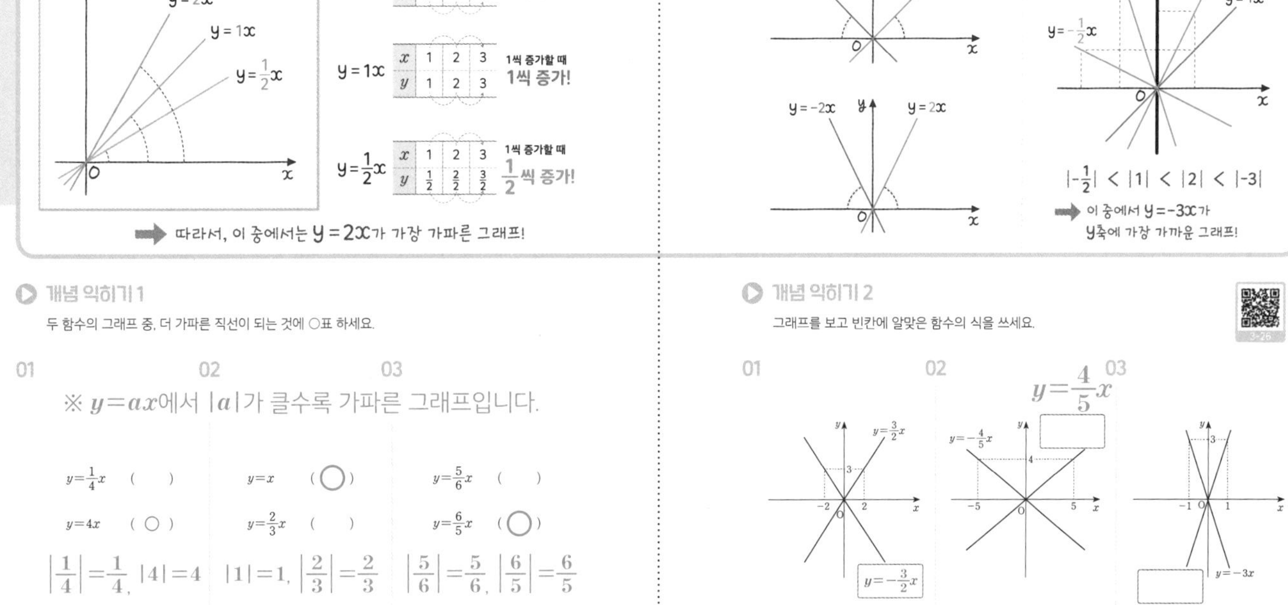

개념 익히기 1

두 함수의 그래프 중, 더 가파른 직선이 되는 것에 ○표 하세요.

※ $y=ax$에서 $|a|$가 클수록 가파른 그래프입니다.

01 $y=\frac{1}{4}x$ ( ) $y=4x$ (○)
$\left|\frac{1}{4}\right|=\frac{1}{4}$, $|4|=4$ → $\frac{1}{4}<4$

02 $y=x$ (○) $y=\frac{2}{3}x$ ( )
$|1|=1$, $\left|\frac{2}{3}\right|=\frac{2}{3}$ → $1>\frac{2}{3}$

03 $y=\frac{5}{6}x$ ( ) $y=\frac{6}{5}x$ (○)
$\left|\frac{5}{6}\right|=\frac{5}{6}$, $\left|\frac{6}{5}\right|=\frac{6}{5}$ → $\frac{5}{6}<\frac{6}{5}$

개념 익히기 2

그래프를 보고 빈칸에 알맞은 함수의 식을 쓰세요.

01 $y=-\frac{3}{2}x$
02 $y=\frac{4}{5}x$
03 $y=3x$

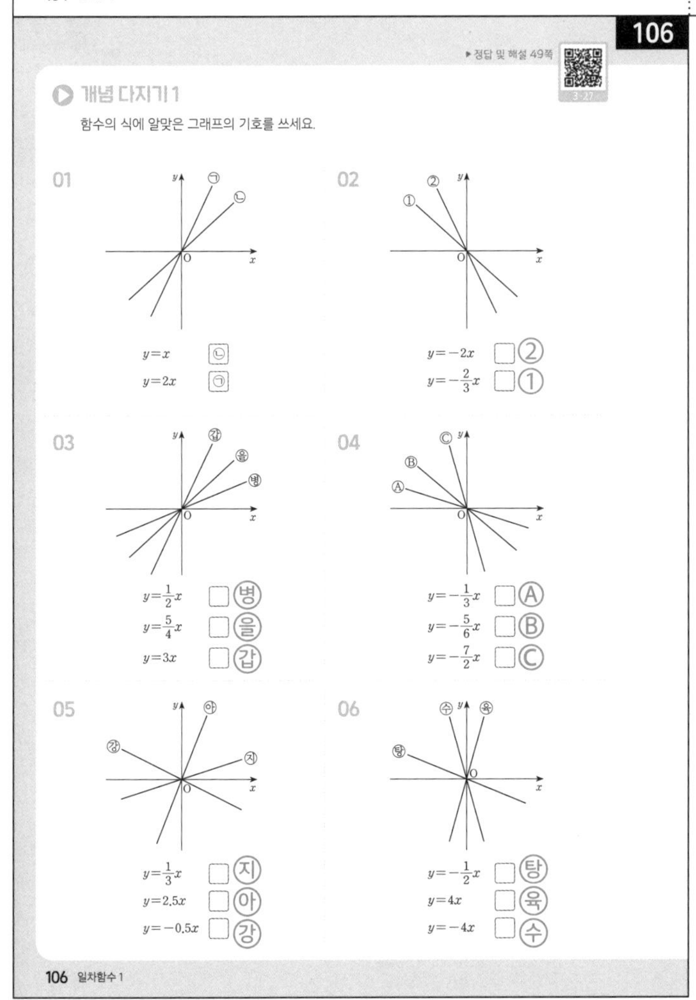

개념 다지기 1

함수의 식에 알맞은 그래프의 기호를 쓰세요.

01 $y=x$ ㉡, $y=2x$ ㉠
02 $y=-2x$ ②, $y=-\frac{2}{3}x$ ①
03 $y=\frac{1}{2}x$ 병, $y=\frac{5}{4}x$ 을, $y=3x$ 갑
04 $y=-\frac{1}{3}x$ Ⓐ, $y=-\frac{5}{6}x$ Ⓑ, $y=-\frac{7}{2}x$ Ⓒ
05 $y=\frac{1}{3}x$ 지, $y=2.5x$ 아, $y=-0.5x$ 강
06 $y=-\frac{1}{2}x$ 탕, $y=4x$ 육, $y=-4x$ 수

106쪽 풀이 ※ $y=ax$에서 $|a|$가 클수록 가파른 그래프이므로, $|a|$를 비교하면 됩니다.

01 $y=x$ → $a=1$ → $|a|=1$
$y=2x$ → $a=2$ → $|a|=2$
$1<2$니까 $y=2x$가 더 가파름

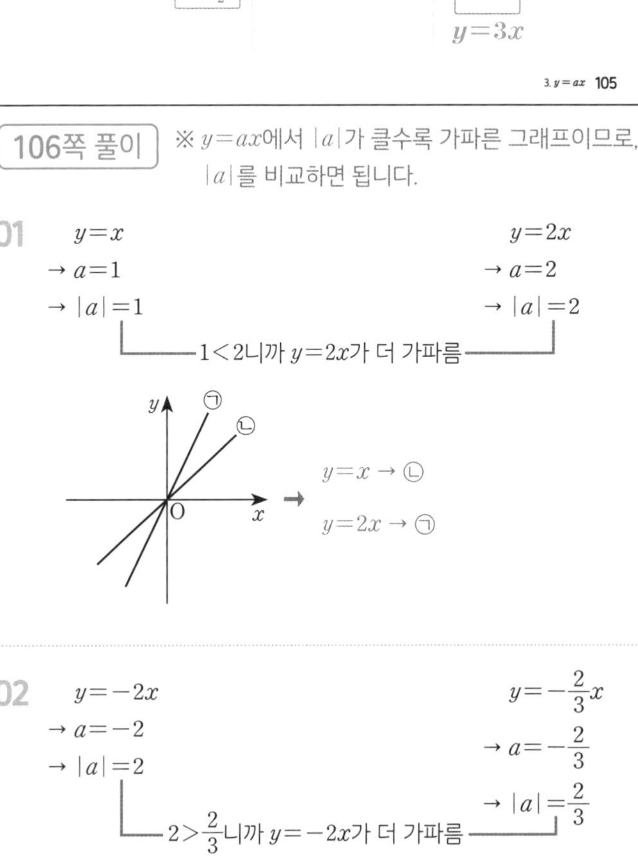

➡ $y=x$ → ㉡
$y=2x$ → ㉠

02 $y=-2x$ → $a=-2$ → $|a|=2$
$y=-\frac{2}{3}x$ → $a=-\frac{2}{3}$ → $|a|=\frac{2}{3}$
$2>\frac{2}{3}$니까 $y=-2x$가 더 가파름

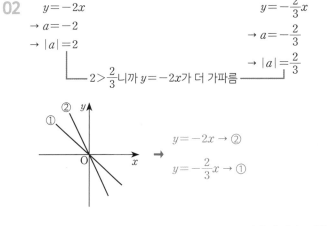

➡ $y=-2x$ → ②
$y=-\frac{2}{3}x$ → ①

106쪽 풀이

03

$y=\frac{1}{2}x$	$y=\frac{5}{4}x$	$y=3x$
→ $a=\frac{1}{2}$	→ $a=\frac{5}{4}$	→ $a=3$
→ $\lvert a\rvert=\frac{1}{2}$	→ $\lvert a\rvert=\frac{5}{4}$	→ $\lvert a\rvert=3$

제일 완만한 그래프 ➜ $\frac{1}{2}<\frac{5}{4}<3$ 제일 가파른 그래프

➜ $y=\frac{1}{2}x$ → ㉢
$y=\frac{5}{4}x$ → ㉡
$y=3x$ → ㉠

04

$y=-\frac{1}{3}x$	$y=-\frac{5}{6}x$	$y=-\frac{7}{2}x$
→ $a=-\frac{1}{3}$	→ $a=-\frac{5}{6}$	→ $a=-\frac{7}{2}$
→ $\lvert a\rvert=\frac{1}{3}$	→ $\lvert a\rvert=\frac{5}{6}$	→ $\lvert a\rvert=\frac{7}{2}$

제일 완만한 그래프 ➜ $\frac{1}{3}<\frac{5}{6}<\frac{7}{2}$ 제일 가파른 그래프

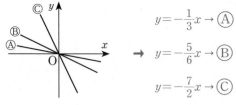

➜ $y=-\frac{1}{3}x$ → Ⓐ
$y=-\frac{5}{6}x$ → Ⓑ
$y=-\frac{7}{2}x$ → Ⓒ

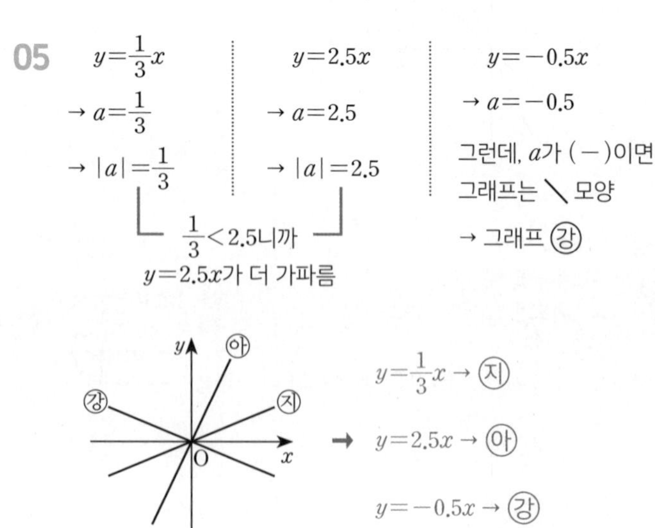

05

$y=\frac{1}{3}x$	$y=2.5x$	$y=-0.5x$
→ $a=\frac{1}{3}$	→ $a=2.5$	→ $a=-0.5$
→ $\lvert a\rvert=\frac{1}{3}$	→ $\lvert a\rvert=2.5$	그런데, a가 $(-)$이면 그래프는 ╲ 모양 → 그래프 ㉰

$\frac{1}{3}<2.5$니까 $y=2.5x$가 더 가파름

➜ $y=\frac{1}{3}x$ → ㉲
$y=2.5x$ → ㉳
$y=-0.5x$ → ㉰

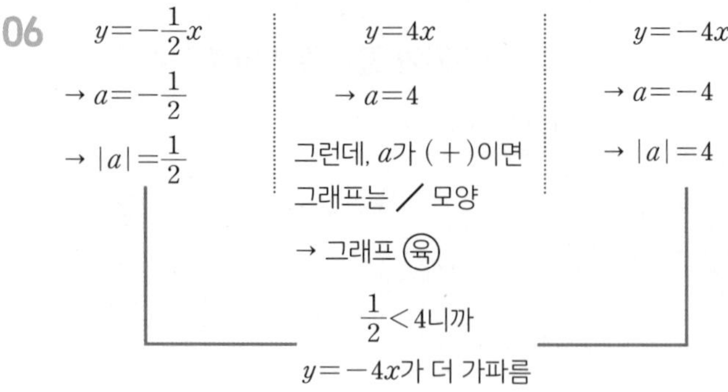

06

$y=-\frac{1}{2}x$	$y=4x$	$y=-4x$
→ $a=-\frac{1}{2}$	→ $a=4$	→ $a=-4$
→ $\lvert a\rvert=\frac{1}{2}$	그런데, a가 $(+)$이면 그래프는 ╱ 모양 → 그래프 ㉮	→ $\lvert a\rvert=4$

$\frac{1}{2}<4$니까 $y=-4x$가 더 가파름

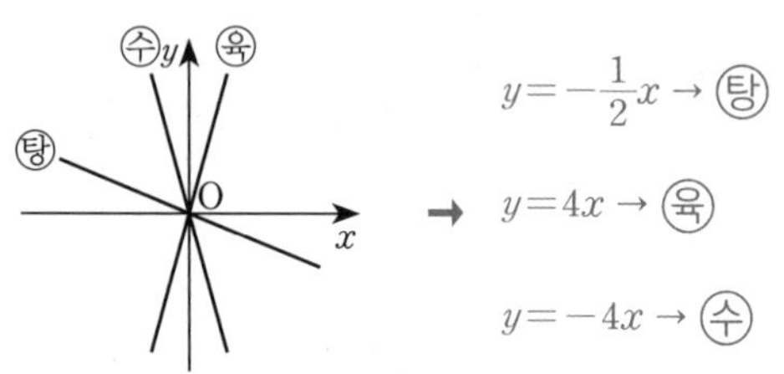

➜ $y=-\frac{1}{2}x$ → ㉯
$y=4x$ → ㉮
$y=-4x$ → ㉱

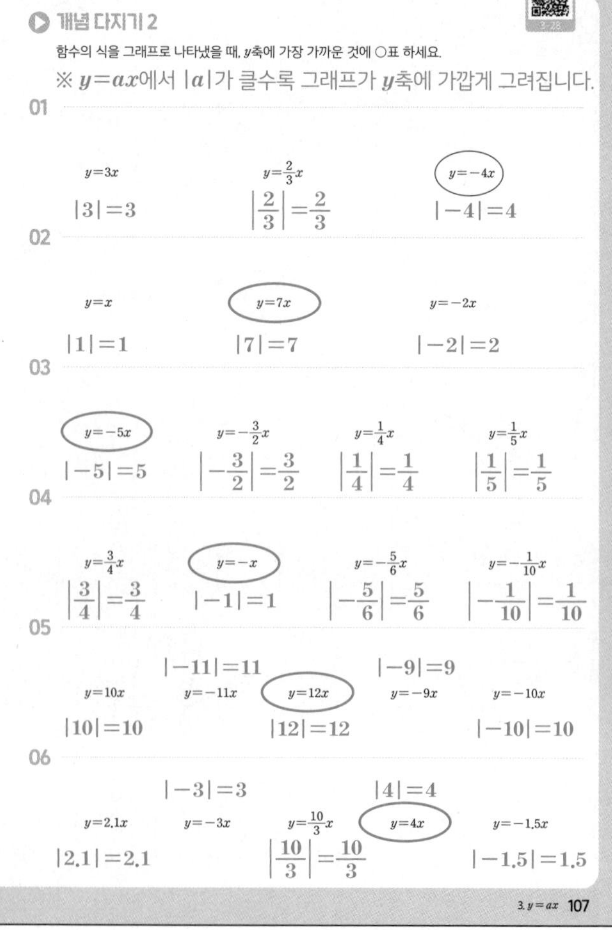

107

▸정답 및 해설 50쪽

개념 다지기 2

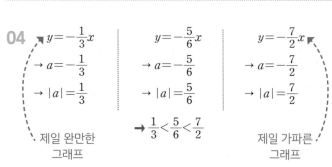

함수의 식을 그래프로 나타냈을 때, y축에 가장 가까운 것에 ○표 하세요.

※ $y=ax$에서 $\lvert a\rvert$가 클수록 그래프가 y축에 가깝게 그려집니다.

01 $y=3x$ $\lvert 3\rvert=3$ / $y=\frac{2}{3}x$ $\left\lvert\frac{2}{3}\right\rvert=\frac{2}{3}$ / ($y=-4x$) $\lvert -4\rvert=4$

02 $y=x$ $\lvert 1\rvert=1$ / ($y=7x$) $\lvert 7\rvert=7$ / $y=-2x$ $\lvert -2\rvert=2$

03 ($y=-5x$) $\lvert -5\rvert=5$ / $y=-\frac{3}{2}x$ $\left\lvert-\frac{3}{2}\right\rvert=\frac{3}{2}$ / $y=\frac{1}{4}x$ $\left\lvert\frac{1}{4}\right\rvert=\frac{1}{4}$ / $y=\frac{1}{5}x$ $\left\lvert\frac{1}{5}\right\rvert=\frac{1}{5}$

04 $y=\frac{3}{4}x$ $\left\lvert\frac{3}{4}\right\rvert=\frac{3}{4}$ / ($y=-x$) $\lvert -1\rvert=1$ / $y=-\frac{5}{6}x$ $\left\lvert-\frac{5}{6}\right\rvert=\frac{5}{6}$ / $y=-\frac{1}{10}x$ $\left\lvert-\frac{1}{10}\right\rvert=\frac{1}{10}$

05 $y=10x$ $\lvert 10\rvert=10$ / $y=-11x$ $\lvert -11\rvert=11$ / ($y=12x$) $\lvert 12\rvert=12$ / $y=-9x$ $\lvert -9\rvert=9$ / $y=-10x$ $\lvert -10\rvert=10$

06 $y=2.1x$ $\lvert 2.1\rvert=2.1$ / $y=-3x$ $\lvert -3\rvert=3$ / $y=\frac{10}{3}x$ $\left\lvert\frac{10}{3}\right\rvert=\frac{10}{3}$ / ($y=4x$) $\lvert 4\rvert=4$ / $y=-1.5x$ $\lvert -1.5\rvert=1.5$

3. $y=ax$ 107

108쪽 풀이

01

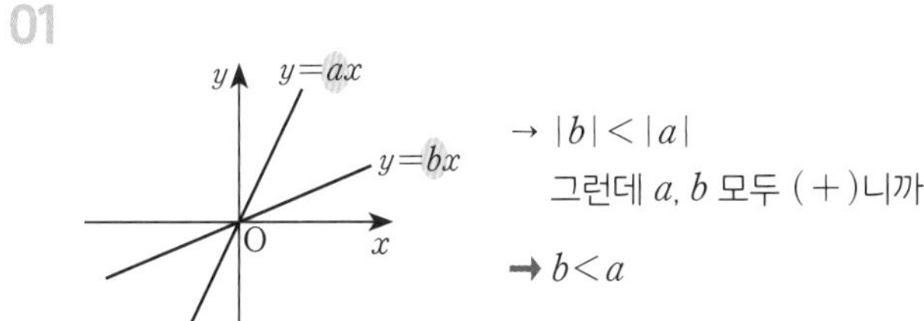

→ $|b|<|a|$
그런데 a, b 모두 $(+)$니까
→ $b<a$

02

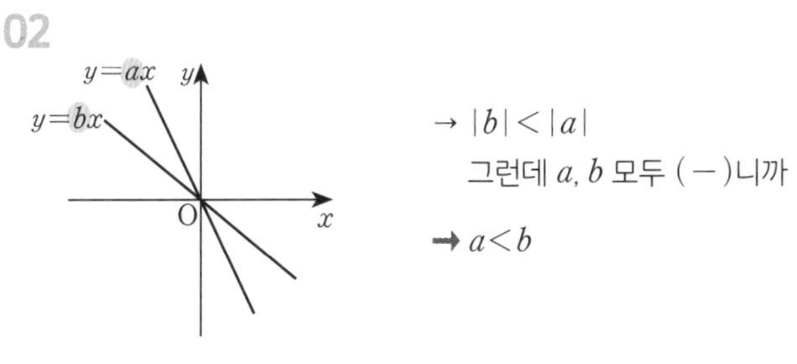

→ $|b|<|a|$
그런데 a, b 모두 $(-)$니까
→ $a<b$

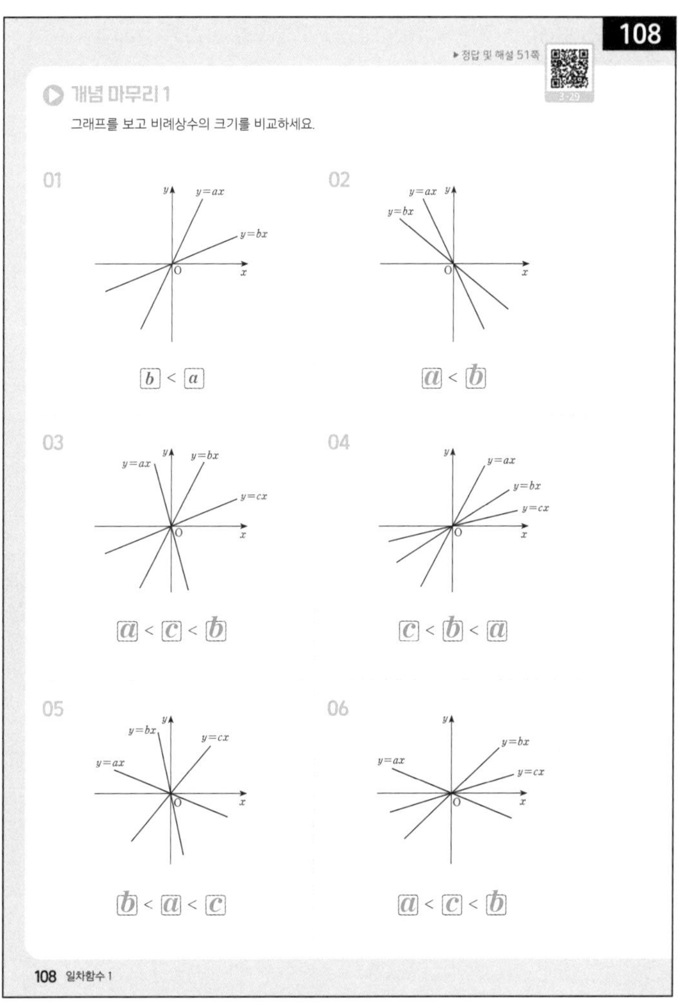

108
▸정답 및 해설 51쪽
개념 마무리 1
그래프를 보고 비례상수의 크기를 비교하세요.
01
b < a
02
a < b
03
a < c < b
04
c < b < a
05
b < a < c
06
a < c < b
108 일차함수 1

03

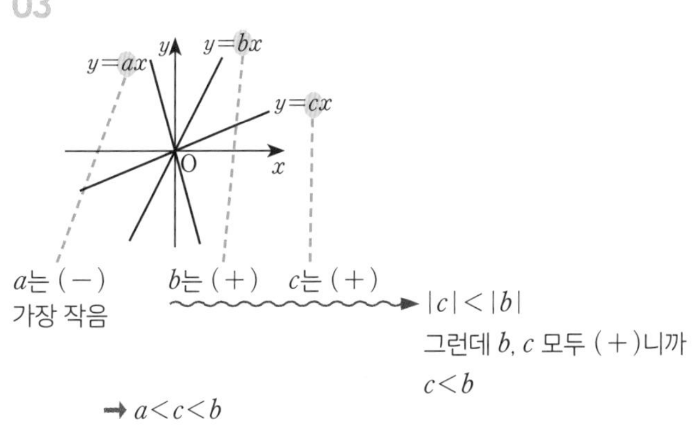

$|c|<|b|$
그런데 b, c 모두 $(+)$니까
$c<b$

→ $a<c<b$

04

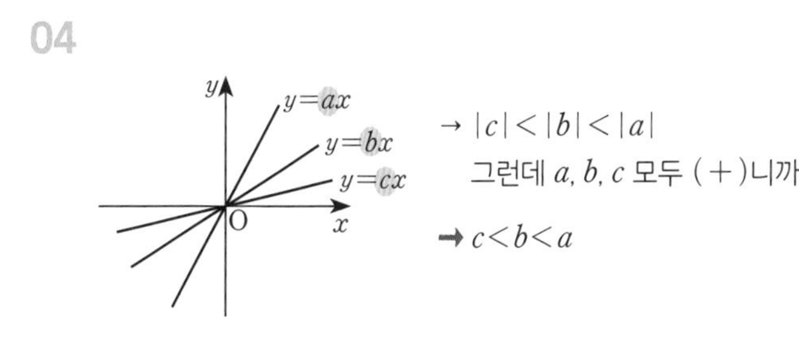

→ $|c|<|b|<|a|$
그런데 a, b, c 모두 $(+)$니까
→ $c<b<a$

05

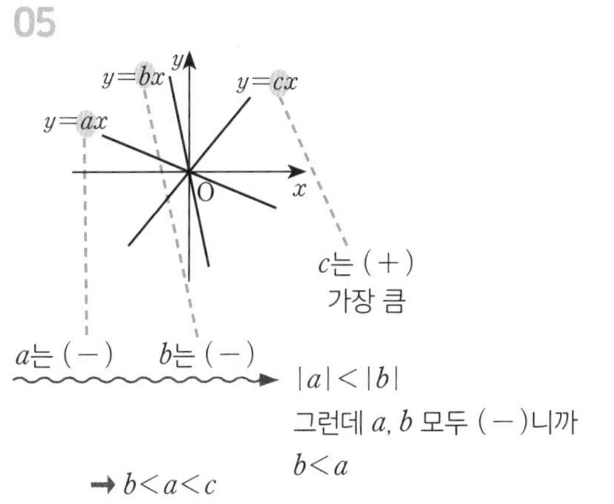

$|a|<|b|$
그런데 a, b 모두 $(-)$니까
$b<a$

→ $b<a<c$

06

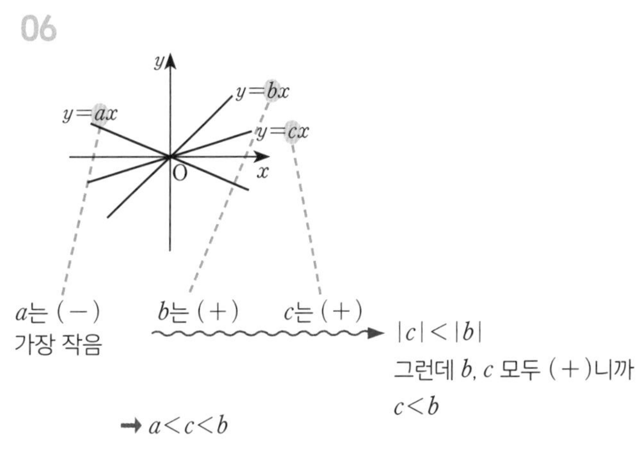

$|c|<|b|$
그런데 b, c 모두 $(+)$니까
$c<b$

→ $a<c<b$

109쪽 풀이 ※ $y=ax$에서 $|a|$가 클수록 가파른 그래프!

01

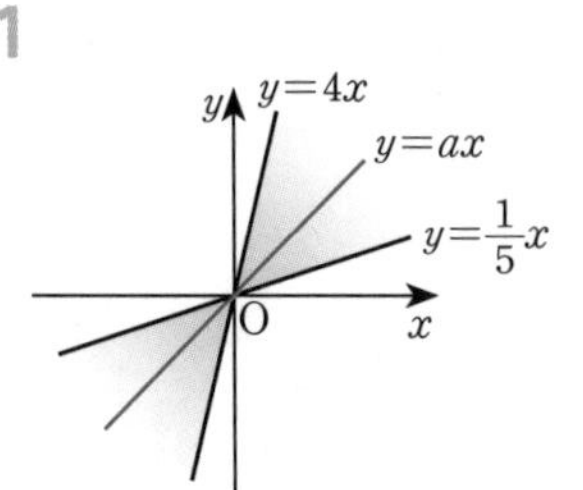

→ $\left|\frac{1}{5}\right|<|a|<|4|$

→ $\frac{1}{5}<|a|<4$

a의 범위는,

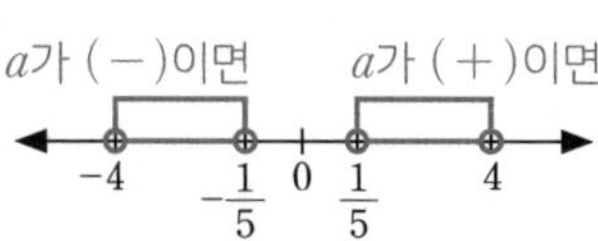

그런데 a는 (+)이므로

➡ $\frac{1}{5}<a<4$

02

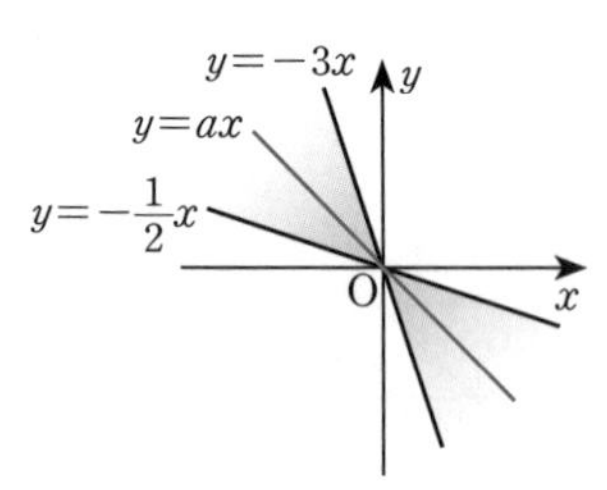

→ $\left|-\frac{1}{2}\right|<|a|<|-3|$

→ $\frac{1}{2}<|a|<3$

a의 범위는,

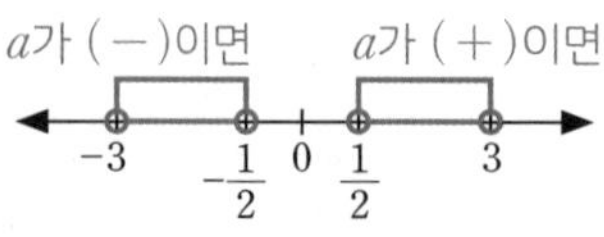

그런데 a는 (−)이므로

➡ $-3<a<-\frac{1}{2}$

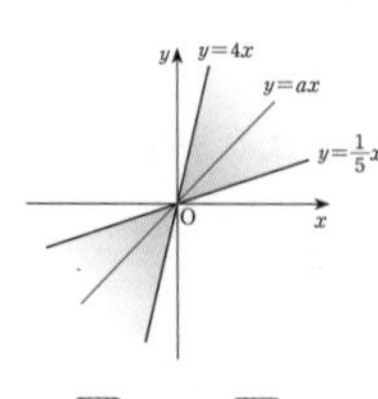

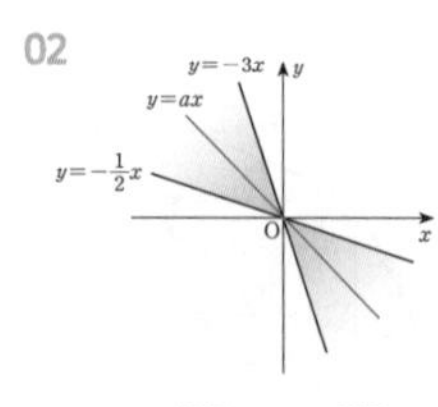

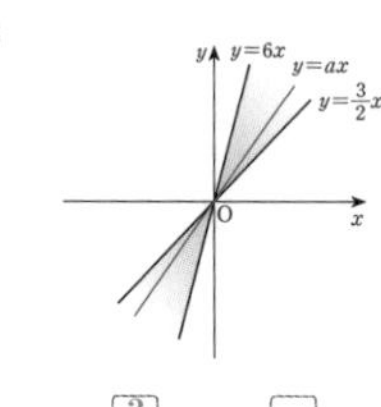

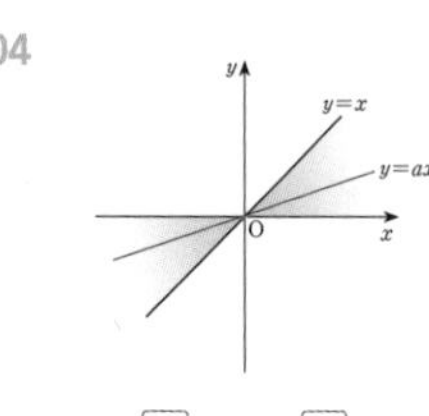

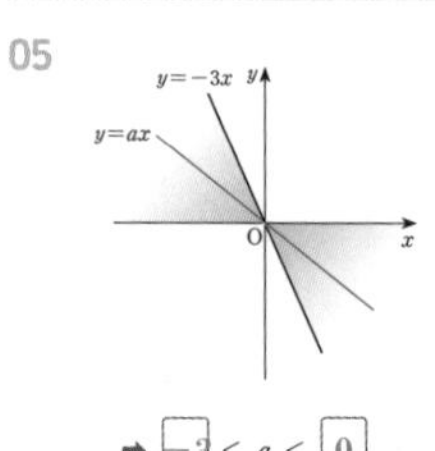

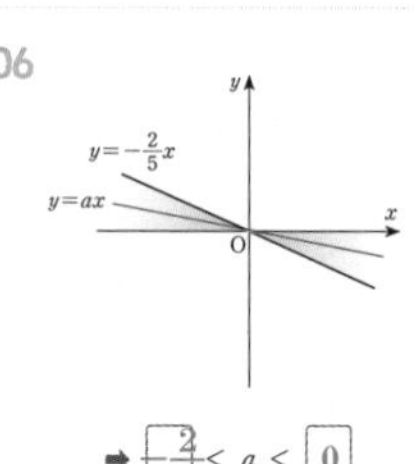

03

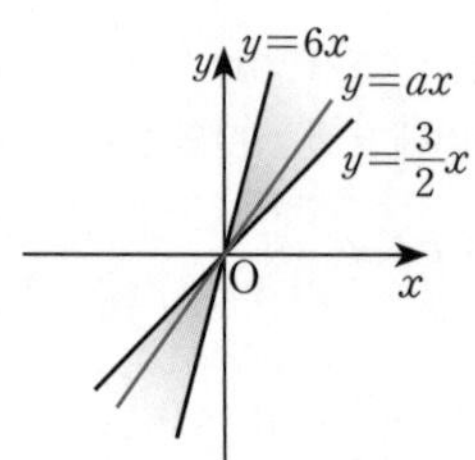

→ $\left|\frac{3}{2}\right|<|a|<|6|$

→ $\frac{3}{2}<|a|<6$

a의 범위는,

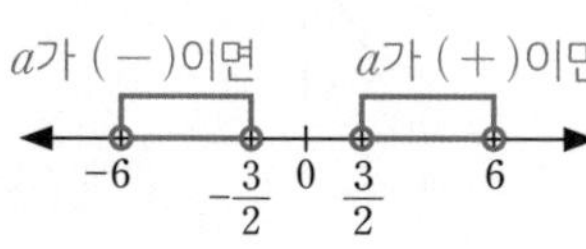

그런데 a는 (+)이므로

➡ $\frac{3}{2}<a<6$

04

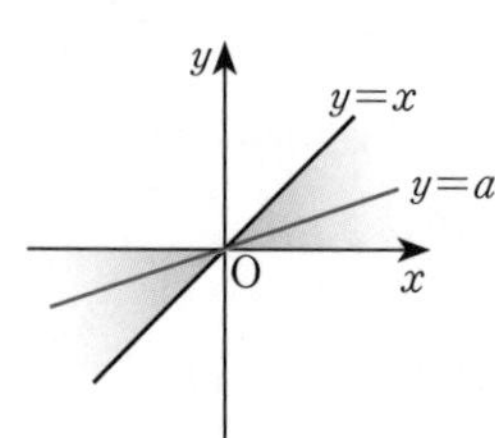

→ $|a|<|1|$

→ $|a|<1$

그런데 a는 (+)이므로

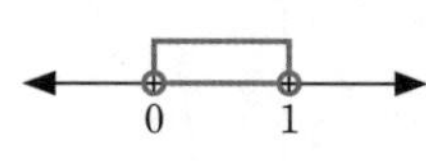

➡ $0<a<1$

05

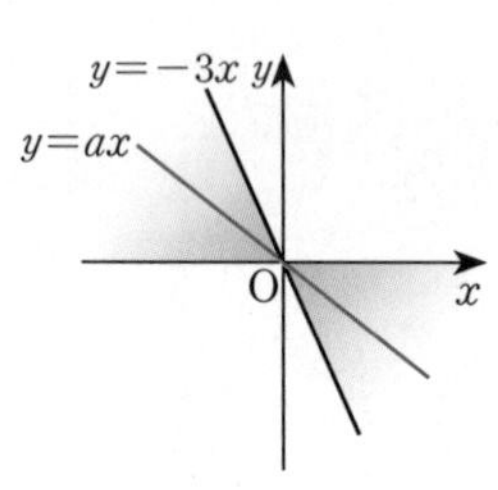

→ $|a|<|-3|$

→ $|a|<3$

그런데 a는 (−)이므로

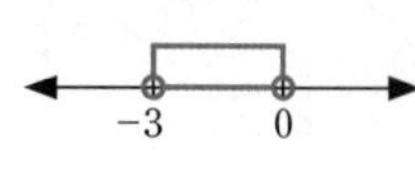

➡ $-3<a<0$

06

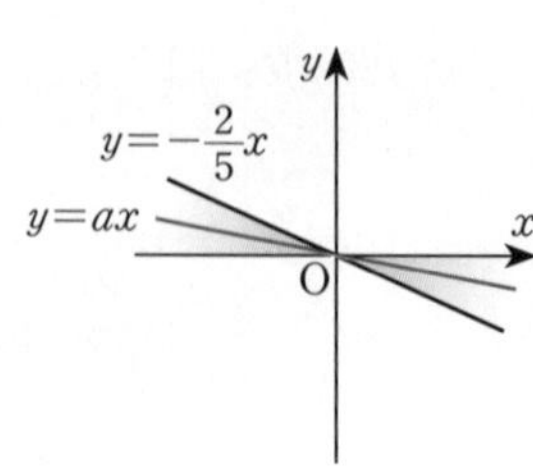

→ $|a|<\left|-\frac{2}{5}\right|$

→ $|a|<\frac{2}{5}$

그런데 a는 (−)이므로

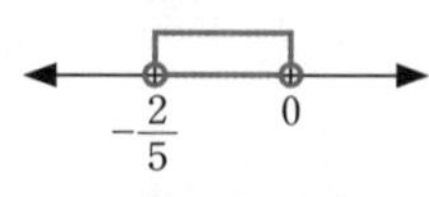

➡ $-\frac{2}{5}<a<0$

110 111

6 기울기 (1)

▸ 정답 및 해설 53쪽

★ 기울어진 정도가 기울기!

기울기는 직각삼각형에서 찾아요!

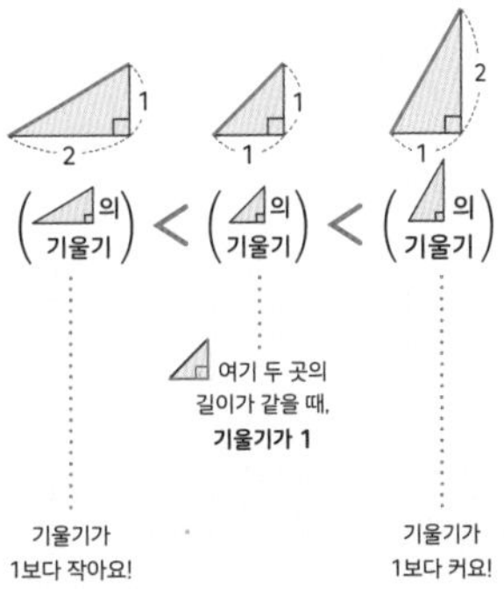

(의 기울기) < (의 기울기) < (의 기울기)

여기 두 곳의 길이가 같을 때, 기울기가 1

기울기가 1보다 작아요! 기울기가 1보다 커요!

$y=ax$의 그래프에도 **직각삼각형**이 있지!

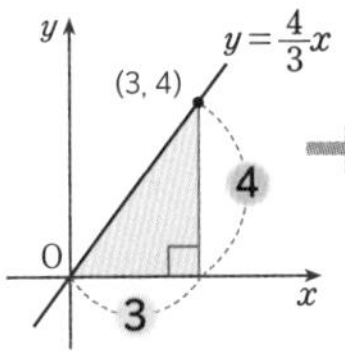

$y=\frac{4}{3}x$, (3, 4)

➡ 기울기 $\frac{4}{3}$

$(\text{기울기})=\frac{(y\text{의 증가량})}{(x\text{의 증가량})}$

기울기에서 알 수 있는 것

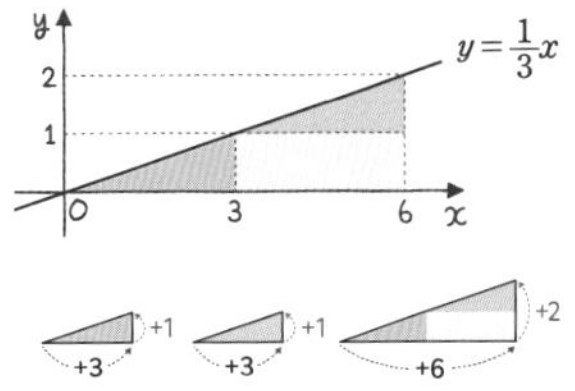

$y=\frac{1}{3}x$

기울기: $\frac{1}{3}=\frac{1}{3}=\frac{2}{6}$

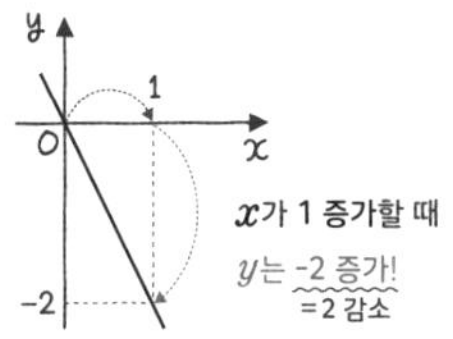

x가 1 증가할 때 y는 -2 증가! =2 감소

➡ 기울기: $\frac{-2}{1}=-2$ 기울기가 음수!

한 직선에 있는 직각삼각형은 **기울기가 모두 같아!**

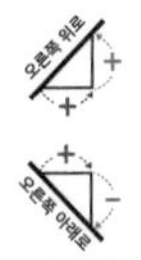

오른쪽 위로: 기울기는 **양수**

오른쪽 아래로: 기울기는 **음수**

개념 익히기 1

x와 y의 증가량이 다음과 같은 직선의 기울기를 구하세요.

01 x의 증가량: 3, y의 증가량: 2 ➡ 기울기: $\frac{2}{3}$

02 x의 증가량: -4, y의 증가량: 1 ➡ 기울기: $-\frac{1}{4}$ ($\frac{1}{-4}=-\frac{1}{4}$)

03 x의 증가량: 5, y의 증가량: 10 ➡ 기울기: 2 ($\frac{10}{5}=2$)

개념 익히기 2

직선의 기울기가 양수인지 음수인지 판단하여 빈칸에 + 또는 −를 쓰세요.

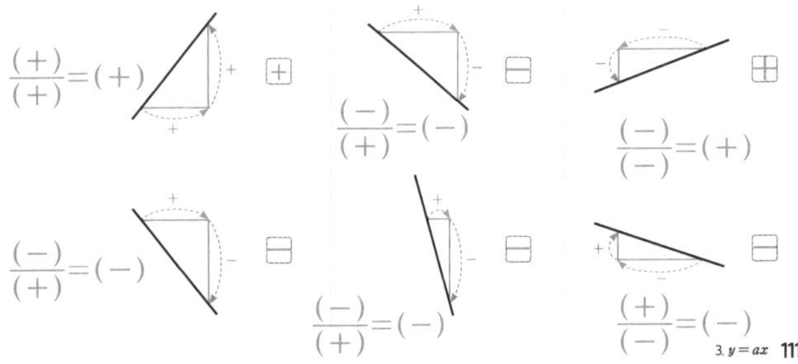

01 $\frac{(+)}{(+)}=(+)$ ⊞ / $\frac{(-)}{(+)}=(-)$ ⊟

02 $\frac{(-)}{(+)}=(-)$ ⊟ / $\frac{(-)}{(+)}=(-)$ ⊟

03 $\frac{(-)}{(-)}=(+)$ ⊞ / $\frac{(+)}{(-)}=(-)$ ⊟

112 113

▸ 정답 및 해설 53쪽

개념 다지기 1

그래프를 보고 빈칸에 알맞은 수를 쓰세요.

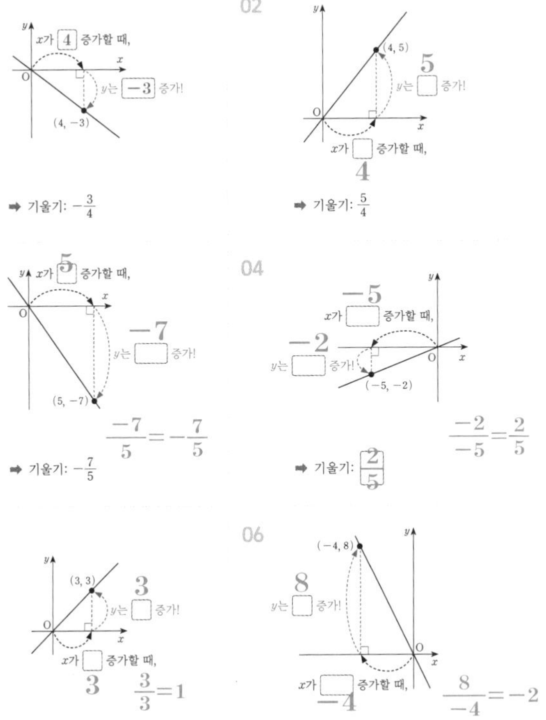

01 x가 4 증가할 때, y는 -3 증가! (4, −3) ➡ 기울기: $-\frac{3}{4}$

02 (4, 5) x가 4 증가할 때, y는 5 증가! ➡ 기울기: $\frac{5}{4}$

03 x가 5 증가할 때, y는 -7 증가! (5, −7) $\frac{-7}{5}=-\frac{7}{5}$ ➡ 기울기: $-\frac{7}{5}$

04 x가 -5 증가할 때, y는 -2 증가! (−5, −2) $\frac{-2}{-5}=\frac{2}{5}$ ➡ 기울기: $\frac{2}{5}$

05 (3, 3) y는 3 증가! x가 3 증가할 때, $\frac{3}{3}=1$ ➡ 기울기: 1

06 (−4, 8) y는 8 증가! x가 -4 증가할 때, $\frac{8}{-4}=-2$ ➡ 기울기: -2

▸ 정답 및 해설 53쪽

개념 다지기 2

주어진 점을 이용하여 그래프에 직각삼각형을 그려서 기울기를 구하세요.

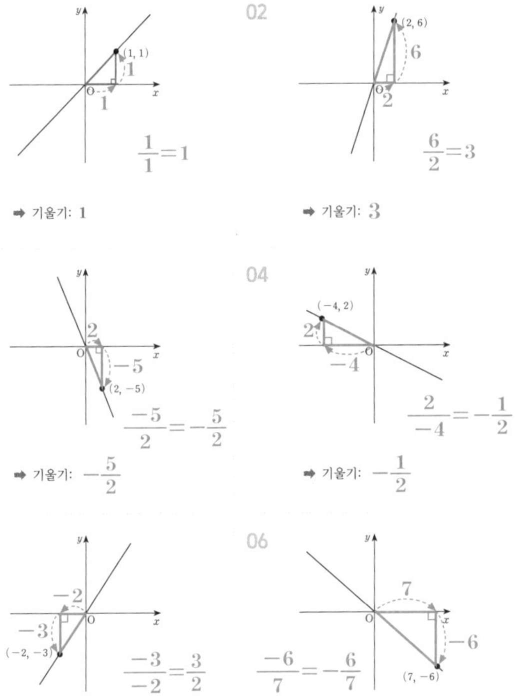

01 (1, 1) $\frac{1}{1}=1$ ➡ 기울기: 1

02 (2, 6) $\frac{6}{2}=3$ ➡ 기울기: 3

03 (2, −5) $\frac{-5}{2}=-\frac{5}{2}$ ➡ 기울기: $-\frac{5}{2}$

04 (−4, 2) $\frac{2}{-4}=-\frac{1}{2}$ ➡ 기울기: $-\frac{1}{2}$

05 (−2, −3) $\frac{-3}{-2}=\frac{3}{2}$ ➡ 기울기: $\frac{3}{2}$

06 (7, −6) $\frac{-6}{7}=-\frac{6}{7}$ ➡ 기울기: $-\frac{6}{7}$

▸정답 및 해설 54쪽

개념 마무리 1

주어진 기울기를 이용하여 함수 $y=ax$의 그래프를 그리세요.

01 기울기: $\frac{3}{4}$

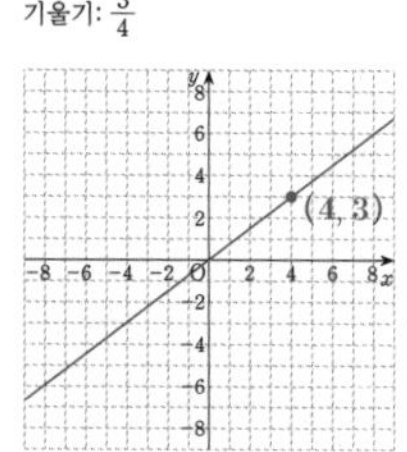

02 기울기: 1

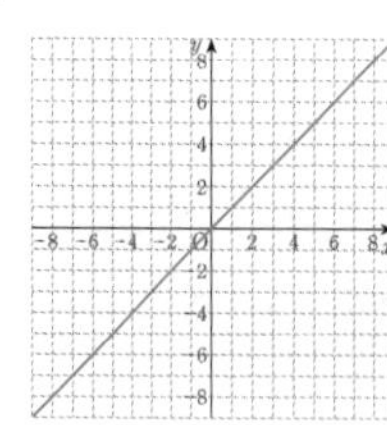

03 기울기: $-\frac{1}{2}$

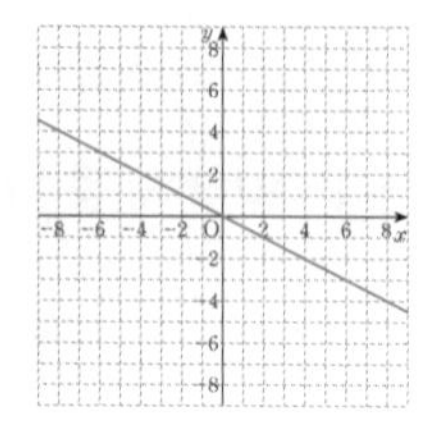

04 기울기: 2

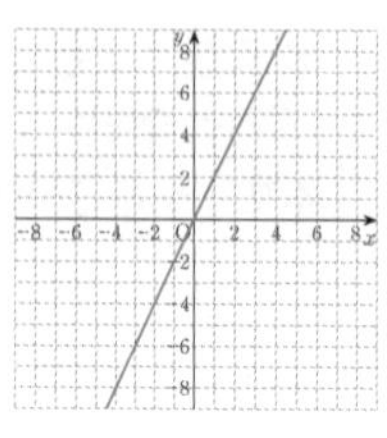

05 기울기: $\frac{2}{5}$

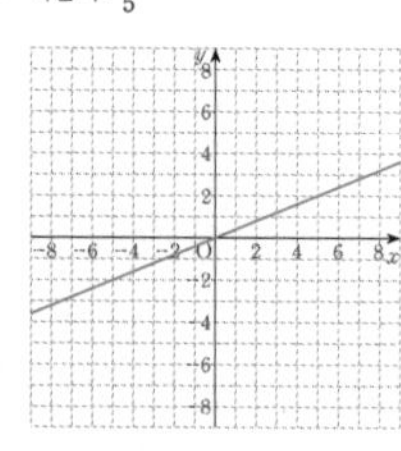

06 기울기: -3

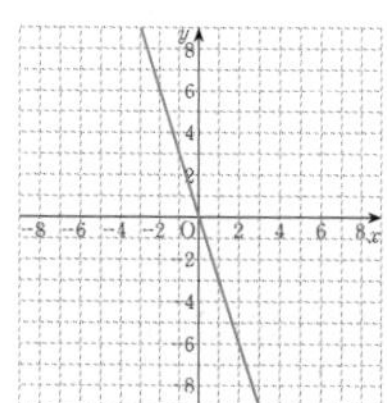

▸정답 및 해설 54쪽

개념 마무리 2

함수 $y=ax$의 그래프에서 기울기를 보고, 빈칸을 알맞게 채우세요.

01 기울기: 8

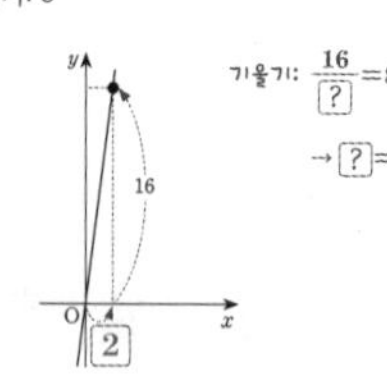

기울기: $\frac{16}{?}=8$ → $?=2$

02 기울기: 3

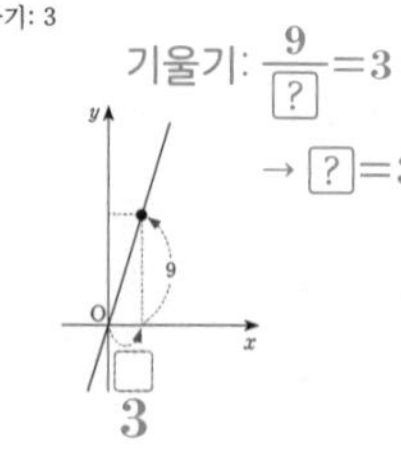

기울기: $\frac{9}{?}=3$ → $?=3$

03 기울기: -2

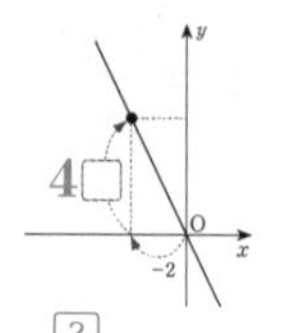

기울기: $\frac{?}{-2}=-2$ → $?=4$

04 기울기: $\frac{3}{10}$

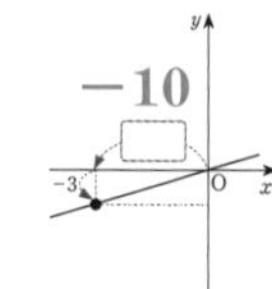

기울기: $\frac{-3}{?}=\frac{3}{10}$ → $?=-10$

05 기울기: $-\frac{5}{4}$

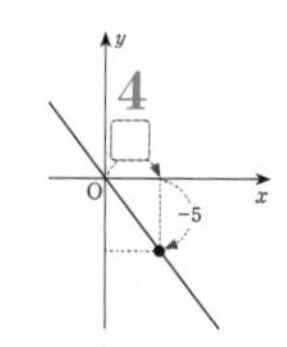

기울기: $\frac{-5}{?}=-\frac{5}{4}$ → $?=4$

06 기울기: $\frac{3}{2}$

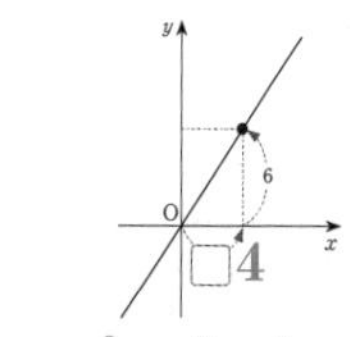

기울기: $\frac{6}{?}=\frac{3}{2}=\frac{6}{4}$ → $?=4$

114쪽 풀이

01 기울기가 $\frac{3}{4}$

→ x가 4 증가할 때, y는 3 증가

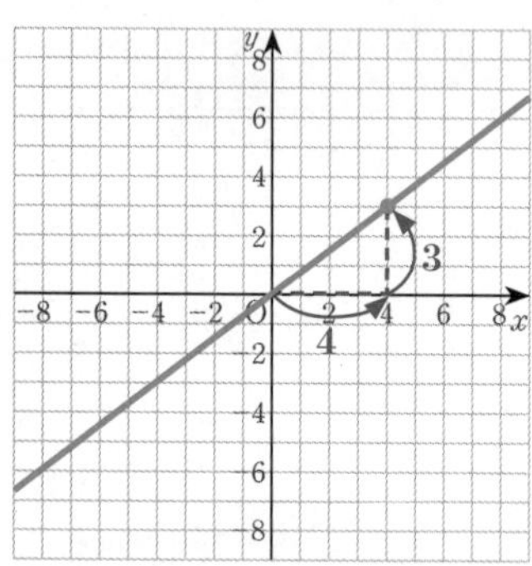

02 기울기가 $1\left(=\frac{1}{1}\right)$

→ x가 1 증가할 때, y는 1 증가

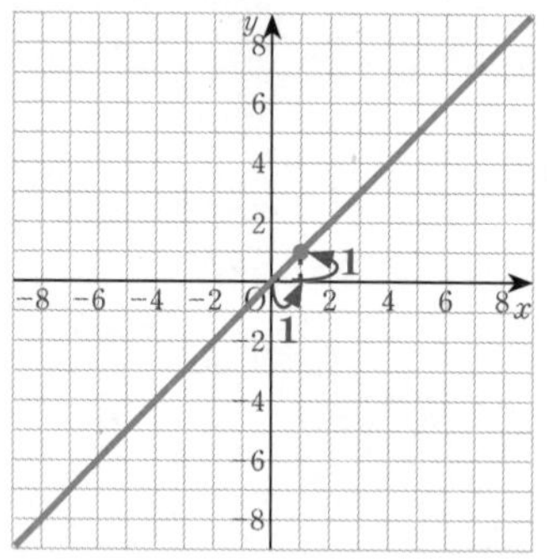

03 기울기가 $-\frac{1}{2}\left(=\frac{-1}{2}\right)$

→ x가 2 증가할 때, y는 -1 증가

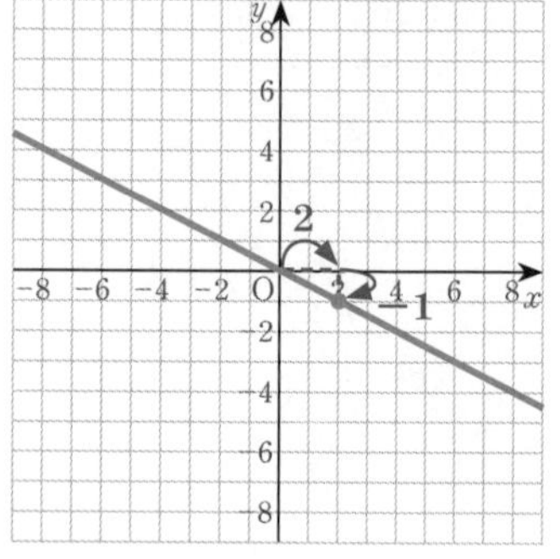

04 기울기가 $2\left(=\frac{2}{1}\right)$

→ x가 1 증가할 때, y는 2 증가

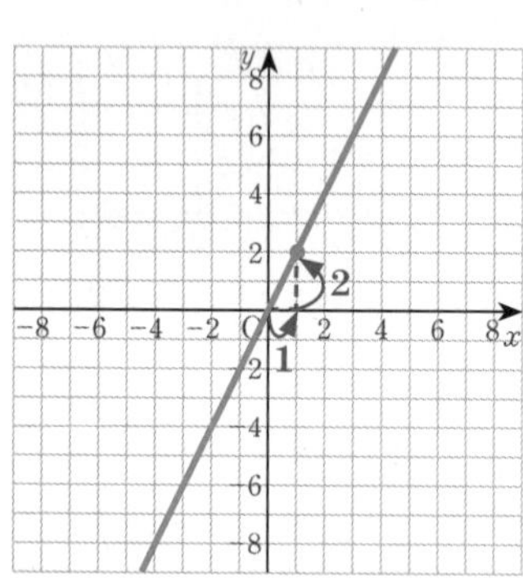

05 기울기가 $\frac{2}{5}$

→ x가 5 증가할 때, y는 2 증가

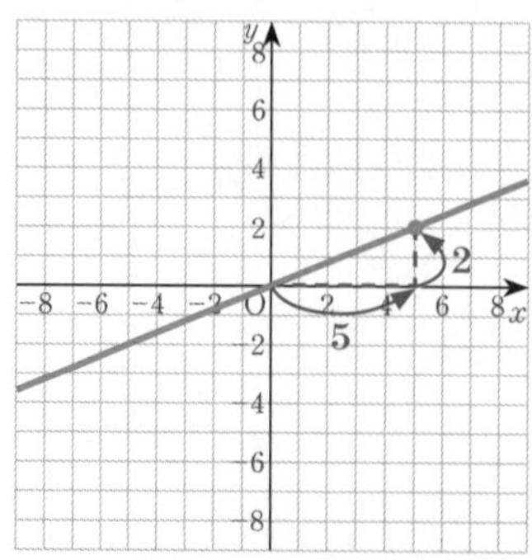

06 기울기가 $-3\left(=\frac{-3}{1}\right)$

→ x가 1 증가할 때, y는 -3 증가

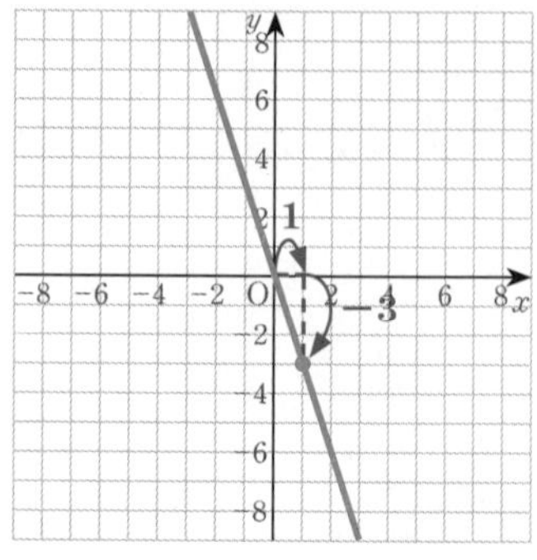

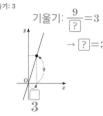

116 117

7 기울기 (2)

두 점을 알면 기울기 해결!

문제 두 점 (1, 2), (2, 4)를 지나는 직선의 기울기는?

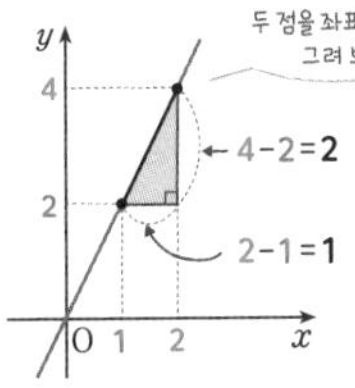

두 점을 좌표평면에 그려 봐!

$4-2=2$

$2-1=1$

기울기 $\frac{2}{1}=2$

두 점 (x_1, y_1), (x_2, y_2)를 지나는

$$\begin{pmatrix}\text{직선의}\\ \text{기울기}\end{pmatrix}=\frac{y_2-y_1}{x_2-x_1}=\frac{y_1-y_2}{x_1-x_2}$$

두 점 중 어느 점에서 시작해도, 기울기는 같아!

(1, 2) +1 ↓ ↓ +2 (2, 4) 기울기 : $\frac{2}{1}$

‖

(1, 2) -1 ↑ ↑ -2 (2, 4) 기울기 : $\frac{-2}{-1}$

‖

2

⚠ 그러나, 방향이 일정하지 않으면 올바른 기울기를 구할 수 없어.

(1, 2) +1 ↓ ↑ -2 (2, 4) (×)

(1, 2) -1 ↑ ↓ +2 (2, 4) (×)

개념 익히기 1

주어진 두 점을 지나는 직선의 기울기를 구하세요.

01 (2, 7) → (0, 1), -2, -6
➡ 기울기: 3
$\frac{-6}{-2}=3$

02 (5, 4) → (2, 3), -3, -1
➡ 기울기: $\frac{1}{3}$
$\frac{-1}{-3}=\frac{1}{3}$

03 (5, 1) → (−1, 4), -6, $+3$
➡ 기울기: $-\frac{1}{2}$
$\frac{3}{-6}=-\frac{1}{2}$

▸ 정답 및 해설 55쪽

$y=ax$는 점 $(0, 0)$과 점 $(1, a)$를 지나는 직선이야~

$y=1x$, (1, 1), 기울기 : $\frac{1}{1}=1$

$y=2x$, (1, 2), 기울기 : $\frac{2}{1}=2$

$y=-1x$, (1, −1), 기울기 : $\frac{-1}{1}=-1$

$y=-2x$, (1, −2), 기울기 : $\frac{-2}{1}=-2$

앗! 정비례에서 비례상수가 직선의 기울기와 같았다니!

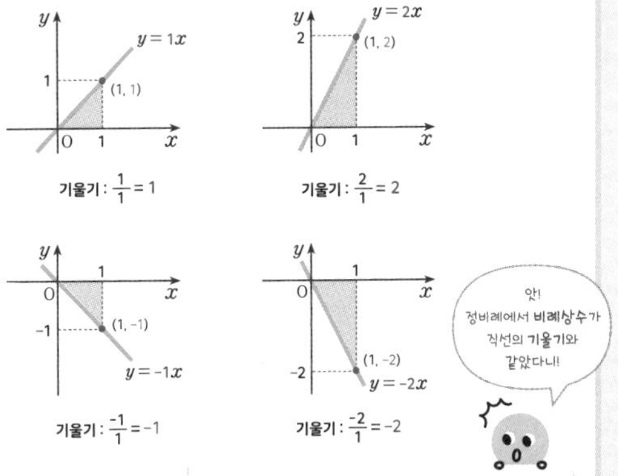

(0, 0) +1 ↓ ↓ +a (1, a) 기울기 : $\frac{a}{1}=a$

$y=ax$에서 a는 기울기!

개념 익히기 2

함수의 식에서 기울기에 ○표 하세요.

01 $y=2x$ (2에 ○표)

02 $y=-5x$ (−5에 ○표)

03 $y=\frac{1}{2}x$ ($\frac{1}{2}$에 ○표)

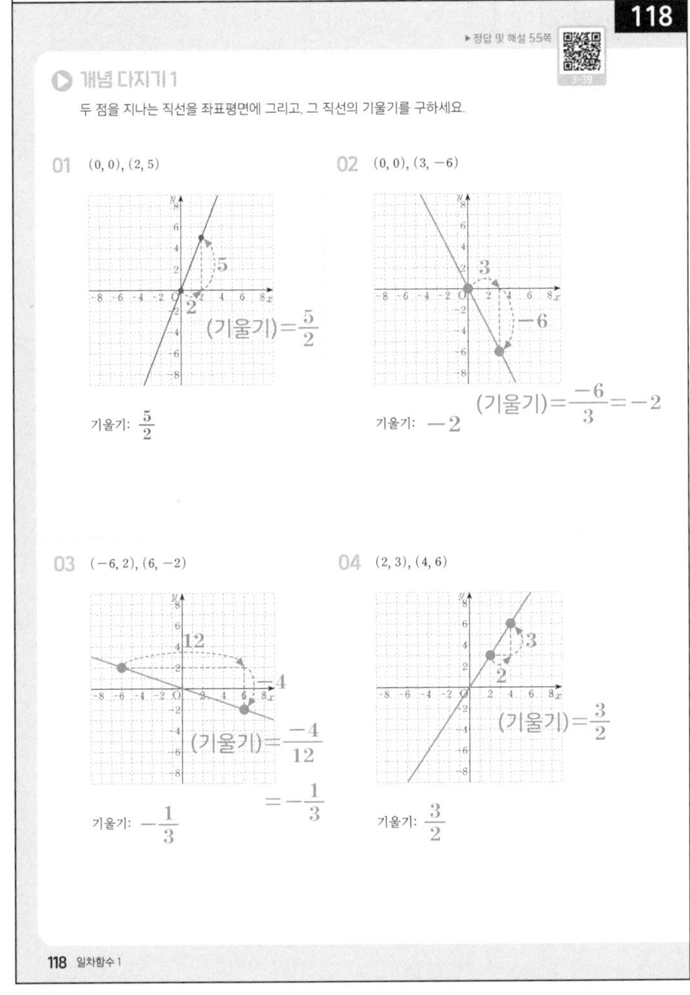
118

▸ 정답 및 해설 55쪽

개념 다지기 1

두 점을 지나는 직선을 좌표평면에 그리고, 그 직선의 기울기를 구하세요.

01 (0, 0), (2, 5)
(기울기)$=\frac{5}{2}$
기울기: $\frac{5}{2}$

02 (0, 0), (3, −6)
(기울기)$=\frac{-6}{3}=-2$
기울기: -2

03 (−6, 2), (6, −2)
(기울기)$=\frac{-4}{12}=-\frac{1}{3}$
기울기: $-\frac{1}{3}$

04 (2, 3), (4, 6)
(기울기)$=\frac{3}{2}$
기울기: $\frac{3}{2}$

119

개념 다지기 2

주어진 두 점을 지나는 직선의 기울기를 구하세요.

01 (2, 5), (−1, 3) ➡ 기울기: $\frac{2}{3}$

(2, 5) ↓↓ (−1, 3)

$(기울기)=\frac{5-3}{2-(-1)}=\frac{2}{2+1}=\frac{2}{3}$

02 (0, 0), (−4, 2) ➡ 기울기: $-\frac{1}{2}$

(0, 0) ↓↓ (−4, 2)

$(기울기)=\frac{0-2}{0-(-4)}=\frac{-2}{0+4}=\frac{-2}{4}=-\frac{1}{2}$

03 (−5, 6), (5, −6) ➡ 기울기: $-\frac{6}{5}$

(−5, 6) ↓↓ (5, −6)

$(기울기)=\frac{6-(-6)}{-5-5}=\frac{6+6}{-10}=-\frac{12}{10}=-\frac{6}{5}$

04 (8, 4), (−3, −2) ➡ 기울기: $\frac{6}{11}$

(8, 4) ↓↓ (−3, −2)

$(기울기)=\frac{4-(-2)}{8-(-3)}=\frac{4+2}{8+3}=\frac{6}{11}$

05 (7, −3), (5, −9) ➡ 기울기: 3

(7, −3) ↓↓ (5, −9)

$(기울기)=\frac{-3-(-9)}{7-5}=\frac{-3+9}{2}=\frac{6}{2}=3$

06 (1, 2), (2, 3) ➡ 기울기: 1

(1, 2) ↓↓ (2, 3)

$(기울기)=\frac{2-3}{1-2}=\frac{-1}{-1}=1$

개념 마무리 1

주어진 함수의 그래프를 그리세요.

※ $y=ax$의 그래프는 $(0, 0)$과 $(1, a)$를 지납니다.

01 $y=2x$ → $(0, 0)$과 $(1, 2)$를 지남

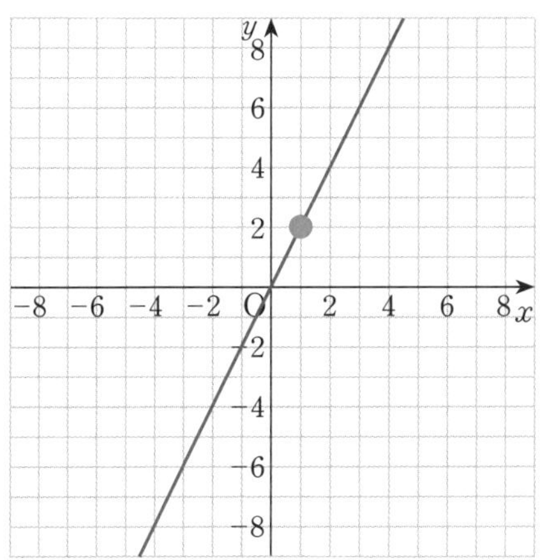

02 $y=4x$ → $(0, 0)$과 $(1, 4)$를 지남

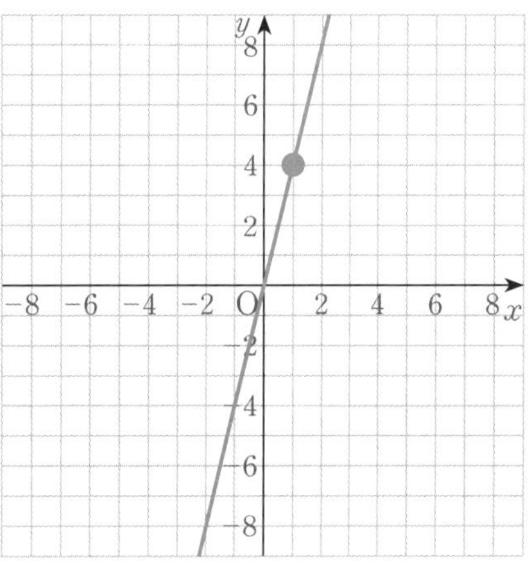

03 $y=-5x$ → $(0, 0)$과 $(1, -5)$를 지남

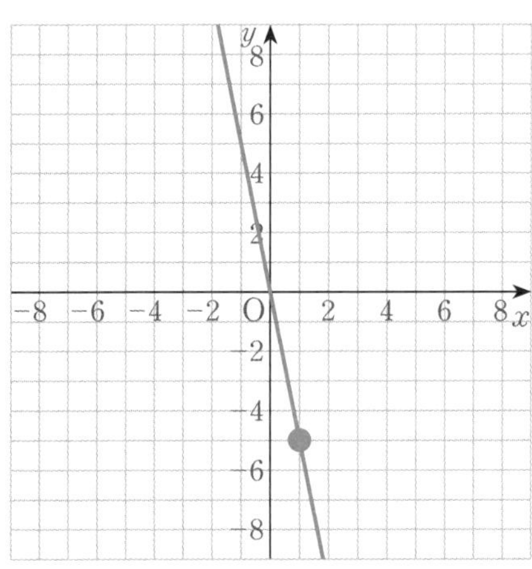

04 $y=-3x$ → $(0, 0)$과 $(1, -3)$을 지남

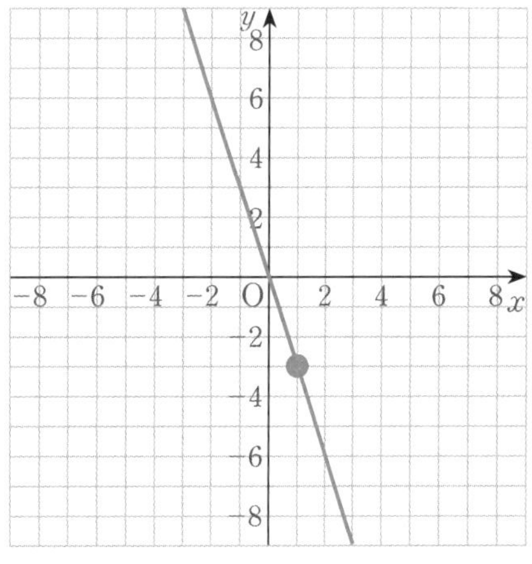

05 $y=\frac{7}{6}x$ → $(0, 0)$과 $(6, 7)$을 지남

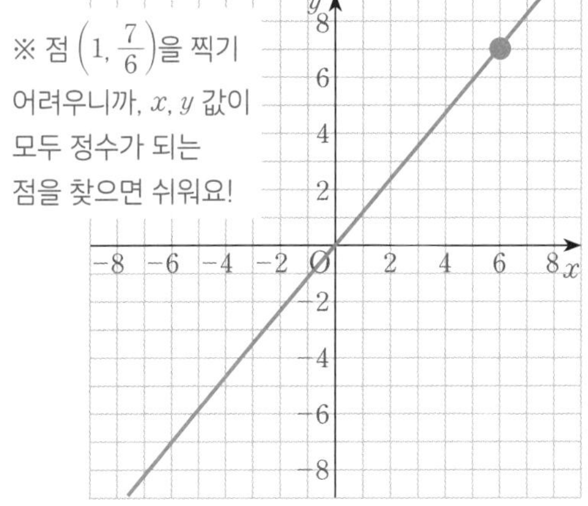

※ 점 $\left(1, \frac{7}{6}\right)$을 찍기 어려우니까, x, y 값이 모두 정수가 되는 점을 찾으면 쉬워요!

06 $y=-\frac{5}{8}x$ → $(0, 0)$과 $(8, -5)$를 지남

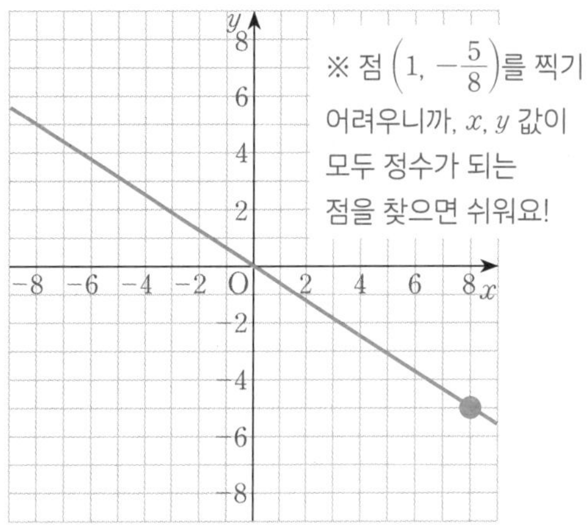

※ 점 $\left(1, -\frac{5}{8}\right)$를 찍기 어려우니까, x, y 값이 모두 정수가 되는 점을 찾으면 쉬워요!

개념 마무리 2

물음에 답하세요.

01 두 점 $(10, k)$, $(5, 1)$을 지나는 직선의 기울기가 1일 때, k의 값은?

$(10, k)$ ↓ ↓ $(5, 1)$

$$(\text{기울기})=\frac{k-1}{10-5}=1$$
$$\frac{k-1}{5}=1$$
$$k-1=5$$
$$k=6$$

답: **6**

02 두 점 $(4, -9)$, $(6, -k)$를 지나는 직선의 기울기가 4일 때, k의 값은?

$(4, -9)$ ↓ ↓ $(6, -k)$

$$(\text{기울기})=\frac{-9-(-k)}{4-6}=4$$
$$\frac{-9+k}{-2}=4$$
$$-9+k=-8$$
$$k=1$$

답: **1**

03 두 점 $(3, 2k)$, $(-3, 5)$를 지나는 직선의 기울기가 $\frac{1}{2}$일 때, k의 값은?

$(3, 2k)$ ↓ ↓ $(-3, 5)$

$$(\text{기울기})=\frac{2k-5}{3-(-3)}=\frac{1}{2}$$
$$\frac{2k-5}{3+3}=\frac{1}{2}$$
$$\frac{2k-5}{6}=\frac{1}{2}$$
$$2k-5=\frac{1}{2}\times 6$$
$$2k-5=3$$
$$2k=8$$
$$k=4$$

답: **4**

04 두 점 $(-12, 4)$, $(-5, -k)$를 지나는 직선의 기울기가 2일 때, k의 값은?

$(-12, 4)$ ↓ ↓ $(-5, -k)$

$$(\text{기울기})=\frac{4-(-k)}{-12-(-5)}=2$$
$$\frac{4+k}{-12+5}=2$$
$$\frac{4+k}{-7}=2$$
$$4+k=-14$$
$$k=-18$$

답: **−18**

05 두 점 $(5, -k-1)$, $(-7, -2k)$를 지나는 직선의 기울기가 $\frac{1}{6}$일 때, k의 값은?

$(5, -k-1)$ ↓ ↓ $(-7, -2k)$

$$(\text{기울기})=\frac{-k-1-(-2k)}{5-(-7)}=\frac{1}{6}$$
$$\frac{-k-1+2k}{5+7}=\frac{1}{6}$$
$$\frac{k-1}{12}=\frac{1}{6}$$
$$k-1=\frac{1}{6}\times 12$$
$$k-1=2$$
$$k=3$$

답: **3**

06 두 점 $(1, k)$, $(7, 3k-3)$을 지나는 직선의 기울기가 -1일 때, k의 값은?

$(1, k)$ ↓ ↓ $(7, 3k-3)$

$$(\text{기울기})=\frac{k-(3k-3)}{1-7}=-1$$
$$\frac{k-3k+3}{-6}=-1$$
$$\frac{-2k+3}{-6}=-1$$
$$-2k+3=6$$
$$-2k=3$$
$$k=-\frac{3}{2}$$

답: $-\frac{3}{2}$

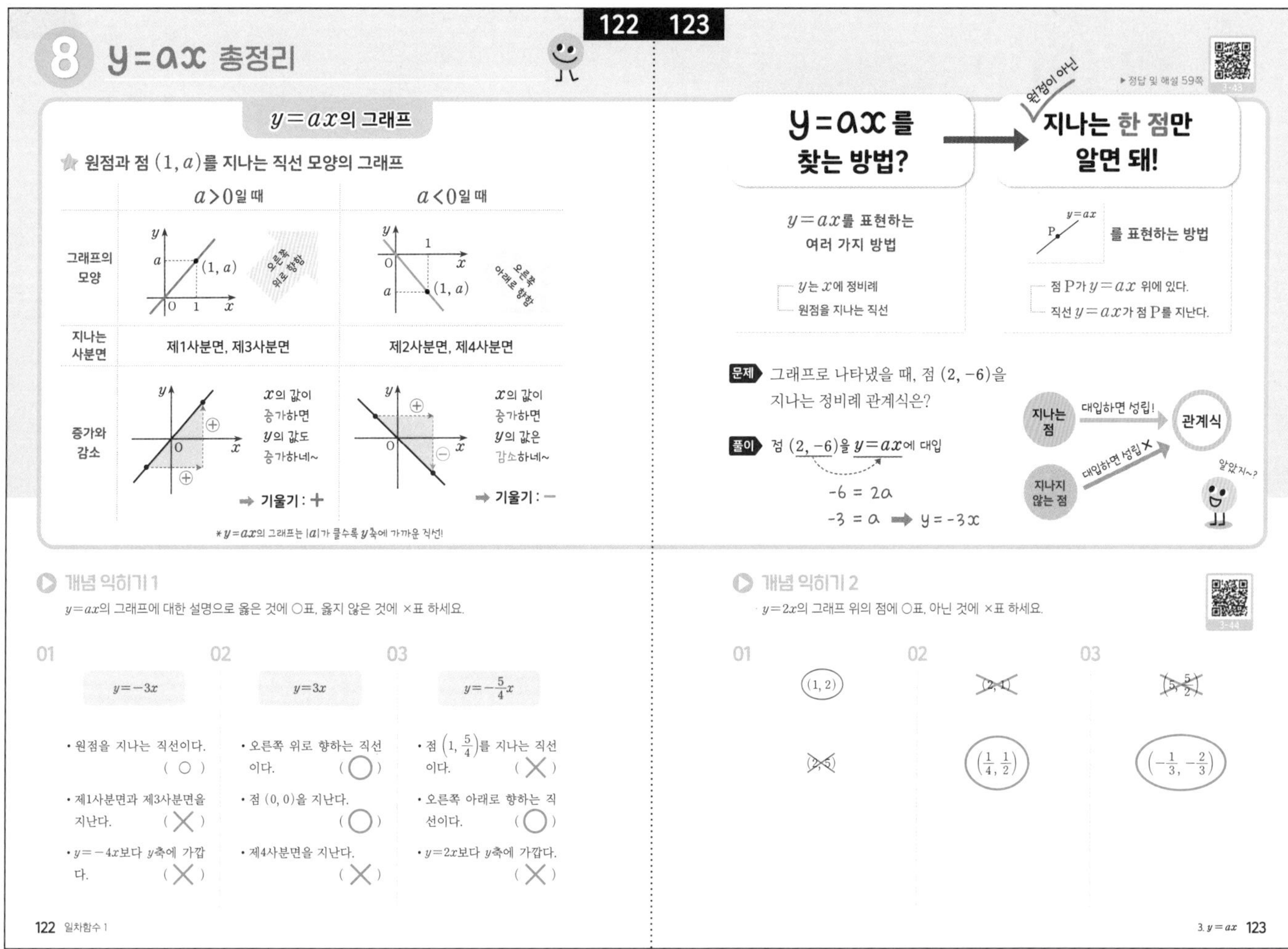

122 123

8 y=ax 총정리

$y=ax$의 그래프

원점과 점 $(1, a)$를 지나는 직선 모양의 그래프

	$a>0$일 때	$a<0$일 때
그래프의 모양	오른쪽 위로 향함	오른쪽 아래로 향함
지나는 사분면	제1사분면, 제3사분면	제2사분면, 제4사분면
증가와 감소	x의 값이 증가하면 y의 값도 증가하네~ → 기울기 : +	x의 값이 증가하면 y의 값은 감소하네~ → 기울기 : −

* $y=ax$의 그래프는 $|a|$가 클수록 y축에 가까운 직선!

▶ 정답 및 해설 59쪽

y=ax를 찾는 방법? → 원점이 아닌 지나는 한 점만 알면 돼!

$y=ax$를 표현하는 여러 가지 방법
- y는 x에 정비례
- 원점을 지나는 직선

$y=ax$ (P)를 표현하는 방법
- 점 P가 $y=ax$ 위에 있다.
- 직선 $y=ax$가 점 P를 지난다.

문제 그래프로 나타냈을 때, 점 $(2, -6)$을 지나는 정비례 관계식은?

풀이 점 $(2, -6)$을 $y=ax$에 대입

$-6=2a$

$-3=a$ → $y=-3x$

지나는 점 — 대입하면 성립! → 관계식

지나지 않는 점 — 대입하면 성립 X

알았지~?

개념 익히기 1

$y=ax$의 그래프에 대한 설명으로 옳은 것에 ○표, 옳지 않은 것에 ×표 하세요.

01 $y=-3x$
- 원점을 지나는 직선이다. (○)
- 제1사분면과 제3사분면을 지난다. (×)
- $y=-4x$보다 y축에 가깝다. (×)

02 $y=3x$
- 오른쪽 위로 향하는 직선이다. (○)
- 점 $(0, 0)$을 지난다. (○)
- 제4사분면을 지난다. (×)

03 $y=-\frac{5}{4}x$
- 점 $\left(1, \frac{5}{4}\right)$를 지나는 직선이다. (×)
- 오른쪽 아래로 향하는 직선이다. (○)
- $y=2x$보다 y축에 가깝다. (×)

개념 익히기 2

$y=2x$의 그래프 위의 점에 ○표, 아닌 것에 ×표 하세요.

01 $(1, 2)$ ○, $(2, 5)$ ×

02 $(2, 1)$ ×, $\left(\frac{1}{4}, \frac{1}{2}\right)$ ○

03 $\left(5, \frac{5}{2}\right)$ ×, $\left(-\frac{1}{3}, -\frac{2}{3}\right)$ ○

122 일차함수 1 | 3. $y=ax$ 123

122쪽 풀이

01 $y=-3x$
- 원점을 지나는 직선이다. (○)
- ~~제1사분면과 제3사분면~~을 지난다. (×)
  제2사분면과 제4사분면
- $y=-4x$보다 y축에 가깝다. (×)
  $|-3|<|-4|$
  → $y=-4x$가 y축에 더 가까움

02 $y=3x$
- 오른쪽 위로 향하는 직선이다. (○)
- 점 $(0, 0)$을 지난다. (○)
- ~~제4사분면~~을 지난다. (×)
  제1사분면과 제3사분면

03 $y=-\frac{5}{4}x$
- 점 $\left(1, \frac{5}{4}\right)$를 지나는 직선이다. (×)
  $-\frac{5}{4}$
- 오른쪽 아래로 향하는 직선이다. (○)
- $y=2x$보다 y축에 가깝다. (×)
  $\left|-\frac{5}{4}\right|<|2|$
  → $y=2x$가 y축에 더 가까움

123쪽 풀이

※ 좌표를 $y=2x$에 대입해서 성립하는지 확인합니다.

01 $(1, 2)$를 $y=2x$에 대입
→ $2=2\times1$
성립함

$(2, 5)$를 $y=2x$에 대입
→ $5\neq2\times2$ ($=4$)
성립 안 함

02 $(2, 1)$을 $y=2x$에 대입
→ $1\neq2\times2$ ($=4$)
성립 안 함

$\left(\frac{1}{4}, \frac{1}{2}\right)$을 $y=2x$에 대입
→ $\frac{1}{2}=2\times\frac{1}{4}$
성립함

03 $\left(5, \frac{5}{2}\right)$를 $y=2x$에 대입
→ $\frac{5}{2}\neq2\times5$ ($=10$)
성립 안 함

$\left(-\frac{1}{3}, -\frac{2}{3}\right)$를 $y=2x$에 대입
→ $\left(-\frac{2}{3}\right)=2\times\left(-\frac{1}{3}\right)$
성립함

124

개념 다지기 1

상수 k의 값을 구하세요.

01 $y=4x$의 그래프가 점 $(k, 8)$을 지남

대입

$y=4x$

$8=4\times k$

$8=4k$

$k=2$

답: 2

02 $y=-\frac{1}{3}x$의 그래프가 점 $\left(2k, \frac{2}{3}\right)$를 지남

대입

$y=-\frac{1}{3}x$

$\frac{2}{3}=\left(-\frac{1}{3}\right)\times 2k$

$\frac{2}{3}=\frac{-2k}{3}$

$2=-2k$

$k=-1$

답: -1

03 $y=-2x$의 그래프가 점 $(k+1, 1)$을 지남

대입

$y=-2x$

$1=(-2)\times(k+1)$

$1=-2k-2$

$3=-2k$

$k=-\frac{3}{2}$

답: $-\frac{3}{2}$

04 점 $(4k, k+9)$가 $y=\frac{5}{2}x$의 그래프 위의 점

대입

$y=\frac{5}{2}x$

$(k+9)=\frac{5}{2}\times 4k$

$k+9=10k$

$9=9k$

$k=1$

답: 1

05 점 $(8, -k+3)$은 $y=\frac{1}{4}x$의 그래프 위의 점

대입

$y=\frac{1}{4}x$

$(-k+3)=\frac{1}{4}\times 8$

$-k+3=2$

$-k=-1$

$k=1$

답: 1

06 $y=-\frac{6}{7}x$의 그래프가 점 $\left(k, \frac{2}{7}k+16\right)$을 지남

대입

$y=-\frac{6}{7}x$

$\left(\frac{2}{7}k+16\right)=\left(-\frac{6}{7}\right)\times k$

$\frac{2}{7}k+16=-\frac{6}{7}k$

$16=-\frac{8}{7}k$

$\left(-\frac{7}{8}\right)\times 16=\left(-\frac{8}{7}k\right)\times\left(-\frac{7}{8}\right)$

$k=-14$

답: -14

개념 다지기 2

다음을 만족하는 일차함수의 식을 구하세요.

01 y는 x에 정비례하고, $x=-3$일 때 $y=6$

$y=ax$에 $x=-3$, $y=6$ 대입

$6=a\times(-3)$

$6=-3a$

$a=-2$

따라서, 일차함수의 식은 $y=-2x$

답: $y=-2x$

02 원점을 지나는 직선이고, x가 1 증가할 때 y는 -3 증가

$y=ax$

(기울기)$=\frac{-3}{1}=-3$

따라서, 일차함수의 식은 $y=-3x$

답: $y=-3x$

03 비례상수가 $-\frac{1}{7}$인 정비례 관계

$y=ax$

(기울기)$=-\frac{1}{7}$

따라서, 일차함수의 식은 $y=-\frac{1}{7}x$

답: $y=-\frac{1}{7}x$

04 두 점 $(0, 0)$, $(1, -6)$을 지나는 직선

원점을 지나는 직선: $y=ax$

$(0, 0)$ → $(1, -6)$

(기울기)$=\frac{0-(-6)}{0-1}$

$=\frac{0+6}{-1}$

$=\frac{6}{-1}$

$=-6$

따라서, 일차함수의 식은 $y=-6x$

답: $y=-6x$

05 y는 x에 정비례하고, x가 -6 증가할 때 y는 6 증가

$y=ax$

(기울기)$=\frac{6}{-6}=-1$

따라서, 일차함수의 식은 $y=-x$

답: $y=-x$

06 그래프가 원점과 점 $(-12, 10)$을 지나는 일차함수

원점을 지나는 직선: $y=ax$

$(0, 0)$ → $(-12, 10)$

(기울기)$=\frac{0-10}{0-(-12)}$

$=\frac{-10}{0+12}$

$=-\frac{10}{12}$

$=-\frac{5}{6}$

따라서, 일차함수의 식은 $y=-\frac{5}{6}x$

답: $y=-\frac{5}{6}x$

126쪽 풀이 ※ 원점을 지나는 직선의 식 ➡ $y=ax$

01

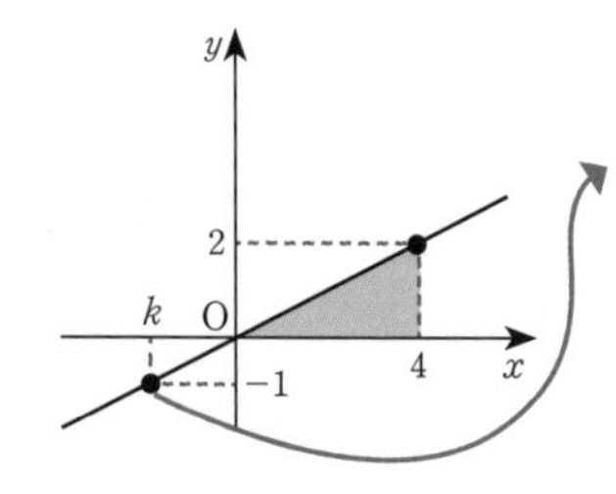

에서 $y=ax$의 기울기: $\frac{2}{4}=\frac{1}{2}$

➡ $y=\frac{1}{2}x$

점 $(k, -1)$도 $y=\frac{1}{2}x$ 위의 점이므로, 대입하면

$(-1)=\frac{1}{2}\times k$

$-1=\frac{1}{2}k$

$k=-2$

02

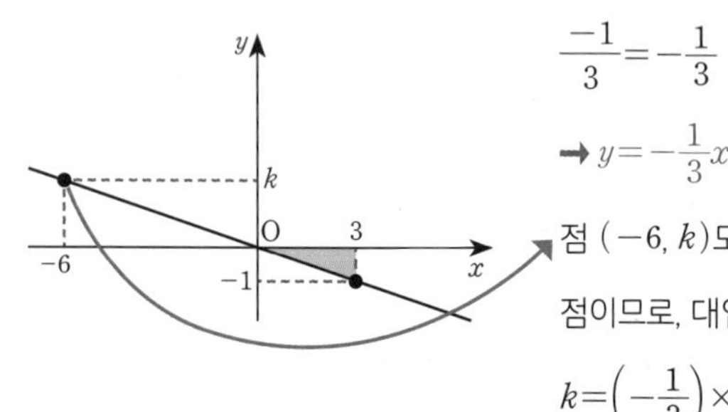

에서 $y=ax$의 기울기: $\frac{-1}{3}=-\frac{1}{3}$

➡ $y=-\frac{1}{3}x$

점 $(-6, k)$도 $y=-\frac{1}{3}x$ 위의 점이므로, 대입하면

$k=\left(-\frac{1}{3}\right)\times(-6)$

$k=2$

126

▸정답 및 해설 62쪽

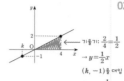

개념 마무리 1

그래프를 보고, 일차함수의 식과 k의 값을 각각 구하세요.

01

기울기: $\frac{2}{4}=\frac{1}{2}$ → $y=\frac{1}{2}x$ $(k, -1)$을 대입 $(-1)=\frac{1}{2}\times k$ $-1=\frac{1}{2}k$ $k=-2$

➡ 식: $y=\frac{1}{2}x$ $k=-2$

02

➡ 식: $y=-\frac{1}{3}x$ $k=2$

03

➡ 식: $y=4x$ $k=2$

04

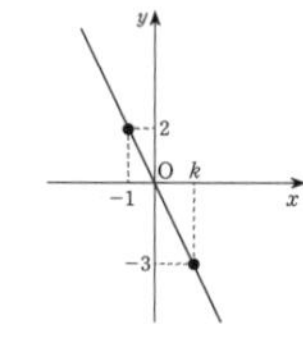

➡ 식: $y=-2x$ $k=\frac{3}{2}$

05

➡ 식: $y=-\frac{3}{4}x$ $k=1$

06

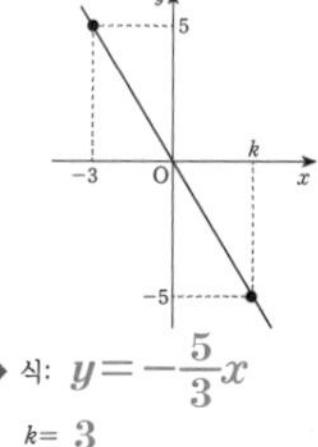

➡ 식: $y=-\frac{5}{3}x$ $k=3$

126 일차함수 1

03

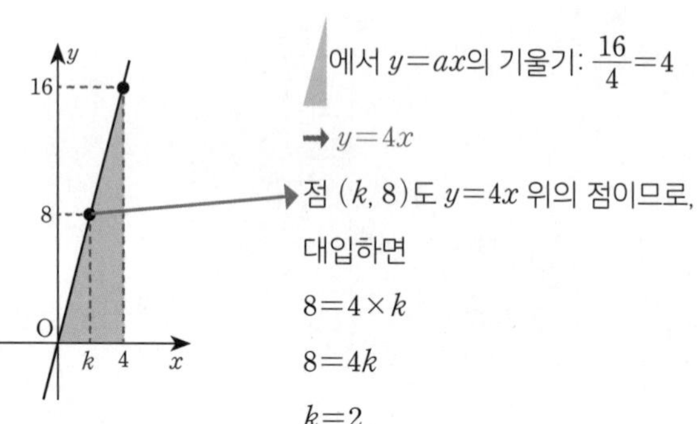

에서 $y=ax$의 기울기: $\frac{16}{4}=4$

➡ $y=4x$

점 $(k, 8)$도 $y=4x$ 위의 점이므로, 대입하면

$8=4\times k$

$8=4k$

$k=2$

04

에서 $y=ax$의 기울기: $\frac{2}{-1}=-2$

➡ $y=-2x$

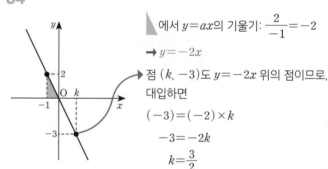

점 $(k, -3)$도 $y=-2x$ 위의 점이므로, 대입하면

$(-3)=(-2)\times k$

$-3=-2k$

$k=\frac{3}{2}$

05

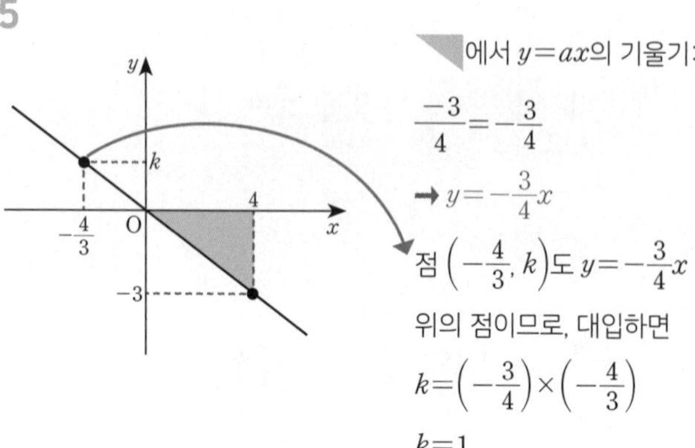

에서 $y=ax$의 기울기: $\frac{-3}{4}=-\frac{3}{4}$

➡ $y=-\frac{3}{4}x$

점 $\left(-\frac{4}{3}, k\right)$도 $y=-\frac{3}{4}x$ 위의 점이므로, 대입하면

$k=\left(-\frac{3}{4}\right)\times\left(-\frac{4}{3}\right)$

$k=1$

06

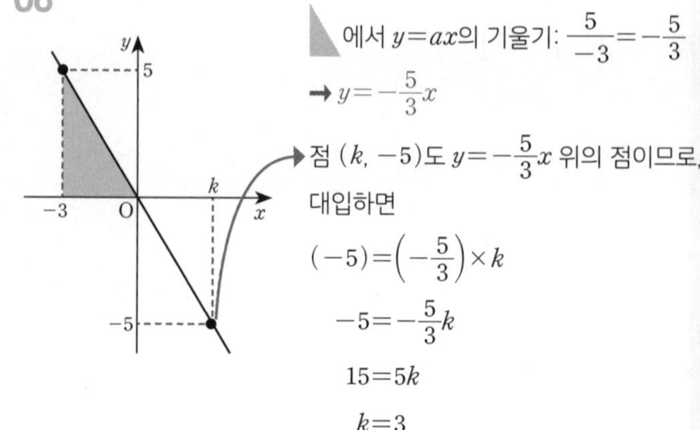

에서 $y=ax$의 기울기: $\frac{5}{-3}=-\frac{5}{3}$

➡ $y=-\frac{5}{3}x$

점 $(k, -5)$도 $y=-\frac{5}{3}x$ 위의 점이므로, 대입하면

$(-5)=\left(-\frac{5}{3}\right)\times k$

$-5=-\frac{5}{3}k$

$15=5k$

$k=3$

개념 마무리 2

관계있는 것끼리 이어 보세요.

(기울기)$=\frac{-1}{-3}=\frac{1}{3}$ (기울기)$=\frac{-2}{-1}=2$ (기울기)$=\frac{-20}{2}=-10$ (기울기)$=\frac{-10}{8}=-\frac{5}{4}$

x가 -3 증가할 때 y는 -1 증가	x가 -1 증가할 때 y는 -2 증가	x가 2 증가할 때 y는 -20 증가	x가 8 증가할 때 y는 -10 증가

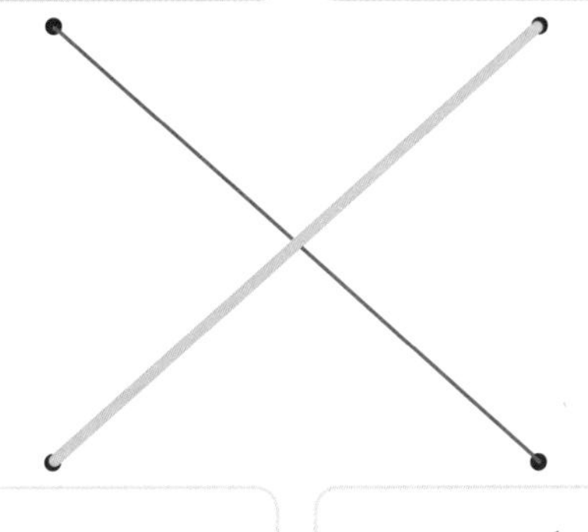
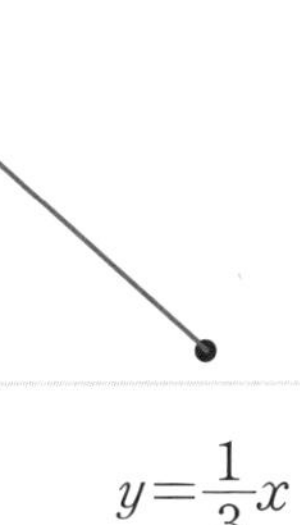

$y=2x$	$y=\frac{1}{3}x$	$y=-10x$	$y=-\frac{5}{4}x$
→ y는 x의 2배	→ y는 x의 $\frac{1}{3}$	→ y는 x의 -10배	→ y는 x의 $-\frac{5}{4}$

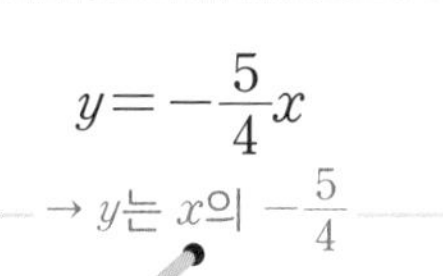
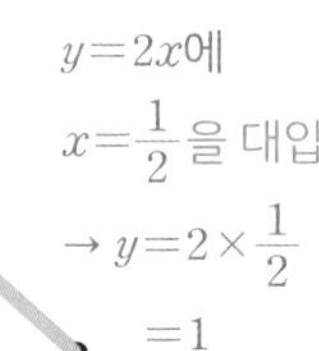
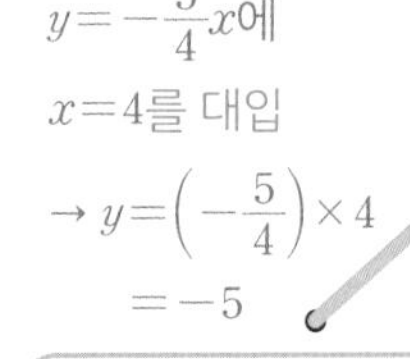
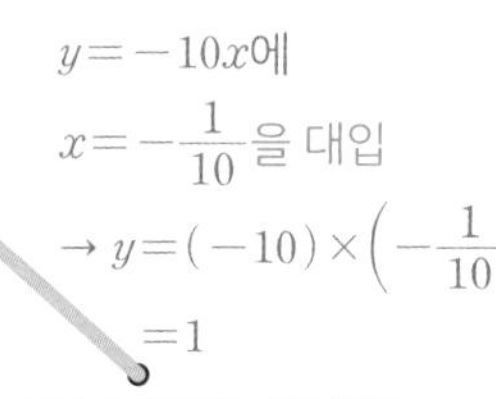

$y=\frac{1}{3}x$에 $x=-6$을 대입 → $y=\frac{1}{3}\times(-6)$ $=-2$

$y=2x$에 $x=\frac{1}{2}$을 대입 → $y=2\times\frac{1}{2}$ $=1$

$y=-\frac{5}{4}x$에 $x=4$를 대입 → $y=\left(-\frac{5}{4}\right)\times 4$ $=-5$

$y=-10x$에 $x=-\frac{1}{10}$을 대입 → $y=(-10)\times\left(-\frac{1}{10}\right)$ $=1$

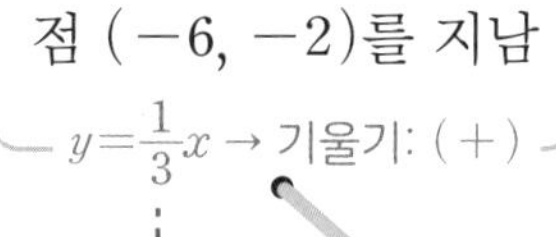
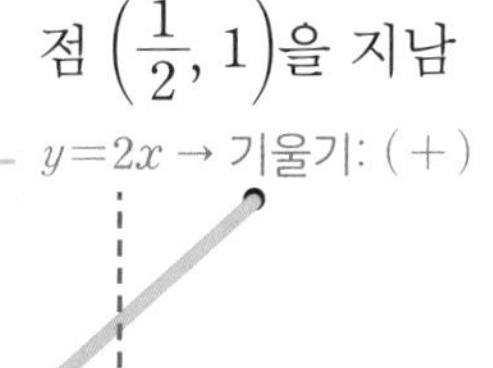
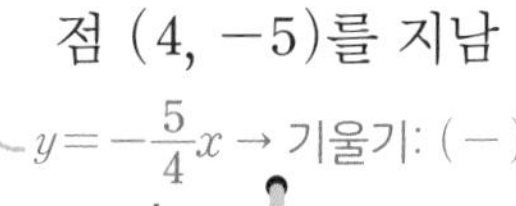
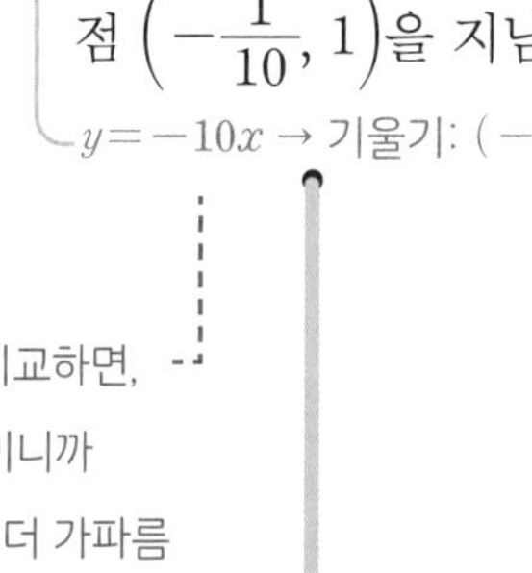

점 $(-6, -2)$를 지남	점 $\left(\frac{1}{2}, 1\right)$을 지남	점 $(4, -5)$를 지남	점 $\left(-\frac{1}{10}, 1\right)$을 지남
$y=\frac{1}{3}x$ → 기울기: (+)	$y=2x$ → 기울기: (+)	$y=-\frac{5}{4}x$ → 기울기: (−)	$y=-10x$ → 기울기: (−)

절댓값을 비교하면, $\frac{1}{3}<2$니까 $y=2x$가 더 가파름

절댓값을 비교하면, $\frac{5}{4}<10$이니까 $y=-10x$가 더 가파름

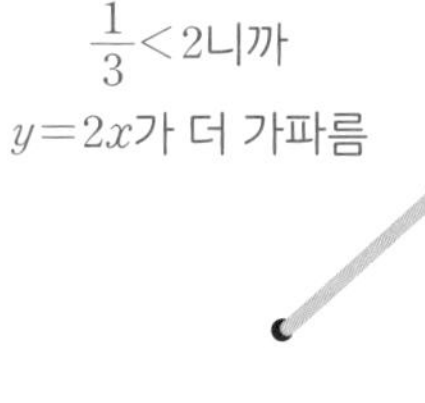
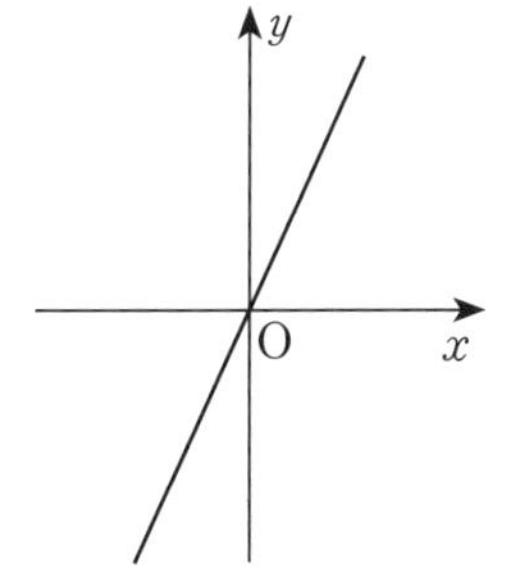
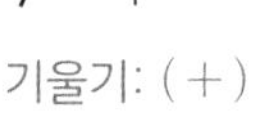
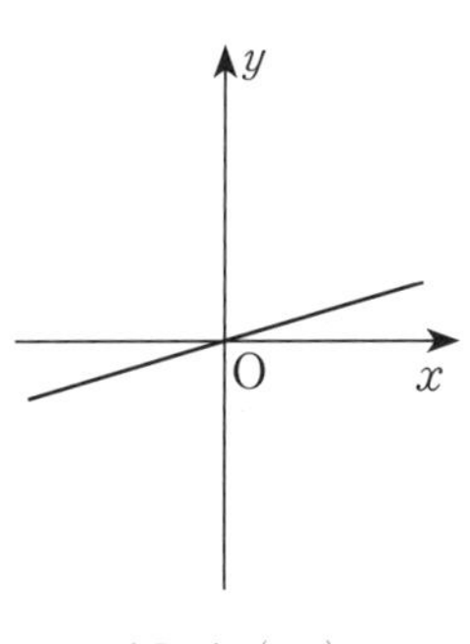
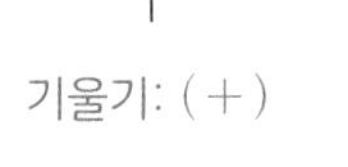
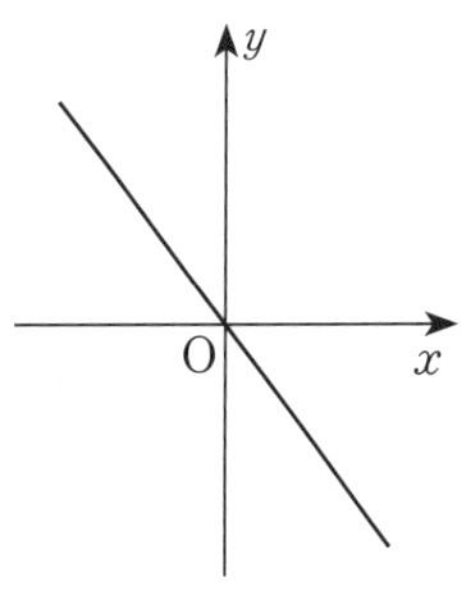
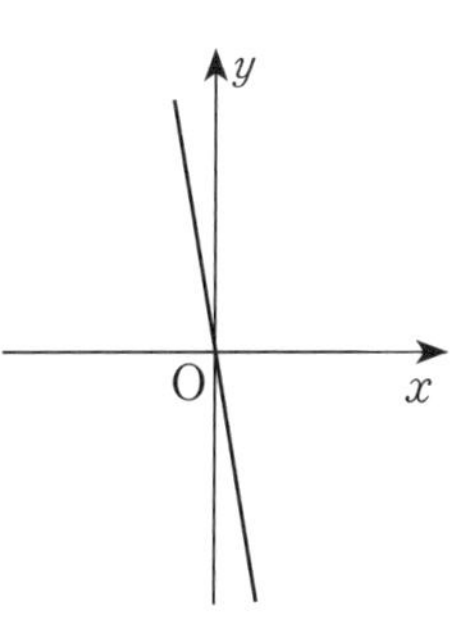

기울기: (+) 기울기: (+) 기울기: (−) 기울기: (−)

128쪽 풀이

01 ① $2x^3-x^2-4$ → 3차
② $6x+1$ → 1차
③ $6x^2-2$ → 2차
④ $\frac{1}{4}x^5$ → 5차
⑤ $1+2x+3x^2$ → 2차

답 ①

---

02 ① 1000원짜리 x장을 100원짜리 y개로 바꾸기

1000원 짜리		100원 짜리
1장	→	10개
2장	→	20개
3장	→	30개
⋮		
x장	→	$10x$개$=y$개

→ $y=10x$

② 하루 중 낮이 x시간, 밤이 y시간

낮		밤
1시간	→	23시간
2시간	→	22시간
3시간	→	21시간
⋮		
x시간	→	$(24-x)$시간$=y$시간

→ $y=24-x$

③ 가로 x cm, 세로 6 cm인 직사각형의 넓이 $y\text{ cm}^2$

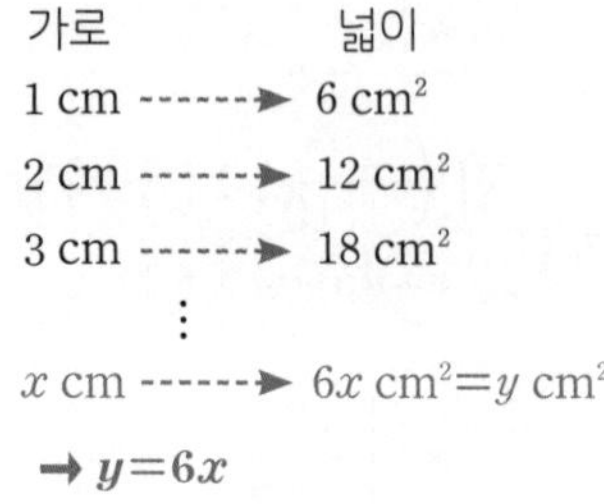

가로		넓이
1 cm	→	6 cm^2
2 cm	→	12 cm^2
3 cm	→	18 cm^2
⋮		
x cm	→	$6x\text{ cm}^2=y\text{ cm}^2$

→ $y=6x$

④ 한 변의 길이가 x cm인 마름모의 둘레 y cm

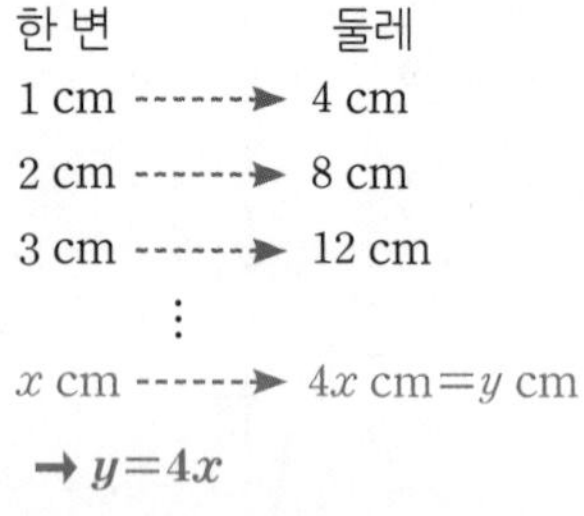

한 변		둘레
1 cm	→	4 cm
2 cm	→	8 cm
3 cm	→	12 cm
⋮		
x cm	→	$4x$ cm$=y$ cm

→ $y=4x$

⑤ 시속 80 km로 x시간 동안 달린 거리 y km

시간		달린 거리
1시간	→	80 km
2시간	→	160 km
3시간	→	240 km
⋮		
x시간	→	$80x$ km$=y$ km

→ $y=80x$

답 ②

128

3. $y=ax$ **단원 마무리**

01 다항식의 차수가 3인 것은? ①
① $2x^3-x^2-4$
② $6x+1$
③ $6x^2-2$
④ $\frac{1}{4}x^5$
⑤ $1+2x+3x^2$

02 다음 중 y가 x에 정비례하지 않는 것은? ②
① 1000원짜리 지폐 x장으로 교환할 수 있는 100원짜리 동전의 개수가 y개
② 하루 중 낮이 x시간일 때, 밤이 y시간
③ 가로가 x cm, 세로가 6 cm인 직사각형의 넓이가 $y\text{ cm}^2$
④ 둘레가 y cm인 마름모의 한 변의 길이는 x cm
⑤ 시속 80 km로 x시간 동안 달린 거리는 y km

03 다음 중 일차함수인 것을 모두 고르면? ②, ③
① $y=x^2+3x$
② $y=x$
③ $y=\frac{2}{3}x-6$
④ $y=\frac{2}{x}+1$
⑤ $y=\frac{5}{4x}$

04 다음 정비례 관계식 중 비례상수가 가장 작은 것은? ④
① $y=\frac{2}{3}x$ ② $y=-x$
③ $y=5x$ ④ $y=-\frac{6x}{5}$
⑤ $y=0.1x$

05 x의 값이 $-2, -1, 0, 1, 2$일 때, $y=-2x$의 그래프를 알맞게 그린 것은? ⑤

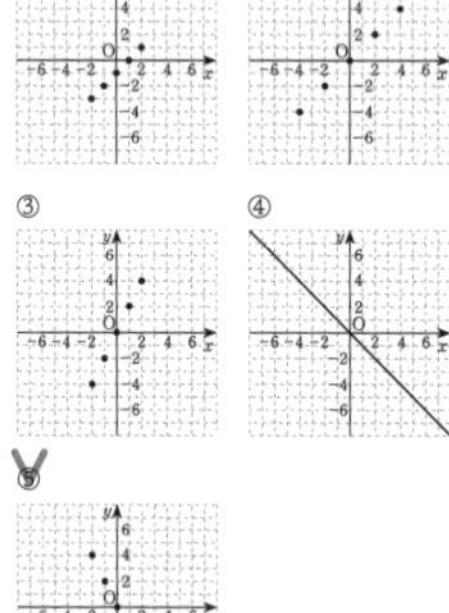

128 일차함수 1

---

03 일차함수: 차수가 1차인 함수
① $y=x^2+3x$ → 2차
② $y=x$ → 1차
③ $y=\frac{2}{3}x-6$ → 1차

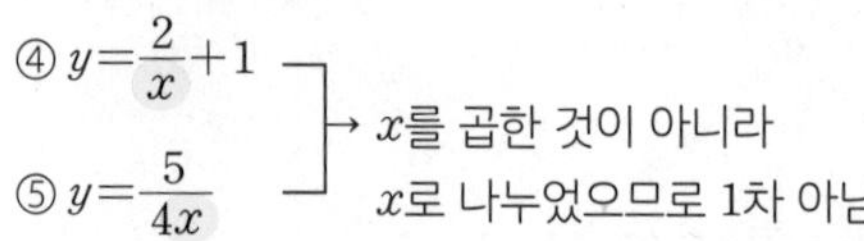

④ $y=\frac{2}{x}+1$
⑤ $y=\frac{5}{4x}$
→ x를 곱한 것이 아니라 x로 나누었으므로 1차 아님

답 ②, ③

---

04 ① $y=\frac{2}{3}x$ → 비례상수: $\frac{2}{3}$
② $y=-x$ → 비례상수: -1
③ $y=5x$ → 비례상수: 5
④ $y=-\frac{6x}{5}$ → 비례상수: $-\frac{6}{5}$
⑤ $y=0.1x$ → 비례상수: 0.1
→ 이 중에서 비례상수가 가장 작은 것은 $-\frac{6}{5}$

답 ④

128~129쪽 풀이

05 $y=-2x$에 $x=-2,\ -1,\ 0,\ 1,\ 2$를 각각 대입

x	-2	-1	0	1	2
y	4	2	0	-2	-4

위의 표를 그래프로 나타내면,

⑤ 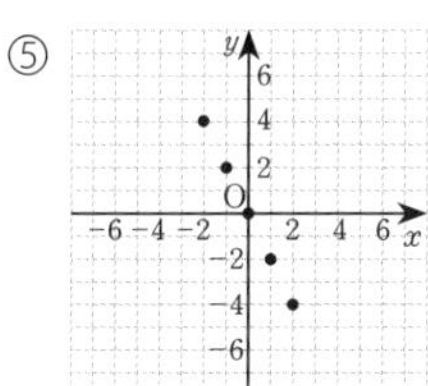

답 ⑤

06 $x : y = 2 : 14$

내항의 곱은 외항의 곱과 같다.

→ $2y=14x$

$y=7x$

→ 비례상수: 7

답 7

09 y가 x에 정비례하고, $x=-6$일 때 $y=\frac{2}{3}$

$y=ax$에 $x=-6,\ y=\frac{2}{3}$ 대입

→ $\frac{2}{3}=a\times(-6)$

$\frac{2}{3}=-6a$

$a=-\frac{1}{9}$

따라서 관계식은 $y=-\frac{1}{9}x$

• 문제: $x=9$일 때 y의 값?

$y=\left(-\frac{1}{9}\right)\times 9$

$=-1$

답 -1

10 ※ $y=ax$에서 $|a|$가 클수록
그래프가 y축에 가깝게 그려집니다.

① $y=3x$ → $|3|=3$

② $y=-\frac{3}{4}x$ → $\left|-\frac{3}{4}\right|=\frac{3}{4}$

③ $y=\frac{5}{4}x$ → $\left|\frac{5}{4}\right|=\frac{5}{4}$

④ $y=-6x$ → $|-6|=6$ ← 가장 큼

⑤ $y=4.5x$ → $|4.5|=4.5$

답 ④

129

▶ 정답 및 해설 64~65쪽 3-50

06 $x:y=2:14$를 정비례 관계식으로 나타냈을 때, 비례상수를 구하시오.

7

09 y가 x에 정비례하고, $x=-6$일 때 $y=\frac{2}{3}$입니다. $x=9$일 때, y의 값을 구하시오.

-1

07 그래프가 향하는 방향이 다른 하나는? ②

① $y=-x$　② $y=0.5x$

③ $y=-\frac{3}{4}x$　④ $y=-7x$

⑤ $y=-\frac{1}{10}x$

①, ③, ④, ⑤는 기울기가 (−)
→ 그래프가 ＼ 모양(오른쪽 아래로)

②는 기울기가 (+)
→ 그래프가 ／ 모양(오른쪽 위로)

10 다음 중 그래프가 y축에 가장 가까운 것은? ④

① $y=3x$　② $y=-\frac{3}{4}x$

③ $y=\frac{5}{4}x$　④ $y=-6x$

⑤ $y=4.5x$

08 정비례 관계 $y=ax(a>0)$의 그래프에 대한 설명으로 옳지 <u>않은</u> 것은? ⑤

① 오른쪽 위로 향한다.

② x가 증가하면 y도 증가한다.

③ 제1사분면과 제3사분면을 지난다.

④ 원점을 지난다.

⑤ x와 y의 부호가 ~~반대이다~~. 같다.

11 다음 그래프에 알맞은 정비례 관계식을 쓰시오.

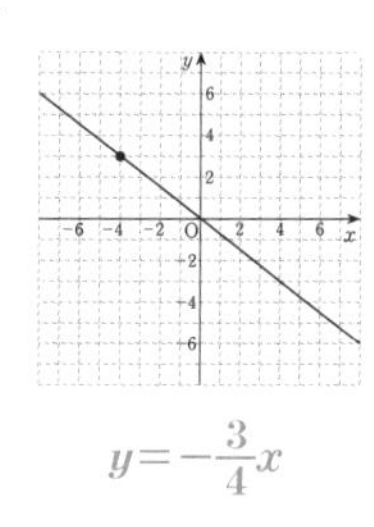

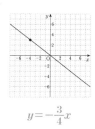

$y=-\frac{3}{4}x$

3. $y=ax$ 129

11 정비례 관계식 → $y=ax$

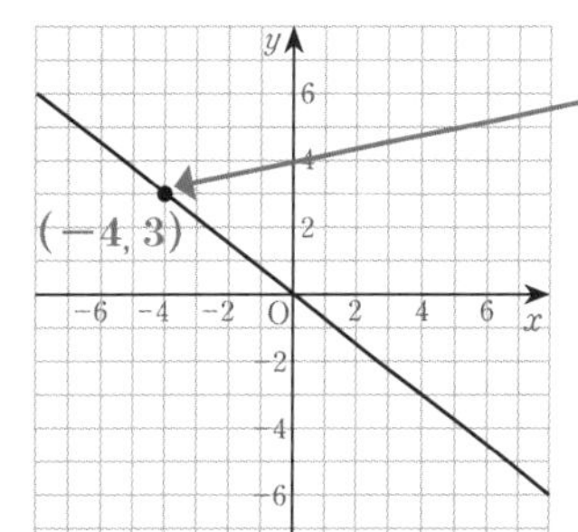

$y=ax$에 $x=-4,\ y=3$ 대입

→ $3=a\times(-4)$

$3=-4a$

$a=-\frac{3}{4}$

따라서 관계식은 $y=-\frac{3}{4}x$

답 $y=-\frac{3}{4}x$

다른 풀이

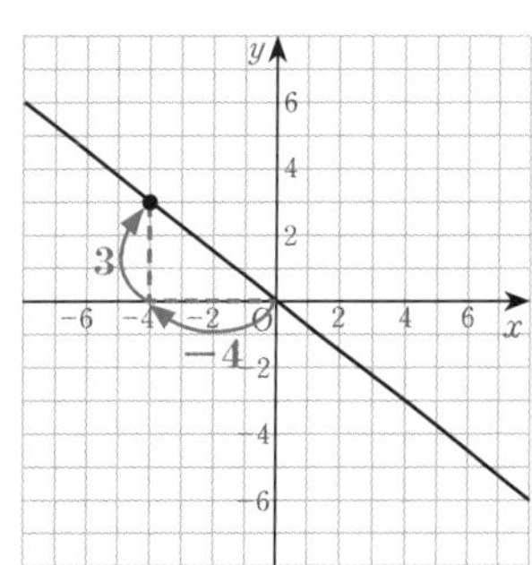

기울기: $\frac{3}{-4}=-\frac{3}{4}$

따라서 관계식은 $y=-\frac{3}{4}x$

130쪽 풀이

12 x와 y가 정비례 관계 → $y=ax$

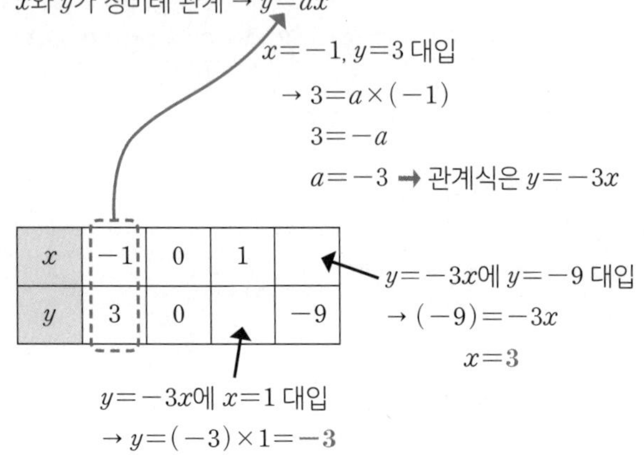

x=−1, y=3 대입
→ 3=a×(−1)
3=−a
a=−3 ➡ 관계식은 y=−3x
x | −1 | 0 | 1 |
y | 3 | 0 | | −9
y=−3x에 y=−9 대입
→ (−9)=−3x
x=3
y=−3x에 x=1 대입
→ y=(−3)×1=−3

단원 마무리

12 x와 y가 정비례 관계일 때, 표를 완성하시오.

x	-1	0	1	3
y	3	0	-3	-9

13 다음 중 함수 $y=6x$의 그래프 위의 점이 아닌 것은? ③

① $(0, 0)$ ② $\left(\frac{2}{3}, 4\right)$ ③ $(12, 2)$ ④ $\left(-\frac{1}{6}, -1\right)$ ⑤ $\left(\frac{3}{4}, \frac{9}{2}\right)$

14 다음 정비례 관계의 그래프에서 x의 증가량이 -3일 때, y의 증가량을 구하시오. 6

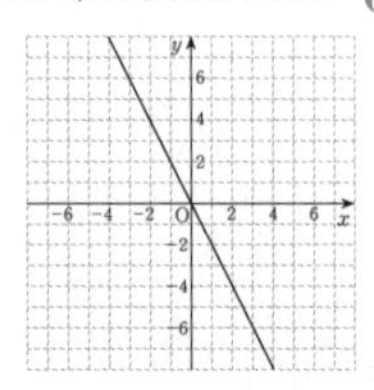

15 다음 중 두 점을 지나는 직선의 기울기가 가장 큰 것은? ④

① $(0, 0)$, $(3, 1)$
② $(-1, -1)$, $(4, 4)$
③ $(1, 2)$, $(0, 0)$
④ $(-1, -4)$, $(3, 12)$
⑤ $(-5, -7)$, $(2, -5)$

16 두 점 $(2, k-1)$, $(4, -2k)$를 지나는 직선의 기울기가 5일 때, k의 값을 구하시오.

-3

130 일차함수 1

---

13 $y=6x$ 그래프 위의 점
→ $y=6x$에 대입해서 성립하는지 확인

① $(0, 0)$ → $6\times0=0$ 성립!

② $\left(\frac{2}{3}, 4\right)$ → $6\times\frac{2}{3}=4$ 성립!

③ $(12, 2)$ → $6\times12\neq2$ ($6\times12=72$) 성립하지 않음

④ $\left(-\frac{1}{6}, -1\right)$ → $6\times\left(-\frac{1}{6}\right)=-1$ 성립!

⑤ $\left(\frac{3}{4}, \frac{9}{2}\right)$ → $6\times\frac{3}{4}=\frac{9}{2}$ 성립!

답 ③

14

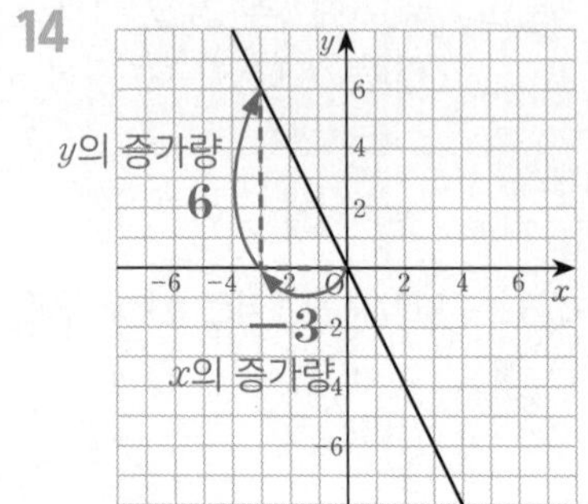

y의 증가량
6
−3
x의 증가량

답 6

16 $(2, k-1)$, $(4, -2k)$를 지나는 직선의 기울기가 5

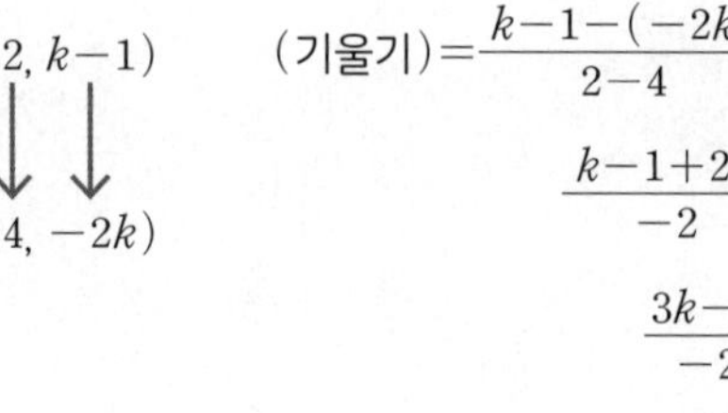

$(2, k-1)$ ↓ ↓ $(4, -2k)$

$$(\text{기울기})=\frac{k-1-(-2k)}{2-4}=5$$
$$\frac{k-1+2k}{-2}=5$$
$$\frac{3k-1}{-2}=5$$
$$(-2)\times\frac{3k-1}{-2}=5\times(-2)$$
$$3k-1=-10$$
$$3k=-9$$
$$k=-3$$

답 -3

15

① $(0, 0)$ ↓↓ $(3, 1)$ $\quad (\text{기울기})=\frac{0-1}{0-3}=\frac{-1}{-3}=\frac{1}{3}$

② $(-1, -1)$ ↓↓ $(4, 4)$ $\quad (\text{기울기})=\frac{-1-4}{-1-4}=\frac{-5}{-5}=1$

③ $(1, 2)$ ↓↓ $(0, 0)$ $\quad (\text{기울기})=\frac{2-0}{1-0}=\frac{2}{1}=2$

④ $(-1, -4)$ ↓↓ $(3, 12)$ $\quad (\text{기울기})=\frac{-4-12}{-1-3}=\frac{-16}{-4}=4$

⑤ $(-5, -7)$ ↓↓ $(2, -5)$ $\quad (\text{기울기})=\frac{-7-(-5)}{-5-2}=\frac{-7+5}{-7}=\frac{-2}{-7}=\frac{2}{7}$

답 ④

131쪽 풀이

17

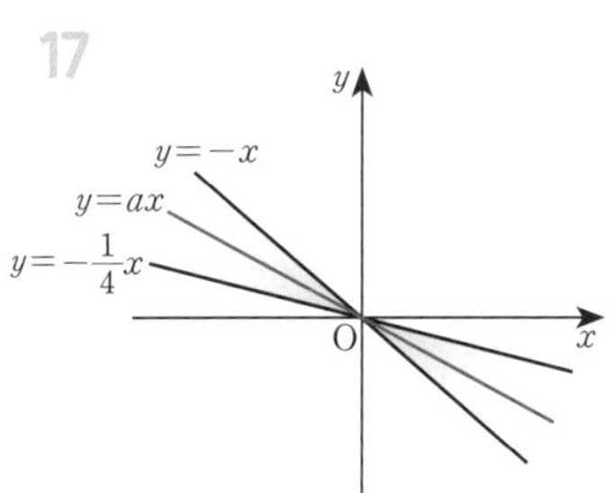

→ $\left|-\frac{1}{4}\right|<|a|<|-1|$

→ $\frac{1}{4}<|a|<1$

a의 범위는,

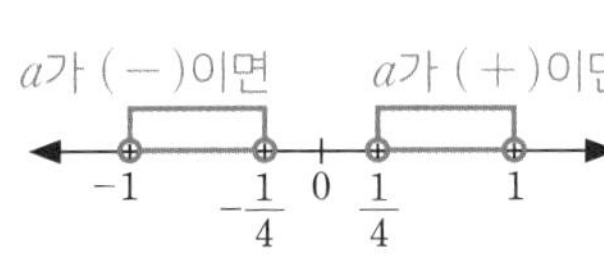

그런데 a는 (−)이므로

➡ $-1<a<-\frac{1}{4}$

보기에서 a의 범위에 속하는 것은 $-\frac{1}{3}$

답 ⑤

18 $y=-\frac{5}{12}x$의 그래프 찾기

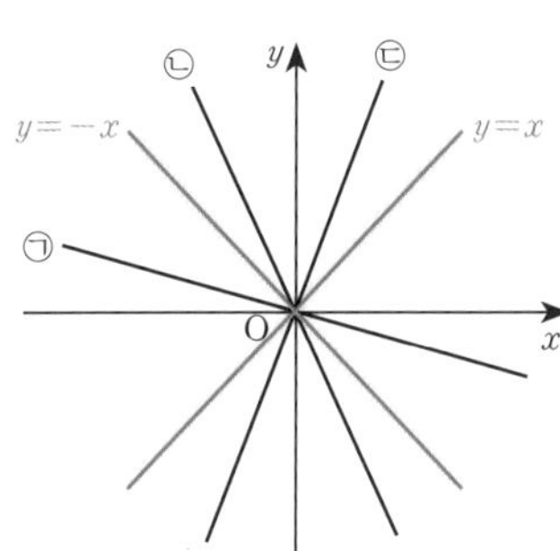

• $y=-\frac{5}{12}x$의 기울기가 (−)

→ ㉠ 또는 ㉡

• $\left|-\frac{5}{12}\right|<|-1|$, $\left|-\frac{5}{12}\right|=\frac{5}{12}$, $|-1|=1$

따라서, $y=-\frac{5}{12}x$는 $y=-x$보다 완만함

→ ㉠

답 ㉠

19 $y=ax$의 그래프가 점 $(4, -2)$를 지남

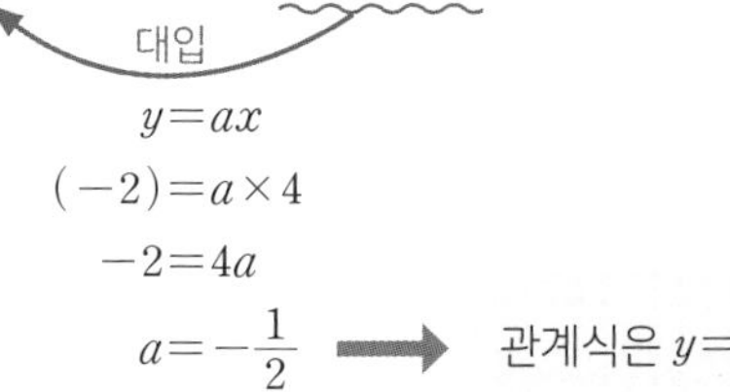

$y=ax$

$(-2)=a\times4$

$-2=4a$

$a=-\frac{1}{2}$ ➡ 관계식은 $y=-\frac{1}{2}x$

① 오른쪽 아래로 향한다.
→ 기울기가 (−)이므로 그래프는 ╲ 모양이 맞음

② 기울기는 ~~3~~이다. ($-\frac{1}{2}$)

③ 점 $\left(\frac{1}{2}, 0\right)$을 지난다.
→ $y=-\frac{1}{2}x$에 대입
$0\neq\left(-\frac{1}{2}\right)\times\frac{1}{2}=-\frac{1}{4}$
성립 안 함

④ x가 3 증가하면 y는 −6 증가한다.
→ (기울기)$=\frac{-6}{3}=-2$
관계식의 기울기와 다름

⑤ $y=\frac{1}{4}x$의 그래프보다 y축에 더 가깝다.

$\left|-\frac{1}{2}\right|>\left|\frac{1}{4}\right|$, $\left|-\frac{1}{2}\right|=\frac{1}{2}$, $\left|\frac{1}{4}\right|=\frac{1}{4}$

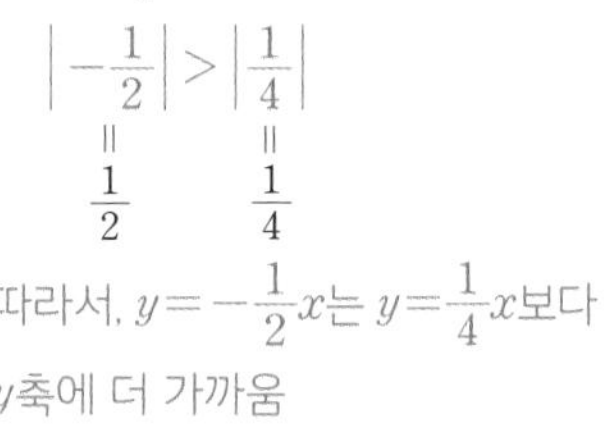

따라서, $y=-\frac{1}{2}x$는 $y=\frac{1}{4}x$보다 y축에 더 가까움

답 ①, ⑤

▸ 정답 및 해설 66~67쪽

17 함수 $y=ax$의 그래프가 $y=-x$와 $y=-\frac{1}{4}x$의 그래프 사이에 있을 때, 상수 a의 값이 될 수 있는 것은? ⑤

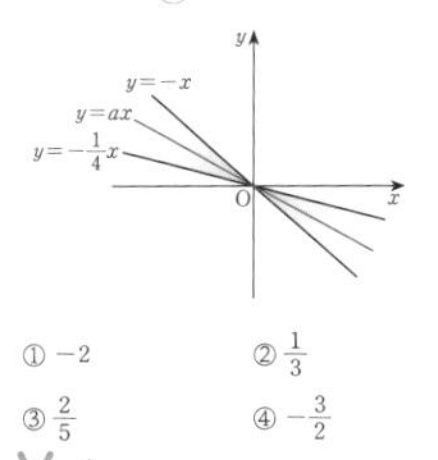

① −2 ② $\frac{1}{3}$ ③ $\frac{2}{5}$ ④ $-\frac{3}{2}$ ⑤ $-\frac{1}{3}$

19 함수 $y=ax$의 그래프가 점 $(4, -2)$를 지날 때, 이 그래프에 대한 설명으로 옳은 것을 모두 고르면? ①, ⑤

① 오른쪽 아래로 향한다.
② 기울기는 3이다.
③ 점 $\left(\frac{1}{2}, 0\right)$을 지난다.
④ x가 3 증가하면 y는 −6 증가한다.
⑤ $y=\frac{1}{4}x$의 그래프보다 y축에 더 가깝다.

18 ㉠~㉢ 중 함수 $y=-\frac{5}{12}x$의 그래프로 알맞은 것을 찾아 기호를 쓰시오. ㉠

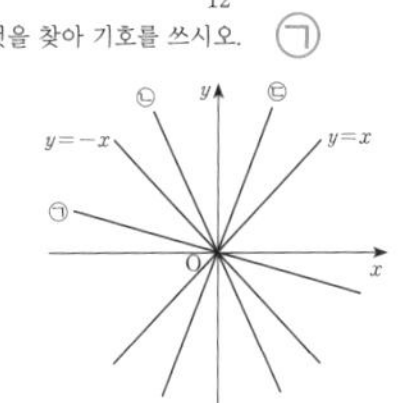

20 다음과 같은 일차함수의 그래프에서 $a+k$의 값을 구하시오. (단, a는 상수) 3

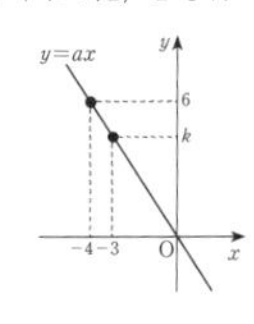

20

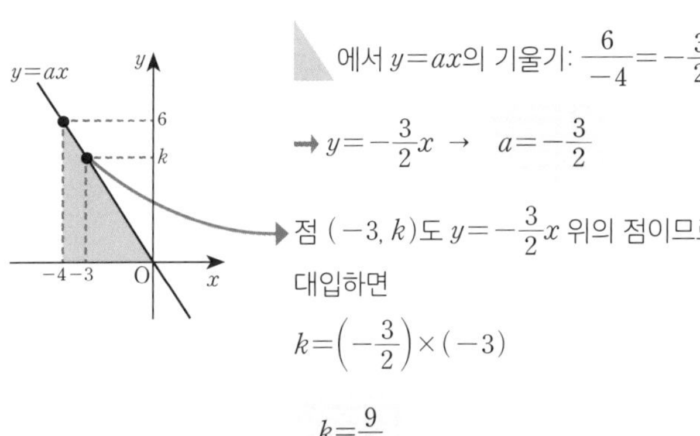

◢에서 $y=ax$의 기울기: $\frac{6}{-4}=-\frac{3}{2}$

➡ $y=-\frac{3}{2}x$ → $a=-\frac{3}{2}$

➡ 점 $(-3, k)$도 $y=-\frac{3}{2}x$ 위의 점이므로, 대입하면

$k=\left(-\frac{3}{2}\right)\times(-3)$

$k=\frac{9}{2}$

➡ $a+k=-\frac{3}{2}+\frac{9}{2}$

$=\frac{6}{2}$

$=3$

답 3

132쪽 풀이

21 (1) 단백질의 열량이 1 g당 4 kcal

양		칼로리
1 g	------▶	4 kcal
2 g	------▶	8 kcal
3 g	------▶	12 kcal
⋮		
x g	------▶	$4x$ kcal$=y$ kcal

→ $y=4x$

답 $y=4x$

(2) $y=4x$의 그래프
→ $(0, 0)$, $(1, 4)$를 지나게 그리기

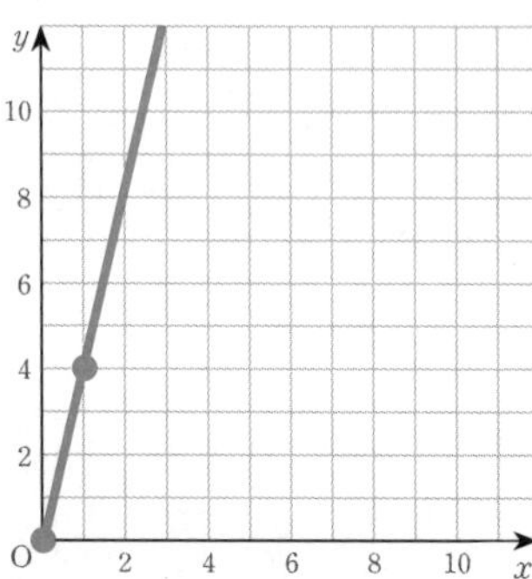

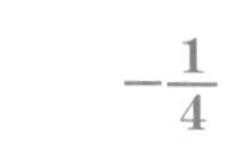

단원 마무리 ▶정답 및 해설 68쪽

서술형 문제

21 단백질의 열량은 1 g당 4 kcal입니다. 단백질 x g의 열량을 y kcal라 할 때, 물음에 답하시오.

(1) x와 y 사이의 관계식을 쓰시오.

$y=4x$

(2) (1)의 관계식을 그래프로 나타내시오.

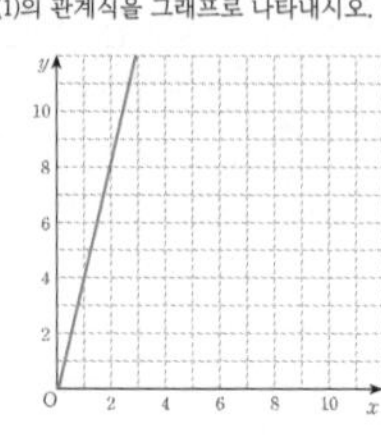

서술형 문제

22 함수 $y=ax$의 그래프는 $y=-2x$의 그래프보다 y축에 가깝고, $y=3x$의 그래프보다는 x축에 가깝습니다. 양수 a의 범위를 구하시오.

풀이

$2<a<3$

서술형 문제

23 정비례 관계 $y=\frac{7}{3}x$의 그래프가 점 $(6k, 2k-3)$을 지날 때, k의 값을 구하시오.

풀이

$-\frac{1}{4}$

132 일차함수 1

22 $y=ax$의 그래프는

• $y=-2x$의 그래프보다는 y축에 가까움
→ $|a|>|-2|$ → 더 가파름
→ $|a|>2$

• $y=3x$의 그래프보다는 x축에 가까움
→ $|a|<|3|$ → 더 완만함
→ $|a|<3$

→ $2<|a|<3$
a의 범위는,

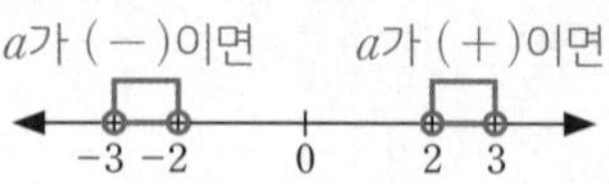

그런데 a는 양수이므로
→ $2<a<3$

답 $2<a<3$

23 점 $(6k, 2k-3)$을 $y=\frac{7}{3}x$에 대입

$$\rightarrow (2k-3)=\frac{7}{3}\times 6k$$
$$2k-3=14k$$
$$-3=12k$$
$$k=-\frac{1}{4}$$

답 $-\frac{1}{4}$

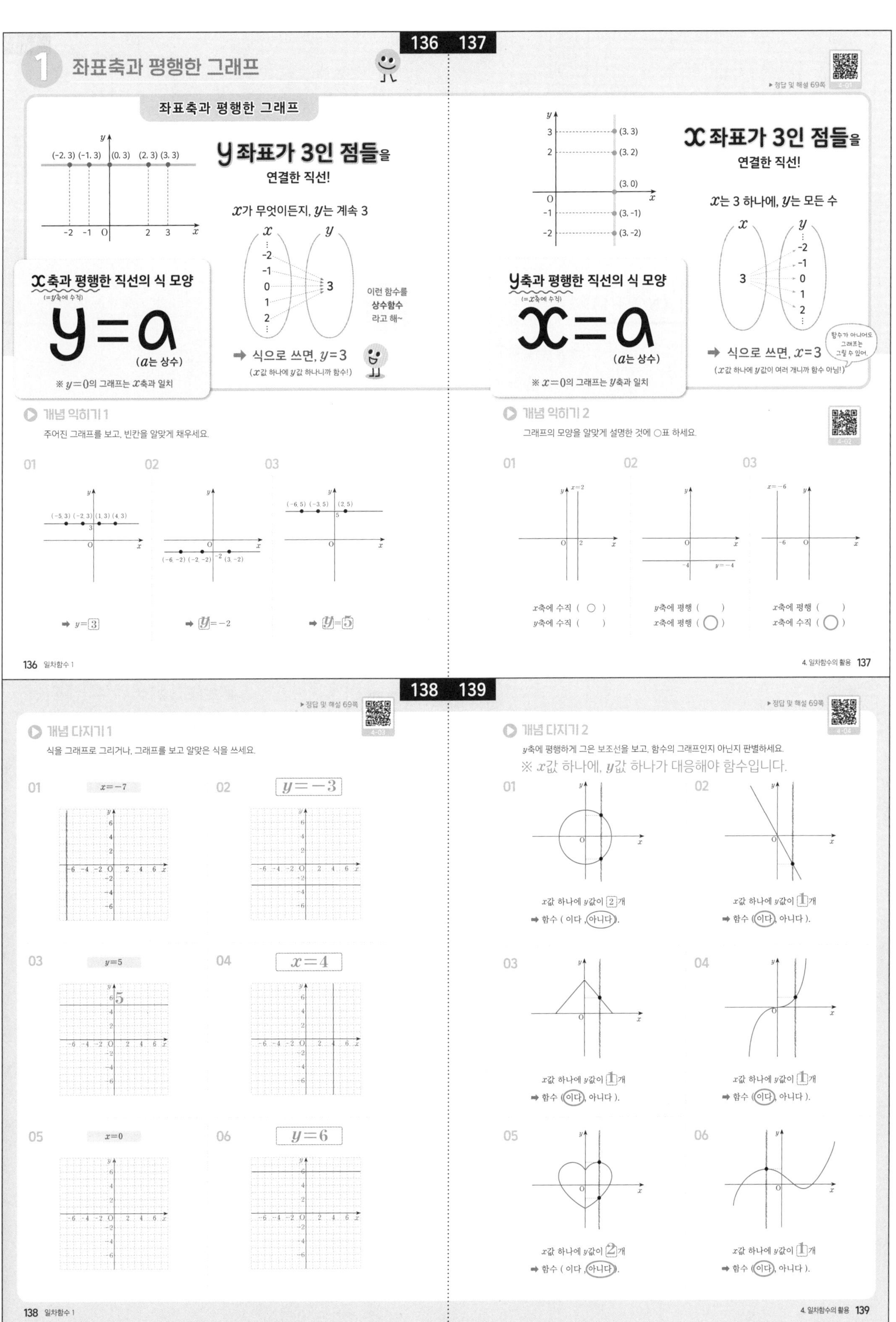

136 137

1 좌표축과 평행한 그래프

▶ 정답 및 해설 69쪽

좌표축과 평행한 그래프

(-2, 3) (-1, 3) (0, 3) (2, 3) (3, 3)

y 좌표가 3인 점들을 연결한 직선!

x가 무엇이든지, y는 계속 3

x: -2, -1, 0, 1, 2 → y: 3

이런 함수를 **상수함수**라고 해~

➡ 식으로 쓰면, $y=3$
(x값 하나에 y값 하나니까 함수!)

x축과 평행한 직선의 식 모양 (=y축에 수직)

$$y=a$$

(a는 상수)

※ $y=0$의 그래프는 x축과 일치

(3, 3) (3, 2) (3, 0) (3, -1) (3, -2)

x 좌표가 3인 점들을 연결한 직선!

x는 3 하나에, y는 모든 수

x: 3 → y: -2, -1, 0, 1, 2

➡ 식으로 쓰면, $x=3$
(x값 하나에 y값이 여러 개니까 함수 아님!)

함수가 아니어도 그래프는 그릴 수 있어.

y축과 평행한 직선의 식 모양 (=x축에 수직)

$$x=a$$

(a는 상수)

※ $x=0$의 그래프는 y축과 일치

개념 익히기 1

주어진 그래프를 보고, 빈칸을 알맞게 채우세요.

01 (-5, 3) (-2, 3) (1, 3) (4, 3) ➡ $y=$ 3

02 (-6, -2) (-2, -2) (3, -2) ➡ $y=-2$

03 (-6, 5) (-3, 5) (2, 5) ➡ $y=5$

개념 익히기 2

그래프의 모양을 알맞게 설명한 것에 ○표 하세요.

01 $x=2$
x축에 수직 (○)
y축에 수직 ( )

02 $y=-4$
y축에 평행 ( )
x축에 평행 (○)

03 $x=-6$
x축에 평행 ( )
x축에 수직 (○)

136 일차함수 1 | 4. 일차함수의 활용 137

138 139

개념 다지기 1

식을 그래프로 그리거나, 그래프를 보고 알맞은 식을 쓰세요.

01 $x=-7$

02 $y=-3$

03 $y=5$

04 $x=4$

05 $x=0$

06 $y=6$

개념 다지기 2

y축에 평행하게 그은 보조선을 보고, 함수의 그래프인지 아닌지 판별하세요.

※ x값 하나에, y값 하나가 대응해야 함수입니다.

01 x값 하나에 y값이 2개 ➡ 함수 (이다 , 아니다).

02 x값 하나에 y값이 1개 ➡ 함수 (이다 , 아니다).

03 x값 하나에 y값이 1개 ➡ 함수 (이다 , 아니다).

04 x값 하나에 y값이 1개 ➡ 함수 (이다 , 아니다).

05 x값 하나에 y값이 2개 ➡ 함수 (이다 , 아니다).

06 x값 하나에 y값이 1개 ➡ 함수 (이다 , 아니다).

138 일차함수 1 | 4. 일차함수의 활용 139

140

개념 마무리 1

상수 k의 값을 구하세요.

01 x축에 평행한 직선이
점 $(-6, 7)$과 점 $(5, k+1)$을 지남

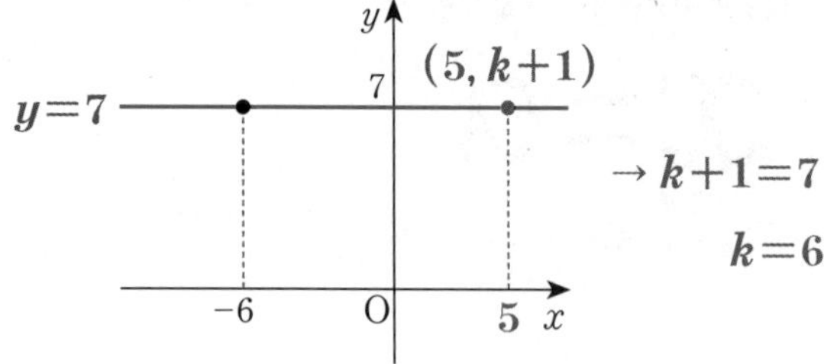

답: **6**

02 x축에 수직인 직선이
점 $(4, -2)$와 점 $(2k, 3)$을 지남

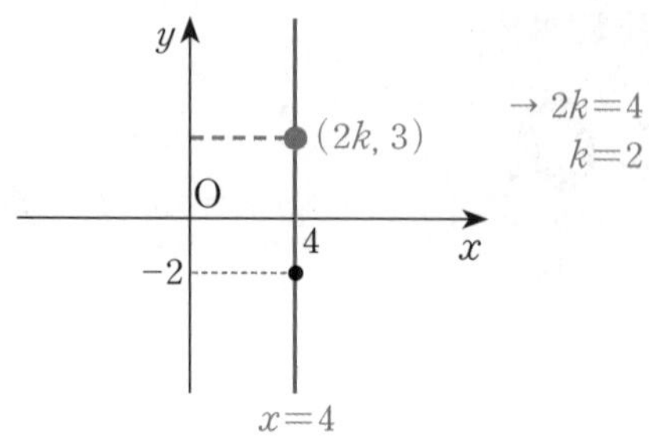

답: **2**

03 x축에 평행한 직선이
점 $(3, 1)$과 점 $(12, 2k+1)$을 지남

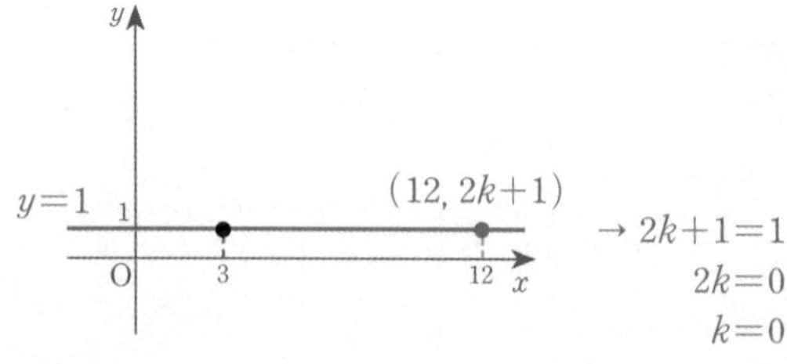

답: **0**

04 y축에 평행한 직선이
점 $\left(-\frac{1}{2}, 1\right)$과 점 $\left(k, \frac{1}{2}k\right)$를 지남

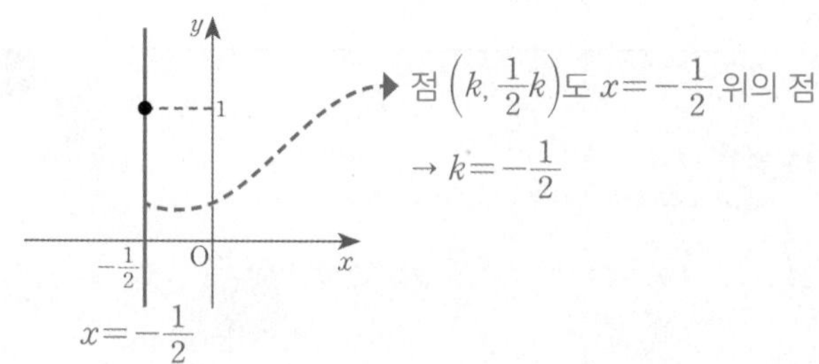

답: $-\frac{1}{2}$

05 y축에 수직인 직선이
점 $(5, k-3)$과 점 $\left(10, \frac{5}{2}\right)$를 지남

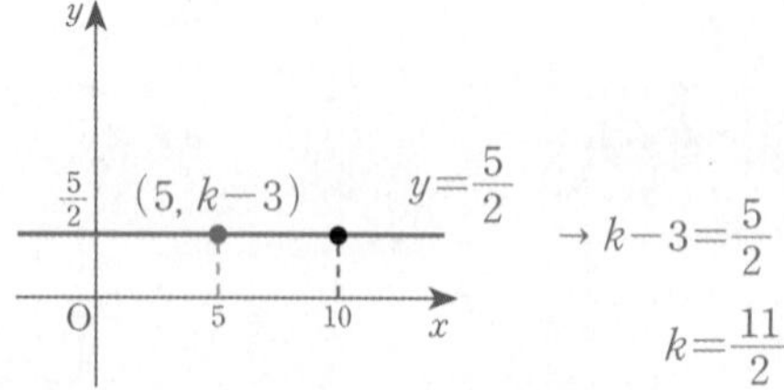

답: $\frac{11}{2}$

06 x축에 수직인 직선이
점 $(k+7, 1)$과 점 $(-5, 3k)$를 지남

x축에 수직이고,
점 $(-5, 3k)$를 지나는
직선의 식은 $x=-5$

$(k+7, 1)$

$\rightarrow k+7=-5$
$k=-12$

답: -12

141쪽 풀이

01 $x=-1$

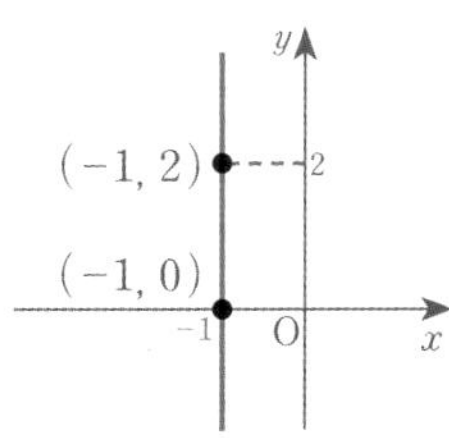

- 함수입니다. (×)
  → x값이 -1 하나에 y값이 모든 수이므로 함수 아님
- 기울기가 -1입니다. (×)
  → 그래프 위의 두 점 $(-1, 0)$, $(-1, 2)$를 지나는 직선의 기울기
  $\dfrac{0-2}{-1-(-1)}=\dfrac{-2}{-1+1}$ 분모는 0이 될 수 없으므로 기울기를 구할 수 없음
- 그래프는 점 $(-1, 2)$를 지납니다. (○)
- 그래프는 제2, 3사분면을 지납니다. (○)

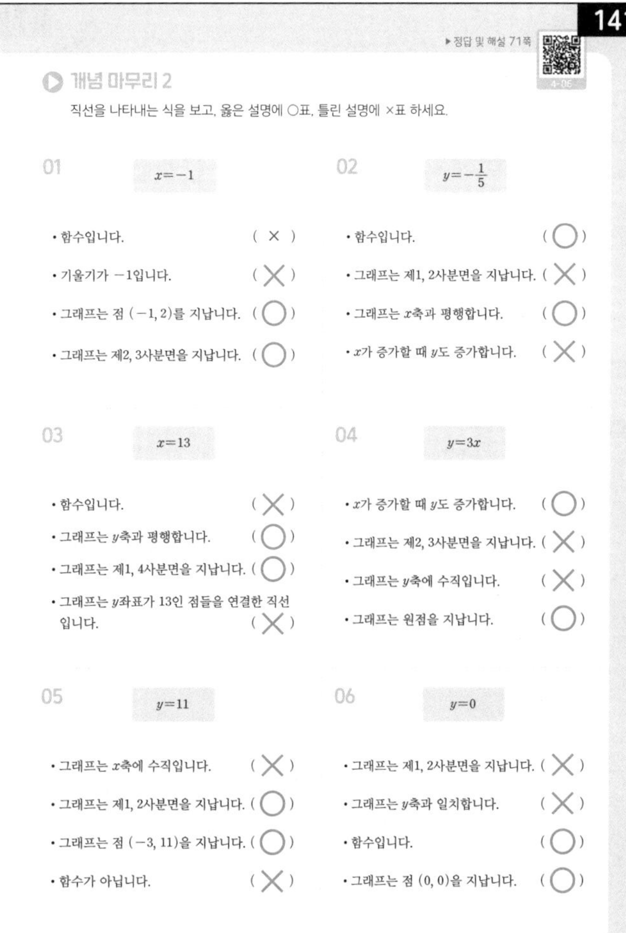

141

▶ 정답 및 해설 71쪽

개념 마무리 2

직선을 나타내는 식을 보고, 옳은 설명에 ○표, 틀린 설명에 ×표 하세요.

01 $x=-1$
- 함수입니다. (×)
- 기울기가 -1입니다. (×)
- 그래프는 점 $(-1, 2)$를 지납니다. (○)
- 그래프는 제2, 3사분면을 지납니다. (○)

02 $y=-\frac{1}{5}$
- 함수입니다. (○)
- 그래프는 제1, 2사분면을 지납니다. (×)
- 그래프는 x축과 평행합니다. (○)
- x가 증가할 때 y도 증가합니다. (×)

03 $x=13$
- 함수입니다. (×)
- 그래프는 y축과 평행합니다. (○)
- 그래프는 제1, 4사분면을 지납니다. (○)
- 그래프는 y좌표가 13인 점들을 연결한 직선입니다. (×)

04 $y=3x$
- x가 증가할 때 y도 증가합니다. (○)
- 그래프는 제2, 3사분면을 지납니다. (×)
- 그래프는 y축에 수직입니다. (×)
- 그래프는 원점을 지납니다. (○)

05 $y=11$
- 그래프는 x축에 수직입니다. (×)
- 그래프는 제1, 2사분면을 지납니다. (○)
- 그래프는 점 $(-3, 11)$을 지납니다. (○)
- 함수가 아닙니다. (×)

06 $y=0$
- 그래프는 제1, 2사분면을 지납니다. (×)
- 그래프는 y축과 일치합니다. (×)
- 함수입니다. (○)
- 그래프는 점 $(0, 0)$을 지납니다. (○)

4. 일차함수의 활용 141

02 $y=-\frac{1}{5}$

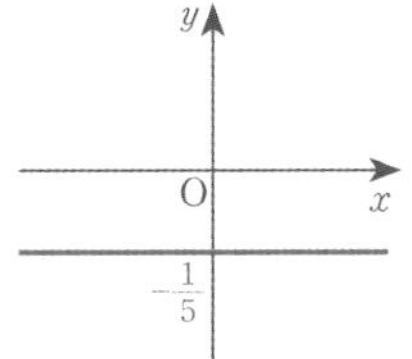

- 함수입니다. (○)
  → 모든 x값에 y값이 $-\frac{1}{5}$ 하나이므로 함수 맞음
- 그래프는 ~~제1, 2사분면~~을 지납니다. (×) 제3, 4사분면
- 그래프는 x축과 평행합니다. (○)
- x가 증가할 때 y도 증가합니다. (×)
  → x가 증가해도 y는 계속 $-\frac{1}{5}$

03 $x=13$

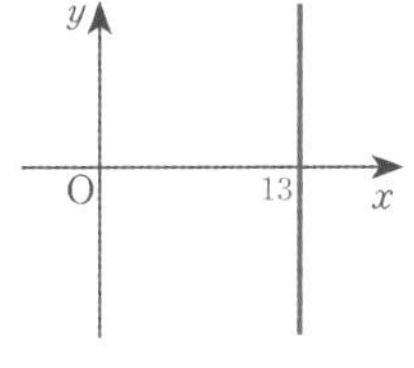

- 함수입니다. (×)
  → x값이 13 하나에 y값이 모든 수이므로 함수 아님
- 그래프는 y축과 평행합니다. (○)
- 그래프는 제1, 4사분면을 지납니다. (○)
- 그래프는 ~~y좌표~~가 13인 점들을 연결한 직선입니다. (×) x좌표

04 $y=3x$

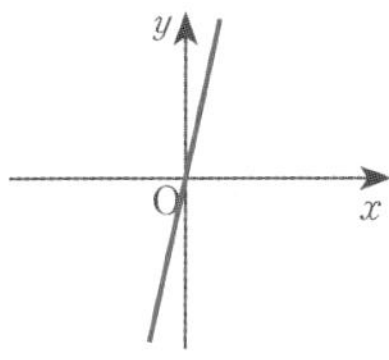

- x가 증가할 때 y도 증가합니다. (○)
- 그래프는 ~~제2, 3사분면~~을 지납니다. (×) 제1, 3사분면
- 그래프는 y축에 수직입니다. (×)
  → x축, y축 어느 것에도 수직이 아님
- 그래프는 원점을 지납니다. (○)

05 $y=11$

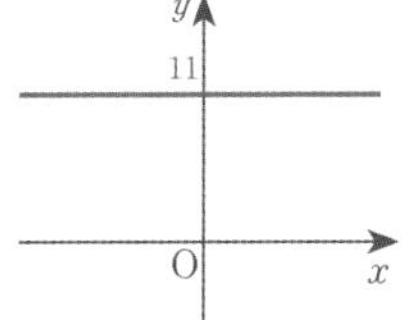

- 그래프는 ~~x축에 수직~~입니다. (×) y축에 수직 또는 x축에 평행
- 그래프는 제1, 2사분면을 지납니다. (○)
- 그래프는 점 $(-3, 11)$을 지납니다. (○)
- 함수가 아닙니다. (×)
  → 모든 x값에 y값이 11 하나이므로 함수 맞음

06 $y=0$

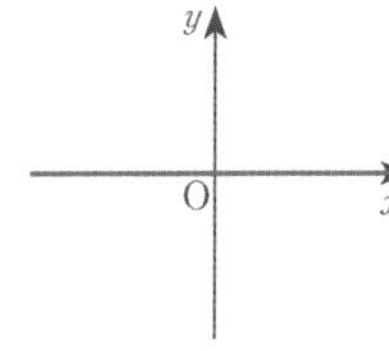

- 그래프는 제1, 2사분면을 지납니다. (×)
  → 그래프는 어느 사분면도 지나지 않음
- 그래프는 ~~y축~~과 일치합니다. (×) x축
- 함수입니다. (○)
  → 모든 x값에 y값이 0 하나이므로 함수 맞음
- 그래프는 점 $(0, 0)$을 지납니다. (○)

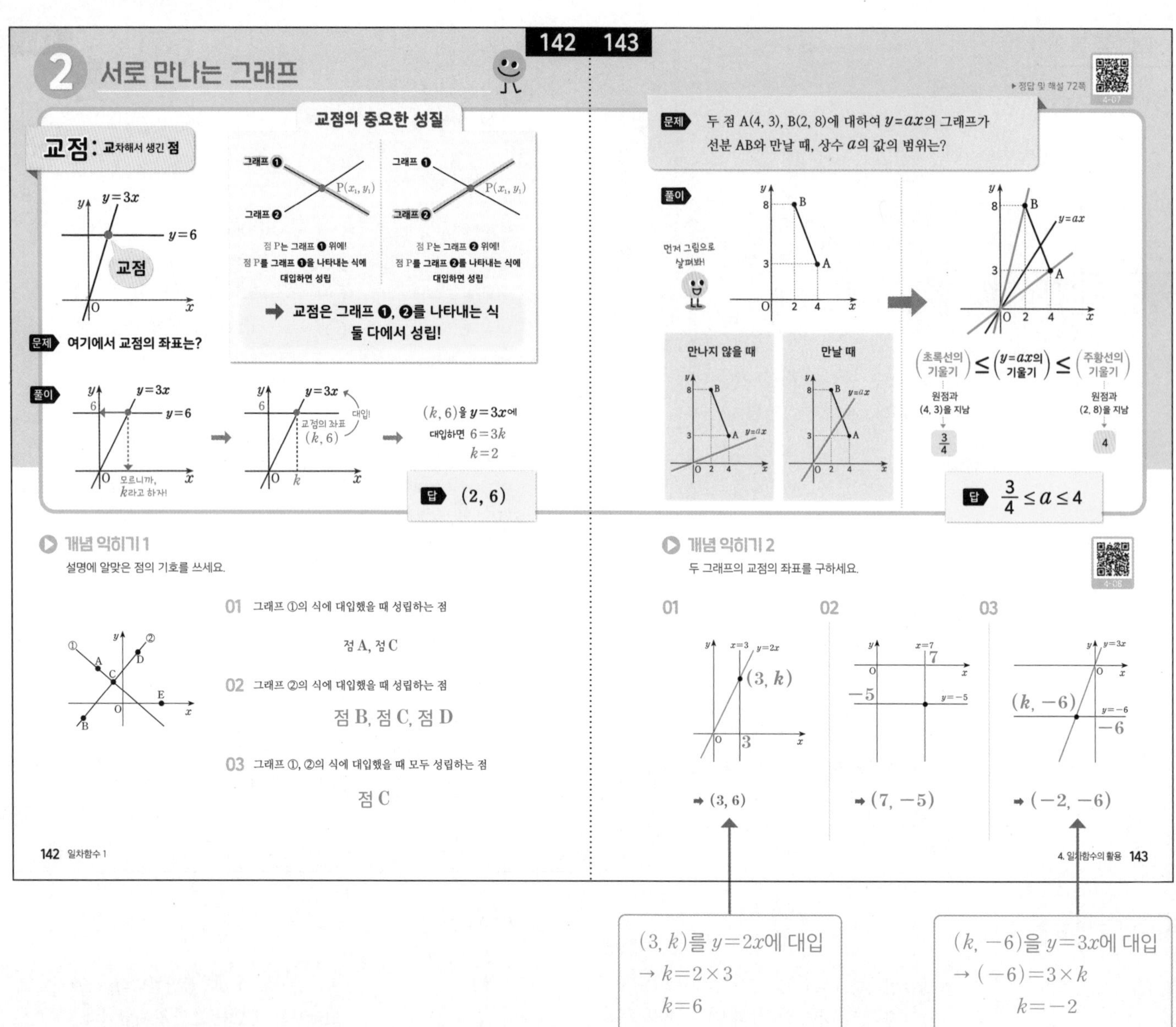

142 143

2 서로 만나는 그래프

교점: 교차해서 생긴 점

$y=3x$, $y=6$, 교점

교점의 중요한 성질

그래프 ❶, 그래프 ❷, $P(x_1, y_1)$

점 P는 그래프 ❶ 위에! 점 P를 그래프 ❶을 나타내는 식에 대입하면 성립

점 P는 그래프 ❷ 위에! 점 P를 그래프 ❷를 나타내는 식에 대입하면 성립

➡ 교점은 그래프 ❶, ❷를 나타내는 식 둘 다에서 성립!

문제 여기에서 교점의 좌표는?

풀이 모르니까, k라고 하자! → 교점의 좌표 $(k, 6)$ 대입! → $(k, 6)$을 $y=3x$에 대입하면 $6=3k$, $k=2$

답 $(2, 6)$

▶ 정답 및 해설 72쪽

문제 두 점 A(4, 3), B(2, 8)에 대하여 $y=ax$의 그래프가 선분 AB와 만날 때, 상수 a의 값의 범위는?

풀이 먼저 그림으로 살펴봐!

만나지 않을 때 / 만날 때

(초록선의 기울기) ≤ ($y=ax$의 기울기) ≤ (주황선의 기울기)

원점과 (4, 3)을 지남 → $\frac{3}{4}$ / 원점과 (2, 8)을 지남 → 4

답 $\frac{3}{4} \le a \le 4$

개념 익히기 1

설명에 알맞은 점의 기호를 쓰세요.

01 그래프 ①의 식에 대입했을 때 성립하는 점

점 A, 점 C

02 그래프 ②의 식에 대입했을 때 성립하는 점

점 B, 점 C, 점 D

03 그래프 ①, ②의 식에 대입했을 때 모두 성립하는 점

점 C

개념 익히기 2

두 그래프의 교점의 좌표를 구하세요.

01 $x=3$, $y=2x$, $(3, k)$ ➡ $(3, 6)$

02 $x=7$, $y=-5$ ➡ $(7, -5)$

03 $y=3x$, $y=-6$, $(k, -6)$ ➡ $(-2, -6)$

142 일차함수 1 / 4. 일차함수의 활용 143

$(3, k)$를 $y=2x$에 대입
→ $k=2\times3$
$k=6$

$(k, -6)$을 $y=3x$에 대입
→ $(-6)=3\times k$
$k=-2$

개념 다지기 1

두 식을 그래프로 나타냈을 때, 교점의 좌표를 구하세요.

01 $\begin{cases} y=-7x \\ y=7 \end{cases}$

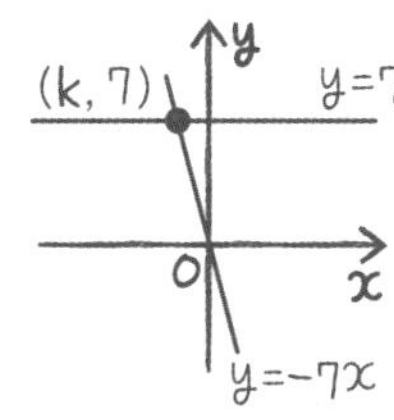

교점의 좌표를 $(k, 7)$이라 하면 $(k, 7)$을 $y=-7x$에 대입했을 때 성립!

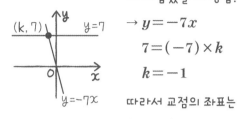

$\rightarrow y=-7x$

$7=(-7)\times k$

$k=-1$

따라서 교점의 좌표는 $(-1, 7)$

답: $(-1, 7)$

02 $\begin{cases} y=4x \\ y=12 \end{cases}$

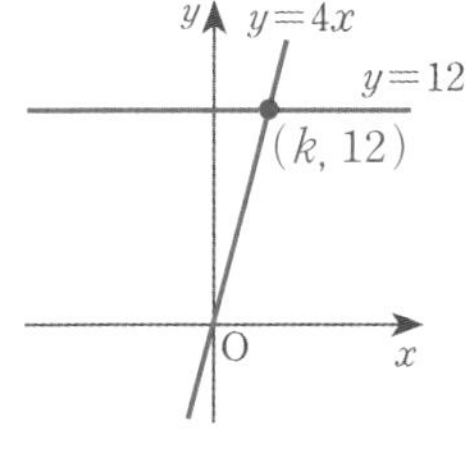

교점의 좌표를 $(k, 12)$라 하면 $(k, 12)$를 $y=4x$에 대입했을 때 성립!

$\rightarrow y=4x$

$12=4\times k$

$k=3$

따라서 교점의 좌표는 $(3, 12)$

답: $(3, 12)$

03 $\begin{cases} y=\frac{1}{2}x \\ x=-10 \end{cases}$

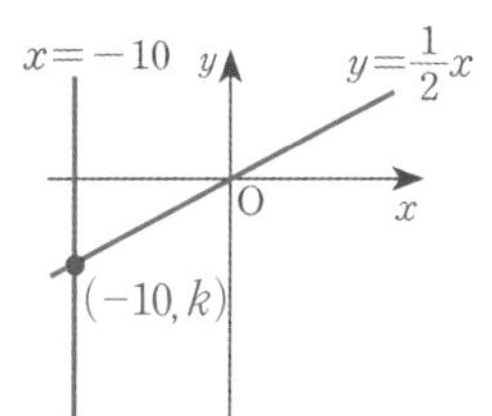

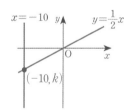

교점의 좌표를 $(-10, k)$라 하면 $(-10, k)$를 $y=\frac{1}{2}x$에 대입했을 때 성립!

$\rightarrow y=\frac{1}{2}x$

$k=\frac{1}{2}\times(-10)$

$k=-5$

따라서 교점의 좌표는 $(-10, -5)$

답: $(-10, -5)$

04 $\begin{cases} y=1 \\ x=3 \end{cases}$

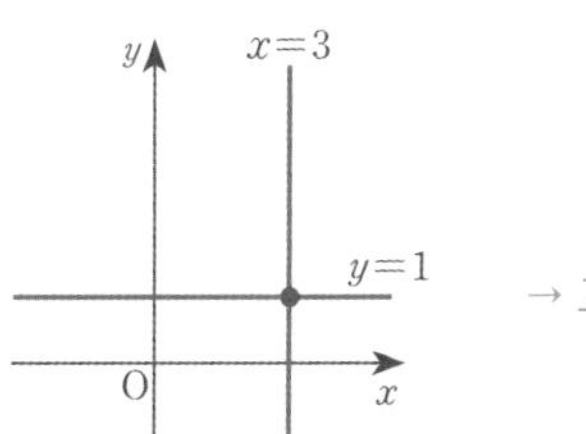

→ 교점의 좌표는 $(3, 1)$

답: $(3, 1)$

05 $\begin{cases} y=0 \\ y=-\frac{1}{3}x \end{cases}$

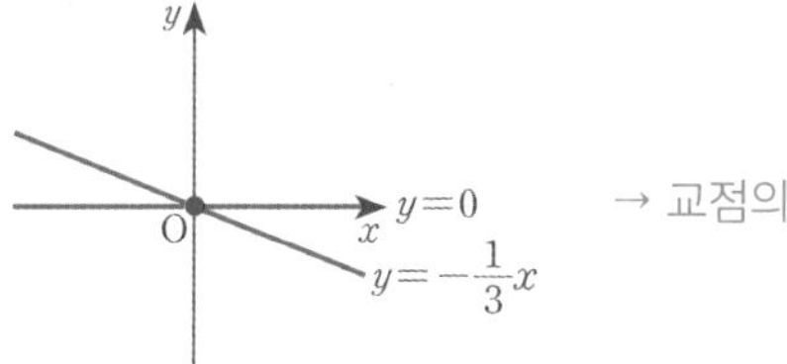

→ 교점의 좌표는 $(0, 0)$

답: $(0, 0)$

06 $\begin{cases} y=2 \\ y=\frac{1}{2}x \end{cases}$

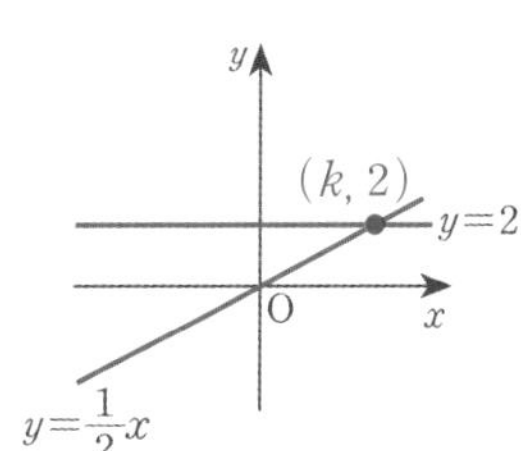

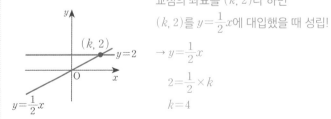

교점의 좌표를 $(k, 2)$라 하면 $(k, 2)$를 $y=\frac{1}{2}x$에 대입했을 때 성립!

$\rightarrow y=\frac{1}{2}x$

$2=\frac{1}{2}\times k$

$k=4$

따라서 교점의 좌표는 $(4, 2)$

답: $(4, 2)$

145쪽 풀이

01

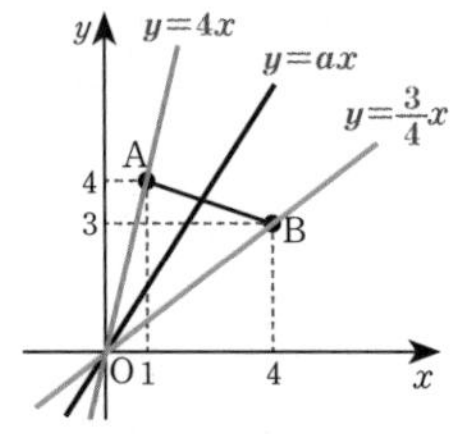

(초록선의 기울기) ≤ ($y=ax$의 기울기) ≤ (주황선의 기울기)

초록선의 기울기 $=\frac{3}{4}$, 주황선의 기울기 $=4$

→ $\frac{3}{4}\le a\le 4$

02

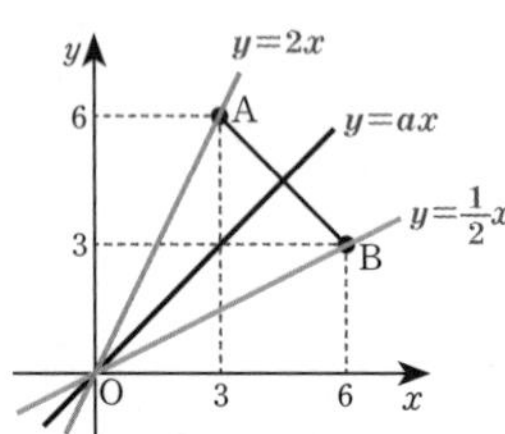

(초록선의 기울기) ≤ ($y=ax$의 기울기) ≤ (주황선의 기울기)

초록선의 기울기 $=\frac{1}{2}$, 주황선의 기울기 $=2$

→ $\frac{1}{2}\le a\le 2$

145

▶정답 및 해설 74쪽

개념 다지기 2

일차함수 $y=ax$의 그래프가 선분 AB와 만나도록 하는 상수 a의 값의 범위를 구하세요.

01

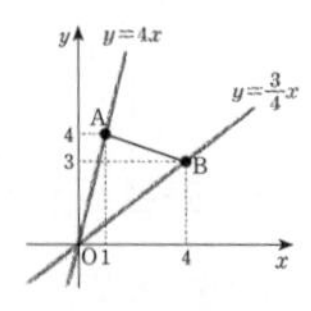

답: $\frac{3}{4}\le a\le 4$

02

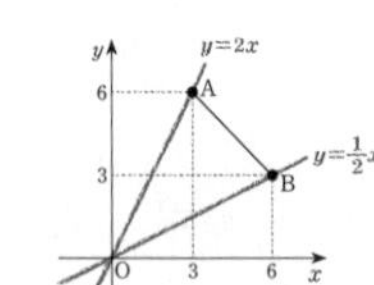

답: $\frac{1}{2}\le a\le 2$

03

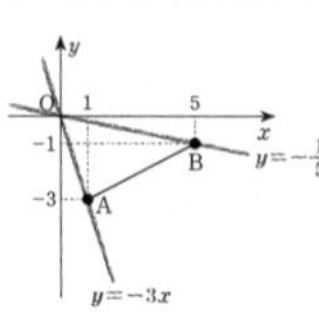

답: $-3\le a\le -\frac{1}{5}$

04

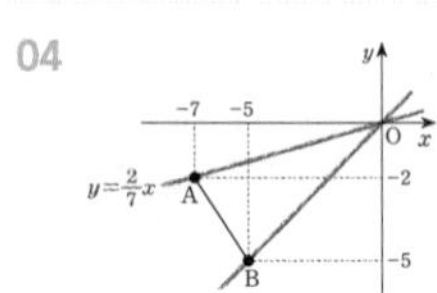

답: $\frac{2}{7}\le a\le 1$

05

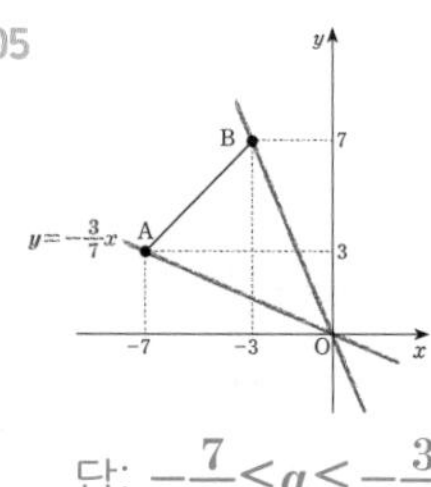

답: $-\frac{7}{3}\le a\le -\frac{3}{7}$

06

답: $-\frac{5}{2}\le a\le -\frac{1}{2}$

4. 일차함수의 활용 145

03

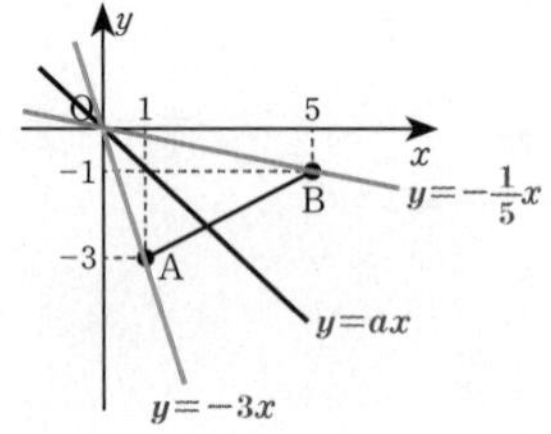

(초록선의 기울기) ≤ ($y=ax$의 기울기) ≤ (주황선의 기울기)

초록선의 기울기 $=-3$, 주황선의 기울기 $=-\frac{1}{5}$

→ $-3\le a\le -\frac{1}{5}$

04

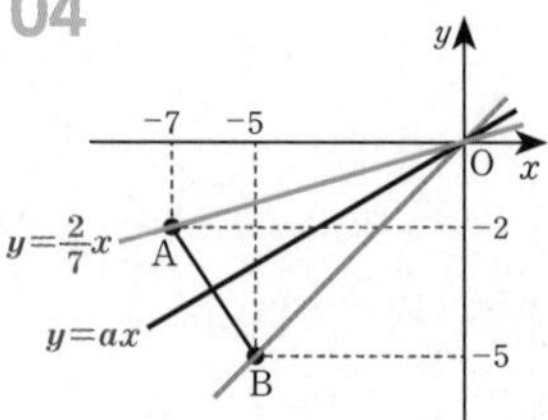

주황선의 식 구하기

주황선은 원점을 지나는 직선이므로 $y=bx$에 $(-5, -5)$를 대입

→ $(-5)=b\times(-5)$

$b=1$

→ 주황선의 식: $y=x$

(초록선의 기울기) ≤ ($y=ax$의 기울기) ≤ (주황선의 기울기)

초록선의 기울기 $=\frac{2}{7}$, 주황선의 기울기 $=1$

→ $\frac{2}{7}\le a\le 1$

05

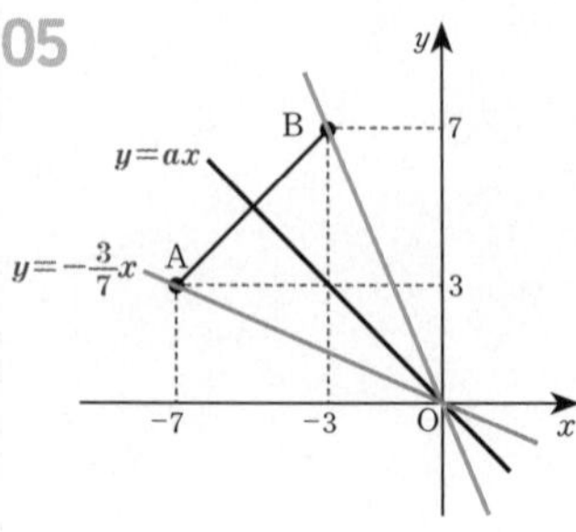

초록선의 식 구하기

초록선은 원점을 지나는 직선이므로 $y=bx$에 $(-3, 7)$을 대입

→ $7=b\times(-3)$

$b=-\frac{7}{3}$

→ 초록선의 식: $y=-\frac{7}{3}x$

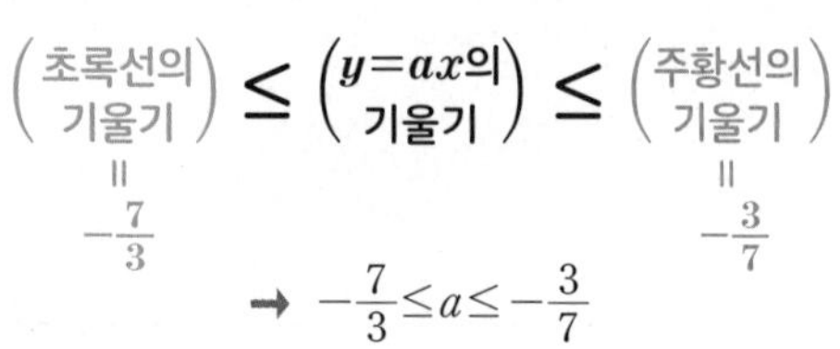

06

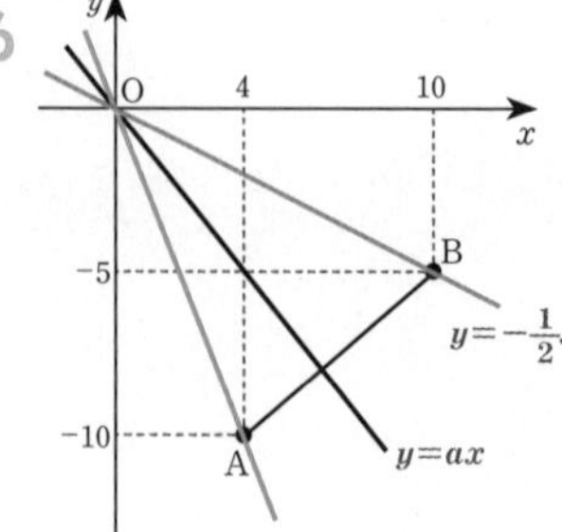

초록선의 식 구하기

초록선은 원점을 지나는 직선이므로 $y=bx$에 $(4, -10)$을 대입

→ $(-10)=b\times 4$

$b=-\frac{10}{4}=-\frac{5}{2}$

→ 초록선의 식: $y=-\frac{5}{2}x$

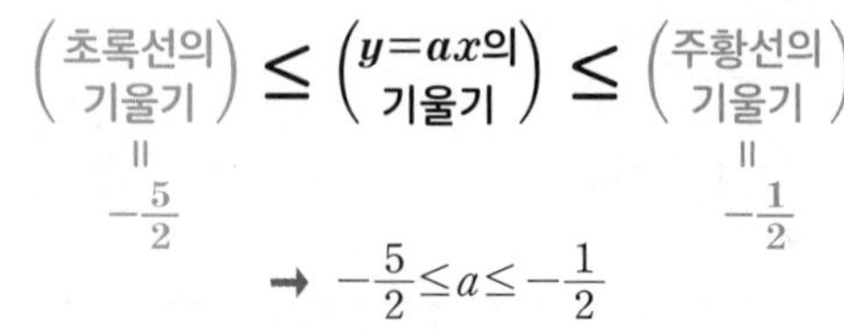

개념 마무리 1

설명에 알맞은 도형을 좌표평면 위에 나타내고, 색칠하세요. (단, 교점의 좌표도 모두 표시하세요.)

01 $y=4x$, $x=3$, x축 으로 둘러싸인 삼각형

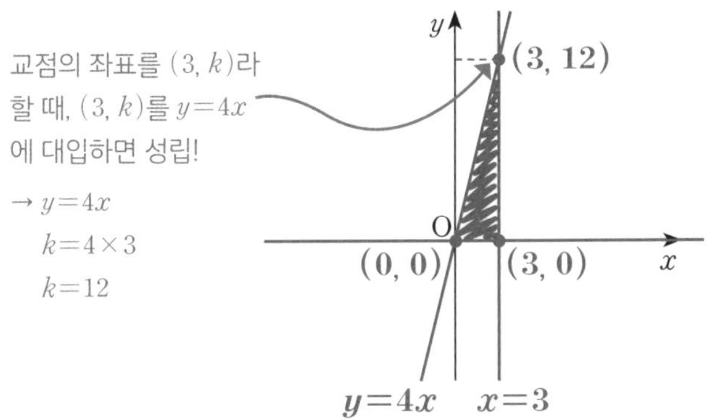

02 $y=2x$, $y=2$, y축 으로 둘러싸인 삼각형

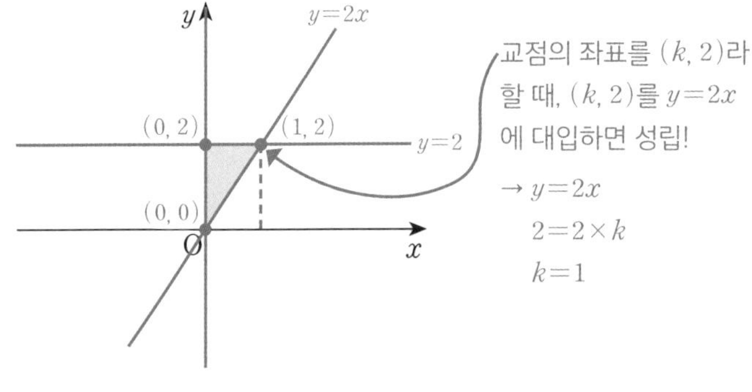

03 $y=-x$, $x=-1$, $y=0$ 으로 둘러싸인 삼각형

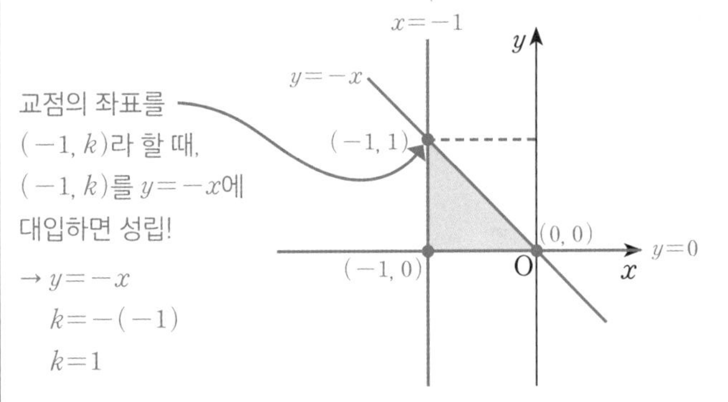

04 $y=2$, $y=0$, $x=1$, $x=2$ 으로 둘러싸인 사각형

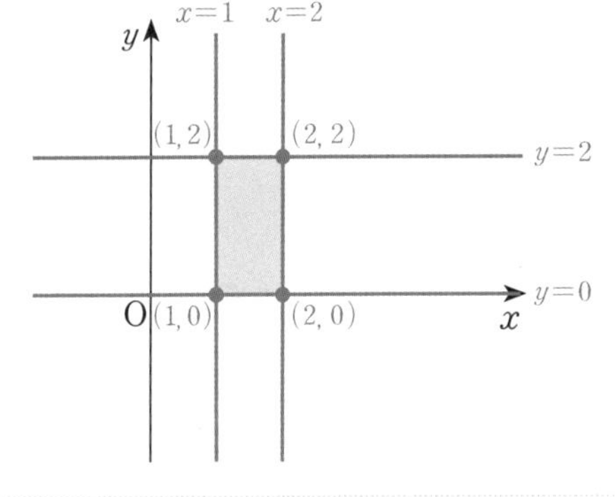

05 $y=-\frac{1}{3}x$, $y=-2$, $x=0$ 으로 둘러싸인 삼각형

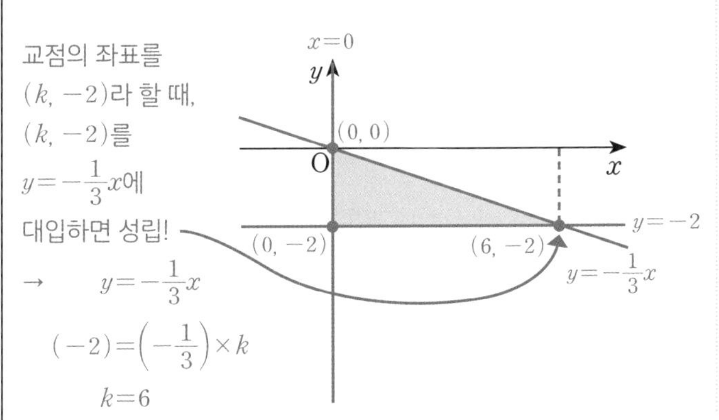

교점의 좌표를 (k, −2)라 할 때, (k, −2)를 y=−1/3x에 대입하면 성립!
→ y=−1/3x
(−2)=(−1/3)×k
k=6
x=0
(0, 0)
(0, −2)
(6, −2)
y=−2
y=−1/3x

06 $x=1$, $x=-5$, $y=1$, $y=-3$ 으로 둘러싸인 사각형

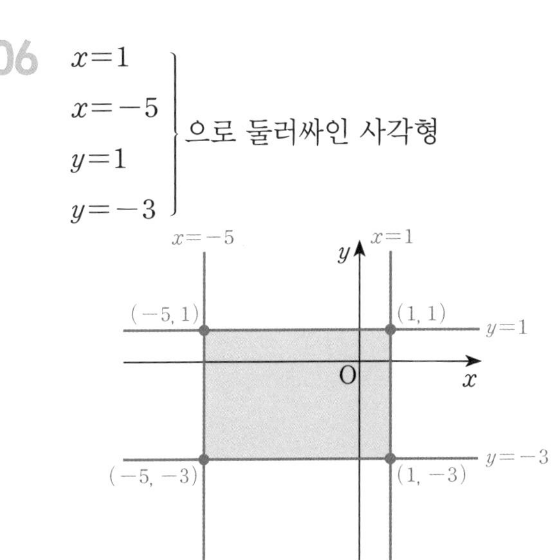

147쪽 풀이

01

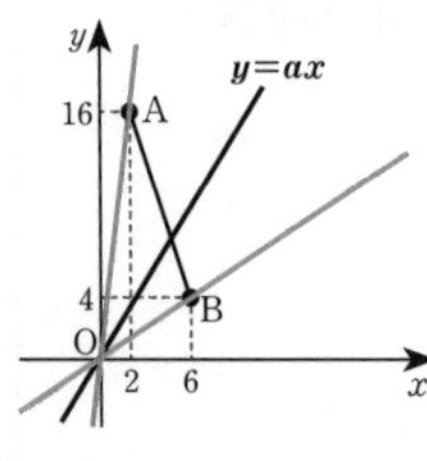

$\left(\begin{matrix}\text{초록선의}\\\text{기울기}\end{matrix}\right) \le \left(\begin{matrix}y=ax\text{의}\\\text{기울기}\end{matrix}\right) \le \left(\begin{matrix}\text{주황선의}\\\text{기울기}\end{matrix}\right)$

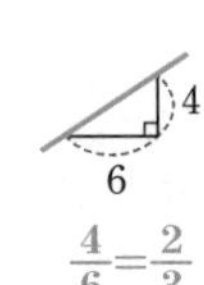

$\frac{4}{6}=\frac{2}{3}$

16, 2

$\frac{16}{2}=8$

$\rightarrow \frac{2}{3}\le a\le 8$

02

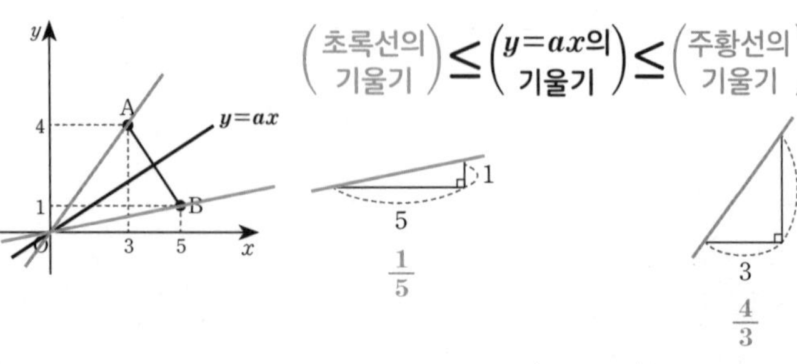

$\left(\begin{matrix}\text{초록선의}\\\text{기울기}\end{matrix}\right) \le \left(\begin{matrix}y=ax\text{의}\\\text{기울기}\end{matrix}\right) \le \left(\begin{matrix}\text{주황선의}\\\text{기울기}\end{matrix}\right)$

$\frac{1}{5}$

$\frac{4}{3}$

$\rightarrow \frac{1}{5}\le a\le \frac{4}{3}$

▶정답 및 해설 76쪽

개념 마무리 2

두 점 A, B에 대하여 선분 AB와 $y=ax$의 그래프가 만나도록 하는 상수 a의 값의 범위를 구하세요.

01 A(2, 16), B(6, 4)

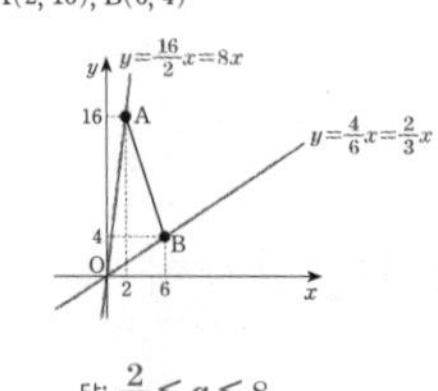

답: $\frac{2}{3}\le a\le 8$

02 A(3, 4), B(5, 1)

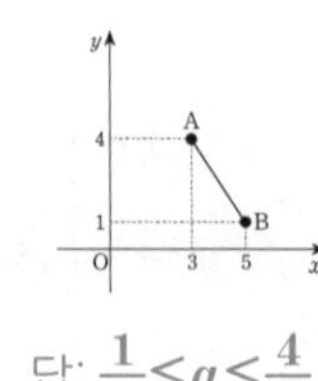

답: $\frac{1}{5}\le a\le\frac{4}{3}$

03 A(8, 1), B(8, 4)

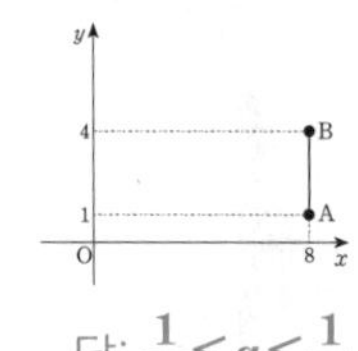

답: $\frac{1}{8}\le a\le\frac{1}{2}$

04 A(−3, 1), B(−1, 3)

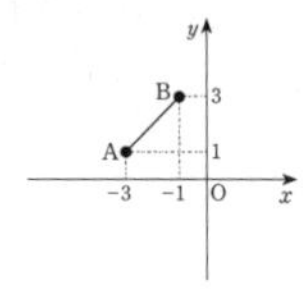

답: $-3\le a\le -\frac{1}{3}$

05 A(7, 1), B(5, −2)

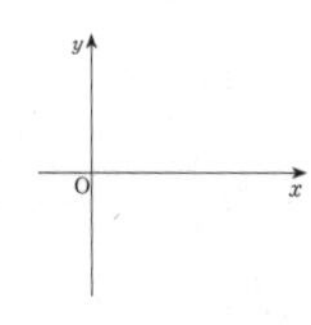

답: $-\frac{2}{5}\le a\le\frac{1}{7}$

06 A(−6, 2), B(−1, −4)

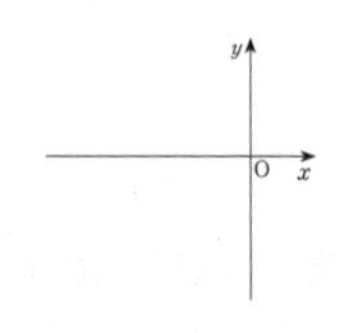

답: $-\frac{1}{3}\le a\le 4$

03

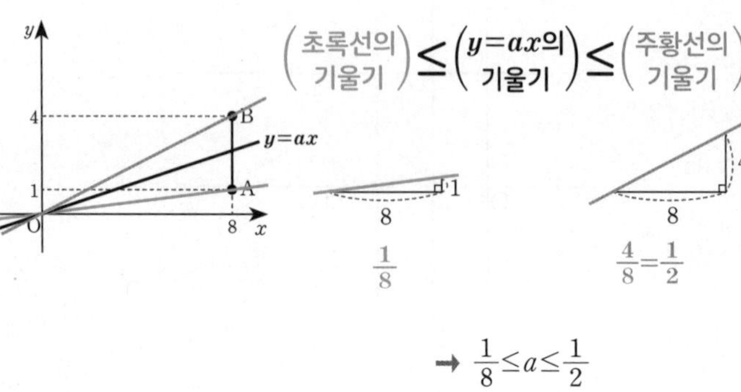

$\left(\begin{matrix}\text{초록선의}\\\text{기울기}\end{matrix}\right) \le \left(\begin{matrix}y=ax\text{의}\\\text{기울기}\end{matrix}\right) \le \left(\begin{matrix}\text{주황선의}\\\text{기울기}\end{matrix}\right)$

$\frac{1}{8}$

$\frac{4}{8}=\frac{1}{2}$

$\rightarrow \frac{1}{8}\le a\le\frac{1}{2}$

04

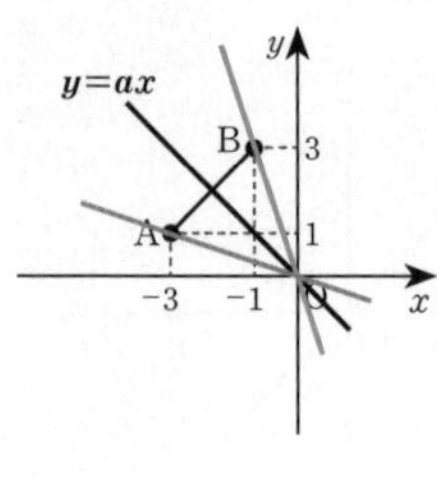

$\left(\begin{matrix}\text{초록선의}\\\text{기울기}\end{matrix}\right) \le \left(\begin{matrix}y=ax\text{의}\\\text{기울기}\end{matrix}\right) \le \left(\begin{matrix}\text{주황선의}\\\text{기울기}\end{matrix}\right)$

3, −1

$\frac{3}{-1}=-3$

1, −3

$\frac{1}{-3}=-\frac{1}{3}$

$\rightarrow -3\le a\le -\frac{1}{3}$

05

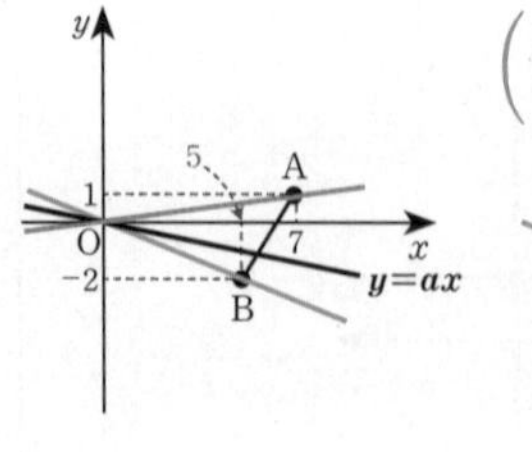

$\left(\begin{matrix}\text{초록선의}\\\text{기울기}\end{matrix}\right) \le \left(\begin{matrix}y=ax\text{의}\\\text{기울기}\end{matrix}\right) \le \left(\begin{matrix}\text{주황선의}\\\text{기울기}\end{matrix}\right)$

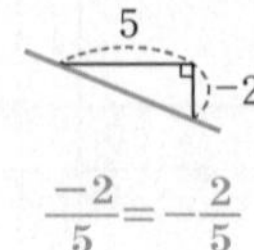

$\frac{-2}{5}=-\frac{2}{5}$

1, 7

$\frac{1}{7}$

$\rightarrow -\frac{2}{5}\le a\le\frac{1}{7}$

06

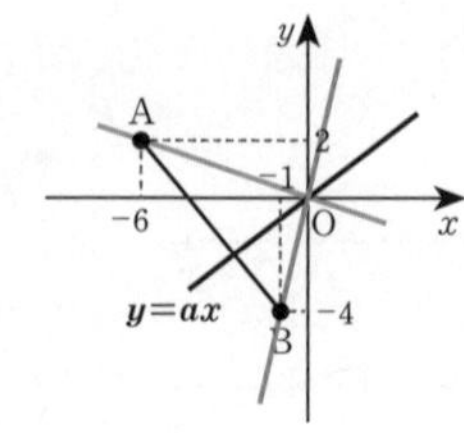

$\left(\begin{matrix}\text{초록선의}\\\text{기울기}\end{matrix}\right) \le \left(\begin{matrix}y=ax\text{의}\\\text{기울기}\end{matrix}\right) \le \left(\begin{matrix}\text{주황선의}\\\text{기울기}\end{matrix}\right)$

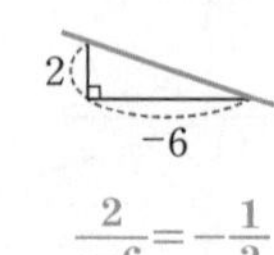

$\frac{2}{-6}=-\frac{1}{3}$

$\frac{-4}{-1}=4$

$\rightarrow -\frac{1}{3}\le a\le 4$

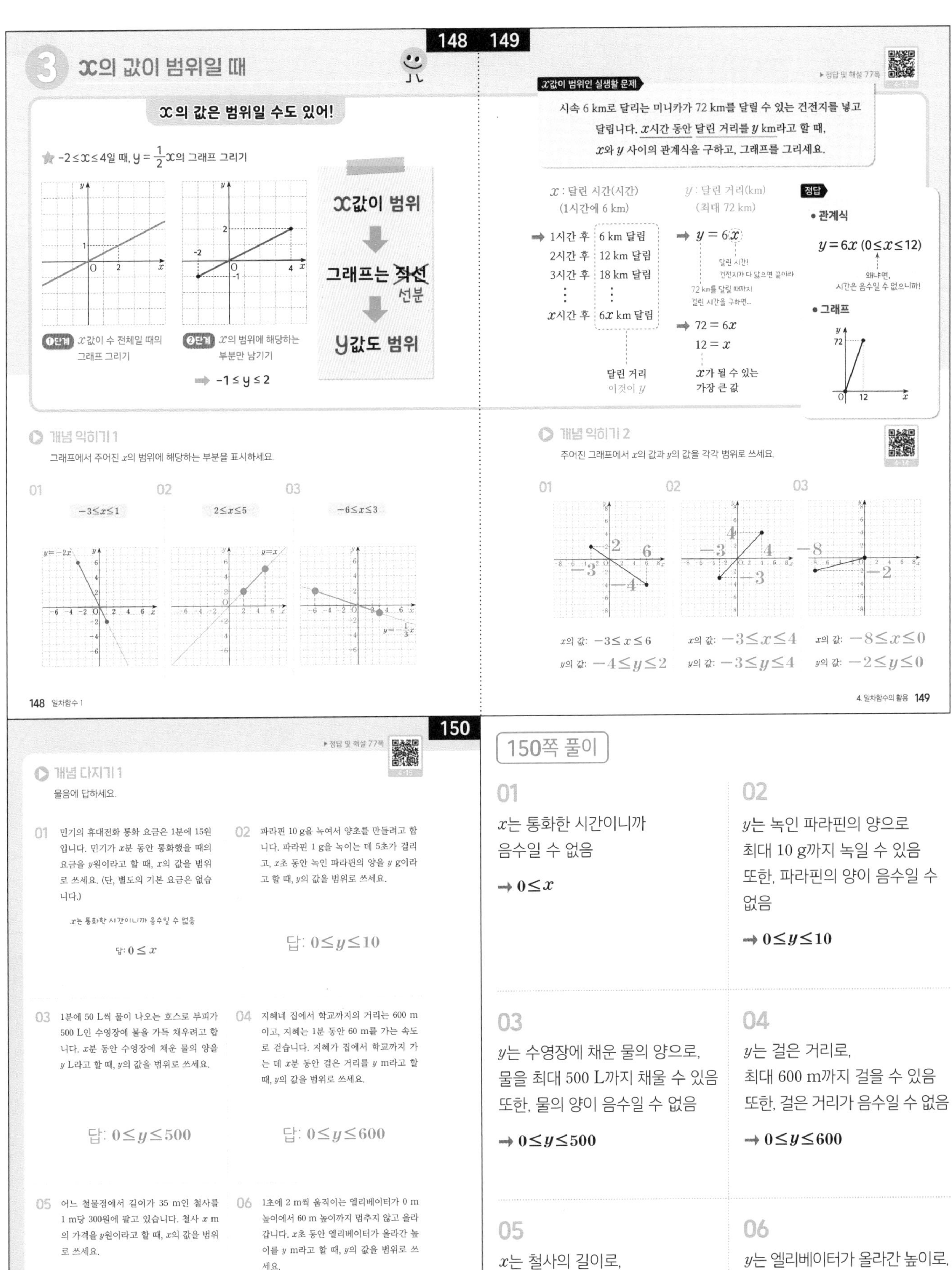

148 149

3 x의 값이 범위일 때

x의 값은 범위일 수도 있어!

★ $-2 \le x \le 4$일 때, $y=\frac{1}{2}x$의 그래프 그리기

❶단계 x값이 수 전체일 때의 그래프 그리기

❷단계 x의 범위에 해당하는 부분만 남기기

➡ $-1 \le y \le 2$

x값이 범위 ⬇ 그래프는 ~~직선~~ 선분 ⬇ y값도 범위

▸정답 및 해설 77쪽

x값이 범위인 실생활 문제

시속 6 km로 달리는 미니카가 72 km를 달릴 수 있는 건전지를 넣고 달립니다. x시간 동안 달린 거리를 y km라고 할 때, x와 y 사이의 관계식을 구하고, 그래프를 그리세요.

x : 달린 시간(시간) (1시간에 6 km)

y : 달린 거리(km) (최대 72 km)

➡ 1시간 후 6 km 달림
2시간 후 12 km 달림
3시간 후 18 km 달림
⋮
x시간 후 $6x$ km 달림

달린 거리 이것이 y

➡ $y=6x$

달린 시간! 건전지가 다 닳으면 끝이라
72 km를 달릴 때까지 걸린 시간을 구하면...

➡ $72=6x$
$12=x$

x가 될 수 있는 가장 큰 값

정답

• 관계식

$y=6x\ (0 \le x \le 12)$

왜냐면, 시간은 음수일 수 없으니까!

• 그래프

개념 익히기 1

그래프에서 주어진 x의 범위에 해당하는 부분을 표시하세요.

01 $-3 \le x \le 1$ ($y=-2x$)

02 $2 \le x \le 5$ ($y=x$)

03 $-6 \le x \le 3$ ($y=-\frac{1}{3}x$)

개념 익히기 2

주어진 그래프에서 x의 값과 y의 값을 각각 범위로 쓰세요.

01 x의 값: $-3 \le x \le 6$ / y의 값: $-4 \le y \le 2$

02 x의 값: $-3 \le x \le 4$ / y의 값: $-3 \le y \le 4$

03 x의 값: $-8 \le x \le 0$ / y의 값: $-2 \le y \le 0$

148 일차함수 1 / 4. 일차함수의 활용 149

150

▸정답 및 해설 77쪽

개념 다지기 1

물음에 답하세요.

01 민기의 휴대전화 통화 요금은 1분에 15원입니다. 민기가 x분 동안 통화했을 때의 요금을 y원이라고 할 때, x의 값을 범위로 쓰세요. (단, 별도의 기본 요금은 없습니다.)

x는 통화한 시간이니까 음수일 수 없음

답: $0 \le x$

02 파라핀 10 g을 녹여서 양초를 만들려고 합니다. 파라핀 1 g을 녹이는 데 5초가 걸리고, x초 동안 녹인 파라핀의 양을 y g이라고 할 때, y의 값을 범위로 쓰세요.

답: $0 \le y \le 10$

03 1분에 50 L씩 물이 나오는 호스로 부피가 500 L인 수영장에 물을 가득 채우려고 합니다. x분 동안 수영장에 채운 물의 양을 y L라고 할 때, y의 값을 범위로 쓰세요.

답: $0 \le y \le 500$

04 지혜네 집에서 학교까지의 거리는 600 m이고, 지혜는 1분 동안 60 m를 가는 속도로 걷습니다. 지혜가 집에서 학교까지 가는 데 x분 동안 걸은 거리를 y m라고 할 때, y의 값을 범위로 쓰세요.

답: $0 \le y \le 600$

05 어느 철물점에서 길이가 35 m인 철사를 1 m당 300원에 팔고 있습니다. 철사 x m의 가격을 y원이라고 할 때, x의 값을 범위로 쓰세요.

답: $0 \le x \le 35$

06 1초에 2 m씩 움직이는 엘리베이터가 0 m 높이에서 60 m 높이까지 멈추지 않고 올라갑니다. x초 동안 엘리베이터가 올라간 높이를 y m라고 할 때, y의 값을 범위로 쓰세요.

답: $0 \le y \le 60$

150 일차함수 1

150쪽 풀이

01

x는 통화한 시간이니까
음수일 수 없음

→ $0 \le x$

02

y는 녹인 파라핀의 양으로
최대 10 g까지 녹일 수 있음
또한, 파라핀의 양이 음수일 수 없음

→ $0 \le y \le 10$

03

y는 수영장에 채운 물의 양으로,
물을 최대 500 L까지 채울 수 있음
또한, 물의 양이 음수일 수 없음

→ $0 \le y \le 500$

04

y는 걸은 거리로,
최대 600 m까지 걸을 수 있음
또한, 걸은 거리가 음수일 수 없음

→ $0 \le y \le 600$

05

x는 철사의 길이로,
전체 철사의 길이가 35 m임
또한, 길이는 음수일 수 없음

→ $0 \le x \le 35$

06

y는 엘리베이터가 올라간 높이로,
0 m에서 60 m까지 움직임

→ $0 \le y \le 60$

151

개념 다지기 2

주어진 x의 범위에 대한 함수의 그래프를 그리고, y의 값을 범위로 쓰세요.

01 $y=\frac{1}{2}x$ $(x\le 4)$

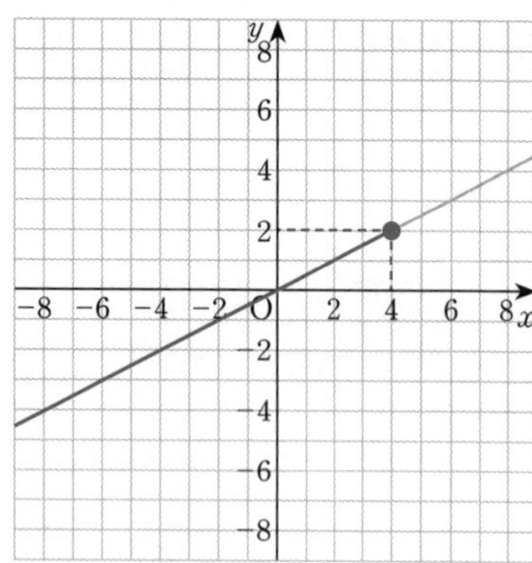

y의 값: $y\le 2$

02 $y=-x$ $(-5\le x\le 4)$

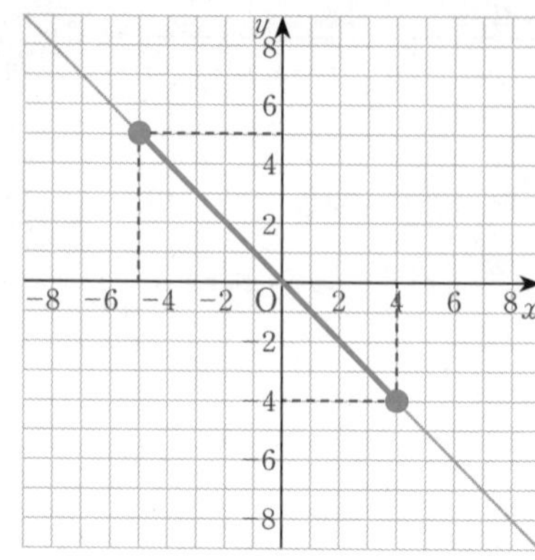

y의 값: $-4\le y\le 5$

03 $y=\frac{1}{4}x$ $(0\le x\le 8)$

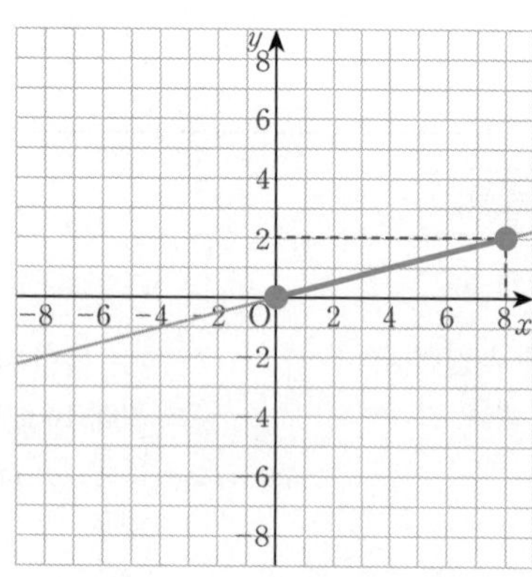

y의 값: $0\le y\le 2$

04 $y=3x$ $(-2\le x)$

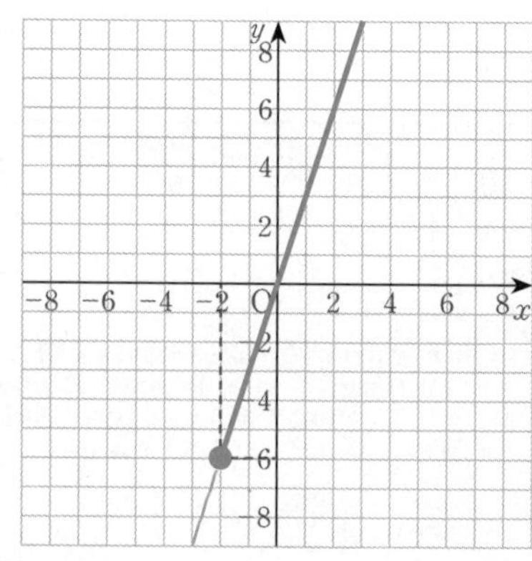

y의 값: $-6\le y$

05 $y=2x$ $(-4\le x\le -2)$

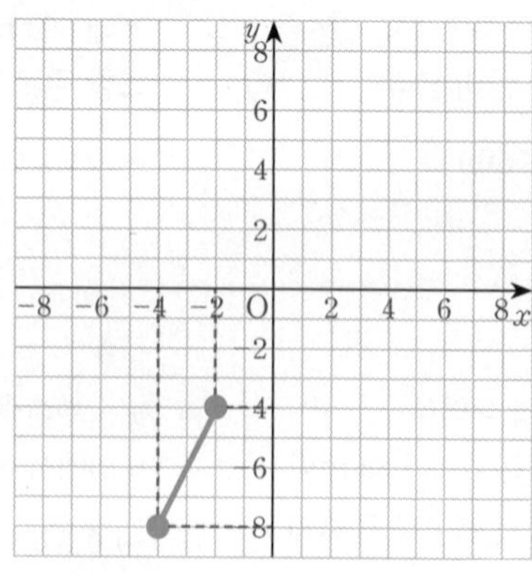

y의 값: $-8\le y\le -4$

06 $y=\frac{1}{3}x$ $(-6\le x\le 3)$

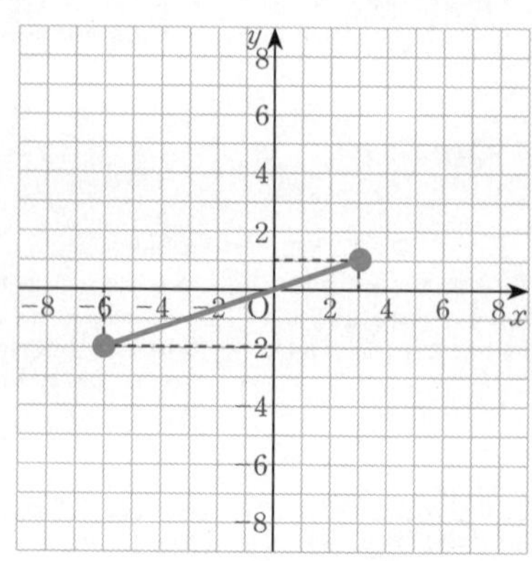

y의 값: $-2\le y\le 1$

152 153

▸정답 및 해설 79쪽

개념 마무리 1

물음에 답하세요.

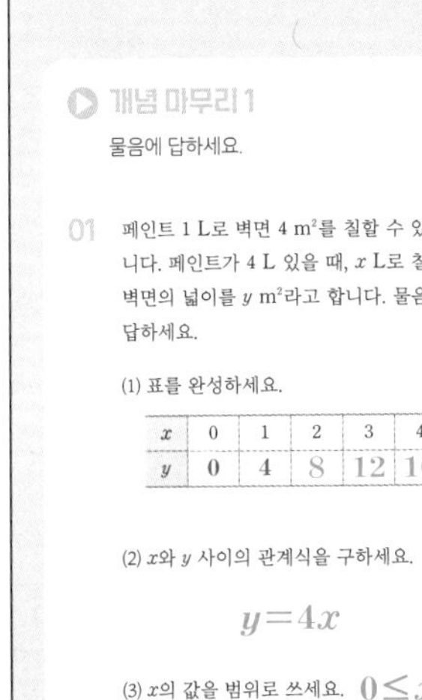

01 페인트 1 L로 벽면 4 m^2를 칠할 수 있습니다. 페인트가 4 L 있을 때, x L로 칠한 벽면의 넓이를 y m^2라고 합니다. 물음에 답하세요.

(1) 표를 완성하세요.

x	0	1	2	3	4
y	0	4	8	12	16

(2) x와 y 사이의 관계식을 구하세요.

$y=4x$

(3) x의 값을 범위로 쓰세요. $0\le x\le 4$

페인트가 총 4 L 있고,
페인트의 양이 음수일 수 없음

(4) (3)에서 구한 x의 범위에 대한 함수의 그래프를 좌표평면 위에 그리세요.

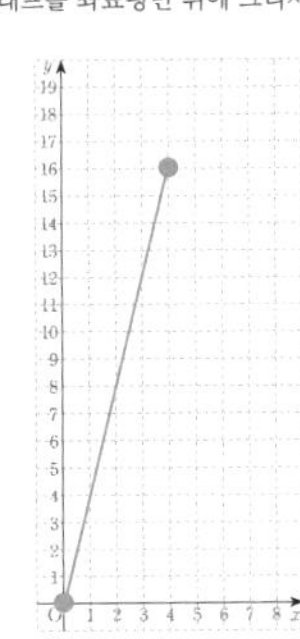

02 어느 택배 회사의 국제 배송 요금은 1 kg당 2만 원이고, 보낼 수 있는 무게는 16 kg 이하입니다. x kg인 물건의 배송 요금을 y만 원이라고 할 때, 물음에 답하세요.

(1) 표를 완성하세요.

x	0	1	2	3	…	16
y	0	2	4	6	…	32

(2) x와 y 사이의 관계식을 구하세요.

$y=2x$

(3) x의 값을 범위로 쓰세요. $0\le x\le 16$

보낼 수 있는 무게는 16 kg까지
이고, 무게가 음수일 수 없음

(4) (3)에서 구한 x의 범위에 대한 함수의 그래프를 좌표평면 위에 그리세요.

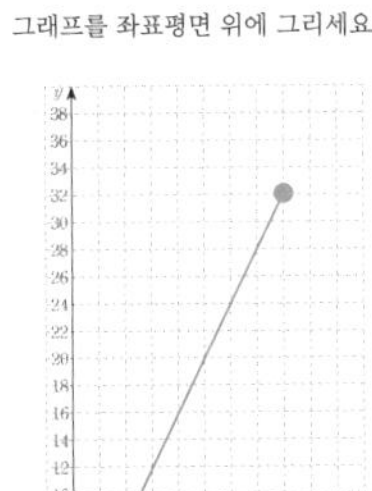

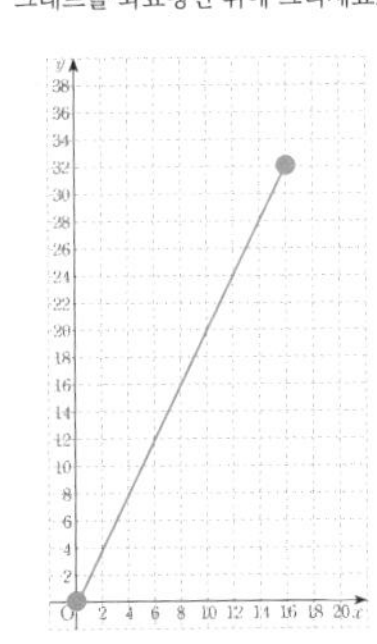

▸정답 및 해설 79쪽

개념 마무리 2

주어진 x와 y 사이의 관계를 그래프로 나타내었을 때, 그래프가 **직선**인지 **반직선**인지 **선분**인지 쓰세요.

01 어느 가게에서 쇠고기를 1인당 최대 10 kg까지 판매합니다. 쇠고기의 가격이 1 kg당 3만 원이라고 할 때, 쇠고기 x kg의 가격은 y만 원입니다.

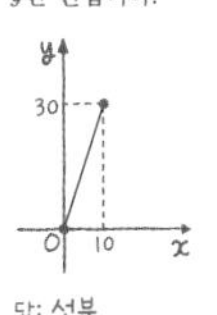

답: 선분

02 어떤 수 x의 4배가 y입니다.

답: 직선

03 1분당 요금이 100원인 주차장이 있습니다. x분 동안 주차했을 때, 주차 요금은 y원입니다.

답: 반직선

04 털실 1 m의 무게가 5 g일 때, 털실 x m의 무게는 y g입니다.

답: 반직선

05 어느 통신사의 5G 서비스를 이용하면 1초 동안 500 Mb(메가비트)의 데이터를 받을 수 있습니다. 이때 x초 동안 받은 데이터의 양은 y Mb입니다.

답: 반직선

06 어떤 전기자전거는 1시간에 20 km씩, 최대 10시간 동안 이동할 수 있습니다. 이 자전거로 x시간 동안 이동할 수 있는 거리는 y km입니다.

답: 선분

153쪽 풀이

01 1 kg당 3만 원인 쇠고기 x kg의 가격이 y만 원
→ $y=3x$

쇠고기는 최대 10 kg까지 살 수 있고,
쇠고기의 무게가 음수일 수 없음
→ $0\le x\le 10$

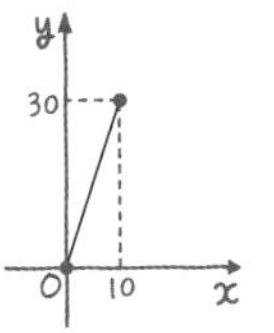

→ 그래프는 선분

02 x의 4배가 y
→ $y=4x$

x의 범위 제한 없음

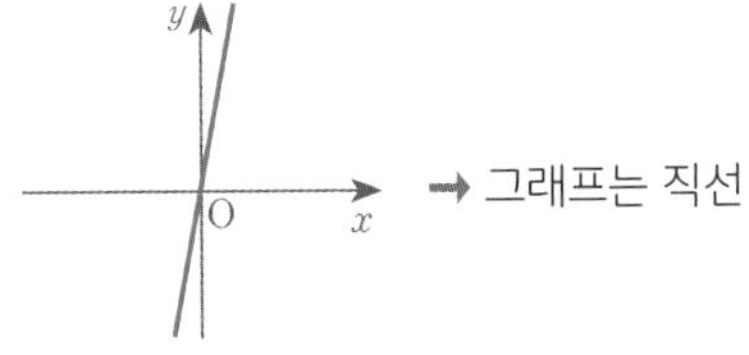

→ 그래프는 직선

03 1분당 요금이 100원인 주차장에
x분 동안 주차한 요금 y원
→ $y=100x$

얼마든지 오래 주차할 수 있지만,
주차한 시간이 음수일 수는 없음
→ $0\le x$

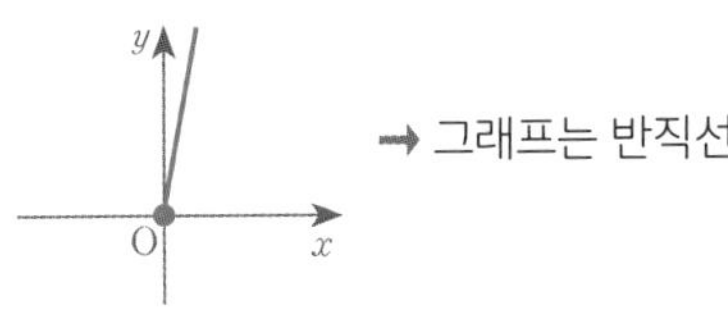

→ 그래프는 반직선

04 1 m의 무게가 5 g인 털실
x m의 무게 y g
→ $y=5x$

털실은 얼마든지 길 수 있지만,
길이가 음수일 수는 없음
→ $0\le x$

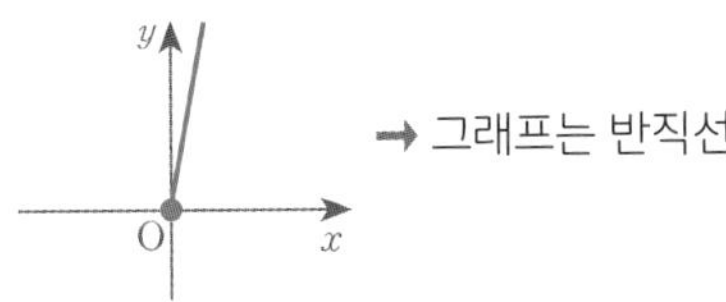

→ 그래프는 반직선

05 1초 동안 데이터 500 Mb 받을 수 있음
x초 동안 데이터 y Mb 받을 수 있음
→ $y=500x$

받을 수 있는 데이터의 양은 제한 없음
또한, 데이터의 양이 음수일 수 없음
→ $0\le y$

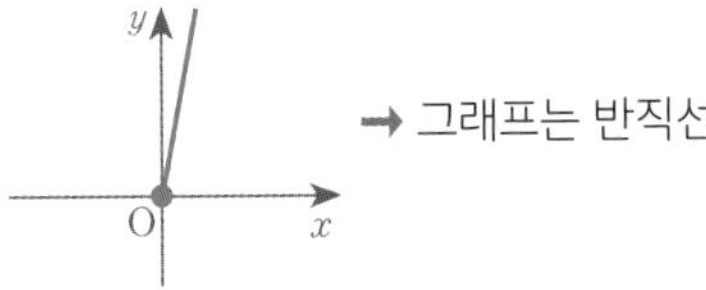

→ 그래프는 반직선

06 1시간에 20 km씩 x시간 동안 이동한 거리 y km
→ $y=20x$

최대 10시간까지 이동할 수 있고,
이동 시간이 음수일 수 없음
→ $0\le x\le 10$

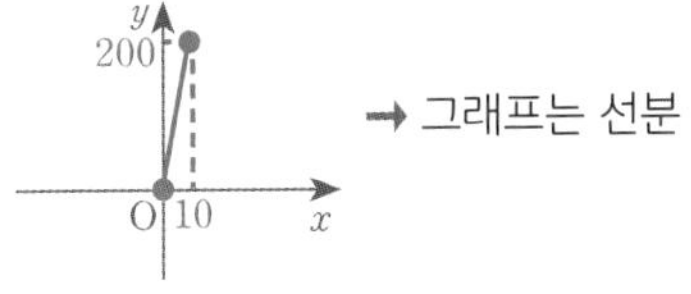

→ 그래프는 선분

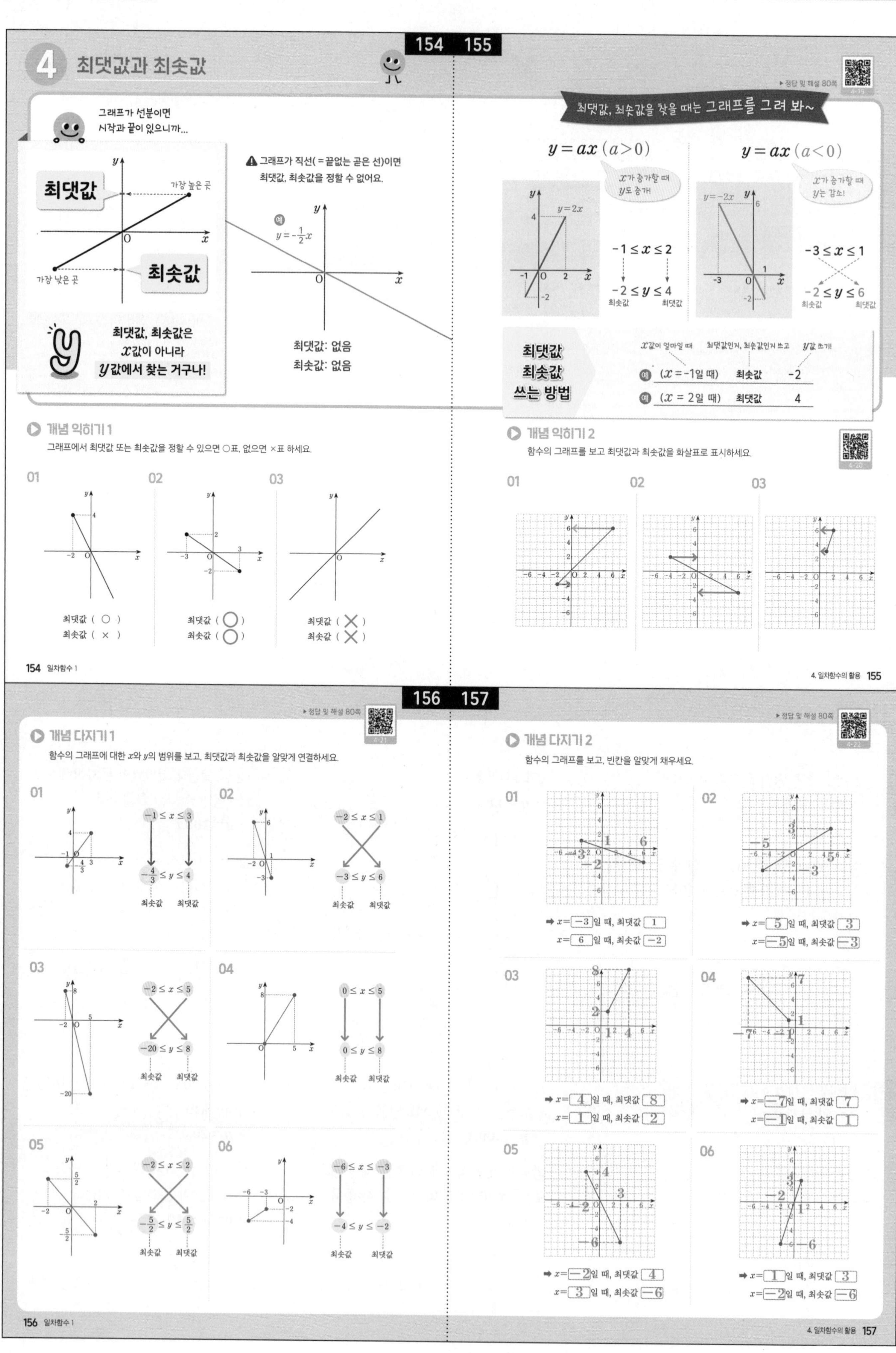

154 155

4 최댓값과 최솟값

▶ 정답 및 해설 80쪽

그래프가 선분이면 시작과 끝이 있으니까...

최댓값, 최솟값은 x값이 아니라 y값에서 찾는 거구나!

⚠ 그래프가 직선(=끝없는 곧은 선)이면 최댓값, 최솟값을 정할 수 없어요.

예 $y=-\frac{1}{2}x$

최댓값: 없음
최솟값: 없음

최댓값, 최솟값을 찾을 때는 그래프를 그려 봐~

$y=ax\ (a>0)$

x가 증가할 때 y도 증가!

$y=2x$

$-1\le x\le 2$ → $-2\le y\le 4$ (최솟값, 최댓값)

$y=ax\ (a<0)$

x가 증가할 때 y는 감소!

$y=-2x$

$-3\le x\le 1$ → $-2\le y\le 6$ (최솟값, 최댓값)

최댓값 최솟값 쓰는 방법

x값이 얼마일 때 / 최댓값인지, 최솟값인지 쓰고 / y값 쓰기!

예 ($x=-1$일 때) 최솟값 -2

예 ($x=2$일 때) 최댓값 4

개념 익히기 1

그래프에서 최댓값 또는 최솟값을 정할 수 있으면 ○표, 없으면 ×표 하세요.

01 최댓값 (○) 최솟값 (×)

02 최댓값 (○) 최솟값 (○)

03 최댓값 (×) 최솟값 (×)

개념 익히기 2

함수의 그래프를 보고 최댓값과 최솟값을 화살표로 표시하세요.

01 02 03

154 일차함수 1 | 4. 일차함수의 활용 155

156 157

개념 다지기 1

▶ 정답 및 해설 80쪽

함수의 그래프에 대한 x와 y의 범위를 보고, 최댓값과 최솟값을 알맞게 연결하세요.

01 $-1\le x\le 3$ → $-\frac{4}{3}\le y\le 4$ (최솟값, 최댓값)

02 $-2\le x\le 1$ → $-3\le y\le 6$ (최솟값, 최댓값)

03 $-2\le x\le 5$ → $-20\le y\le 8$ (최솟값, 최댓값)

04 $0\le x\le 5$ → $0\le y\le 8$ (최솟값, 최댓값)

05 $-2\le x\le 2$ → $-\frac{5}{2}\le y\le \frac{5}{2}$ (최솟값, 최댓값)

06 $-6\le x\le -3$ → $-4\le y\le -2$ (최솟값, 최댓값)

개념 다지기 2

▶ 정답 및 해설 80쪽

함수의 그래프를 보고, 빈칸을 알맞게 채우세요.

01 ➡ $x=-3$일 때, 최댓값 1
$x=6$일 때, 최솟값 -2

02 ➡ $x=5$일 때, 최댓값 3
$x=-5$일 때, 최솟값 -3

03 ➡ $x=4$일 때, 최댓값 8
$x=1$일 때, 최솟값 2

04 ➡ $x=-7$일 때, 최댓값 7
$x=-1$일 때, 최솟값 1

05 ➡ $x=-2$일 때, 최댓값 4
$x=3$일 때, 최솟값 -6

06 ➡ $x=1$일 때, 최댓값 3
$x=-2$일 때, 최솟값 -6

156 일차함수 1 | 4. 일차함수의 활용 157

158쪽 풀이

02 $\frac{1}{2}\le x\le 3$일 때, $y=-4x$

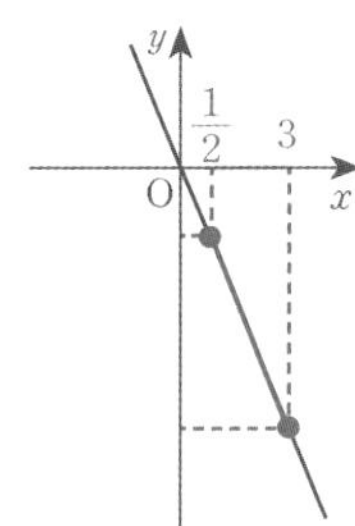

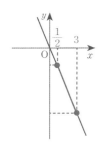

- 최댓값은 $x=\frac{1}{2}$일 때의 y값
  $\rightarrow y=(-4)\times\frac{1}{2}$
  $=-2$
- 최솟값은 $x=3$일 때의 y값
  $\rightarrow y=(-4)\times 3$
  $=-12$

➞ $x=\frac{1}{2}$일 때, 최댓값 -2
$x=3$일 때, 최솟값 -12

03 $-4\le x\le 3$일 때, $y=-\frac{1}{5}x$

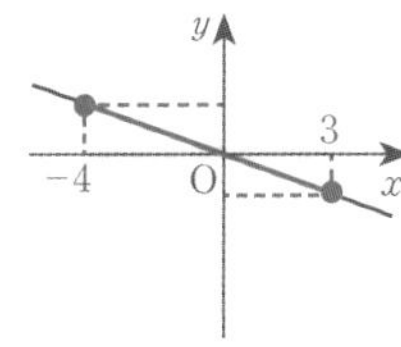

- 최댓값은 $x=-4$일 때의 y값
  $\rightarrow y=\left(-\frac{1}{5}\right)\times(-4)$
  $=\frac{4}{5}$
- 최솟값은 $x=3$일 때의 y값
  $\rightarrow y=\left(-\frac{1}{5}\right)\times 3$
  $=-\frac{3}{5}$

➞ $x=-4$일 때, 최댓값 $\frac{4}{5}$
$x=3$일 때, 최솟값 $-\frac{3}{5}$

04 $0\le x\le 4$일 때, $y=-5x$

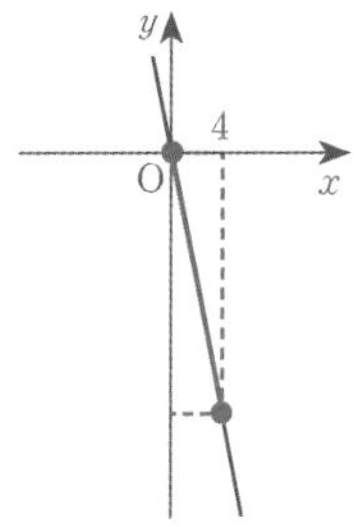

- 최댓값은 $x=0$일 때의 y값
  $\rightarrow y=0$
- 최솟값은 $x=4$일 때의 y값
  $\rightarrow y=(-5)\times 4$
  $=-20$

➞ $x=0$일 때, 최댓값 0
$x=4$일 때, 최솟값 -20

158

▸정답 및 해설 81쪽

개념 마무리 1

주어진 조건을 보고 최댓값, 최솟값을 각각 구하세요. (구하려는 값이 없으면 ×표 하세요.)

01 $-\frac{3}{2}\le x$일 때, $y=\frac{2}{3}x$

최솟값은 $x=-\frac{3}{2}$일 때의 y값
$\rightarrow y=\frac{2}{3}\times\left(-\frac{3}{2}\right)$
$=-1$

답: $\left(x=-\frac{3}{2}\text{일 때}\right)$ 최솟값 -1
최댓값 ×

02 $\frac{1}{2}\le x\le 3$일 때, $y=-4x$

답: $\left(x=\frac{1}{2}\text{일 때}\right)$ 최댓값 -2
$(x=3$일 때$)$ 최솟값 -12

03 $-4\le x\le 3$일 때, $y=-\frac{1}{5}x$

답: $(x=-4$일 때$)$ 최댓값 $\frac{4}{5}$
$(x=3$일 때$)$ 최솟값 $-\frac{3}{5}$

04 $0\le x\le 4$일 때, $y=-5x$

답: $(x=0$일 때$)$ 최댓값 0
$(x=4$일 때$)$ 최솟값 -20

05 $2\le x$일 때, $y=2x$

답: 최댓값 ×
$(x=2$일 때$)$ 최솟값 4

06 $3\le x\le 9$일 때, $y=\frac{1}{6}x$

답: $(x=9$일 때$)$ 최댓값 $\frac{3}{2}$
$(x=3$일 때$)$ 최솟값 $\frac{1}{2}$

158 일차함수 1

---

05 $2\le x$일 때, $y=2x$

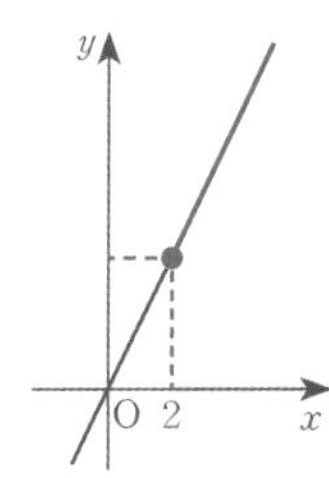

- 최댓값 없음
- 최솟값은 $x=2$일 때의 y값
  $\rightarrow y=2\times 2$
  $=4$

➞ 최댓값 ×
$x=2$일 때, 최솟값 4

06 $3\le x\le 9$일 때, $y=\frac{1}{6}x$

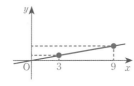

- 최댓값은 $x=9$일 때의 y값
  $\rightarrow y=\frac{1}{6}\times 9$
  $=\frac{3}{2}$
- 최솟값은 $x=3$일 때의 y값
  $\rightarrow y=\frac{1}{6}\times 3$
  $=\frac{1}{2}$

➞ $x=9$일 때, 최댓값 $\frac{3}{2}$
$x=3$일 때, 최솟값 $\frac{1}{2}$

159

개념 마무리 2

물음에 답하세요.

01 일차함수 $y=ax$ $(1\le x\le 3)$의 그래프에서 $x=1$일 때 최댓값, $x=3$일 때 최솟값이 됩니다. 상수 a가 양수인지 음수인지 쓰세요.

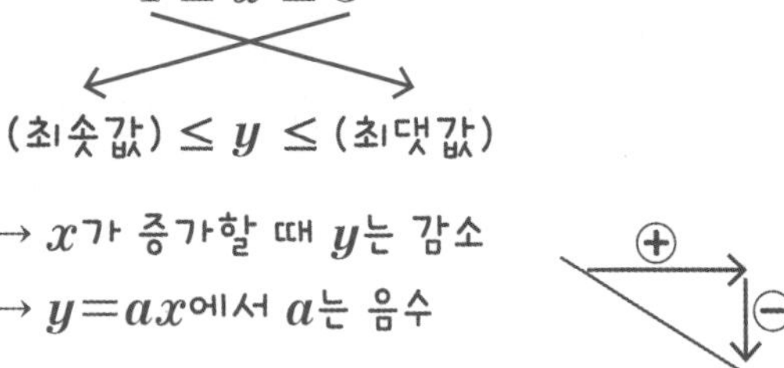

1 ≤ x ≤ 3
(최솟값) ≤ y ≤ (최댓값)
→ x가 증가할 때 y는 감소
→ y=ax에서 a는 음수
⊕
⊖

답: 음수

02 $y=2x$ $(-9\le x\le -7)$의 그래프는 $x=k$일 때 최댓값이 됩니다. k의 값을 구하세요.

기울기가 양수이므로
x가 증가할 때 y도 증가

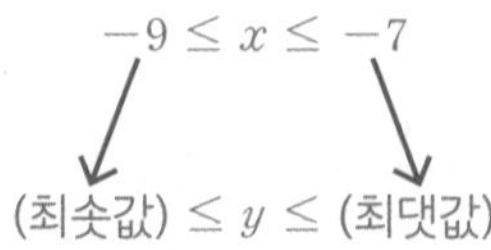

$x=k$일 때 최댓값이므로
→ $k=-7$

답: -7

03 일차함수 $y=ax$ (㉠$\le x\le$㉡)의 그래프에서 $x=$㉠일 때 최솟값이 됩니다. 상수 a가 양수인지 음수인지 쓰세요.

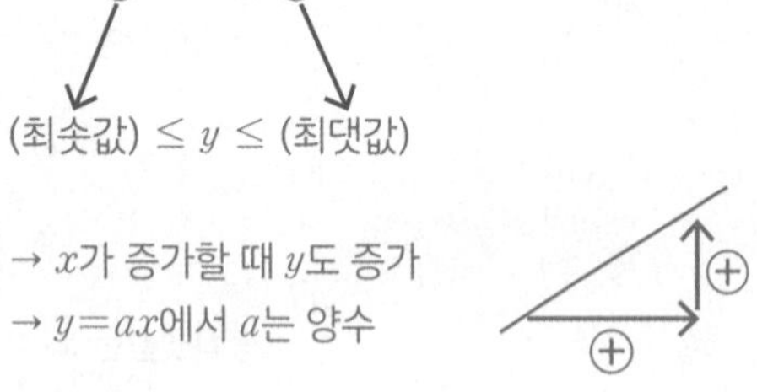

답: 양수

04 $-5\le x\le b$일 때, $y=-3x$의 그래프의 최솟값은 6입니다. b의 값을 구하세요.

기울기가 음수이므로
x가 증가할 때 y는 감소

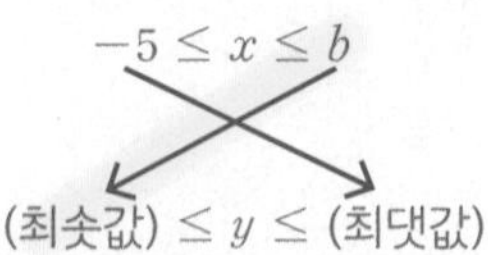

$x=b$일 때 최솟값 6이므로
→ $y=-3x$
$6=(-3)\times b$
$b=-2$

답: -2

159

05 $y=\frac{1}{3}x$ $(a\le x\le b)$의 그래프에서 최댓값은 3이고, 최솟값은 -2입니다. a와 b의 값을 각각 구하세요.

기울기가 양수이므로
x가 증가할 때 y도 증가

$a \le x \le b$

(최솟값) $\le y \le$ (최댓값)
-2 , 3

<최솟값>
$x=a$일 때 y값이 -2
→ $y=\frac{1}{3}x$
$(-2)=\frac{1}{3}\times a$
$a=-6$

<최댓값>
$x=b$일 때 y값이 3
→ $y=\frac{1}{3}x$
$3=\frac{1}{3}\times b$
$b=9$

답: $a=-6$, $b=9$

06 일차함수 $y=ax$ $(1\le x\le 6)$의 그래프에서 $x=6$일 때 최솟값이 -24입니다. 최댓값을 구하세요.

$1 \le x \le 6$

(최솟값) $\le y \le$ (최댓값)
-24

<최솟값>
$x=6$일 때 y값이 -24
→ $y=ax$
$(-24)=a\times 6$
$a=-4$

<최댓값>
$x=1$일 때 y값이 최댓값
→ $y=-4x$
$y=(-4)\times 1$
$y=-4$

➡ 함수의 식은 $y=-4x$

답: -4

160

4. 일차함수의 활용 **단원 마무리**

01 주어진 그래프의 식을 쓰시오.

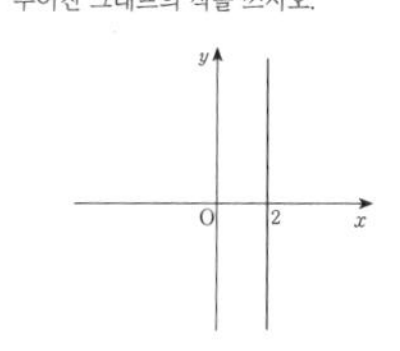

$x=2$

04 주어진 그래프에서 x의 값을 범위로 쓰시오.

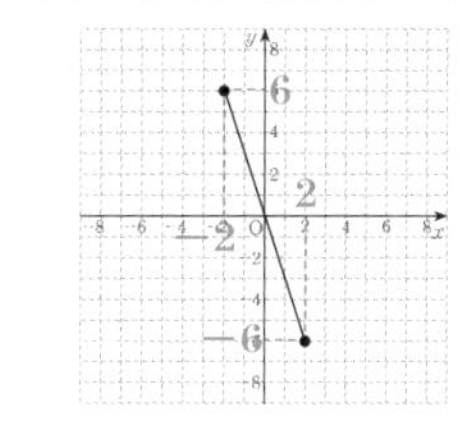

$-2\le x\le 2$

02 다음 중 그래프가 점 $(5, -3)$을 지나고 x축과 평행한 것은? ②

① $x=5$ ② $y=-3$
③ $y=-x$ ④ $y=5$
⑤ $y=-\frac{3}{5}x$

05 두 식을 그래프로 나타냈을 때, 교점의 좌표를 구하시오.

$y=\frac{1}{2}x$ $x=6$

(6, 3)

03 두 그래프 ㉠, ㉡의 교점을 찾아 기호를 쓰시오.

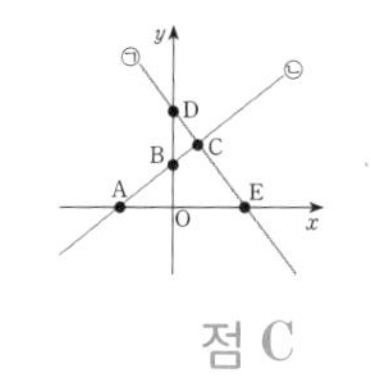

점 C

160 일차함수 1

160쪽 풀이

02 점 $(5, -3)$을 지나고 x축과 평행한 그래프

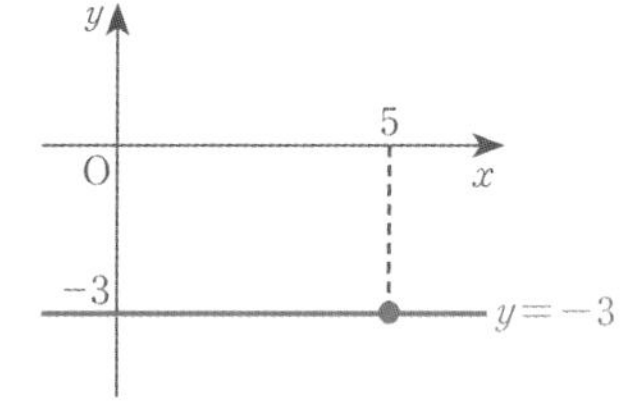

답 ②

05 $y=\frac{1}{2}x$, $x=6$의 그래프의 교점

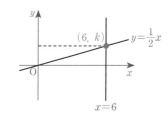

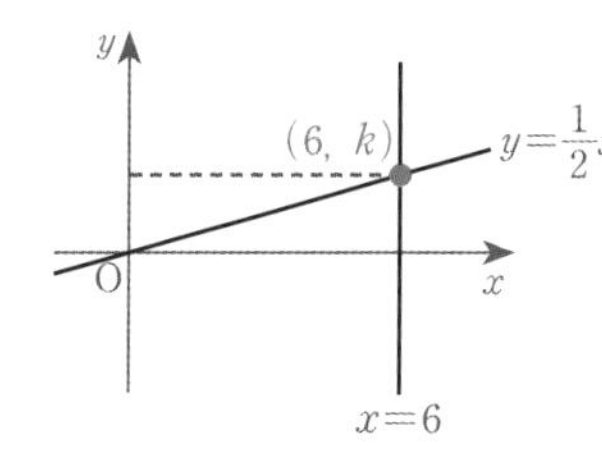

교점의 좌표를 $(6, k)$라 하면 $(6, k)$를 $y=\frac{1}{2}x$에 대입했을 때 성립!

→ $y=\frac{1}{2}x$
$k=\frac{1}{2}\times 6$
$k=3$

따라서 교점의 좌표는 $(6, 3)$

답 $(6, 3)$

161쪽 풀이

06 x는 자전거를 탄 시간으로,
1시간(60분)동안 자전거를 탔음
또한, 시간은 음수일 수 없음

→ $0 \le x \le 60$

답 ③

07

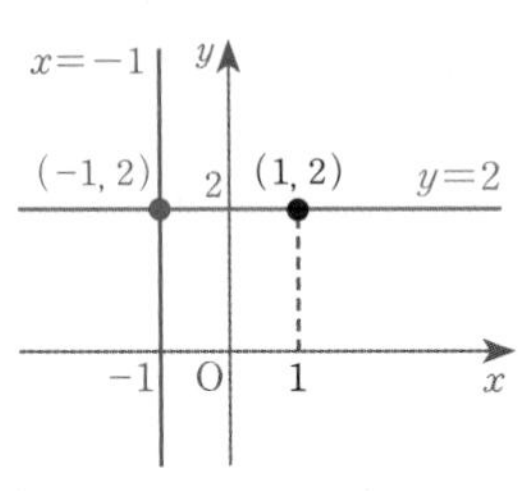

① 함수의 그래프입니다. (○)
→ 모든 x값에 y값이 2 하나이므로 함수 맞음
② 제1, 2사분면을 지납니다. (○)
③ y축과 평행합니다. (×)
→ x축과 평행 또는 y축과 수직
④ 점 (1, 2)를 지납니다. (○)
⑤ $x=-1$의 그래프와 점 $(-1, 2)$에서 만납니다. (○)

답 ③

161

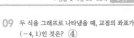

▸정답 및 해설 83~85쪽

06 하은이는 1분에 200 m를 가는 빠르기로 1시간 동안 자전거를 탔습니다. 출발 후 x분 동안 이동한 거리를 y m라고 할 때, x의 값을 범위로 바르게 쓴 것은? ③

① $0 \le x \le 200$ ② $0 \le x \le 1$
③ $0 \le x \le 60$ ④ $60 \le x \le 200$
⑤ $1 \le x \le 60$

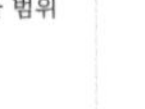

07 $y=2$의 그래프에 대한 설명으로 옳지 않은 것은? ③

① 함수의 그래프입니다.
② 제1, 2사분면을 지납니다.
③ y축과 평행합니다.
④ 점 (1, 2)를 지납니다.
⑤ $x=-1$의 그래프와 점 $(-1, 2)$에서 만납니다.

08 좌표평면 위에 함수 $y=-2x\ (-2 \le x \le 4)$의 그래프를 그리시오.

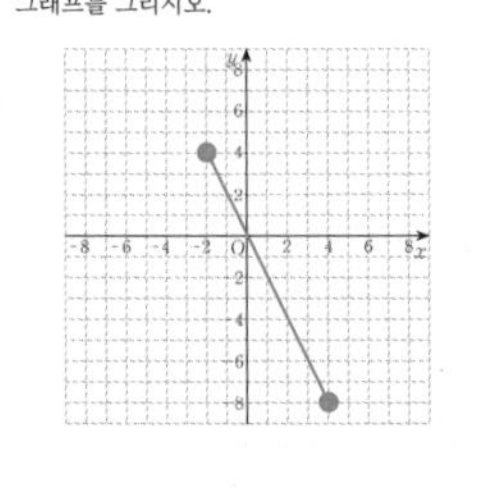

09 두 식을 그래프로 나타냈을 때, 교점의 좌표가 $(-4, 1)$인 것은? ④

① $\begin{cases} y=-4 \\ y=\frac{1}{4}x \end{cases}$ ② $\begin{cases} x=1 \\ y=4x \end{cases}$
③ $\begin{cases} y=1 \\ y=-4x \end{cases}$ ④ $\begin{cases} y=1 \\ y=-\frac{1}{4}x \end{cases}$
⑤ $\begin{cases} x=-4 \\ y=-x \end{cases}$

10 $-6 \le x \le 1$일 때, 함수 $y=-\frac{1}{2}x$의 최댓값과 최솟값을 구하시오.

($x=-6$일 때) 최댓값 3
($x=1$일 때) 최솟값 $-\frac{1}{2}$

11 $x=1$, $x=-2$, $y=0$, $y=5$의 그래프로 둘러싸인 도형의 넓이를 구하시오.

15

4. 일차함수의 활용 161

09 교점 $(-4, 1)$이 그래프를 나타내는 두 식에서 모두 성립하는지 확인합니다.

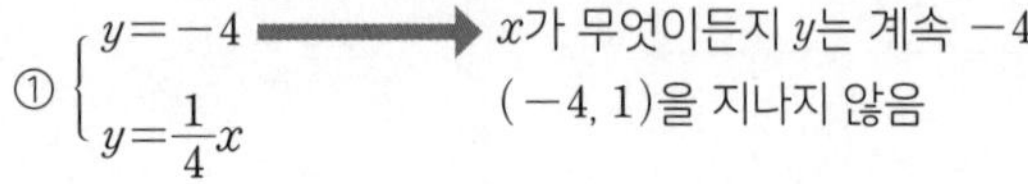

① $\begin{cases} y=-4 \\ y=\frac{1}{4}x \end{cases}$
x가 무엇이든지 y는 계속 -4
$(-4, 1)$을 지나지 않음

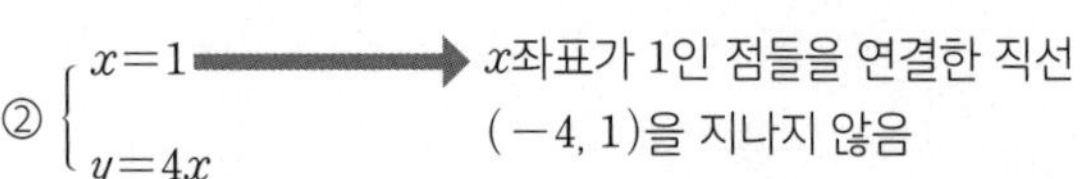

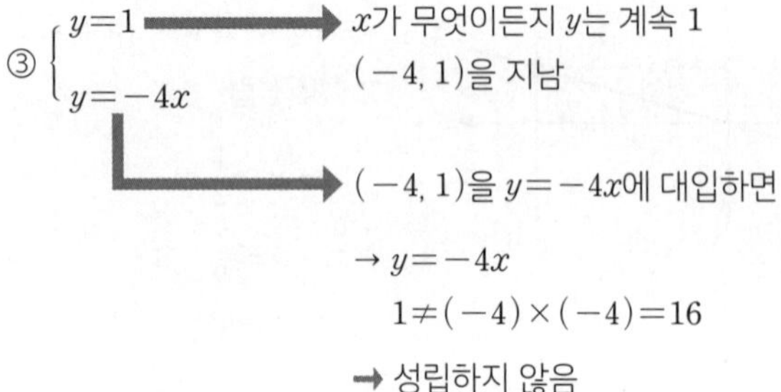

③ $\begin{cases} y=1 \\ y=-4x \end{cases}$
x가 무엇이든지 y는 계속 1
$(-4, 1)$을 지남
$(-4, 1)$을 $y=-4x$에 대입하면
→ $y=-4x$
$1 \ne (-4) \times (-4) = 16$
→ 성립하지 않음

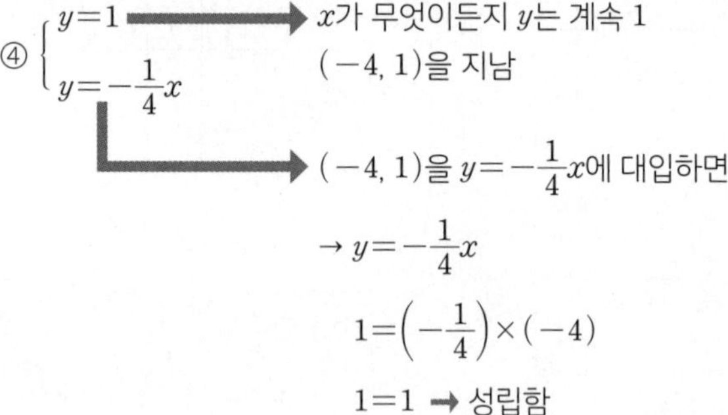

④ $\begin{cases} y=1 \\ y=-\frac{1}{4}x \end{cases}$
x가 무엇이든지 y는 계속 1
$(-4, 1)$을 지남
$(-4, 1)$을 $y=-\frac{1}{4}x$에 대입하면
→ $y=-\frac{1}{4}x$
$1=\left(-\frac{1}{4}\right) \times (-4)$
$1=1$ → 성립함

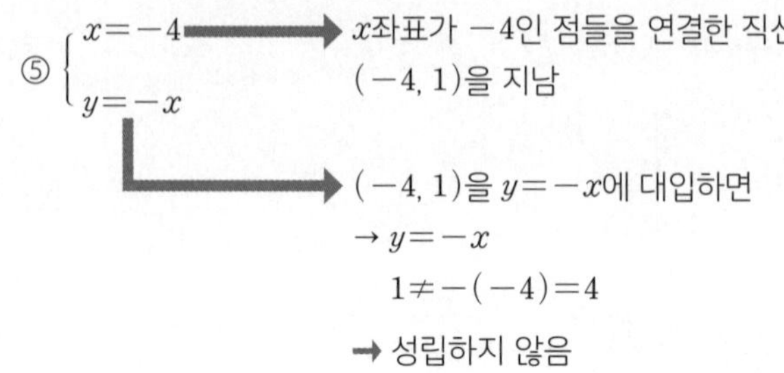

⑤ $\begin{cases} x=-4 \\ y=-x \end{cases}$
x좌표가 -4인 점들을 연결한 직선
$(-4, 1)$을 지남
$(-4, 1)$을 $y=-x$에 대입하면
→ $y=-x$
$1 \ne -(-4) = 4$
→ 성립하지 않음

답 ④

161쪽 풀이

10 $-6\leq x\leq 1$일 때, 함수 $y=-\frac{1}{2}x$의 최댓값과 최솟값

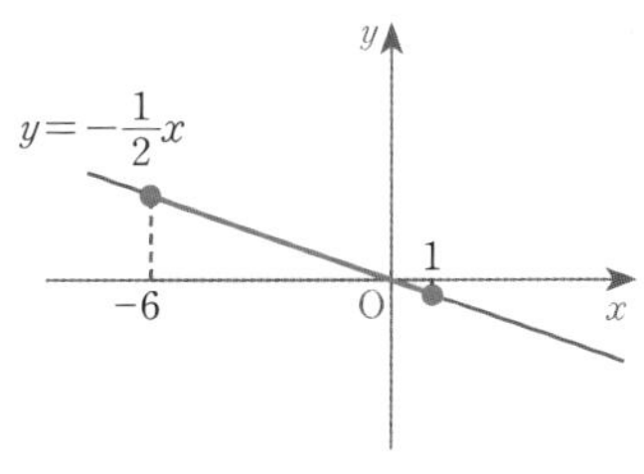

• 최댓값은 $x=-6$일 때의 y값

$\rightarrow y=\left(-\frac{1}{2}\right)\times(-6)$

$=3$

• 최솟값은 $x=1$일 때의 y값

$\rightarrow y=\left(-\frac{1}{2}\right)\times 1$

$=-\frac{1}{2}$

답 **($x=-6$일 때) 최댓값 3**

($x=1$일 때) 최솟값 $-\frac{1}{2}$

11 $x=1$, $x=-2$, $y=0$, $y=5$의 그래프로 둘러싸인 도형의 넓이

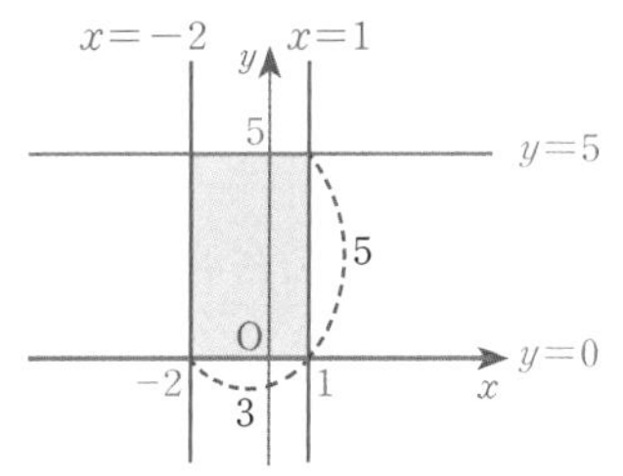

직사각형의 넓이

$\rightarrow 3\times 5=15$

답 **15**

162쪽 풀이

12

(1, 1)

O 1

(1, -1)

왼쪽의 그래프는

$x=1$일 때 y값이 1과 -1로

2개이므로 함수의 그래프가 아님

답 ⑤

13

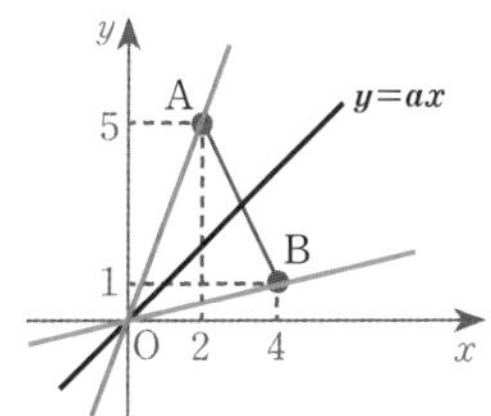

(초록선의 기울기) ≤ ($y=ax$의 기울기) ≤ (주황선의 기울기)

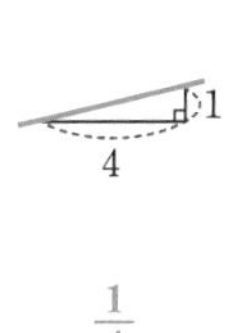

5

2

$\frac{1}{4}$ $\frac{5}{2}$

$\rightarrow \frac{1}{4}\leq a\leq\frac{5}{2}$

따라서 보기의 $\frac{1}{5}$, $-\frac{1}{2}$, -1, 1, 3 중에서

a의 값으로 알맞은 것은 1

답 ④

14 y는 물탱크에 넣은 물의 양으로,

최대 400 L까지 넣을 수 있음

또한, 물의 양이 음수일 수 없음

$\rightarrow 0\leq y\leq 400$

답 **$0\leq y\leq 400$**

162

단원 마무리

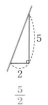

12 아래 좌표평면에 나타낸 그래프를 보고, 함수의 그래프가 아닌 이유를 바르게 말한 것은? ⑤

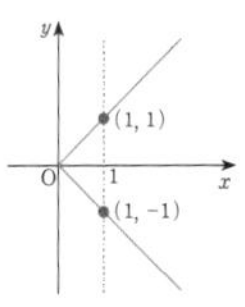

① x축과 평행하지 않기 때문에
② 원점을 지나기 때문에
③ 최솟값, 최댓값이 없기 때문에
④ 제1사분면과 제4사분면을 지나기 때문에
⑤ $x=1$일 때, y의 값이 1과 -1로 2개이기 때문에

13 두 점 A(2, 5), B(4, 1)에 대하여 선분 AB와 $y=ax$의 그래프가 만날 때, 상수 a의 값으로 알맞은 것은? ④

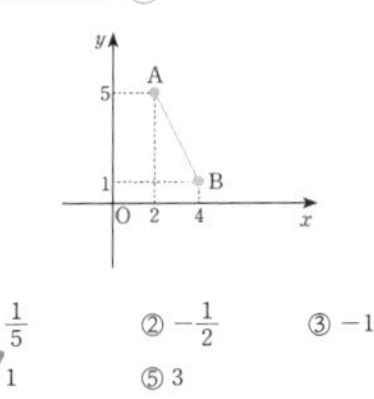

① $\frac{1}{5}$ ② $-\frac{1}{2}$ ③ -1
④ 1 ⑤ 3

14 400 L의 물을 담을 수 있는 빈 물탱크에 1분에 20 L씩 일정하게 물을 넣고 있습니다. x분 동안 넣은 물의 양을 y L라고 할 때, y의 값을 범위로 쓰시오.

$0\leq y\leq 400$

15 $x=a$와 $y=-1$의 그래프의 교점이 $(10, b)$일 때, 상수 a, b에 대하여 $a+b$의 값을 구하시오.

9

16 $1\leq x\leq 3$에서 일차함수 $y=ax$의 그래프는 $x=3$일 때 최솟값이 됩니다. 상수 a가 양수인지 음수인지 쓰시오.

음수

162 일차함수 1

162쪽 풀이

15 $x=a$와 $y=-1$의 그래프의 교점이 $(10, b)$

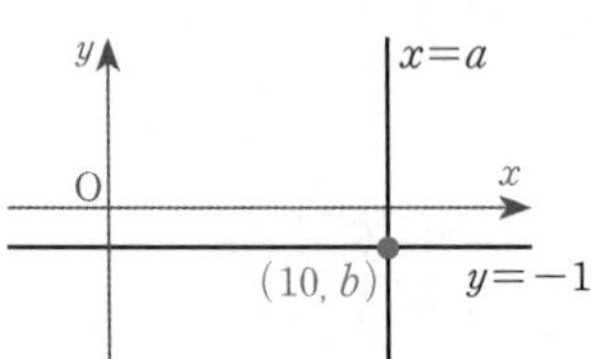

- 점 $(10, b)$는 직선 $x=a$ 위의 점
  → $a=10$
- 점 $(10, b)$는 직선 $y=-1$ 위의 점
  → $b=-1$

→ $a+b=10+(-1)$
$=9$

답 9

16 $1 \le x \le 3$

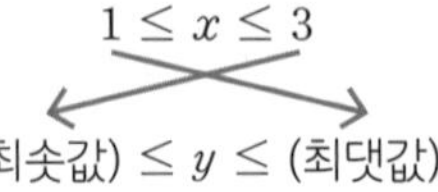

(최솟값) $\le y \le$ (최댓값)

→ x가 증가할 때 y는 감소
→ $y=ax$에서 a는 음수

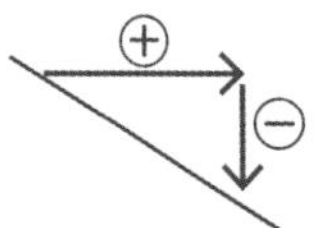

답 음수

163
▶정답 및 해설 85~87쪽 4-28

17 함수 $y=3x$의 그래프에 대한 설명으로 옳은 것은? ④
① $x=1$의 그래프와 만나는 점의 좌표는 $(1, 0)$입니다.
② $y=2$의 그래프와 만나는 점의 좌표는 $(0, 2)$입니다.
③ x가 증가할 때, y는 감소합니다.
④ $-1\le x\le 3$일 때, y의 값은 $-3\le y\le 9$입니다.
⑤ $x\ge 1$일 때, 최댓값은 3입니다.

18 $y=\frac{2}{5}x$의 그래프가 $x=a$와 $y=2$의 그래프의 교점을 지날 때, 상수 a의 값을 구하시오.
5

19 일차함수 $y=ax$ $(-4\le x\le 5)$의 그래프에서 $x=-4$일 때 최댓값이 12입니다. 최솟값을 m이라고 할 때, $a+m$의 값을 구하시오. (단, a는 상수)
-18

20 두 점 A$(-6, 2)$, B$(-4, 4)$에 대하여 다음 중 그래프가 선분 AB와 만나지 않는 것은? ⑤
① $y=-\frac{2}{3}x$ ② $y=-x$
③ $y=-\frac{1}{3}x$ ④ $y=-\frac{1}{2}x$
⑤ $y=-2x$

4. 일차함수의 활용 163

163쪽 풀이

17 $y=3x$의 그래프에 대한 설명으로 옳은 것은?

① $x=1$의 그래프와 만나는 점의 좌표는 $(1, 0)$입니다. (×)

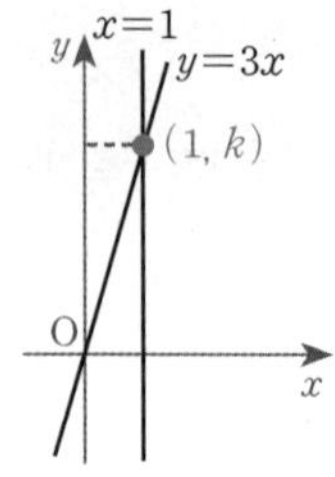

교점의 좌표를 $(1, k)$라 하면
$(1, k)$를 $y=3x$에 대입했을 때 성립
→ $y=3x$
$k=3\times 1$
$k=3$

따라서 교점의 좌표는 $(1, 3)$

② $y=2$의 그래프와 만나는 점의 좌표는 $(0, 2)$입니다. (×)

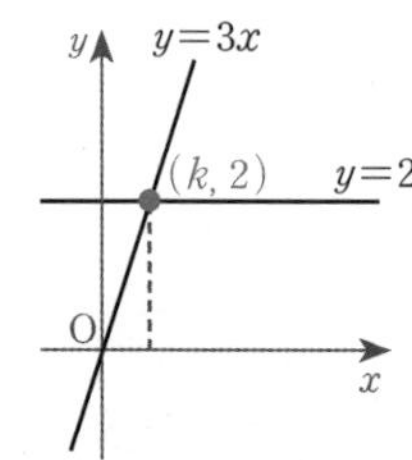

교점의 좌표를 $(k, 2)$라 하면
$(k, 2)$를 $y=3x$에 대입했을 때 성립
→ $y=3x$
$2=3\times k$
$k=\frac{2}{3}$

따라서 교점의 좌표는 $\left(\frac{2}{3}, 2\right)$

③ x가 증가할 때, ~~y는 감소~~합니다. (×)
y도 증가

④ $-1\le x\le 3$일 때, y의 값은 $-3\le y\le 9$입니다. (○)

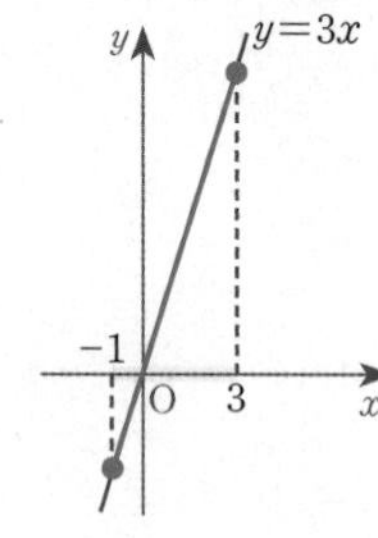

- 최댓값은 $x=3$일 때 y값
  → $y=3\times 3$
  $=9$
- 최솟값은 $x=-1$일 때 y값
  → $y=3\times(-1)$
  $=-3$

따라서 $-1\le x\le 3$일 때,
y의 값은 $-3\le y\le 9$

⑤ $x\ge 1$일 때, 최댓값은 3입니다. (×)

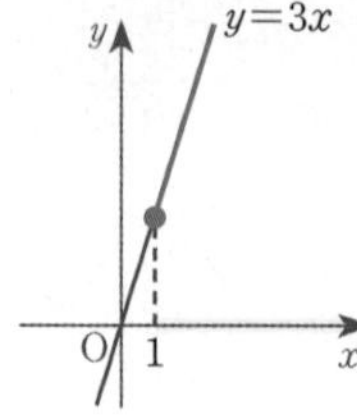

- 최솟값은 $x=1$일 때 y값
  → $y=3\times 1$
  $=3$
- 최댓값은 없음

답 ④

163쪽 풀이

18 $y=\frac{2}{5}x$의 그래프가 $x=a$와 $y=2$의 그래프의 교점을 지남

→ $y=\frac{2}{5}x$, $x=a$, $y=2$의 그래프가 전부 한 점에서 만남!

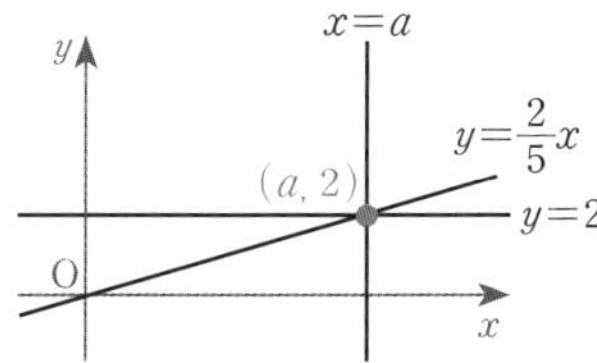

$x=a$와 $y=2$의 그래프의 교점이므로 교점의 좌표를 $(a, 2)$라 하면, $(a, 2)$를 $y=\frac{2}{5}x$에 대입했을 때도 성립!

→ $y=\frac{2}{5}x$

$2=\frac{2}{5}\times a$

$a=5$

답 5

19 $y=ax$의 그래프에서

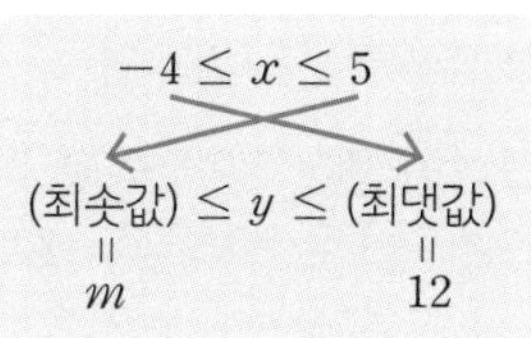

• 최댓값은 $x=-4$일 때 y값 12

→ $y=ax$

$12=a\times(-4)$

$a=-3$

→ 주어진 일차함수의 식은 $y=-3x$

• 최솟값은 $x=5$일 때 y값 m

→ $y=-3x$

$m=(-3)\times5$

$m=-15$

→ $a+m=-3+(-15)$

$=-3-15$

$=-18$

답 -18

20 $\mathrm{A}(-6, 2)$, $\mathrm{B}(-4, 4)$일 때, $y=ax$의 그래프가 선분 AB와 만나도록 하는 a의 범위를 먼저 찾기

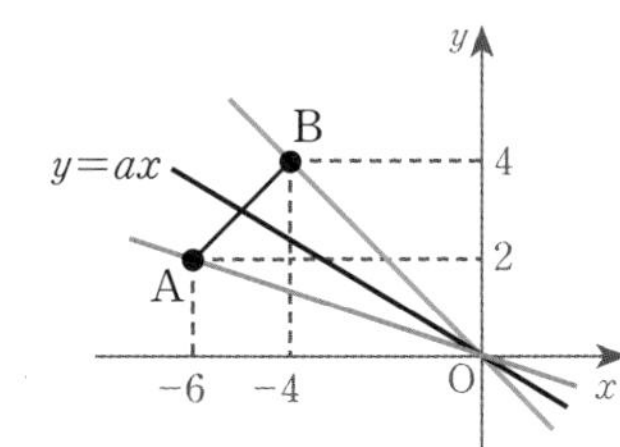

(초록선의 기울기) ≤ ($y=ax$의 기울기) ≤ (주황선의 기울기)

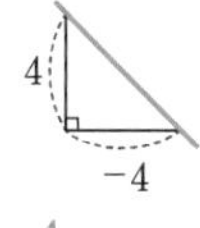

$\frac{4}{-4}=-1$

2, −6

$\frac{2}{-6}=-\frac{1}{3}$

→ $-1\le a\le -\frac{1}{3}$

① $y=-\frac{2}{3}x$ ② $y=-x$

③ $y=-\frac{1}{3}x$ ④ $y=-\frac{1}{2}x$

⑤ $y=-2x$

5개의 보기 중에서 기울기가 $-1\le a\le -\frac{1}{3}$의 범위에 속하지 않는 것은 ⑤ $y=-2x$

답 ⑤

164쪽 풀이

21 두 점 $(a-3, 2)$, $(-2a, 4)$를 지나고
x축에 수직인 직선의 식을 $x=k$라 하면

$(a-3, 2)$가 직선 $x=k$ 위의 점이므로 $a-3=k$
$(-2a, 4)$도 직선 $x=k$ 위의 점이므로 $-2a=k$

따라서 $a-3=-2a$
$-3=-3a$
$a=1$

답 1

22

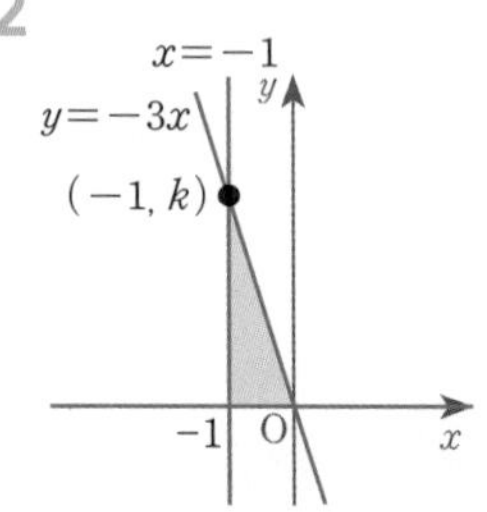

$y=-3x$와 $x=-1$의 교점의 좌표를 $(-1, k)$라 하면
$(-1, k)$를 $y=-3x$에 대입했을 때 성립함
$\rightarrow y=-3x$
$k=(-3)\times(-1)$
$k=3$

따라서 교점의 좌표는 $(-1, 3)$

$y=-3x$의 그래프와 x축,
$x=-1$의 그래프로 둘러싸인 도형은
밑변이 1, 높이가 3인 직각삼각형

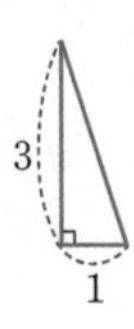

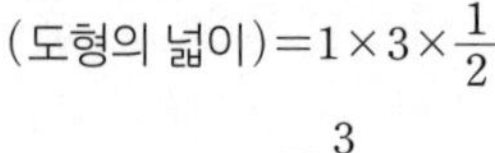

(도형의 넓이)$=1\times3\times\frac{1}{2}$
$=\frac{3}{2}$

답 $\frac{3}{2}$

단원 마무리 ▶정답 및 해설 88쪽

21 두 점 $(a-3, 2)$, $(-2a, 4)$를 지나는 직선이 x축에 수직일 때, a의 값을 구하시오.

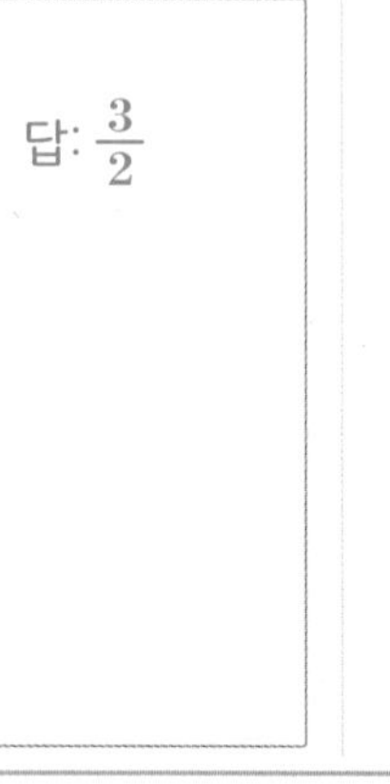

풀이
답: 1

22 $y=-3x$의 그래프와 x축, $x=-1$의 그래프로 둘러싸인 도형의 넓이를 구하시오.

풀이
답: $\frac{3}{2}$

23 높이가 3 km인 산을 올라가려고 합니다. 높이가 1 km 높아질 때마다 기온이 6 ℃씩 일정하게 내려갑니다. 현재 기온이 0 ℃인 지면에서 올라간 높이가 x km인 곳의 기온을 y ℃라고 할 때, 물음에 답하시오.

(1) 높이가 3 km인 산 정상에 도착했을 때의 기온은 몇 ℃인지 구하시오.

-18 ℃
(또는 영하 18 ℃)

(2) 정상까지 올라갈 때, x의 값을 범위로 쓰시오.

$0\le x\le3$

(3) (2)에서 구한 x의 범위에 대한 함수의 그래프를 좌표평면 위에 그리시오.

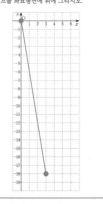

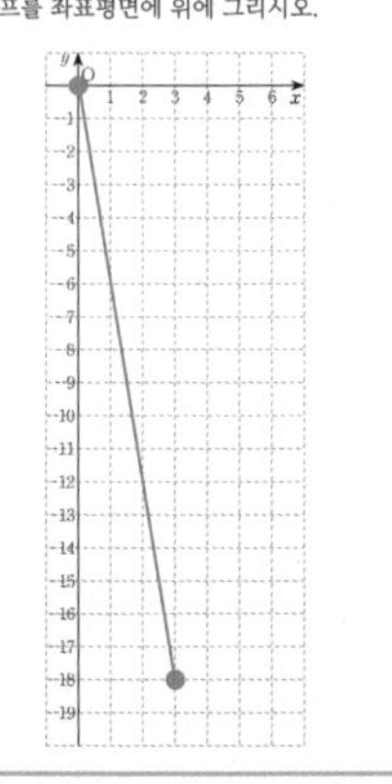

23 (1) 높이가 x km인 곳의 기온을 y ℃라 하면,

1 km 높아지면 기온은 -6 ℃
2 km 높아지면 기온은 -12 ℃
⋮
x km 높아지면 기온은 $-6x$ ℃

$\rightarrow$ $\boldsymbol{y=-6x}$

$x=3$이면 $y=-18$이므로
높이가 3 km인 곳의 기온은 -18 ℃

(2) x는 산 정상까지의 높이로, 최대 3 km까지이고
높이는 음수일 수 없음

$\rightarrow$ $\boldsymbol{0\le x\le3}$

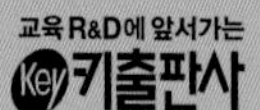
교육 R&D에 앞서가는
Key 키출판사